L'ESPRIT

DES BÊTES

ZOOLOGIE PASSIONNELLE

MAMMIFÈRES DE FRANCE

ERRATA.

Page 25, ligne 14, hiérarchie *infinitésimale*, lisez *universelle*.
31, ligne 1re, faire *part*, lisez faire *peur*.
34, ligne 24, *précieuse*, lisez *première*.
47, ligne 23, *équateur*, lisez *écliptique*.

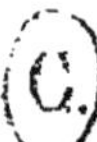

PARIS.—IMPRIMÉ CHEZ BONAVENTURE ET DUCESSOIS, QUAI DES AUGUSTINS, 55.

L'ESPRIT

DES BÊTES

ZOOLOGIE PASSIONNELLE

MAMMIFÈRES DE FRANCE

PAR

A. TOUSSENEL

TROISIÈME ÉDITION, REVUE ET CORRIGÉE

Si l'on n'eût écouté que ce que Dieu dit à l'homme, il n'y aurait jamais eu qu'une religion sur la terre.

JEAN-JACQUES.

Ce qu'il y a de mieux dans l'homme, c'est le chien.

CHARLET.

PARIS

E. DENTU, LIBRAIRE-ÉDITEUR
Palais-Royal, 13, galerie d'Orléans.

LIBRAIRIE PHALANSTÉRIENNE
Rue de Beaune, 6.

1858

A mes Amis

CHARLES BRUNIER

ET

CYPRIEN DU MOTAY.

A. TOUSSENEL.

AVERTISSEMENT.

Les plus illustres savants de l'antiquité et de l'âge moderne ont écrit sur la bête. Aucun d'eux, par malheur, n'a songé à l'étudier au point de vue spécial de sa ressemblance physique et caractérielle avec l'homme. De là tant de traités de zoologie incomplets, de nomenclatures barbares, de classifications impossibles. Car le rang des espèces est en raison directe de la ressemblance avec l'homme, et la progression vers ce type supérieur est la loi de mouvement de l'animalité. Il est juste de convenir, du reste, que la gloire de découvrir ces lois de l'harmonie suprême revenait plus aux poëtes qu'aux savants, à qui Dieu a refusé le sens de l'Idéal. Aussi la poésie a-t-elle assigné de tout temps une place honorable à la bête, en sa langue imagée, en ses métamorphoses, en ses fables surtout. Le présent traité de *l'Esprit des Bêtes* a pour objet de redresser la voie des études zoologiques et de parfaire l'œuvre de l'Apologue. La zoologie passionnelle peut être définie : l'Apologue pris au sérieux et promû à la dignité de science.

L'auteur a fait tout ce qu'il a pu faire pour prêter à ses récits l'intérêt du mode composé, en écrivant l'histoire des hommes en regard de celle des bêtes, et il a travaillé consciencieusement, et dans la mesure de ses forces, à mériter le prix de satisfaction institué par Horace :

Omne tulit punctum qui miscuit utile dulçi.

Celui là enlève tout poinct
Qui le doux à l'utile joinct.

INTRODUCTION

DISCOURS

Sur l'analogie universelle, l'origine des choses et le reste.

Une seule loi régit l'univers : l'Amour. Amour est le moteur divin, irrésistible, qui attire la Terre vers le Soleil, l'amant vers sa maîtresse, la séve vers l'extrémité des rameaux, la molécule métallique soi-disant insensible vers la molécule de même nature. Que cette puissance s'appelle Amour, Attraction, Affinité moléculaire, le nom ne fait rien à la chose : elle est une; c'est le principe universel de mouvement et de vie; c'est la force venant d'en haut et à laquelle cèdent avec entraînement tous les êtres créés. Les sages ont appelé cette puissance *passion,* du mot latin *pati,* qui veut dire *subir*, pour exprimer l'idée de la passivité de l'homme et de son obéissance forcée à la loi supérieure. J'accepte l'expression parce qu'elle est juste et parce que je ne veux pas m'occuper, pour le moment, de la flétrissure qu'ont vainement tenté d'accoler à cette expression les cuistres et les sots.

La passion, principe du mouvement universel, est le verbe éternel par lequel Dieu fait entendre à toutes ses créations sa volonté et sa loi. La passion est la *révélation permanente* de la volonté de Dieu, et il n'y en a point d'autre. Elle pousse l'homme au Bonheur.

Le Bonheur, c'est, pour chaque être, l'essor intégral et continu de toutes ses facultés, de toutes ses attractions naturelles. L'être créé est heureux, quand il est dans la voie de sa destinée. La liberté, qui est le moyen du bonheur, est l'obéissance à la loi d'attraction. Le satellite est intimement persuadé qu'il ne fait que suivre sa propre volonté lorsqu'il parcourt l'orbite que lui a assignée l'attraction. L'amant non plus ne fait *que ce qu'il veut,* quand il obéit aveuglément aux caprices de sa souveraine. C'est pour cela que le peuple des amoureux est le seul qui mérite le beau nom de peuple libre, étant le seul qui obéisse au gouvernement de son choix.

Dieu a proportionné les attractions aux destinées des êtres; et pour guider ses créatures vers le pôle de cette destinée, il leur a donné une double boussole, le Plaisir, qui leur indique qu'elles sont dans la bonne voie, et la Douleur, qui les avertit qu'elles s'en écartent.

Les cieux proclament la sainteté de la passion et instruisent la Terre à révérer l'Amour, dont la puissance emporte la Planète à travers les espaces et dessine l'ellipse symbolique autour du foyer d'attraction, et fait éclater l'allégresse à la surface des globes, quand ils émergent des ténèbres pour se baigner aux flots de l'océan de lumière.

Les poëtes, qui comprennent Dieu à demi-mot, ont comparé l'Aurore qui teint l'Orient de rose et dissipe la nuit au sourire radieux de la beauté qui chasse les soucis du cœur et promet un beau jour. Les poëtes ont bien dit.

En effet, comme l'amant qui se pare de ses plus beaux habits et lisse ses cheveux, et parfume son langage pour la visite d'amour, ainsi, chaque matin la Terre revêt ses plus riches atours pour courir au-devant des rayons de l'astre aimé, et déploie, pour lui plaire, un luxe extravagant... C'est le même feu d'amour qui fait miroiter à cette heure les diamants de la robe humide des prairies et qui allume les fournaises d'or du ciel; c'est le même besoin d'aimer qui réveille sous la feuillée les mélodieux ramages, et fait s'entr'ouvrir les corolles embaumées des fleurs pour boire les arômes de lumière et secouer dans les airs leurs cassolettes d'encens.

Fleurs et moissons, parfums et chants joyeux éclosent au souffle d'amour. Ces allégresses sans fin, ces ineffables harmonies qui s'éveillent du sein de la nature endormie, au premier baiser du soleil, chantent le mot d'amour. « Dieu est un, disent-elles, et l'amour est son prophète. »

Heureuse, trois fois heureuse la Terre, que pas un concile sidéral n'ait encore lancé l'anathème contre l'immortalité des baisers du Soleil! Car la fausse morale qui régit l'humanité de la Terre a fait la part de félicité plus large au végétal et au minéral qu'à l'homme; elle n'a pas interdit aux végétaux ni aux minéraux d'aimer. Car, il faut bien l'avouer à la honte de cette humanité terrienne, il y a eu dans son sein de faux docteurs et de fausses religions pour diffamer et anathématiser l'amour, en dépit des certificats du bon Dieu et des glorifications du Soleil. Il y a eu, il y a encore d'odieux imposteurs qui soutiennent que la passion est un piége, un piége que Dieu nous tend. Il y a des prêtres qui se disent pieux, et qui enseignent que le spectacle de nos souffrances est particulièrement agréable à ce Dieu, lequel n'aurait pas de plus grand bonheur que de tantaliser ses pauvres créatures et de leur jouer des niches infernales; à ce point que les fidèles de ce soi-disant Dieu bon se seraient vus dans l'obligation de le supplier tous les jours *de ne pas les induire en tentation.* Les prêtres juifs racontent qu'il était une fois un Dieu de *justice* et de *clémence,* ayant nom

Sabaoth, lequel avait commandé à un père de lui égorger son fils en témoignage de sa foi, et qui avait attendu que le couteau paternel fût sur la gorge de la victime, pour crier au sacrificateur d'arrêter... Comme s'il était supposable qu'un Dieu un peu humain pût se livrer à d'aussi déplorables plaisanteries! Comme s'il était possible qu'un Dieu qui se respecte irait commencer par prescrire à un père de chérir son enfant de toutes les puissances de son âme, pour le forcer de l'égorger après! Une autre fois, d'après les mêmes narrateurs, c'était le Soleil que ce même Sabaoth arrêtait sur les murs d'une méchante bicoque de Palestine, pour procurer aux bourreaux qui en faisaient le siége la faveur de quelques minutes de boucherie de plus! Comme si Dieu pouvait arrêter le soleil sans arrêter le temps et sans s'arrêter lui-même. Ah! je sais tout ce qu'il faut passer de folies à l'humaine misère, et que le prêtre qui a ses passions à nourrir doit vivre de l'autel; je sais qu'il n'y a que les dieux méchants qui rapportent, et qui vaillent conséquemment la peine d'être servis; mais je n'en dis pas moins que ce dogme du Dieu tentateur est la folie la plus déshonorante qui ait trouvé place dans le cerveau de l'homme, l'injure la plus grave que celui-ci ait faite à la divinité.

Et, en effet, cette doctrine monstrueuse d'un Dieu méchant et fourbe, d'un Dieu suprême ordonnateur des mondes, d'un Dieu qui a ses tourbillons et ses univers à conduire et qui s'amuse à tenter des hommes, en un tout petit coin d'une toute petite planète, perdue dans l'immensité de l'espace et non encore découverte par les astres les plus voisins, cette doctrine impie n'était que la conclusion fatale et rigoureuse du dogme de l'indignité de la passion. Et il fallait commencer par s'insurger contre la loi de Dieu, contre la loi de justice et d'amour, pour fonder le règne de l'oppression et de la contrainte. Il fallait que la fausse morale eût excommunié préalablement la passion, pour qu'un moraliste anglican osât écrire que le droit de s'asseoir au banquet de la vie n'appartient qu'au fils du riche, ainsi que le droit d'amour et de paternité.

C'est-à-dire que la fausse morale, en honneur chez le barbare et le civilisé, a commis le crime d'impiété suprême, en dégradant la passion, et qu'elle a destitué Dieu de son grade de chef du mouvement pivotal, qui est le mouvement passionnel. Devons-nous tolérer de pareilles infractions au bon sens et à l'ordre ?

Or, joignez-vous à moi, âmes saintes et charitables qu'embrase l'esprit de Dieu, vous toutes, vous surtout, nobles et généreuses filles d'Ève, à qui Dieu n'accorda la beauté et le don de séduire que pour maintenir le cœur de l'homme en puissance de passion. Joignez-vous intimement à moi pour faire justice du dogme odieux de l'indignité de la passion sur lequel les imposteurs et les tyrans ont érigé, depuis six mille ans, leurs régimes de torture, et procédons au plus vite à la réhabilitation de l'Amour ; de l'Amour dont la cause est la vôtre autant que celle de Dieu, est la cause du bonheur et de la liberté humaine. La réhabilitation de la passion est le commencement de la sagesse, et le point de départ pour la route d'harmonie. L'Amour, c'est la colonne de feu qui doit guider vers la terre promise la pauvre humanité aujourd'hui égarée, altérée et errante au désert des sociétés limbiques. Relevez-vous avec moi, filles d'Ève aux cheveux soyeux, blonds ou noirs, prêtresses nées de la loi d'amour, relevez-vous, pour dire de votre voix, si douce au cœur de l'homme, pour dire avec les fleurs, les oiseaux et les astres : Dieu est bon, et la Passion est sainte, puisqu'elle est la loi de Dieu.

Eh ! sans doute, Dieu est bon, et s'il est bon, il n'aime pas le carnage, il n'aime pas le sang dont il nous inspire l'horreur, et ceux qui lui chantent des *Te Deum* pour le remercier d'avoir favorisé leurs armes, le calomnient et l'insultent. Il est notre père ; et alors il est tenu de vouloir notre bonheur, puisque c'est sa loi même qui veut que les pères travaillent au bonheur de leurs fils. Il est juste, et par conséquent *chacun des désirs qu'il nous donne est une promesse qu'il nous fait.* Par exemple, s'il n'avait pas voulu que nous fussions immortels, il ne nous aurait pas donné envie de l'être ; il nous aurait donné attraction pour l'idée du néant. L'un ne lui coûtait pas plus que l'autre. Et la meilleure et la seule preuve, hélas ! de notre immortalité est le besoin que nous avons d'y croire. Il faut ici, en effet, de deux choses l'une : ou que nous soyons immortels suivant notre désir, ou, dans le cas contraire, que Dieu, qui nous a mis ce désir au cœur, *sans y être forcé,* soit un être souverainement insidieux et méchant. Or, cette dernière hypothèse ne saurait trouver accès dans un cerveau raisonnable. En vérité, en vérité, je vous le dis, il a été écrit bien des milliers de volumes pour prouver l'existence de Dieu et l'immortalité de l'âme, qui n'en apprennent pas autant sur ce sujet consolateur que l'immortelle formule des attractions proportionnelles aux destinées.

Nous disons donc que le mouvement passionnel est mouvement pivotal de la mécanique céleste, et que ceux qui l'ont supprimé sont des Vandales qui n'ont rien compris à la science.

Outre la *passion,* principe moteur, souffle de Dieu, deux autres principes sont en jeu dans le système de la nature : le principe passif et mû, la matière ; le principe neutre et arbitral, la mathématique ; et la réunion de ces trois principes constitue le fameux principe de la trinité divine, de la trinité primordiale, qui se retrouve au fond de toutes les religions d'Asie.

Or à chacun de ces trois principes correspond un ordre d'essors passionnels. Au principe moteur, les essors *animiques,* les passions dites *affectives* ou *cardinales* fonctionnant dans l'intérêt de l'*espèce ;*

Au principe passif ét mû, les passions inférieures ou matérielles dites *sensitives*, fonctionnant dans l'intérêt de l'*individu ;*

Au principe neutre et régulateur, les essors intellectuels, les passions dites *distributives,* fonctionnant dans l'intérêt de l'ordre.

L'ensemble de ces essors constitue la série ou gamme passionnelle. La série est le mode qu'emploie l'auteur de toutes choses pour distribuer l'harmonie. *Numeri regunt mundum*, traduction libre : *la série distribue les harmonies.*

Tout ensemble ordonné dans la nature est régi par la loi sériaire.

Il y a la gamme des sons comme celle des couleurs, des odeurs, des saveurs, comme il y a la gamme des planètes. Chaque terme de la série ou chaque note de la gamme a son titre passionnel qui détermine son grade et lui donne son numéro d'ordre; et toute série se moule sur la série passionnelle.

Il y a des séries de premier degré à 7 termes, de second degré à 12, de troisième degré à 32, etc. La série planétaire du tourbillon solaire dont la Terre fait partie est une série de troisième degré à 32 termes; toute série du tourbillon solaire qui ne compte pas ses 32 termes est semblable à un clavier d'harmonie désemparé d'un certain nombre de notes et qui a besoin de se compléter.

Une louable émulation anime toutes les séries. Chaque série inférieure aspire au grade immédiatement supérieur. Chaque planète Satellite aspire à la dignité de planète Cardinale (lunigère); chaque Cardinale aspire à la dignité de Soleil. Le Soleil ne s'est jamais plaint de n'être que le pivot d'un tourbillon de troisième degré, et à voir la régularité avec laquelle il accomplit ses fonctions de foyer général de vie et de lumière, on pourrait croire que son travail quotidien a pour lui un grand charme. Cependant ceux qui lisent au fond de sa pensée la plus secrète savent parfaitement que le plus grand bonheur du Soleil serait de passer pivot de tourbillon de quatrième puissance à la prochaine promotion. Après cette consécration éclatante de la légitimité de l'aspiration ambitieuse, que dire de la sottise de ces braves gens de philosophes qui s'en vont répétant sans cesse que le propre de la sagesse est de modérer ses désirs? vieillards stupides qui vous disent en même temps que le plus noble essor des facultés de l'homme est de chercher à se rapprocher de Dieu. Comme si cette aspiration invincible de la créature à se fondre dans son créateur n'était pas la plus énorme, autant que la plus légitime, de toutes les ambitions !

Le suprême bonheur des astres, comme celui de tous les êtres animés, est de produire et de manifester leur puissance; car, sans ce besoin universel et impérieux d'aimer, les mondes finiraient.

Toute création est une manifestation de la puissance génératrice d'une planète qui tend à parfaire son mobilier animal, végétal ou minéral, conformément aux lois de la série. Les planètes, qui sont des êtres supérieurs à l'homme, sont androgynes, c'est-à-dire qu'elles ont la faculté de créer par la simple fusion de leurs propres aromes. Elles usent assez rarement de cette faculté. En général, la fécondation des germes contenus dans leur sein s'opère par échange et communication d'aromes avec les autres planètes au moyen de cordons aromaux dont chaque astre est pourvu.

Les planètes ont de grands devoirs à remplir, comme citoyennes d'un tourbillon d'abord, comme mères de famille ensuite. Aussi l'étude attentive de leurs faits et gestes les représente-t-elle incessamment occupées à modifier, à perfectionner, à compléter de ci de là chez l'une et chez l'autre les moules existants. « Les planètes, a écrit un homme d'un profond génie, sont des fermiers qui travaillent pour nous payer tribut. » Une des grandes causes du refroidissement de la majeure partie des astres du tourbillon pour la Terre vient des entraves involontaires apportées par celle-ci à l'expansion de cette puissance créatrice, mais n'anticipons pas sur un sujet douloureux que nous aurons à reprendre plus tard.

La puissance aromale des planètes ne dépend nullement de leur masse, mais bien du titre de leurs aromes. La Terre, qui est 1,400 fois plus petite que Jupiter, est un réservoir d'aromes tout aussi important, plus important peut-être que cet énorme globe. On saura pourquoi tout à l'heure.

Chaque planète possède son arome typique, son titre passionnel spécial, dont tous ses produits sont signés. « Tout ce que la Terre engendre est conforme à la Terre, » dit avec justesse Hippocrate.

Les aromes typiques des planètes sont connus, mais pas assez cependant pour qu'on puisse adresser à l'historien qui les rappelle et les précise le reproche de redite et de banalité. J'en citerai donc brièvement quelques-uns pour l'exemple.

Saturne, cardinale d'ambition, a pour aromes typiques les aromes de tulipe et lis, ou, pour me servir du langage plus simple de l'analogie, Saturne *parfume* de tulipe et de lis, de tulipe en *simple*, de lis en *composé*. L'arome simple est celui qui n'appartient qu'à la Planète; le composé résulte de la combinaison de l'arome simple avec l'arome d'une ou de plusieurs autres planètes. Herschell, que j'aimerais mieux appeler Eros ou Aphrodite, parfum d'iris en *simple*, de tubéreuse en *composé;* la Terre, violette en *simple,* jasmin en *composé;* Jupiter, jonquille en *simple*, narcisse en *composé;* le Soleil, foyer général des aromes du tourbillon qui ne peut avoir d'aromes simples qu'à la manière de la couleur blanche, parfume d'orange et de raisin musqué. Si la puissance de l'odorat était développée chez l'homme au même degré que celle de l'ouïe, la simple odeur d'une plante ou d'un métal suffirait pour lui en apprendre l'origine avec tous les tenants et les aboutissants.

Chaque planète verse dans l'espace un parfum, un chant, une lueur, dont les séries et les accords forment autant de suaves *mélodies* ou de suaves *harmonies*. Dieu est un immense artiste, mais qui n'invite à ses concerts que les grands génies de l'humanité, avec quelques artistes, quelques fous, quelques poëtes. Képler a éprouvé le besoin de donner la gamme des planètes. La Terre répète sans cesse, dit-il, les deux notes *fa* et *mi*, parce que ces deux notes sont syllabes initiales des deux mots *faim* et *misère* (*famem* et *miseriam*).

Chaque création astrale se résume dans un type, dans un être pivotal, un être roi qui résume lui-même toutes les créations antérieures de sa planète et dont le titre se reconnaît à ce qu'il est investi de la faculté de créer et de collaborer avec Dieu.

Cet être roi, cet être pivotal sera l'homme pour la planète Terre. L'homme est le type supérieur de la création terrestre, le résumé complet de toutes les créations antérieures de son globe. Avant de s'arrêter à la forme humaine dans le sein de sa mère, *l'homme a passé par toutes les formes inférieures de l'animalité.* L'homme est un monde en petit dont le cerveau réfléchit l'univers et Dieu.

Alors, pour tout savoir, il nous suffit d'étudier l'homme, et l'histoire de l'homme nous donnera celle des bêtes que nous cherchons, et celle des fleurs, et celle de tous les règnes que nous ne cherchons pas, car Dieu est un, et l'homme étant roi sur son globe, tout le reste des êtres créés sur ce globe doit se modeler sur lui, en vertu du principe d'unité. *Totus ad exemplar regis componitur orbis.*

La science des rapports de l'homme avec les choses créées a nom l'Analogie passionnelle ; ce n'est pas une science, c'est la SCIENCE, c'est-à-dire la science pivotale qui embrasse toutes les autres. L'Analogie est le fil d'Ariane qui guide l'intelligence humaine à travers les dédales les plus compliqués de la nature. Elle ne date pas d'hier, car elle est vieille comme la métaphore, comme le langage humain, comme la poudre à canon. C'est elle qui donna autrefois à Œdipe le mot d'un rébus trop fameux et poussa le Sphinx au suicide.

Le peuple grec, qui n'a dû sa supériorité artistique et intellectuelle sur les autres qu'à sa force en analogie, avait parfaitement pressenti le rapport des passions de l'homme avec l'ordre des choses créées, quand il avait inscrit au fronton du temple de Delphes la formule : γνῶθι σεαυτὸν.

Connais-toi toi-même ! c'est-à-dire analyse ton corps

et ton âme, et tu tiendras la clef de tous les mystères d la nature. Le secret de l'univers est tout entier, en effet dans la formule de la sagesse antique.

La science moderne sait l'homme; elle l'a complétement analysé au moral et au physique; elle l'a disséqu dans son intelligence et dans sa chair; elle est donc armé du moyen de peser le firmament et de scruter l'âme dc globes.

L'homme est le roi de la planète Terre. L'homme cré à l'instar de Dieu. Seulement son domaine s'appell l'Art, par opposition à la Nature, qui est le domaine d la création planétaire ou divine. La Nature ébauche, l'Ar polit. La nature donne le marbre, l'art en fait des statues plus belles que nature et dans lesquelles il incarn l'idéal. Dieu fait le sauvageon, l'homme le greffe, et, pa des procédés à lui, métamorphose l'âpre poire sauvage e beurré savoureux. La pêche de Montreuil et la rose de peintres qui ne ressemblent en rien à leurs types originels, et qui sont beaucoup plus belles aussi que nature sont des créations dont tout l'honneur revient à l'homme Le blé lui-même est une création humaine. Ne craignon pas de rendre à l'homme ce qui appartient à l'homme Dieu n'a jamais été jaloux de la gloire de l'homme, a contraire, puisque c'est lui qui a mis au cerveau d l'homme le désir de s'illustrer et de s'enrichir en créant L'homme a la passion de créer comme la planète, et l bonheur qu'il éprouve à créer est proportionnel à l'importance de son œuvre.

L'homme est mieux qu'une intelligence servie par de organes, car la trop célèbre définition de M. de Bonal s'applique à mon chien d'arrêt tout aussi bien qu'à moi et même mieux qu'à moi, dans une foule de circonstances notamment dans la quête du faisan au fourré, où l'intelli gence de mon chien est servie par un nez et des pattes que mes organes ne sauraient se flatter d'égaler.

Cependant, sans vouloir ravaler l'intelligence de mon chien au-dessous de ses mérites, j'ai le droit de dire que son intelligence est bornée, comparativement à la mienne, attendu qu'elle ne s'exerce pas au delà de la vie animale. C'est pour cela qu'on l'a appelée *instinct*, afin de la distinguer de l'intelligence de l'homme, qui s'appelle la *raison*. La raison amasse, l'instinct pas.—L'homme est un animal doué de raison, a écrit Cicéron, *ratione præditum*.

Et autant l'homme est supérieur à la bête par l'intelligence, autant il lui est généralement inférieur pour la vigueur des muscles et la subtilité des sens ; ce qui tue d'emblée la doctrine des matérialistes qui prétendent que la pensée ne peut naître que des sens. L'homme est le roi légitime de la Terre, et la bête a été créée et mise au monde pour l'aimer et le servir.

L'homme est un clavier passionnel à 32 touches, une série de troisième degré, comme la série planétaire. Seulement ce clavier ne fonctionne le plus souvent que comme un simple clavier à 12 touches, comme une série de deuxième degré, car le nombre DOUZE n'est que le nombre d'harmonie *simple*, tandis que le nombre TRENTE-DEUX est celui de l'harmonie *composée*. Le clavier personnel de l'homme est un clavier momentanément éclipsé. De tous les sens de l'homme, en effet, le sens auditif est le seul qui possède son clavier complet de 32 notes.

Toute série de 32 termes comprend 24 notes de gamme ou d'octave, 12 en majeur, 12 en mineur, 4 notes de transition ou ambiguës et 4 sous-pivotales.

Maintenant pourquoi la série humaine en est-elle si souvent réduite au jeu de la série de second degré (12 termes), et plus bas encore, au jeu de la série de premier degré (7 termes)? Hélas ! il faut le demander à la Terre qui a engendré l'homme et qui l'a fait nécessairement à son image, comme dit Hippocrate.

L'homme est le produit d'une création *hongrée*, c'est-à-dire interrompue dans son plus beau moment. Voilà le mot de l'énigme. L'homme est le dernier-né d'un globe déchu, dont tous les règnes sont marqués du sceau de lacune et d'avortement. L'homme est le roi d'une planète, mais d'une planète *en quarantaine*, d'une planète quasi mise au ban de son tourbillon pour cause d'infirmité contagieuse, et qui traîne à sa suite un cadavre immonde de satellite, quand elle devrait marcher escortée d'un glorieux cortége de cinq lunes vivantes. On comprend que, dans de telles conditions d'existence, Dieu y ait regardé à deux fois avant d'accorder à l'homme de la Terre, comme à celui de Saturne ou de Jupiter, le libre et plein essor de son clavier harmonien, et qu'il ait jugé à propos de réduire, pour le grand nombre des cas, le clavier passionnel du roi de la Terre à un nombre de touches inférieur. En agissant ainsi, le suprême ordonnateur des choses a proportionné sagement les attractions de l'homme à ses destinées temporaires. Ne blâmons pas l'Éternel de sa parcimonie ; l'humanité terrestre d'aujourd'hui a bien assez de ses douze passions, puisqu'elle en a encore plus qu'elle n'en peut nourrir. Le point important, c'est que la puissance du levier passionnel qui nous reste suffise pour nous stimuler à réagir contre notre misère actuelle, et à nous préparer un plus doux avenir.

J'ai besoin d'en finir avec l'exposition de la gamme passionnelle de l'homme, avant de passer au douloureux récit des malheurs de la Terre (Chute) et d'expliquer le pourquoi des horreurs de la dernière création.

La gamme ou série passionnelle de l'homme se compose essentiellement de 12 notes radicales, en jeu double. Ces 12 notes sont divisées en trois groupes, comme toute série à 32 termes.

1° Le groupe des passions *cardinales* ou *affectives*, correspondant au principe moteur, et qu'on pourrait appeler les grands ressorts du cœur humain. Ces passions cardinales sont au nombre de 4, l'Amitié, l'Amour, le Familisme, l'Ambition.

2° Le groupe des passions *sensitives*, correspondant à la matière, et dont le nombre est nécessairement fixé par celui des cinq sens.

3° Enfin, le groupe des passions *distributives*, correspondant au principe neutre ou régulateur. Les passions distributives, au nombre de 3, sont chargées de diriger le jeu du clavier général, de régler les accords et les discords des autres passions. Elles portent les noms suivants, tirés de leur emploi : *Cabaliste*, fougue *réfléchie*, passion de l'émulation et de l'intrigue ; *Composite*, enthousiasme, fougue *aveugle*, double extase de l'âme et des sens ; *Papillonne* ou *Alternante*, passion du changement, soutien du charme et préservatif de l'ennui qui naît de l'uniformité.

L'essor des passions cardinales ou affectives tend au *Groupe*, groupe de famille, groupe d'amour ; celui des sensitives ou matérielles au *Luxe*, luxe *interne* (santé), luxe *externe* (richesse) ; celui des distributives à la *Série*, qui distribue les harmonies.

Les passions cardinales ont deux claviers ou deux modes, comme la série musicale, mode *majeur*, mode *mineur*.

Le mode majeur comprend les deux passions chez lesquelles l'essor *spirituel* l'emporte sur l'essor *matériel*, Ambition et Amitié ; le mode mineur, les deux passions chez lesquelles l'essor *matériel* domine l'essor *spirituel*,

Amour et Familisme. L'Ambition est dite cardinale *hypermajeure*, l'Amour, cardinale *hypermineure*; l'Amitié, *hypomajeure*, le Familisme, *hypomineure*. Le mode majeur module par nombres impairs, 7 et 5; le mode mineur, par nombres pairs, 8 et 4. Ces détails, qui n'ont l'air de rien, sont d'une importance immense dans l'étude du mouvement passionnel.

Toutes les passions de l'homme se confondent et se résument en une seule passion pivotale ou foyère, dite *Unitéisme* ou passion d'unité, sentiment religieux, comme toutes les couleurs du prisme s'unissent pour former la couleur blanche, couleur d'unitéisme.

Le clavier passionnel planétaire correspond exactement au clavier passionnel humain, et la série des astres est en parfait rapport de titres et de nombre avec la série des passions humaines. Les principales pièces de la charpente sidérale portent les mêmes noms que celles de la charpente humaine; seulement, le jeu en est toujours double ou plutôt composé; tandis que le jeu des passions humaines n'est que simple, la moitié du temps. Je viens de dire pourquoi.

Le clavier planétaire se compose aussi de douze touches radicales, en majeur et en mineur, divisées aussi en trois groupes comme les touches du clavier humain.

Le clavier sidéral étale au grand complet toutes les pièces de son double jeu. Gamme majeure : 12 satellites, 7 à Saturne, cardinale d'Ambition, 5 à la Terre, cardinale d'Amitié. Gamme mineure : même nombre de satellites, 8 à Herschell, cardinale d'Amour, 4 à Jupiter, cardinale de Familisme.

24 satellites, plus les 4 sous-pivots ou cardinales : Saturne, Herschell, la Terre, Jupiter : 28; plus les 4 ambiguës : Protée, Sapho, Vénus, Mars, en tout 32 planètes,

la série de troisième puissance, avec le Soleil pour pivot ou foyer général d'aromes.

Je sais bien que les astronomes de l'Institut ne sont pas d'accord avec moi sur le chiffre normal des 32 planètes, et qu'ils contestent les huit satellites d'Herschell comme les cinq de la Terre ; mais je n'ai point à me préoccuper de ces contestations plus ou moins vétilleuses. D'abord, un Institut qui aurait la moindre notion d'astronomie passionnelle comprendrait à première vue qu'une planète cardinale d'amour ne peut pas s'accommoder d'un cortége de quatre ni de six lunes, attendu que l'amour ne peut rien avoir à démêler avec ces deux chiffres. Ensuite, il me suffit que le télescope de l'analogie ait découvert les huit satellites, pour que je regarde comme non avenues les protestations de quelques méchants télescopes d'observatoire affligés de myopie, et je réfute ces protestations par cette simple réplique. L'analogie avait annoncé la planète Leverrier (Sapho) avant la naissance de cet astronome. Quant aux cinq satellites de la Terre, je ne nie pas la force de l'objection. La Terre n'a pas un cortége de cinq satellites, c'est vrai, mais elle pourrait l'avoir : la preuve, c'est qu'elle l'a eu.

Je ferai remarquer en passant l'inconvenance et l'impropriété des noms assignés par la science civilisée aux astres du tourbillon solaire. Cette inconvenance de termes semble même avoir été poussée jusqu'au voisinage de l'injure dans la dénomination de la planète cardinale d'Amour, qu'ils ont affublée d'un nom d'homme. Un nom d'homme à une cardinale d'Amour ! Voilà une de ces balourdises qui suffisent à donner une idée du désordre qui trouble les esprits de notre pauvre humanité. Comme les Grecs comprenaient mieux que nous les délicatesses du langage et les égards dus au sexe mineur, eux qui nommaient d'un nom de femme toute noble abstraction, toute vertu, et qui avaient féminisé jusqu'à la divinité de la guerre!

Une anomalie étrange, et qui constate l'état d'imperfection, de non-achèvement de l'homme, et les lacunes de son organisation, c'est que tel de ses sens, comme le sens auditif, possède son clavier complet, son clavier de 32 touches, tandis que le sens de la vue ne jouit que d'un clavier de 7 à 12 touches, tandis que les autres sens présentent à peine des rudiments de la hiérarchie sériaire.

Le clavier musical, le clavier de l'oreille, est en effet complet chez l'homme; il a ses 32 notes aux 12 titres passionnels, ses deux gammes majeure et mineure de 12 notes chacune, appuyées de leurs 4 notes sous-pivotales et leurs notes de transition ou ambiguës. Le clavier musical de l'homme est en rapport parfait de titre et de nombre avec le clavier planétaire : il est facile d'y retrouver les 4 notes cardinales *ut* (amitié), *mi* (amour), *sol* (familisme), *si* (ambition); les 3 ambiguës ou distributives, *ré* (cabaliste), *fa* (papillonne), *la* (composite); les 5 sensitives, ou passions inférieures : les 5 demi-tons. Reconnaissons cependant, comme signe de la faiblesse de l'organe auditif de l'homme, que cet organe est incapable de saisir les cinq demi-tons dans la première vibration de la gamme.

Hélas! notre œil ne perçoit pas même douze couleurs dans le spectre solaire, bien qu'elles y soient et au delà. Nous ne saisissons que sept rayons, les rayons correspondant aux quatre passions cardinales et aux trois distributives : violet (amitié), indigo (cabaliste), bleu (amour), vert (papillonne), jaune (familisme), orangé (composite), rouge (ambition). Notre atmosphère viciée n'intercepte pas seulement les cinq demi-couleurs analogues aux cinq demi-tons de la gamme musicale et aux cinq sensitives; elle nous enlève la perception absolue du clavier mineur.

Une seule observation suffit pour démontrer l'imperfection du sens de la vue chez l'homme. L'homme est le seul être animé de sa planète qui ne puisse regarder fixement le soleil. Les hiboux, que le trop grand jour offusque, ont une compensation qui manque à l'homme, la faculté d'y voir pendant la nuit; s'ils n'ont pas la vue *cosolaire*, ils ont au moins la vue *conocturne*. Ovide a raison d'affirmer que Dieu a donné à l'homme un visage sublime, *os sublime,* et qu'il lui a commandé de regarder le ciel; seulement sa définition s'applique à l'homme normal, à l'homme d'harmonie, et non pas à l'homme de la civilisation, qui ne peut regarder le soleil en face. Les animaux, qui savent ce défaut à leur maître, aiment à l'en plaisanter. Un coq qui s'aperçoit que vous vous occupez de lui ne manque jamais de tourner la tête de côté pour darder son regard dans le soleil, et comme pour vous dire, dans son langage ironique : Roi de la Terre, tâche donc d'en faire autant.

La gamme des saveurs et des odeurs et la gamme du sens pivotal, le tact, sont à peine ébauchées chez l'homme. Il est douloureux de penser que les choses ne se passent pas ainsi pour les hommes des autres planètes. Dans tous les globes parvenus à l'état d'harmonie, l'homme perçoit distinctement 32 couleurs dans le spectre solaire; il est pourvu, en outre, d'un clavier réglé pour les sens du goût, de l'odorat et du tact. Le jeu varié de ces nouveaux claviers multiplie les jouissances et les voluptés de l'harmonien dans des proportions infinies, incroyables, et telles que l'imagination du civilisé ne saurait toucher à ces calculs, sans se gonfler immédiatement d'un profond sentiment d'envie. Pauvres Terriens, quand donc pourrons-nous, à notre tour, inspirer ce sentiment d'envie, après avoir si longtemps inspiré la pitié !

La faculté de percevoir les aromes pivotaux ou cardinaux est proportionnelle d'ailleurs au titre passionnel des espèces : ainsi, il est plus que probable que nous dépassons en facultés de perception visuelle composée tous les animaux de la terre. Tout porte à croire que l'homme est le seul être ici-bas qui perçoive la couleur blanche ou d'unitéisme. A ce compte, le lévrier serait forcé de voir le lièvre en violet, et l'alouette le soleil en jaune. Castagno, mon chien braque, que j'ai consulté plus d'une fois sur cette question d'optique, m'a toujours répondu d'une manière évasive.

Au surplus, toutes les aspirations de l'homme le poussent vers la série de troisième degré ; l'ambition d'arriver en plein clavier harmonique éclate dans toutes ses manifestations. Les premières combinaisons de ses douze passions radicales engendrent d'emblée les 32 principaux caractères humains, ou dominantes caractérielles, servant à distinguer les individus et à les distribuer en groupes et en séries. D'immenses calculs qu'on trouvera tout faits ailleurs portent à 810 pour le clavier majeur, et à un même nombre pour le mineur, le chiffre des combinaisons caractérielles nécessaires pour assurer le jeu régulier d'une société alvéolaire (commune). Le clavier dentaire de l'homme, qui n'offre que 28 touches chez l'enfant, en a 32 chez l'adulte. Ces dents sont disposées en ordre mineur, par groupes pairs de 8 et 4 avec l'os hyoïde pour pivot, image parfaite du clavier planétaire. Le clavier pectoral compte également 32 touches appelées les côtes et les demi-côtes, mais distribuées par 7 et 5 selon le mode majeur, et se ralliant sur le pivot du sternum. Ainsi des doigts et des vertèbres; là où existent les organes doubles et symétriques, se rencontre le nombre 32, nombre pivotal de l'harmonie composée pour tous les globes du tourbillon solaire. Au nombre de 32 sont les cœurs de la phalange et les races humaines, et les cartes du jeu de piquet et les soldats du jeu d'échecs. Le jeu de piquet et le jeu d'échecs, qui pivotent sur le nombre 32, sont certainement deux des plus admirables inventions de l'esprit humain, et qui démontrent invinciblement, par la récréation qu'elles procurent à l'homme, qu'il n'est pas pour celui-ci de combinaison harmonique possible hors du nombre 32. Le jeu de dominos, qui n'a que 28 pièces, est au jeu de piquet qui se joue avec 32 cartes, ce que le clavier dentaire de l'enfant qui n'a que 28 touches, est à celui de l'homme fait qui en a 32. Le jeu de dames, qui a 40 pièces, c'est-à-dire 8 de plus que le jeu d'échecs, n'en est pas moins mille fois plus pauvre en combinaisons et en ressources que celui-ci, nouvelle preuve, déjà donnée par le clavier musical du reste, que le nombre 32 est le véritable terme d'harmonie composée. L'alphabet de la langue universelle du tourbillon solaire se compose de 32 caractères.

Conclusion douloureuse, et que j'ai vainement éludée jusqu'ici! Le Civilisé, l'homme actuel de la Terre est à l'Harmonien comme 12 est à 32, c'est-à-dire comme l'addition est à la multiplication; car le nombre 32 est le *produit* de la multiplication de 8 par 4, du premier cube par le premier carré; tandis que le nombre 12 n'est que la *somme* de ces deux chiffres.

Le Civilisé, au lieu d'être un *produit*, n'est qu'un simple *total!*

Beaucoup de personnes qui ne sont pas familiarisées avec l'étude de l'arithmétique passionnelle s'affligeront médiocrement de ce résultat. J'envie leur ignorance.

Cette rapide exposition de la série passionnelle terminée, abordons le récit des malheurs de la Terre, et disons les causes de l'avortement de la création dernière et des lacunes qui déshonorent les claviers de ses divers règnes. S'il est vrai que la bête ait été créée pour aimer l'homme et le servir, l'histoire doit nous apprendre pourquoi il existe une foule d'animaux, comme le requin et le tigre, comme le cousin et la puce, qui dévorent leur monarque au lieu de le servir. Le sujet est poignant et douloureux sans doute, et je ne l'entame pas sans une extrême répugnance, mais le moyen d'écrire une histoire consciencieuse des bêtes, sans la faire précéder d'une notice abrégée sur la création !

On sait comment les globes naissent, vivent et meurent, bien que tous les savants ne soient pas précisément d'accord sur la question. La version la plus sage est évidemment celle-ci :

Les globes naissent à l'état gazeux, passent à l'état liquide, puis solide, puis s'ossifient et meurent. C'est notre sort à tous ; l'ossification et le froid sont notre fin aussi ; humidité et chaleur, c'est la vie; sécheresse et froid, c'est la mort.

D'immenses amas de matière cosmique tourbillonnent dans l'espace. Cette matière cosmique destinée à alimenter la grande fabrique de mondes qui ne s'arrête jamais, est un mélange complexe de tous les éléments à l'état gazeux, un mélange de vapeurs d'eau et de métal d'une ténuité si extrême, qu'elles laissent apercevoir les plus minimes étoiles à travers leur substance, à des milliards de lieues. La première agglomération de particules ignées, qui se détache de la masse pour constituer une individualité planétaire, porte le nom de Nébuleuse. Une parcelle de substance, qui se détache de la masse pour individualiser une forme, est de même ce qui constitue une existence humaine, une personnalité.

Ces Nébuleuses apparaissent sous l'aspect d'immenses tourbillons de vapeurs rouges, translucides, qui circulent dans l'espace, décrivant des courbes inconnues. La voie lactée paraît être dans le ciel le principal hippodrome de ces astres errants. C'est de là que viennent les jeunes mondes, et là que retournent les vieux pour y être refondus ; car la matière est éternelle et éternellement mobile, et la mort n'est que l'entrée dans une nouvelle vie.

Les Nébuleuses, que beaucoup considèrent comme des aggrégations de planètules ou d'étoiles, sont les génératrices des Comètes. Si la lumière ne s'est pas faite encore sur la question des Comètes, pas plus que sur celle des Nébuleuses, c'est la faute de la Science qui n'a jamais tenu compte, en ses recherches astronomiques, de la loi d'unité qui préside à la génération des êtres, dans tous les règnes de la Nature.

Il est peu de sujets qui aient plus prêté que les Comètes aux désordres de l'imagination des mortels.

Aucuns ont voulu voir dans ces astres chevelus les âmes des planètes trépassées, affranchies de leur dépouille pondérable, et circulant dans l'espace en vertu d'une loi supérieure à celle qui régit la matière. Mais la calculabilité des révolutions des Comètes détruit cette hypothèse, ainsi que beaucoup d'autres, puisque le calcul des temps de révolution des astres a précisément pour base leur pondérabilité.

L'auteur de l'*Épître à Uranie*, répété par Lebrun-Pindare, assigne aux Comètes la mission de *ranimer la vieillesse des mondes épuisés*.

M. Babinet, de l'Institut, qui occupe aujourd'hui avec

distinction la chaire de vulgarisation scientifique laissée vacante par le décès de François Arago, semble se rallier à la fois et à l'opinion de Voltaire, et à celle de l'impondérabilité de la substance cométale. Conciliation d'hypothèses qui m'intrigue doublement, moi profane, qui éprouvais déjà une peine infinie à faire tenir ensemble les deux systèmes de l'impondérabilité absolue des Comètes et de la calculabilité de leurs époques, et suis bien plus embarrassé encore, de concilier cette même idée de la substance *immatérielle* et impondérable, avec celle des approvisionnements importants de *matières* rafraîchissantes, dont les Comètes devraient être munies pour pouvoir accomplir leur mission régénératrice.

Une des plus amusantes explications du rôle des Comètes est celle de Ch. Fourier, celui qui ne fut rien qu'un homme de génie, et que, pour cette cause, il importe de ne pas confondre avec le géomètre, son homonyme, qui fut académicien. L'auteur du *Nouveau monde* considère les comètes comme la corporation vestalique du ciel; il en fait des vierges farouches, hostiles aux relations d'amour et jalouses à l'excès de leur indépendance, et repoussant jusqu'à la dernière heure les hommages de leurs soupirants..... Dans ce système, les Nébuleuses pourraient parfaitement figurer les corporations de l'enfance, vives, légères, étourdies, comme on l'est au jeune âge... Et la formation des satellites s'expliquerait naturellement par les fragments de la robe de la Vestale qui se déchirerait dans la lutte.... Théorie charmante, ingénieuse comme un conte bien fait de la Grèce, mais qui s'éloigne par trop de celle de Laplace, et que l'analogie, hélas! ne saurait accepter.... Attendu, d'abord, qu'une Comète, qui n'est qu'un monde *embryonnaire*, un moule grossier d'ébauche, ne peut être analogiquement assimilée à la

Vestale, qui est le moule le plus glorieux et le type le plus achevé de la femme reine parvenue à l'état de *parfait développement*. Et ensuite parce que la vraie analogie de la Comète est ailleurs. Et cette analogie, la voici :

J'engage préalablement le lecteur qui désire bien comprendre la simple explication qui va suivre, à retenir, profondément gravé dans son esprit, ce principe d'absolue vérité : que la loi de reproduction et de développement de tous les êtres créés est une; que tous ces êtres parcourent successivement les mêmes plans, et suivent une marche parallèle de la naissance à la mort...; réserve faite des différences de grandeur, de durée et de forme ; lesquelles différences combinées, ordonnées et fatales, constituent les degrés mêmes de la hiérarchie infinitésimale et les chaînons de l'universelle harmonie. Ceci admis, disons :

Il existe, quelque part, n'importe où, dans la voie lactée ou ailleurs, un foyer primitif d'aromes, une souche de substance d'où s'élance la vie sous une forme *nouvelle*, qu'on appelle *création*, création de l'homme, création de la Terre. La création est la première apparition d'un moule complétement inédit, ou, si vous aimez mieux, le produit d'une génération *spontanée* et *hétérogène*. Tout être créé est investi par la puissance créatrice de la faculté de reproduire son semblable et de perpétuer son espèce pour des temps limités. La science humaine, science finie et bornée, n'a pu sonder jusqu'à ce jour les mystères de la création ; mais elle a pénétré ceux de la reproduction des espèces créées, plantes et bêtes; et ce qu'elle a découvert et constaté suffit pour nous faire remonter, sans peine et par la voie d'induction analogique, des plantes et des bêtes au globe qui les porte.

La science constate que la reproduction de tous les êtres

créés s'opère par la fécondation des ovules. Les ovules, embryons de la génération future, sont des corps sphériques minuscules, agrégés sous forme de chapelet ou de grappes, et dont la réunion est l'ovaire. L'ovaire est le support de la fleur dans l'immense majorité des plantes. La science, en baptisant du même nom le même organe, dans le monde des végétaux et dans celui des animaux, a reconnu explicitement la loi d'unité qui régit les phénomènes de la reproduction dans les deux règnes. Mais la science a eu tort de ne pas étendre l'application de cette loi une au monde planétaire, attendu que le principe d'ordre qui régit l'univers n'a pas deux poids ni deux mesures, et que toutes les choses se passent là-haut de la même façon qu'ici-bas.

C'est toujours, en effet, dans le monde des globes comme dans celui des oiseaux et des fleurs, un ovule gorgé de sucs qui se détache de l'ovaire, sous la pression de la vitalité interne, puis est conduit par les oviductes au lieu où il doit s'imprégner, puis, après l'imprégnation, se fixe en un milieu qui a nom l'utérus, et s'y développe aux dépens de la substance maternelle, jusqu'au jour de l'éclosion ou de la parturition, où le nouvel être, pourvu de forces suffisantes et muni d'*un appareil respiratoire*, sort de son enveloppe ténébreuse pour vivre de la vie du soleil et de l'air, pour vivre en un mot de sa vie propre et aimer à son tour.

Seulement, chez les Planètes, l'ovaire a nom la *Nébuleuse*, et l'ovule en voie de fécondation qui s'en détache s'appelle la *Comète*... Et l'étude que nous allons faire des transformations successives de la planète Terre confirmera victorieusement cette analogie inédite.

L'ovule détaché, l'embryon planétaire, la Comète, s'élance dans l'espace, sous forme de tourbillon de vapeur, cherchant un système qui l'*implane*. L'implanation est le ralliement harmonique d'un astre vagabond à un système fixe. Implanation et mariage sont des termes synonymes, dans la langue cosmogonique de Fourier. Ils répondent dans la nôtre à celui de fécondation de l'ovule planétaire.

Jusqu'au jour de l'implanation, la Comète poursuit dans le ciel une course échevelée, décrivant des ellipses d'une maigreur excessive, s'écartant immodérément de tout foyer de chaleur, changeant à tout moment d'orbite, au gré des attractions sidérales qui la sollicitent de toutes parts. L'imprudence de ses écarts est bientôt cause que la masse de vapeurs d'eau et de métal, qui composent sa substance, se condense par refroidissement. Plus frileuses que les vapeurs d'eau, les vapeurs métalliques sont les premières atteintes par l'abaissement de la température ; et, bientôt, elles se liquéfient en une fournaise ardente qui devient le noyau de l'astre transformé. Autour de ce noyau de métal en fusion continue de circuler une atmosphère de vapeur d'eau, d'une hauteur incalculable. Voilà pourquoi les astronomes parlent de deux genres de Comètes, celles qui ont un noyau et celles qui n'en ont pas.

Il advient enfin qu'à la longue, et au bout de quelques milliers d'ans de ces allées et de ces venues excentriques, l'astre est mûr pour l'implanation.

Les signes de l'implanation de la Comète sont visibles, car, à peine l'astre errant a-t-il cédé à la puissance d'attraction (Amour), qu'on voit soudain l'ellipse étroite, et maigre, et démesurément allongée qu'il décrivait naguère, s'infléchir peu à peu, se gonfler, s'arrondir sous la pression du mobile nouveau qui l'enchaîne. Toutefois, l'implanation peut n'être que temporaire, par exemple, lorsque l'imprudente, frisant de trop près un gros globe, s'empêtre dans sa sphère d'attraction, où elle demeure accrochée et invisible pendant des siècles, ce qui l'empêche de répondre, d'une manière convenable, aux calculs des Observatoires, et ce qui est cause que tant de pauvres astronomes se perdent à la recherche des comètes égarées.

Implanations ou mariages, du reste, les événements auxquels nous faisons allusion font grand bruit dans le ciel. C'est même le sujet principal et quasi exclusif des intrigues et des préoccupations de là haut, et l'intérêt universel qu'on y prend à la chose se conçoit facilement, pour peu qu'on réfléchisse que la conquête d'une comète peut élever d'emblée le vainqueur (le système implanateur) d'un degré, dans l'échelle de la hiérarchie céleste.... et que sa promotion en doit nécessairement entraîner une foule d'autres.

Ensuite, il paraît très-certain que Voltaire, Lebrun et M. Babinet ont raison en ce point, et que la mission des comètes ne se borne pas à compléter le clavier d'harmonie d'un système sidéral quelconque, mais qu'elles en remplissent une autre d'une importance non moindre. Comme c'est toujours l'humidité qui fait faute aux globes qui ont vécu, les comètes seraient chargées d'apporter aux globes altérés, en s'unissant à eux, un précieux renfort de vapeurs rafraîchissantes. Je ne sais plus où j'ai lu que notre Planète, en se ralliant au tourbillon solaire, lui avait fait apport d'un contingent de vapeurs suffisant pour revivifier à fond son atmosphère, et retarder son déclin de plusieurs millions d'années. Je ferai remarquer en passant que cette hypothèse de la mission rafraîchissante des Comètes, qui ne manque pas de chauds partisans dans le monde scientifique, s'adapte beaucoup mieux à la théorie cosmogonique de Fourier qu'à toute autre; puisque, dans cette théorie, les Comètes sont des vestales qu'on épouse de force, et qui, naturellement, doivent apporter en dot leur fraîcheur, arome de Jouvence, à leurs conjoints ridés....; histoires d'Abisag et de David, de l'Aurore et du vieux Tithon....

On peut conclure en tout cas, des diverses hypothèses qui précèdent, que le rôle providentiel assigné aux Comètes par la suprême direction des travaux planétaires diffère légèrement de celui que leur fait jouer l'ignorance du public,... qu'elles éteignent les feux du ciel, au lieu de les allumer, et que leur attribut sculptural serait l'arrosoir, non la torche.

A dater de son implanation, le nouvel astre prend rang dans le tourbillon, en qualité d'ambiguë ou de Cardinale, à un titre passionnel ou aromal qui lui est imposé par les besoins du système implanateur. C'est une grande question de savoir si l'astre nouveau ne doit pas passer par tous les degrés de la hiérarchie, et débuter dans la carrière par l'emploi de satellite, comme beaucoup le supposent. Mais l'auteur de la *Mécanique céleste*, ouvrage que je n'ai jamais lu, semble avoir résolu la difficulté en faveur de l'opinion contraire, démontrant que la cardinale et ses lunes s'implanent du même coup, ces dernières n'étant que des fragments brisés du corps de leur pivot sur lequel ils se reconjuguent après séparation.

La principale fonction des satellites est de tamiser et de raffiner les aromes de leur cardinale, par jeu alternatif d'absorption et de résorption, fonction à peu près analogue à celle du pancréas et de la rate dans l'organisme humain.

Il va sans dire que le poste d'ambiguë ou de cardinale ne saurait être considéré comme le dernier terme de l'aspiration ambitieuse des nouveaux astres. Un grand nombre, en effet, ne s'en tiennent pas là, et l'histoire des planètes est féconde en exemples d'astres sortis de rien, et parvenus aux plus hautes dignités de l'empire du firmament; soleils de tous degrés, pivots de tourbillons de première, de deuxième, de dixième puissance, plus encore. Et, sans avoir besoin d'aller hors de chez nous pour trouver un exemple, nous citerons celui de Saturne qui, parti comme la Terre du plus humble échelon de la série astrale, a réussi, avec de la conduite et du temps, beaucoup de temps surtout, à gravir au sommet de l'échelle hiérarchique, où il pose à cette heure en qualité de Pro-soleil, le corps ceint de la double écharpe lumineuse qui est la décoration et l'attribut de cette haute dignité. Je ne m'étonnerais pas de voir Saturne passer soleil de tourbillon de première puissance, à une très-prochaine promotion.

Mais si ces exemples de brillantes fortunes ne sont pas rares dans l'histoire des tourbillons, il faut bien reconnaître aussi que la chance ne sourit pas également à tous, et que beaucoup de jeunes globes meurent avant l'âge, d'accident ou de maladie, comme les enfants des hommes. Et nous avons par les nuits claires, hélas! une preuve trop convaincante de cette douloureuse vérité.

Toutes les âmes des humains ne gravitent pas non plus après la mort vers les sphères supérieures, et beaucoup redescendent, au contraire, pour recommencer la série des épreuves expiatoires; et je n'ai jamais songé aux misères et aux cruels retours que la justice divine réserve, dans l'autre monde, aux bourreaux, aux usuriers et aux crucificateurs, sans me féliciter de la condition obscure que le sort m'a faite ici-bas.

Une fois appelée à prendre rang parmi les corps constitués du ciel, la Comète implanée change aussitôt de ton, de tenue et d'allures. Elle réduit sa révolution, c'est-à-dire son année, de deux ou trois siècles, plus ou moins, rentre sa queue dans ses flancs, et renonce à faire part du feu aux crédules mortels des autres globes.

Que la Terre ait passé par toutes les phases obligées de l'enfance des globes, c'est ce que la raison humaine ne saurait contester; seulement on ignore le nombre de siècles qu'elle a vécu à l'état de Nébuleuse et à celui de Comète. La raison de cette ignorance est que les foyers de tourbillons conservent seuls, dans leurs archives, le souvenir de ces époques primitives des astres par eux initiés à la vie planétaire, comme les mères conservent seules le souvenir des premiers pas de leurs enfants chéris. Nous saurons tous ces secrets et beaucoup d'autres un jour,... un jour qui n'est pas loin; car le besoin de sortir de ce monde, devenu trop étroit pour nous, depuis l'invention de la télégraphie électrique, ne tardera pas à se faire sentir à tous, et forcera l'industrie et la science à trouver les voies et moyens de la correspondance télescopique avec les astres du tourbillon. Toute la question de l'avenir est là. Archimède demandait un levier avec un point d'appui pour soulever le monde, ce qui ne nous aurait pas amenés à grand' chose, si on les lui eût fournis. Je demande beaucoup moins, pour faire beaucoup plus. Qu'on me donne un objectif de 4 à 5 pieds de diamètre, avec une loupe qui grossisse quelques millions de fois les objets, et je me charge de guérir radicalement, et du même coup, toutes les maladies de l'âme et du corps des humains, c'est-à-dire d'extirper de l'une le doute qui tua Pascal, de l'autre, le principe vénéneux qui vicie le sang de la Terre et celui des êtres qu'elle nourrit.

Une opinion assez accréditée fixe à 15,000 années la durée de l'existence cométale de la terre, bien qu'on ne garantisse pas la rigoureuse exactitude de ce chiffre. Beaucoup pensent aussi qu'il est très-probable que cette

Planète a rempli l'emploi d'ambiguë, et même celui de Satellite, avant d'être promue à l'emploi de Cardinale (lunigère), qu'elle occupe aujourd'hui... N'étant guère admissible, disent-ils, que l'on confie là haut au premier astre venu l'honneur insigne d'en régir d'autres, avant de savoir la mesure de sa capacité. Mais que cette théorie de la nécessité d'un stage et d'un examen préalable soit la vraie et non l'autre, comme elles s'accordent toutes deux sur le point principal, je ne vois pas la nécessité de les mettre aux prises à propos d'une simple différence de calcul de quelque 20,000 ans peut-être. Nous opérons sur d'assez gros chiffres, ce me semble, pour qu'il nous soit permis de négliger les fractions.

Voici donc la Terre implanée et ajustée comme touche d'harmonie à un clavier sidéral de troisième puissance (tourbillon solaire), au titre passionnel d'Amitié. Regardons-la bien faire; car nous pourrons, à dater de ce jour, la suivre pas à pas dans la série de ses métamorphoses, et l'histoire de ses révolutions est écrite en caractères gros et lisibles dans la configuration de ses rocs, de ses continents, de ses mers, comme dans la superposition de ses couches stratifiées.

Et d'abord, remémorons-nous bien l'état présent de la Planète. Nous avons vu, dans le principe, les vapeurs métalliques qui formaient en partie le corps de la Comète, se résoudre en fournaise ardente sous l'abaissement de la température. L'implanation n'a pas entravé le mouvement progressif de l'astre; elle lui a donné, au contraire, une impulsion plus vive.

Le refroidissement graduel, qui avait contraint les vapeurs métalliques à se liquéfier, opère donc bientôt sur les vapeurs aqueuses, dont la masse prodigieuse ceint hermétiquement la surface du bain de métal. Ces vapeurs se condensent d'abord sous la forme d'une brume épaisse, qui commence par envahir les cieux et par dérober à la jeune Planète la vue de son soleil. C'est le règne de l'Érèbe qui dure beaucoup de siècles.

Cependant le brassage du métal se poursuit au sein de la fournaise ardente, activé par le mouvement continu du va-et-vient qu'impriment à la masse, le changement incessant de température des couches métalliques, et la différence de densité des métaux. Les plus lourds, comme l'or, le platine, le tungstène, gagnent le fond peu à peu; ceux de poids moyen, comme le cuivre, le fer, le manganèse, occupent la zone supérieure à celle du platine et de l'or. Les plus légers, comme le silicium, l'aluminium, le calcium, le potassium, le sodium, comme tous ceux enfin qu'on appelait naguère encore les métaux alcalins, nagent à la surface du bain.

La scène représente en cette première époque un immense globe de feu, ou, si l'on veut, un boulet rouge de fort calibre, circulant dans l'espace, au sein d'une atmosphère de vapeurs d'eau, maintenues à l'état gazeux par l'irradiation de la chaleur du noyau incandescent.

Le refroidissement continue ; la surface du bain de métal passe du rouge blanc au rouge cerise ; la nuée à la fin crève en eau. La première goutte de pluie qui tombe sur la masse embrasée, est le signal d'une lutte d'éléments effroyable qu'il est difficile de bien décrire, faute de termes de comparaison suffisants dans nos tapages naturels et artificiels d'aujourd'hui, mais dont on peut se faire néanmoins une idée assez juste, quoique restreinte, au moyen d'une petite expérience très-simple et très-connue dans les laboratoires. Cette expérience consiste à projeter quelques gouttelettes d'eau fraîche sur une sphère de potassium, du volume d'un pois chiche, placée sur une capsule de porcelaine. Chaque gouttelette qui touche le métal provoque immédiatement l'explosion d'un volcan minuscule, explosion accompagnée de jets de flamme et de détonation. Au bout de quelques minutes d'aspersion, la petite sphère métallique se trouve complétement couverte d'une couche de potasse, provenant de la décomposition de l'eau par le métal, et qui protége désormais la couche métallique sous-jacente contre l'action incendiaire du liquide. Milliardisez par la pensée le volume des substances employées. A la place de la petite boule de potassium, prenez une sphère métallique de 6,000 kilomètres (1,500 lieues) de rayon, vous aurez le spectacle du phénomène sous les yeux.

Lutte terrible de l'eau et du feu, mêlée effroyable, mais féconde ; car cette effervescence et ce bouillonnement universels, car ces remous furieux, produits par le jeu alternatif des affinités et des répulsions de tous les éléments, vont engendrer les premières feuilles de l'écorce terraqueuse du globe. J'ai dit le nom des métaux légers qui flottent à la surface du bain. Ces métaux dont l'affinité pour l'oxygène est si ardente qu'ils l'enlèvent à l'eau, même à la température ordinaire d'aujourd'hui, sont naturellement ceux dont les oxydes vitrifiés formeront la précieuse couche solide de la Planète. La plus profonde des assises de cette croûte, celle qui fait la base des terrains primitifs, se compose en effet de silicates fondus et parfois vitrifiés (quartzites, granites, porphyres, etc.). Quand l'homme qui n'a encore pénétré qu'à une profondeur de 7 à 800 mètres dans les entrailles de son globe, y sera descendu à quelques kilomètres de plus, il y trouvera un banc de cristal de roche pur, assis sur un lit de métal vif. Mais laissons de côté les choses du futur.

Le refroidissement va son train ; les cataractes du ciel

se vident, les terres continuent de se former; la chaleur rayonnante du noyau s'affaiblit lentement. La périphérie de la sphère métallique se fige au contact de la croûte terraqueuse solidifiée; l'eau finit par couvrir le globe de toutes parts, à la même profondeur, voiturant dans sa masse, à l'état de vase liquide, les terres délayées.

La première phase de la période embryonnaire accomplie, la scène change. Le boulet rouge de la première époque a quelque peu perdu de son volume; son enveloppe aussi, qui, en passant de l'état gazeux à l'état liquide, s'est affaissée de sept à huit cents lieues. Mais le vide et l'obscurité sont toujours sur la face de l'abîme.

Cela veut dire que, pendant toute la durée de leur période embryonnaire, les globes sont privés de la lumière du soleil, et n'ont ni atmosphère ni mouvement à eux.

Ou encore : que la jouissance de l'atmosphère, de la lumière et du mouvement propre, est le privilége exclusif de la vie *aromale*, à laquelle ces globes ne sont pas encore *nés*.

Ceci est la vraie loi de la cosmogonie. La découverte en est due, comme toutes les grandes découvertes de la science, à un simple profane, très-faible sur les x, mais plus fort sur la valse et sur l'analogie.

L'analogiste s'est dit :

Puisqu'il y a unité de plan dans la nature; puisque les phénomènes de la reproduction sont *semblables* dans tous les règnes,

Il faut que l'existence embryonnaire des êtres organisés, le travail de la chrysalide et la vie du fœtus, aient leur analogue, leur semblable dans les diverses phases de la formation des Planètes.

Et l'analogue de l'existence fœtale, dans la vie des Planètes, est la période qui s'étend du jour de leur implanation à celui de leur éclosion, ou de leur *naissance* à la vie *aromale*.

Comme le développement du fœtus du poulet s'accomplit dans le sein de l'ombre et du repos, sous la chaude pression de la tendresse maternelle, comme le fœtus ne voit ni ne respire et n'a pas de mouvement à lui, il faut que le développement du fœtus planétaire se fasse dans les mêmes conditions. C'est, en effet, ainsi que les choses se passent, au dire des plus savants qui constatent les faits sans deviner les causes.

Donc, au commencement, le mouvement qui emporte la Terre diffère étrangement de celui qui l'anime de nos jours. En ce temps-là, le mouvement est *simple* et non pas *composé*, parce qu'il est exclusivement produit par la force de *gravitation*, la force centripète, la force de *compression*. A dater de l'heure même de son implanation, le jeune globe a bien commencé à décrire son orbite elliptique autour de son pivot d'attraction ; mais il n'a pas encore de mouvement à lui, parce qu'il n'a pas encore de vie propre. Il tourne autour de son soleil, mais non pas sur son axe ; il se laisse translater, il *gravite*, mais ne *valse* pas.

Et il ne valse pas, parce que la valse est la danse privilégiée du bel âge..., partant, un mouvement d'ordre combiné, trop élevé pour un moule de Planète implané de la veille. Il ne valse pas, parce que là-haut règne la sage habitude d'attendre que les globes soient parvenus à l'âge d'amour pour les laisser valser.

Et voilà pourquoi la Terre ne peut pas tourner sur elle-même dans le commencement !

Il a dû être écrit de très-gros livres, par des gens très-savants, en faveur de cette théorie, mais je doute qu'on y rencontre un argument de cette force-là.

Chose étrange, cependant, que, parmi tant d'astronomes illustres, armés de si puissants télescopes, il ne s'en soit pas encore trouvé un seul pour y voir aux amours des astres, pas un seul pour se faire cette réflexion si simple : qu'il nous serait impossible à nous autres hommes d'aimer, si les globes qui nous portent et qui nous nourrissent n'aimaient pas !

Le même raisonnement analogique s'applique à la privation de la lumière du Soleil. D'abord, le fœtus n'y *voit* pas dans le milieu qu'il habite. Ensuite la venue de la lumière ne peut coïncider qu'avec celle de la rotation ; puisque c'est ce mouvement de rotation, dit le mouvement *diurne*, qui fait la distinction du jour et de la nuit.

Et enfin, quant à la privation d'atmosphère, le fœtus n'a que faire de l'air, puisqu'il n'a pas encore de poumons pour le respirer. L'embryon planétaire est dans le même cas ; et puis encore une fois, c'est la lumière et le mouvement de rotation qui engendrent l'atmosphère.

C'est-à-dire que je ne connais pas, dans tout le domaine de la science, un champ d'analogie aussi fécond et aussi vaste que celui que nous exploitons à cette heure.

Le chroniqueur de la Genèse hindoustane, qui a tiré le monde d'un œuf, a été plus véridique que celui de la Genèse judaïque, qui l'a tiré de rien.

Attendu que l'embryon de la Planète est un œuf véritable, un œuf enveloppé d'une *coque aromale,* laquelle transmet au germe intérieur la vibration du grand courant magnétique du tourbillon, comme la coquille de l'œuf transmet au fœtus incubé la chaleur du sein maternel.

Que si j'eusse pris pour terme de comparaison la larve de l'insecte, au lieu de l'œuf de l'oiseau ou du fœtus du mammifère, la justesse n'eût pas failli davantage à l'analogie. Car cette larve qui file sa coque ténébreuse, cette chenille qui se prépare pour une vie nouvelle au fond de sa chrysalide obscure, qu'elle percera bientôt pour en émerger glorieuse en sa tenue d'amour : cette larve, cette chenille sont toujours le même emblème, l'emblème de l'embryon d'un globe qui se prépare à sa métamorphose.

L'unité de plan est empreinte aux œuvres de la nature, en traits si caractéristiques, que la série des phénomènes relatifs à la vie de reproduction, dans tous les règnes, rentre fatalement dans le cadre analogique que je viens de tracer. La différence de volume peut varier entre les moules, depuis le terme de l'infiniment grand jusqu'à celui de l'infiniment petit. La durée de l'existence de tel être peut se compter par secondes ; celle de l'existence de tel autre par des millions d'années, sans que la diversité dans la forme implique jamais changement de route ni diversité dans le fond.

Décrivons maintenant, aussi brièvement que possible, le développement de l'embryon planétaire, depuis l'époque où nous sommes arrivés jusqu'à celle de sa *naissance*, ou de son éclosion à la nouvelle vie. Tâchons de dévoiler en quelques pages tous les secrets de la géologie.

Les cataractes du ciel ont fini de pleuvoir ; l'atmosphère de vapeurs d'eau n'est plus. La périphérie du noyau métallique du globe est recouverte d'une épaisse écorce de terrain vitrifié. Sur cette voûte résistante, qui doit servir d'assises à la Terre future, pèse, pour le moment, le poids d'un océan d'eau douce qui l'enveloppe de toutes parts. La plaine liquide immense occupe toute la scène à elle seule. Aucune évaporation, aucune agitation n'a lieu à sa surface, puisque l'air et le vent ne sont pas encore nés. Pas une voix n'interrompt l'universel silence, pas une lueur ne déchire le sein de la nuit sereine qui plane éternellement sur les flots endormis.

Cependant les terres molles s'étaient formées en même temps que les dures, dès le commencement; et la chaux, l'alumine, la magnésie et les autres oxydes métalliques, circulaient à l'état de vase dans le milieu liquide, brassés, mélangés, confondus par le roulis des flots. Ces oxydes terreux tenus en suspension ou en dissolution dans le sein de la masse liquide, élevée alors à une température excessive, étaient les éléments de la sédimentation future. Le temps vint où la nécessité de les précipiter se fit sentir.

Alors le haut conseil du tourbillon solaire, qui veille au besoin de ses globes, imprima à la Terre une secousse aromale, au moyen d'une décharge électro-magnétique, et aussitôt l'empâtement cessa et les eaux se purgèrent. Alors les corps les moins solubles et qui n'étaient tenus qu'en suspension dans le liquide (gneiss, roches schisteuses, etc.), se précipitèrent sur la voûte primitive pour constituer la première couche des terrains que les géologues appellent les terrains *stratifiés*.

Les géologues distinguent, à très-juste raison, entre le terrain primitif et celui de stratification ou de sédimentation.

Le terrain primitif est d'origine ignée, le second de formation sédimentaire ou aqueuse. Le premier a pour éléments des silicates plus ou moins vitrifiés, quartzites, granites, porphyres, etc. Le banc entier semble coulé d'une seule pièce et fondu d'un seul bloc.

Le terrain stratifié se compose, au contraire, de couches apposées l'une sur l'autre, comme les pierres d'un édifice, et qu'on appelle *strates*. Il a pour principaux éléments, l'argile, le calcaire, etc. Le terrain primitif est dit aussi la roche *ignée*, ou le terrain de formation *plutonienne*, pour le distinguer du terrain de sédimentation, dit de formation *neptunienne*.

La première couche de terrain stratifié, que nous venons de voir se déposer sur le terrain primitif ou sur la roche ignée, constitue donc la première couche du terrain que les géologues appellent de *transition*.

Cette première couche du terrain stratifié ou de transition ne laisse voir encore aucune trace de végétaux ou d'animaux fossiles ; preuve que la formation de cette couche est antérieure à l'apparition de la vie organique en ce monde. A cette époque, en effet, la température du milieu aqueux, trop rapproché du noyau de la fournaise, doit dépasser celle de l'eau bouillante ; ce qui exclut toute idée de poisson.

Toute formation de terrain ne pouvant se faire qu'aux dépens de l'eau solidifiée, la profondeur de l'enveloppe liquide perd, en proportion de ce que gagne la stratification ou l'écorce solide.

Un long temps se passa après cette première expérience. Les eaux, régénérées dans leur puissance de dissolution, l'appliquèrent à de nouvelles compositions et décompositions chimiques que dut suivre une épuration nouvelle. Les mêmes nécessités de précipitation se représentant, la même opération eut lieu. Un nouveau banc de roches schisteuses (grauwacke argileux et calcaire) se déposa pour former la seconde couche du terrain de transition.

Ici apparaissent, pour la première fois, les vestiges des premiers essais de la vie organique, sous forme de débris de zoophytes, de radiaires, de coquilles, etc. La vie organique à son début porte le triple caractère de la minéralité, de la végétalité, de l'animalité. Certaines algues n'ont jamais su trop dire à quel règne elles appartenaient.

Un madrépore est quelque chose comme une plante pétrifiée de naissance, servant de domicile à une bête qui n'en est pas une. La Terre ne pouvant engendrer que des êtres semblables à elle, comme dit Hippocrate, il s'ensuit que toutes les créatures de ce temps n'ont ni poumons ni mouvement à elles. La végétation ne peut pas en effet présenter, comme de nos jours, la double direction vitale de la plumule et de la radicule, puisque l'antagonisme de ces deux systèmes présuppose l'existence du fluide lumineux. Le mollusque enveloppé dans son *manteau* ne peut faire que ce qu'il voit faire à la Terre, c'est-à-dire secréter de sa propre substance sa coquille calcaire. Même les poissons dont l'existence remonte à ces époques reculées obéissent à la loi commune. Ils ne respirent pas par des branchies ; ils ne quittent pas le fond de l'eau, et leur corps est couvert, en conséquence, d'une cuirasse à l'épreuve de la pression la plus forte et du feu.

Sur cette nouvelle assise du terrain de transition s'étagent les diverses strates du terrain dit *secondaire*, charbon fossile, carbonate calcaire, marnes, grès rouges, groupe oolithique, sables verts, banc de craie, etc.

Chacune de ces couches est pétrie de débris de végétaux et d'animaux fossiles. Quelques-unes d'entre elles même en sont exclusivement composées. Je n'entre pas dans les détails intimes de la structure de ces premières assises du globe ; parce que ces détails sont du domaine spécial de la géologie matérielle et se trouvent consignés partout, où chacun peut les lire. Je prie seulement qu'on se souvienne que la direction de chacune de ces couches premières, est parfaitement horizontale, que leur composition est homogène, leur épaisseur partout égale, et que les mêmes espèces fossiles se retrouvent sous toutes les latitudes.

Ce qui prouve que le dépôt de chaque couche s'est opéré dans le plus grand ordre et dans le plus grand calme;... et que la température d'alors était la même pour toutes les latitudes.

Cette dernière conclusion ressortait suffisamment au surplus de ce fait : que la haute température d'alors provenait exclusivement du foyer central de la Terre. La circonférence, a dit le géomètre, est une courbe dont tous les points sont également éloignés du centre.

Finissons-en avec les enseignements de la géologie officielle, en disant qu'elle a baptisé du nom de terrains *tertiaires* tout ce qui reste de l'écorce terraqueuse du globe, depuis le premier banc de craie, jusqu'à la surface du sol actuel. Le terrain tertiaire ou de formation *récente* se compose principalement des débris voiturés par les derniers déluges, en outre des terrains produits par des causes encore aujourd'hui agissantes, comme les alluvions des eaux courantes, les deltas des fleuves, les îles de corail, etc. Ils ne renferment d'autres débris fossiles que ceux d'espèces vivant encore ou récemment éteintes.

On évalue généralement à une vingtaine de kilomètres la hauteur de l'écorce terrestre, c'est-à-dire de l'anneau compris entre la périphérie du noyau métallique et le niveau de l'océan. Il a fallu beaucoup de temps pour l'établir, si l'on en juge par la lenteur avec laquelle les sédiments terreux se déposent aujourd'hui dans le sein de nos mers. (Il a été constaté que le fond de la Manche ne s'élevait que de 4 centimètres par siècle.) Mais aucune raison ne nous induit à croire qu'il ait été procédé avec une semblable lenteur à la formation des terrains primitifs et secondaires. L'exemple des madrépores de la Papouasie nous est, au contraire, une preuve que la nature sait parfaitement, quand bon lui semble, allier la célérité à la persévérance. On sait que ces madrépores, qui ont entrepris de nos jours le comblement du détroit de Torrès, auront mené à fin cette gigantesque entreprise en moins de trois cents ans. Du reste, aujourd'hui que le travail de la formation de l'écorce terrestre est terminé, peu importe de savoir le temps qu'il a coûté, et je n'aventurerai pas de chiffre à cet égard...; sachant par expérience que la matière est peu récréative pour le lecteur, qui aime naturellement à croire à l'importance de sa personnalité éphémère, et qui ne trouve pas son bonheur dans l'entassement de ces milliards de lieues sur des milliards d'années, dans l'abîme desquels le chiffre d'une vie humaine s'affale et s'engloutit comme un imperceptible atome.

Je m'abstiendrai encore de chicaner la géologie officielle sur l'impropriété des termes qu'elle a choisis pour sérier ses terrains : primitif, secondaire, tertiaire ; comme s'il n'eût pas été plus poétique et plus scientifique à la fois de dire : Période *érébique* ou période *embryonnaire;* période *lumineuse* ou période *aromale;* création *dragonienne*, *mastodontienne*, *hominienne*, etc. J'ai en effet à appeler l'attention de nos lecteurs sur un sujet autrement important.

Car voici venir enfin le grand jour, le jour si désiré par tous de la *naissance* du globe. Recueillons-nous religieusement, et résumons en quelques lignes les enseignements de la géologie, avant d'aborder le récit de cet événement capital.

Toute création ou génération primitive, c'est-à-dire inférieure, a pour mission de préparer le sol pour la génération supérieure qui va suivre.

Toute couche sédimenteuse est le cimetière d'une génération morte au service du progrès.

Appliquons ce principe à l'histoire de notre planète :

Toutes les formations de la période embryonnaire, toutes les créations végétales et animales qui se sont supperposées jusqu'ici l'une à l'autre, zoophytes, mollusques, charbons, carbonates calcaires, tous ces moules du milieu obscur, sont les instruments dont la haute direction du tourbillon solaire s'est servi pour préparer l'émersion du monde lumineux.

Pourquoi la formation des carbonates calcaires que suscitent ces tas de mollusques dont je ne sais pas le nom?

Pour préparer le lit arable des continents futurs, lesquels dorment encore sous l'eau.

Pourquoi la formation des couches charbonneuses?

Pour créer les éléments de la végétation et de la respiration future.

Dans le même temps, en effet, que l'enveloppe inerte du mollusque expirant s'affaissait sur sa couche, ses principes animaux subtils, l'azote, l'oxygène et les autres, s'élevaient vers les sphères supérieures pour y préparer les éléments de l'atmosphère future; et, de chacun des lits de mort des générations ténébreuses, montaient vers la surface, en tourbillons immenses, les aromes de lumière, de mouvement et de vie.

Le jour de la métamorphose solennelle arrivé, l'embryon parvenu à son état de développement parfait et pourvu de poumons, les éléments de l'air et de la lumière prêts...., la planète reçoit d'en haut une décharge électro-magnétique d'une énergie extrême. Aussitôt, le voile de ténèbres qui dérobait depuis tant de siècles à la Terre la vue de son soleil, se déchire du haut jusqu'en bas. L'astre émerge à la vie de lumière; l'œil de Dieu est sur lui. Il respire pour la première fois et se noie avec délices aux flots de l'océan aromal qui l'inondent de toutes parts. Un besoin de mouvement désordonné circule en tout son être.

C'est le principe de la vie nouvelle, le principe d'expansion, la force centrifuge qui vient d'entrer en lui et d'y commencer sa lutte avec la puissance de gravitation ou de compression qui, jusqu'alors, l'a retenu captif. Il essaie de franchir d'un bond les limites de son orbite solaire où la main de Dieu l'a fixé. Contraint alors de se retourner sur lui-même et de dépenser en son sein cette force d'expansion qui l'oppresse, il crée son mouvement de rotation, il commence à valser sa valse frénétique.

L'air se fait, après l'air les vents, fils des rayons solaires qui vaporisent les ondes, et engendrent la série des phénomènes météorologiques. Tout bruit, tout se meut, tout s'échauffe, tout scintille à la surface du globe, encore enseveli la veille dans le froid silence de la nuit. Spectacle merveilleux pour l'observateur bien placé; changement de décors à vue, d'un effet admirable; car la révolution s'est accomplie entre deux soleils, et, le soir même, une nouvelle étoile de couleur améthyste, a fait son apparition dans nos cieux.

Mais que la grandeur et la nouveauté du spectacle ne nous éblouissent pas. Surtout gardons-nous bien de laisser échapper de nos mains ce fil précieux de l'analogie passionnelle qui nous a si fidèlement guidés, jusqu'à cette heure, à travers les dédales de la création.

On sait les effets habituels de la première valse sur les organisations délicates, le tournis universel, l'ébranlement nerveux, les terribles déchirements d'entrailles qui la suivent....

La Terre aussi a été secouée rudement par sa première épreuve.

A l'étourdissement général, succédèrent chez elle les nausées, puis aux nausées, des convulsions atroces; à la suite desquelles jaillirent naturellement de son sein des torrents de métal liquide qui perforèrent les voûtes de l'écorce ébranlée, détruisirent l'horizontalité des strates et redressèrent en murailles verticales les parois de leurs cratères. Et pendant longtemps il y eut une éruption volcanique intense, à chaque syzygie. De ces vomissements naquirent les volcans, les montagnes et les premières terres. L'équateur se renfla, ce qui fit que les pôles s'aplatirent, et que le niveau des mers fut changé.

Cette nouvelle théorie de la formation des montagnes et du reste est si claire ; elle rend si facilement compte de tous les changements survenus dans les choses d'alors, que je craindrais de l'affaiblir par une démonstration.

J'ai besoin seulement de dire, contre ma gloire, que la théorie nouvelle n'est pas de moi, mais de tout le monde, attendu que dans tous les traités de géographie à l'usage des jeunes élèves, le volcan se définit : *une montagne qui vomit du feu;* les Latins prononcent *ignivome.*

J'ajoute que la science elle-même a accepté depuis peu le fond de la théorie, et qu'elle attribue volontiers le renflement des équateurs, et la formation des chaînes de montagnes, à l'effet de la transition trop brusque du mouvement simple de la Terre à son mouvement composé (rotation), c'est-à-dire que la science accepte la chose sans le mot.

Voilà enfin que l'émersion des continents a eu lieu, que la mer, chassée des régions de l'équateur par le renflement de cette zone, s'est précipitée dans le gouffre de la dépression polaire ; et que la jeune planète est mûre pour une création nouvelle : cette création se fait.

C'est la première des créations lumineuses. La Terre qui respire forme tous ses produits semblables à elle-même. Donc, les végétaux de la nouvelle création fleuriront et vivront de l'atmosphère. Les animaux destinés à vivre au sein des ondes seront pourvus de branchies, les terriens de poumons. Seulement, comme en ces premiers jours, l'atmosphère contient une énorme proportion d'acide carbonique, la mission de la création nouvelle sera naturellement d'épurer ce milieu et de le préparer pour une génération ou une création supérieure. En conséquence, les plantes devront atteindre un développement gigantesque pour fixer le charbon, et elles appartiendront quasi-exclusivement à la famille des monocotylédones, comme la première appartenait exclusivement à celle des cryptogames. Le type général de l'animalité sera celui du dragon de la légende, une sorte de monstre amphibie ou de crocodile ailé, fait pour vivre dans le milieu empesté des savanes, qui sont les premières terres du globe. Les oiseaux seront couverts d'écailles et de poils; l'oviparie sera le principal caractère de la vie de reproduction.

Pendant toute la durée de cette création, la température moyenne du globe est beaucoup plus élevée que celle d'aujourd'hui, et la chaleur a sa principale source au foyer général des aromes du tourbillon, autrement dit l'atmosphère du soleil. La Terre jouit d'un été perpétuel; l'axe de rotation est perpendiculaire à l'équateur, et les jours sont égaux aux nuits. L'eau de l'océan n'a pas encore atteint le degré de salure qu'elle marque aujourd'hui. Le refroidissement et la cristallisation du noyau central ont fait d'immenses progrès, depuis l'éruption volcanique qui a mis en contact le foyer de chaleur interne, l'atmosphère et les eaux.

Puis les terres ont continué d'émerger et les mers de se retirer. Les arêtes des chaînes se sont dessinées plus ostensiblement chaque jour, et, de toutes parts, ont pointé les îlots destinés à se souder un peu plus tard par leurs bases pour faire les continents. Les vents ont soutiré peu à peu l'eau douce de l'océan pour la convertir en nuages ; les nuages saturés se résolvant en pluies fécondes ont arrosé les plaines et les collines, et créé les sources des fleuves. Et toutes les puissances du règne végétal, activées par la triple influence de la chaleur, de la lumière et de l'humidité, ont bu l'acide carbonique à hautes doses. Quand l'air fut suffisamment purifié, quand la dernière des prairies et le dernier des pâturages furent assez vastes pour suffire aux besoins d'une création nouvelle, cette création se fit.

Cette création, qui porte le numéro 2 dans l'ordre des lumineuses, est celle qui précède la venue de l'homme; elle a pour type le mastodonte. Son histoire est écrite partout : je ne la reproduirai pas. Je glisserai aussi rapidement sur celle des déluges qui ne sont que des accidents locaux et de faible importance. Les déluges sont des déplacements de liquide ou plutôt des échanges de mer à continent, occasionnés par des variations de direction dans l'axe de la Terre.

Vint enfin la troisième création, celle de l'homme, il y a dix mille ans au plus. Je ne connais pas de sujet sur lequel on ait fait plus de contes. Ici l'histoire est à remanier de fond en comble, de l'alpha jusqu'à l'oméga.

Le procédé le plus simple et le plus efficace pour réfuter les mensonges de toute nature, est de dire par ce qui fut ce qui n'a pas été. C'est celui que j'ai employé jusqu'ici et dont je continuerai de me servir jusqu'à l'achèvement de ce récit.

J'ai dit que la Terre avait été appelée, il y a très-longtemps, à faire partie du tourbillon solaire en qualité de Planète cardinale au titre passionnel d'Amitié. Il convient d'ajouter, pour rassurer beaucoup de gens qui croient trop facilement à la fin de leur monde, que la vie des Planètes cardinales se mesure par millions de siècles, et que la Terre n'est encore parvenue qu'à sa période d'enfance.

Et qu'il en est de même pour notre humanité qui a été créée pour vivre sur cette Planète un peu moins de cent mille ans.

La preuve de l'extrême jeunesse de l'humanité terrienne est dans sa pauvreté, sa méchanceté, sa misère, son ignorance, sa foi aux miracles. La crédulité superstitieuse et la peur de l'enfer sont caractères certains de faiblesse enfantine. Quand l'homme fort s'affaiblit, quand il commence à remordre aux sottes terreurs qui l'avaient assiégé dans ses premières années, on dit de lui avec raison qu'il retombe en enfance.

Ce qui prouve d'ailleurs l'extrême jeunesse de la Terre, c'est le petit nombre de siècles qui se sont écoulés entre la phase d'Édénisme et celle que nous traversons aujourd'hui, soixante siècles au plus.

Car l'Édénisme est la période de la vie de la planète qui correspond à la première phase de la vie de l'humanité. Elle s'ouvre le jour même de la naissance de l'homme. Les premiers hommes naissent adultes, les premières femmes nubiles. Les peintres qui représentent Adam et Ève avec des corps tout à fait semblables aux nôtres et ornés de la cavité ombilicale font un anachronisme et une faute d'orthographe.

En effet, on ne concevrait pas que l'homme, dont l'enfance est si longue, fût parvenu à asseoir sa domination sur ce globe, fût parvenu même à se défendre contre les périls de l'extérieur, s'il eût été jeté par ses auteurs, faible et nu, au beau milieu de la création actuelle. Aussi les planètes mères ont-elles toujours grand soin de faire coïncider l'éclosion de leurs humanités avec une ère paradisiaque, au sein de laquelle celles-ci puissent se développer et grandir; grandir assez en intelligence pour comprendre la nécessité du travail; en force physique, pour contraindre la nature avare à leur fournir leur subsistance quotidienne.

La durée de l'Édénisme, hélas! fut trop courte pour la Terre et son humanité. Toutes les religions des peuples de la Terre regrettent cette ère paradisiaque; ces regrets sont excusables; mais ils dénotent la faiblesse de l'intelligence de l'homme et le peu de foi qu'il a dans la bonté de son Dieu. Les yeux que Dieu a donnés à l'homme sont faits pour regarder en avant et non pas en arrière; l'homme religieux et sensé ne doit se préoccuper que de l'avenir et non pas du passé; le fameux mot d'ordre de la France : *En avant!* doit être celui de l'humanité entière. Je ne pleure pas le bonheur de l'Éden, par la raison que j'attends mieux et que je désire plus.

En effet, ce bonheur de l'Éden dont on a tant parlé n'était qu'un bonheur mesquin, si on le compare à celui dont nous jouirons en France et partout, quand nous aurons réalisé l'harmonie sur le globe; si on le compare à celui dont jouissent présentement les harmoniens de Saturne et d'Herschell. C'était, si vous voulez, l'heureuse quiétude de la période d'Enfance, comparée aux voluptés enivrantes de la période d'Amour. Les Paradisiens ignoraient le luxe, et le luxe est le foyer vers lequel converge l'essor collectif des passions sensitives. Or, qu'est-ce qu'une félicité qui ne donne pas satisfaction au plein essor des sensitives! Un jour, en Harmonie, quand nous aurons réduit le moraliste et le guerrier à l'état de mythe, les diamants, les parfums et les essences précieuses ruisselleront dans les moindres fêtes; les femmes mettront à contribution les mers et les forêts, les bêtes et les plantes, pour ajouter par la parure à la puissance de leurs charmes, dont les statues des Phidias d'aujourd'hui n'offrent qu'une pâle idée. La musique déploiera ses innombrables phalanges de chanteurs et d'exécutants, pour entonner l'hymne glorieux du travail attrayant. Dans ce temps-là, nous ne serons guère éloignés de confondre dans nos obscurs souvenirs le séjour du paradis terrestre avec celui de la Sibérie et de l'Irlande, où les pauvres travailleurs mouraient de faim par milliers.

Les historiens dits religieux, qui se sont chargés de transmettre aux générations postérieures le tableau des délices de la vie paradisiaque, ont abusé ici, comme toujours, du droit de calomnier Dieu. Ils ont écrit que ce Dieu avait commandé à ses créatures de *croître* et de *multiplier*, c'est-à-dire qu'il leur avait mis au cœur un ardent besoin de connaître et de s'instruire, et puis après qu'il leur avait défendu de toucher au fruit de l'arbre de science. De telles contradictions, je le répète, sont une honte pour ceux qui les fabriquent, aussi bien que pour ceux à qui on les sert. Comme ces tristes et fastidieuses descriptions du bonheur pastoral des Paradisiens qu'on trouve dans la Genèse, sont bien faites pour de grossières imaginations de Juifs, de barbares ou de civilisés ! Que vous semble enfin de cette contradiction stupide où Dieu serait tombé : d'avoir doté la femme de la beauté suprême, sans lui donner en même temps un admirateur pour lui dire combien elle était belle ! Excusez-les, Seigneur, car ils ne savent ce qu'ils disent !...

Le bonheur des Édéniens au Paradis terrestre ne venait pas de ce que l'amour y était interdit, comme le rapportent les Saintes Écritures. Au contraire ; seulement ce bonheur était un bonheur composé de premier degré, qui pivotait, *au passionnel*, sur la liberté illimitée d'amour, sur l'absence de préjugés (innocence), sur le droit d'*insouciance* surtout, ce droit précieux que la nature accorde à l'Enfant et au Sauvage, et qu'elle refuse au Barbare et au Civilisé. Il est difficile de faire entendre aux hommes corrompus de la phase sociale actuelle que la liberté d'amour, que la liberté du choix est la première condition de la dignité de la femme et du bonheur de l'homme. L'imagination de ces êtres, profondément gangrenés de moralisme et d'hypocrisie, ne veut pas admettre la compatibilité de la liberté amoureuse et de la pudeur, charme suprême du sexe féminin et qui décuple le prix des conquêtes d'amour. Ces moralistes, qui sont pour la plupart assez vieux et très-laids, sont persuadés que si l'on émancipait en ce moment toutes les femmes, ces malheureuses viendraient se jeter à leur cou. Illusion gratuite et superlativement ridicule! Que messieurs nos législateurs nous accordent seulement la loi du divorce, ils verront.

Au *matériel*, le bonheur des Édéniens reposait sur l'équilibre parfait de température, sur l'abondance de tous les fruits de la terre et sur l'absence du capital. L'équilibre de température fut cause que, pendant toute la durée de cette période, le rhume de cerveau et le catarrhe, sources originelles de toutes les maladies humaines, furent totalement inconnus; d'où ces exemples fréquents de longévités fabuleuses qui nous étonnent dans l'histoire de nos premiers parents. Alors la durée de la vie moyenne était de cent quarante-quatre ans, et l'on aimait encore passé quatre-vingt-dix-neuf. La taille de l'homme approchait généralement de sept pieds, celle de la femme de cinq et demi. L'abondance des fruits que la nature, prodigue de ses dons, appendait toute seule au-dessus de la bouche de l'homme, le dispensait du travail et lui conférait l'heureux droit d'insouciance. *Le capital enfin, qui donne le droit de fainéantise* et *de parasitisme*, n'était pas encore inventé ; le capital n'est jamais qu'une précaution légitime contre la misère et le travail répugnant, et qui ne saurait exister là où est inconnue la misère.

Équilibre de température, absence de préjugés et de capital, nature riche et prodigue, tout cela s'est presque retrouvé, hélas! dans la Cythère de l'Océanie que découvrit Bougainville, il n'y a pas cent ans. Taïti nous offrait encore, dans le siècle dernier, un tableau de mœurs de *demi-Édénisme*, période de transition de l'Édénisme pur à la Sauvagerie, période mixte où l'homme jouit encore du droit d'insouciance, où l'on s'aime beaucoup encore, mais où l'on commence déjà à se manger un peu et à employer des moyens énergiques contre l'excès de population. A Taïti, aussi, les hommes avaient près de sept pieds, et les femmes étaient toujours jeunes. Les civilisés d'Europe nous ont déjà gâté ces îles fortunées, qui inspirèrent à Jean-Jacques de si touchantes apostrophes. Ils y ont introduit leur Bible et leur morale, et en moins de quatre-vingts ans, la population de Taïti a décru du chiffre de cent cinquante mille âmes à celui de dix mille; la maladie a remplacé la santé, l'inquiétude l'insouciance, la propriété morcelée celle de la tribu ; et la richesse de la taille et la beauté de la femme ont subi une dégénérescence analogue. Encore un demi-siècle de la domination puritaine de la Grande-Bretagne, et la race poétique des Cythériens de l'Océanie est perdue. Pauvre race! On dit que ses impitoyables persécuteurs ont bien odieusement exploité ses faiblesses! — On dit qu'ils lui ont défendu, sous peine d'amende, d'aimer entre le lever et le coucher du soleil, — et qu'ils ont pu faire exécuter, avec le produit de cette pénalité, des travaux gigantesques. Pauvre race ! car ses bourreaux ne se sont pas contentés de lui ravir l'insouciance et l'amour, ils l'ont calomniée, ils l'ont accusée d'immoralité profonde et de penchant invincible pour le vol. Pour le vol ! Comme si le vol pouvait se loger là où il n'y a pas même l'idée de la propriété ! Comme si les provocantes sirènes qui s'avançaient à la nage au-devant de l'escadre du navigateur européen, et qui arrachaient les clous de la coque des navires pour s'en faire des colliers, avaient jamais songé à causer le moindre tort à personne ! Comme si elles n'avaient pas toujours été disposées, au contraire, à céder généreusement, en échange de ces méchants clous de cuivre, tout ce qui leur appartenait !

C'est une chose très-bizarre que les principes de la propriété et de la morale n'aient jamais eu de plus chaleureux partisans que chez les peuples pillards, voleurs de profession, et surtout religieux comme l'Anglais et le Romain.

Mais les délices de la température des îles océaniennes ne sauraient donner une idée, même approximative, de la température dont jouissait la Terre dans la période Édénique.

Car, en ce temps-là, la Terre se pavanait, resplendissante d'orgueil, au milieu d'un pompeux cortége de satellites ; et la glorieuse écrasait de son luxe le pauvre Jupiter. En ce temps-là, cinq lunes l'escortaient, Mercure, Cérès, Pallas, Junon, Phœbé (la Lune), cinq lunes vives, jeunes, ardentes, douées d'une puissance énergique d'absorption et de résorption aromale, et travaillant de fougue à raffiner les aromes de leur astre cardinal et à communiquer à toutes ses productions végétales une saveur exquise et des propriétés délirantes. Et ces cinq lunes brillantes et nuancées chacune d'une couleur différente, comme autant de feux de Bengale, servaient d'illumination perpétuelle à ses nuits, et donnaient à la voûte étoilée d'alors un éclat velouté, un charme religieux qu'aucune langue de poëte d'aujourd'hui ne saurait rendre. Et l'astre portait au front, en signe de sa puissance, une couronne radieuse, une couronne boréale dont l'aspiration bienfaisante absorbait l'excès de calorique de la zone équatoriale, pour le répartir avec art sur la vaste surface du continent boréal, où régnait la douceur d'un printemps éternel, où l'éléphant polaire se prélassait nonchalamment sur des tapis de fleurs. Et la Terre, aidée dans son travail par le concours affectueux de tous ses satellites et par celui de tous les astres du tourbillon solaire, enfantait chaque jour quelque production nouvelle, ajoutait quelque nouveau terme aux séries de ses trois règnes, animal, végétal, minéral.

J'entends ici des fâcheux m'interrompre pour m'objecter que ce nouvel aspect de l'existence paradisiaque n'est pas en concordance parfaite avec les idées généralement reçues dans le monde, pas plus qu'avec les récits de la Bible ; comme s'il était facile de contenter à la fois le bon sens et la Bible ! Et que me fait à moi de n'être pas d'accord, en matière de cosmogonie, avec un livre saint qui fait tourner le soleil autour de la Terre et pousse l'irrévérence envers cet astre pivotal jusqu'à le mettre de moitié dans les scélératesses d'une bande d'ignobles assassins !

Peut-être bien, d'ailleurs, que si je tenais beaucoup à faire parler la Bible en faveur de ma thèse, je n'aurais pas besoin de fouiller très-avant dans le livre juif pour mettre la main sur les preuves écrites de l'existence de la couronne boréale au temps de la Création. Je me suis même laissé dire à ce sujet qu'un savant naturaliste de Genève (M. de Candolle) avait réussi à démontrer l'existence du phénomène, par l'autorité même de la Genèse. Si j'ai bien retenu maintenant ce que j'ai lu en ce livre peu moral, il doit s'y trouver un passage d'un certain Isaïe, un prophète inspiré de Dieu, qui en dit encore plus à cet égard que le naturaliste de Genève, affirmant en propres termes que, quand ce *globe aurait jeté sa lèpre* (Civilisation), *la lumière de la Lune serait comme celle du Soleil, et celle du Soleil sept fois plus brillante, comme la lumière des sept journées !!*

Et erit lux Lunæ sicut lux Solis et lux Solis septempliciter, sicut lux septem dierum (Isaïe, ch. XXX ; v. 26.)

Reste à mettre d'accord la version de Moïse avec celle d'Isaïe, ce qui ne me regarde pas.

Je sais encore que l'humanité, simple comme au jeune âge, s'est hâtée d'accueillir une explication ridicule de la Chute. Dieu m'est témoin que je ne me serais pas détourné de la route de mon récit, pour m'amuser à réfuter ce conte absurde de la damnation éternelle et du fruit défendu, mais on ne peut pas raisonnablement, non plus, m'empêcher de le pousser du pied quand je le rencontre sous mes pas. Ce que je fais.

La Chute de l'humanité, c'est le passage de la liberté à l'oppression, de la richesse à la misère, de l'insouciance à l'inquiétude, de la propriété sociale à la propriété individuelle, de l'innocence à la perfidie, de la paix à la guerre. Quelle faute opéra cette métamorphose désastreuse? Une seule, la misère.

Oui, la misère toute seule. La détérioration de la climature, l'*avénement du capital* et la double invasion de l'esprit religieux et philosophique, qui ont contribué pour une si large part aux malheurs de l'espèce humaine n'arrivent qu'en second ordre dans les causes de la dégradation de l'homme.

Il arriva donc qu'un jour la population de l'Éden se trouva trop nombreuse pour que la production *spontanée* du sol pût suffire à tous ses besoins, et que les hommes reconnurent la nécessité d'augmenter cette production par le travail. Mais c'est chose pénible que le travail dans l'enfance de l'humanité; car il faut d'abord que l'industrie invente et façonne ses outils; il faut que le chasseur ait obtenu préalablement le concours du faucon, du chien et du cheval, pour que le laboureur songe à entreprendre la culture. Or, les hommes, qui ne voulaient pas s'astreindre aux dures conditions du travail et qui se voyaient plus forts que les femmes, commencèrent par asservir celles-ci, et l'esclavage commença sur la Terre. Et comme les tyrans ne manquent jamais de bonnes raisons pour justifier leurs méfaits, ils mirent le malheur de la Chute sur le compte de la femme et la firent maudire par leurs Dieux. Les Dieux faits à l'image de l'homme sont toujours de compte à demi avec les bourreaux pour calomnier les victimes, et toujours prêts à couvrir du manteau de l'inviolabilité la sainte paresse des habiles. Ce qui ne m'empêche pas de déclarer que, puisque la chute de l'humanité a commencé par l'asservissement de la femme, l'humanité ne se relèvera que par la complète émancipation de celle-ci.

Mais ce n'était pas assez d'avoir jeté tout un sexe en esclavage. Les femmes esclaves ne suffisant pas à nourrir de leur travail la paresse des hommes, les plus *forts* de ceux-ci se coalisèrent pour écraser les plus *faibles,* et ils organisèrent la caste, la caste des *paresseux*, la caste *noble.* Ils partagèrent le monde en deux catégories, les oisifs et les travailleurs, les propriétaires et les prolétaires; les *Saints*, les *élus de Dieu*, et les *réprouvés*, les *parias*. Ils s'arrogèrent *le droit de consommer sans produire*, laissant aux déshérités, aux vaincus, aux travailleurs, *le droit de produire sans consommer*. Et ils eurent sans peine des prêtres et des philosophes qui, moyennant une part dans leurs priviléges de paresse, déclarèrent que l'esclavage et l'exploitation du fort par le faible étaient le dernier mot de la volonté de Dieu, et *la seule base possible de l'ordre et de la société*. Et tout ce qui protesta contre la volonté de Dieu, exprimée par ceux qui s'en constituaient d'eux-mêmes les interprètes, fut impitoyablement mis à mort, comme rebelle à la loi divine.

Ainsi périrent les murmurateurs, par exemple. Comme ils refusaient de croire à la mission de Moïse, celui-ci, qui était un très-grand magicien, fit s'entr'ouvrir à l'instant même, sous les pieds des coupables, un abîme de feu qui les dévora. Et ils ne murmurèrent plus.

Or, la planète souffrait horriblement de ces discordes intestines, de ces prétentions désordonnées de la force et du capital, et la douleur minait insensiblement sa santé, et les ravages de la maladie suivaient sur sa surface une marche parallèle à celle des ravages de la guerre. Elle continuait bien son œuvre de création avec courage, mais la vigueur lui manquait déjà pour parfaire ses races d'hommes, ce qui se reconnaît sans peine aujourd'hui aux caractères de la face des dernières races créées (Australiens), qui ressemblent trop aux quadrumanes. Et la triste lacune, fille de l'impuissance et mère du chaos, commençait à déshonorer la série.

Le déclin s'annonçait vers la fin du IIIe siècle de l'ère paradisiaque. Au bout de trois autres siècles, le virus des doctrines moralistes, qui prêchent la compression pour consolider le régime du capital et de l'iniquité, s'était déjà infiltré dans les veines de l'humanité ; et la cardinale d'Amour (Herschell), justement indignée des théories qui avaient cours ici-bas, sur le compte de sa passion rectrice, avait rompu violemment avec la Terre. Le courage de celle-ci fut moins fort que sa douleur ; la langueur s'empara d'elle, et bientôt une maladie de la nature la plus pernicieuse faillit tarir dans son sein les sources de la vie. Cette maladie était par malheur contagieuse ; ce que voyant les autres astres, ils s'empressèrent de suivre l'exemple de la cardinale d'Amour et d'interrompre toutes relations amicales avec la planète empestée. Cérès, Pallas, Junon s'enfuirent vers l'entre-ciel de Jupiter. La planète vestalique, Mercure, lune favorite du tourbillon, et chef des satellites de la Terre, se réfugia au parvis du Soleil. La Lune seule, l'infortunée Phœbé, digne d'un meilleur sort, avait voulu demeurer fidèle à la Terre au milieu de la désertion générale ; elle paya cher cet acte de dévouement sublime ; la contagion l'atteignit, elle mourut au troisième accès. Nous sommes tous mortels.

Le déluge d'il y a six mille ans fut la première conséquence de cet accident déplorable ; car Phœbé désorbita étrangement dans les convulsions de son agonie, et, s'approchant un peu trop de la Terre, fit extravaser les mers de celle-ci et noya quelques continents. Et le sinistre ne se borna pas à une inondation, le coup porta bien plus haut ; il ébranla la Terre sur son axe, qui, de perpendiculaire, devint oblique à l'Équateur... et l'hiver avec ses frimas naquit du déplacement. Alors le méridien magnétique déclina subitement, et la couronne boréale qu'entretenait le courant régulier du fluide tomba du front de la Terre ! Le double flambeau des pôles s'éteignit, et l'immense continent du Nord, naguère si émaillé d'animaux et de fleurs, s'ensevelit soudain dans son linceul de glace... L'âme se fend au récit de telles catastrophes. L'éléphant qui fut trouvé en 1805, aux bouches de la Léna, au beau milieu d'un bloc de glace où il s'était conservé pendant six mille ans au moins, *en chair et en poil,* cet éléphant avait vu toutes ces choses et bien d'autres encore, et sa parfaite conservation atteste que l'englacement des pôles s'est produit par un refroidissement subit, par le fait du même choc qui décoiffa la Terre.

Et voilà ce que c'est que la Chute, cet accident que la malignité humaine et l'imposture moïsiaque ont si étrangement défiguré. La chute de l'homme n'a été que le contre-coup de celle de la couronne boréale. La femme n'a été pour rien dans le désastre. Le péché originel, que de mauvais plaisants ont appelé le péché *original*, sous prétexte que l'idée de faire expier aux gens un crime qu'ils n'avaient pas commis était éminemment facétieuse, le péché originel est un conte.

Depuis la catastrophe, la Terre travaille avec ardeur à réparer ses désastres. La fréquence des aurores boréales dit assez la continuité des peines qu'elle se donne pour reconquérir sa couronne, attribut de sa dignité de cardinale, et condition *sine quâ non* de la restauration de sa température paradisiaque. Mais parfois aussi le découragement s'empare d'elle, et de noires idées traversent son cerveau, quand elle revient au souvenir du passé et qu'elle songe aux années qui la séparent encore des jours où elle rentrera dans sa gloire et reprendra le cours interrompu de ses créations. Quelquefois ces accès de marasme se sont prolongés de telle sorte, que la vie même de la planète a été mise en question. Je ne connais pas de globe qui ait eu l'enfance aussi pénible que la Terre, et dont on ait désespéré autant de fois. Les deux plus dangereuses crises dont l'histoire ait gardé mémoire sont celles qui se rapportent à l'époque de la mort de César et à la fin du siècle dernier. La Terre n'est pas remise encore de cette récente secousse... Le bruit a couru même que la question d'amputation de la planète malade avait été sérieusement agitée naguère, dans le grand conseil de voûte sidérale, à l'occasion de l'apparition de l'épidémie des pommes de terre. J'aime à penser que la résolution est tout à fait prématurée, et que ces bruits ont été répandus à dessein par les amis de la Terre, qui voudraient lui faire peur, et l'amener par intimidation à jeter sa philosophie et ses philosophes par-dessus les moulins. Ainsi soit-il! Il est certain que l'impossibilité où la Terre se trouve de fournir au Soleil son contingent d'arome *tétracardinal* est, pour tout le tourbillon, une cause d'irritation légitime et un grave empêchement, et que la pauvre malade n'est pas seule à souffrir de son délaissement. Reste à savoir jusqu'à quand la fausse morale abusera de notre patience, pour prolonger la disgrâce de la Terre!

L'exposé qui précède raconte implicitement les misères et les lacunes de la création dernière (n° 3). Le mal y est en dominance, les caractères subversifs y sont la règle générale, les caractères harmoniques (espèces utiles à l'homme) l'exception. Il y a des familles, comme celle des félins, comme celle des serpents, qui ne comptent pas une seule espèce franchement ralliée à l'homme; et, sur une masse de cent mille espèces d'insectes peut-être, c'est tout au plus si trois ou quatre ont consenti, jusqu'à ce jour, à travailler pour nous. Tout cela est dans l'ordre, et il n'y a point à se récrier contre un pareil état de choses. Disons, dès à présent, qu'on aurait tort de se préoccuper plus qu'il ne convient du caractère subversif des premières créations des globes, car ce caractère subversif est de nécessité. Une création est toujours en rapport avec la situation morale et les besoins de son globe. Par conséquent, la malfaisance des espèces doit être la règle générale dans les créations des phases subversives ou limbiques, comme elle est l'exception dans les phases harmoniques. La dernière création, si féconde en requins, en tigres et vipères, n'est que l'image des misères et des vermines qui assiégent l'enfance humaine; mais ces créations-là sont nécessaires comme le mal, pour contraindre l'homme à conquérir ses destins glorieux, à force de génie, de travail et d'efforts.

La loi du mouvement veut que l'humanité réagisse sur le milieu inférieur où elle se meut, de manière à dompter le mal et à s'élever de plus en plus dans l'échelle de l'universelle hiérarchie. Nous ne devons pas nous exagérer les horreurs d'une création subversive, par la raison que les créations d'harmonie ont pour objet de faire disparaître de la surface du globe toutes les espèces hostiles ou rebelles à l'homme. Dieu ne fait rien d'inutile d'ailleurs, et peut-être que l'homme n'aurait jamais ambitionné les jouissances de la propreté et du confort, sans le stimulant de la puce, de la punaise et des autres infamies qui tyrannisent ce tyran de la Terre.

Laissons donc passer les fourmis, les lions et les sauterelles; d'autres créations viendront qui commenceront par rétablir la balance entre les types; puis viendra la dernière, la suprême création d'harmonie qui intervertira totalement les termes de la proportion, et qui ne conservera de caractères subversifs que ce qu'il en faudra pour la montre. On peut bien avoir un peu de patience en face d'un tel espoir.

Reste maintenant à distribuer l'harmonie parmi les êtres de cette dernière création, c'est-à-dire à les classer d'une façon méthodique. La tâche, au premier aspect, semble facile, mais cette facilité n'est qu'apparente, hélas!

En effet, nous avons bien un clavier passionnel, hominal ou sidéral, composé de 32 touches en jeu majeur et mineur, avec 4 ambiguës et 4 sous-pivotales. Ces 32 notes sont produites par le doublement des deux modes ou des 12 notes de gamme, augmentées de leurs complémentaires. Chaque gamme de 12 notes se décompose en deux groupes, par 7 et 5; chaque groupe de sept en deux groupes, par trois et quatre. Ne spéculant que sur un seul mode, puisque le mode mineur n'offre qu'une contre-épreuve symétrique du mode majeur, nous trouverons ici pour le cadre de la classification universelle douze séries *radicales*; plus quatre de transition, en tout seize grandes divisions naturelles. Suit la subdivision des séries radicales en groupes, genres, espèces et variétés, par 7, 5, 4, 3, 1. Voilà pour le chiffre des divisions ordinales du cadre. Quant au classement hiérarchique des genres, des espèces et des individus, l'opération ne présenterait guère plus de difficultés.

Tout moule éminent en dignité révèlerait la paternité cardinale et indiquerait le n° 1 de la série. Puis chacune des modulations graduées de la série recevrait son nom de baptême du titre aromal des satellites, ou de l'ambiguë de sa cardinale. La dominante passionnelle de chaque groupe; de chaque individu en un mot, indiquerait son origine planétaire, et dirait en même temps, comme une pierre de touche infaillible, ou plutôt comme un diapason de la gamme passionnelle, les lacunes des séries existantes et la tâche des créations à venir.

Sans doute, c'est bien là le principe de la classification universelle des sciences, et *toutes les sciences sont bien la même*... et les bêtes, les minéraux et les fleurs ne sont bien que des moules divers pétris par la puissance créatrice des Planètes, pour représenter la passion humaine... Et les Planètes, obéissant dans la fabrication de leurs types à la loi une de la Série, il s'ensuit fatalement que le cadre de toutes les classifications est le même pour tous les règnes de la nature. Gamme des caractères, gamme des couleurs, gamme des sons, gamme des bêtes, des fleurs, tout prend modèle pour se former sur la hiérarchie passionnelle. C'est désormais à l'affinité caractérielle, à l'analogie, de placer chaque famille à son rang et de lui assigner son numéro d'ordre. Les cases de l'échiquier universel restent les mêmes, il n'y a plus à changer que les noms sur l'étiquette.

Seulement voici le malheur; voici le revers de la médaille. La perversion honteuse des deux sens du goût et de l'odorat est arrivée à la quasi-insensibilité absolue chez l'homme de nos jours, chez le civilisé notamment, doublement abruti par l'abus du tabac et des liqueurs corrosives; si bien que la faculté de percevoir les aromes typiques des Planètes est perdue pour l'espèce. De là l'impossibilité radicale de la classification universelle fondée sur l'indication de l'étiquette astrale ou de la marque de fabrique des êtres à classer.

Quant à celle basée sur l'analogie passionnelle, c'est-à-dire sur les rapports caractériels de l'homme avec les créatures inférieures, la difficulté qui se présente n'est pas moindre en pratique, quoique non insoluble en pure théorie. Pour comparer caractériellement l'homme aux bêtes ou aux fleurs, il faudrait, en effet, que la science eût préalablement dressé l'échelle analytique des 1,620 caractères humains; il faudrait, en un mot, que le clavier passionnel de l'homme et de la femme existât. Or, il n'existe pas; la science a jusqu'à ce jour refusé de mordre à l'œuvre, et la tâche à entreprendre dépasse de cent mille coudées les forces d'un homme seul.

Donc le classificateur le plus rempli de bon vouloir en est réduit encore à l'emploi des moyens empiriques, et sa seule ambition doit se borner pour l'heure à faire mieux que ses devanciers.

Que si, néanmoins, la curiosité de la lectrice, trop vivement surexcitée par cette annonce décevante de la classification et de la nomenclature passionnelles, exigeait quelques exemples de l'application du nouveau procédé, je m'empresserais de voler au-devant de ses vœux, heureux de trouver cette occasion de démontrer à la fois et la supériorité de la méthode analogique et l'absurdité de toutes les autres.

Je procède au hasard et prends la première bête qui me tombe sous la main. Demande-t-on, par exemple, le titre aromal du cheval?

J'observe que le cheval est le seul quadrupède qui tienne avec soin son arbre généalogique, preuve de fierté aristocratique et de sang. J'observe que le cheval est passionné pour les combats, pour les tournois, la chasse, la parure ; que, dans l'état sauvage, il obéit à des chefs choisis pour leur valeur. Je devine, à ces traits saillants du caractère, l'emblème du gentilhomme, l'emblème de l'ambitieux altéré de gloire et d'honneurs, et je le classe d'autorité parmi les productions du clavier de Saturne. Restera à juger ensuite, par la comparaison, quelle sera la place qui lui reviendra dans la série des ambitieux. Or, le caractère est si fortement accentué dans l'exemple choisi, que chacun, j'en suis sûr, va s'écrier avec moi que le cheval est emblème *cardinal* d'ambition, par conséquent création *pivotale* de Saturne.

Chacun aura dit vrai; le cheval émane des plus purs

aromes de la planète cardinale d'ambition, de ce globe orgueilleux, qui marche accompagné d'un cortége de *sept* satellites et qui pose dans le ciel comme un portrait de Van Dyck; de Saturne, dont on devinerait le caractère martial rien qu'à sa fière tournure et à la couleur ambitieuse de la double écharpe dont il aime à ceindre ses flancs. Tout est flamboyant, éclatant, bruyant et voyant dans cet astre, qui chérit l'apparat comme le cheval de sang. La tulipe est emblème cardinal d'honneur, le lis emblème de vérité; Saturne a pris la tulipe et le lis pour ses aromes typiques. Le nombre 7 est nombre archétype de hiérarchie; presque toutes les plantes de l'*heptandrie* de Linnœus (fleurs à 7 étamines) émanent des aromes de Saturne, le marronnier d'Inde, entre autres, et le blé sarrasin, la *rouge* céréale. Le marronnier d'Inde est l'emblème du beau soldat chamarré de broderies, du soldat de l'armée de parade, de l'armée étincelante de dorure et d'épaulettes, remarquable par son alignement et sa brillante tenue sous les armes, mais dangereuse à raison de son inutilité dispendieuse et de la nombreuse vermine des fournisseurs et d'agents flibustiers qu'elle nourrit et protége... Le sarrasin, dont la graine enivrante épargnée par le fléau sème l'ardeur des combats mortels dans le sein de la gent emplumée des basses-cours, le sarrasin symbolise de même un type de batailleur, mais batailleur d'un autre titre.

Ce caractère de famille, ce caractère d'émulation et de lutte se retrouvera dans la poire, une autre création glorieuse de Saturne, un fruit savoureux aux feuilles rouges et aux séries innombrables, qui livre plein essor à toutes les rivalités du goût. Ce métal rouge, luisant, sonore, avec lequel se fabriquent les canons, les cloches et les clairons de guerre, dont les aigres fanfares chatouillent si agréablement l'oreille du cheval : le cuivre est de Saturne. Si le cuivre, qui se distingue par tant de qualités brillantes, est encore vénéneux, c'est de la faute de la Terre et de la fausse morale qui la gouverne; car c'est la fausse morale qui est cause que l'ambition pousse les hommes au crime, au lieu de les pousser à la vertu, comme elle en est chargée. Qu'on me laisse venir l'époque où l'ambition ne mènera plus les gens qu'à la gloire, et le cuivre s'empressera de déposer au fond du creuset ses propriétés perfides.

La planète Cardinale a produit le cheval et le tigre, la planète ambiguë Protée a produit le cheval nain d'Afrique, le chat domestique et le coing. Les astronomes ont oublié jusqu'à présent de découvrir cette planète ambiguë Protée, dont la découverte, dans vingt ou trente ans d'ici, ne manquera pas de servir de prétexte à quelque ovation scandaleuse.

Le cuivre me pousse à parler de l'or, roi des métaux, le plus inoxydable, le plus resplendissant et le plus *colorant* de tous. Le lecteur intelligent a deviné déjà que ce métal royal ou pivotal ne peut provenir que des aromes du Soleil, foyer général d'aromes du système, et qui distribue aux autres astres, comme l'or aux autres métaux, la lumière et la couleur. Le caractère sacré d'irradiation, de ralliement, d'unitéisme et d'autorité, apparaîtra donc dans toutes les créations de l'astre roi. Ce sera l'éléphant parmi les quadrupèdes ; le paon parmi les oiseaux ; le blé, la canne à sucre, la pomme de terre, la vigne, chez les plantes ; l'or, le diamant dans le règne minéral. La vigne, dont le jus parfumé, lait des vieillards, dispose l'homme à l'expansion et à la fraternité ; la vigne, plante si éminemment française, est le plus pur produit des amours de la Terre et du Soleil. Le premier de tous les vins du monde, celui qui se bonifie le plus par la vieillesse, à l'instar de l'amitié, le vin velouté des crus de Haut-Brion, Laffitte, Château-Margot, parfume de violette !

La vache pacifique et féconde, la vache, mère nourricière de l'homme, proviendra du massif et puissant Jupiter, cardinale de familisme, et aussi la pomme de Calville, emblème de prévoyance, et la jonquille d'or, symbole parfumé de la tendresse maternelle. Les créations de la cardinale de Familisme brilleront peu par le côté poétique. Le familisme n'est pas la plus élevée en titre des passions cardinales; au contraire, puisque c'est une passion forcée et non libre. Nous nous apercevrons facilement du titre inférieur des essais de Jupiter, au caractère des moules de son ambiguë, l'affreuse planète Mars, qui a trop travaillé à la confection du mobilier zoologique de la Terre. Ce que la Terre doit à Mars de types odieux, venimeux, hideux et repoussants ne se calcule pas. Je citerai parmi ces types le crapaud, ma bête d'horreur, emblème du truand qui étale ses plaies et ses pustules aux regards des passants, ou qui porte sur son dos des chapelets d'enfants sales et déguenillés.

La beauté, la richesse, et aussi le nombre des touches du clavier de la cardinale d'Amour promettaient à la Terre d'innombrables séries de types ravissants, parfumés, délicats. Déception cruelle ! Aucune planète ne s'est montrée plus avare de ses dons envers sa pauvre sœur que la trop susceptible cardinale d'Amour. Herschell n'a pu pardonner à la Terre ses théories morales contre l'amour; mais c'est surtout dans ses moules du clavier végétal que sa mauvaise humeur éclate. Herschell a infligé à la Terre une pénitence bizarre, en expiation de ses dérèglements intellectuels. Elle a voulu que, pendant toute la durée du règne de la fausse morale sur la Terre, ses provenances à elle, cardinale d'amour, fussent marquées du sceau de son antipathie politique. *Furens quid femina possit!* Pour ce faire, elle a travesti indignement tous les moules de ses arômes; si bien que les emblèmes terrestres d'amour ne figurent plus aujourd'hui qu'une risible mascarade, et qu'il est devenu d'une difficulté excessive de deviner les hiéroglyphes amoureux, même quand on est prévenu. Non contente du succès de cette perfidie, Herschell a poussé l'ironie jusqu'à la cruauté : elle était réservoir naturel de fleurs bleues, en sa qualité de cardinale hypermineure; elle a abusé de sa position pour refuser le parfum d'amour aux fleurs de cette couleur, qu'elle a été obligée de livrer à la Terre; et elle leur a innoculé, en échange, le parfum de pharmacie et des propriétés... *morales.* La Terre a compris l'épigramme et s'y est montrée trop sensible. Cette atroce plaisanterie de la cardinale d'amour vous explique pourquoi la gamme des fleurs terrestres se trouve presque complétement désemparée de la note d'azur, et réclame vainement la rose bleue par la plume éloquente et archi-sensée d'Alphonse Karr. L'éclosion de la rose et de l'œillet d'azur aux parfums hypéraphrodisiaques demeure indéfiniment ajournée. En attendant la venue de l'œillet bleu, nous aurons pour fiches de consolation la bourrache, une fleur charmante, d'un bleu céleste admirable, mais qui purifie le sang au lieu de l'embraser, et qui ne fait pas de bouquets; le lin émollient, si doux en cataplasme. Je n'imagine pas, pour un poëte spirituel, un plus charmant sujet d'épopée burlesque que cette colère impitoyable d'Herschell, mettant la Terre au régime de la tisane, pour l'expurger de sa fausse morale, et la bafouant de sa crédulité. Raillerie à part, les précieux cadeaux que la Terre a reçus d'Herschell, du temps de l'entente cordiale des deux globes, disent tous les trésors que nous avons perdus à la rupture. Car beaucoup ignorent peut-être que c'est à la Planète cardinale d'amour que nous devons le café, la truffe, la tubéreuse, l'iris, l'œillet, l'hortensia, parmi les végétaux; le saphir, parmi les minéraux; le cygne, la tourterelle, l'hirondelle, le ramier, le faisan, la perdrix, la caille, parmi les oiseaux! Autant de dons pernicieux que la morale réprouve, mais dont le moraliste raffole!

Et l'on voudrait interdire à l'analogiste passionnel de pleurer toutes les larmes de ses yeux et de son cœur, sur les triomphes de la fausse morale qui nous coûtent si cher! Mais de quoi s'irriter alors et sur quel sujet prendre feu, si l'on reste insensible à de pareils méfaits? Trop heureux les ignorants et les pauvres d'esprit!

Un délicat et suave arome, et moins enivrant que ceux d'Herschell, caractérise les créations de notre infortunée planète, dont le concours est pour cette cause si instamment réclamé de tous les astres du tourbillon solaire. C'est le parfum de la violette, du jasmin, du réséda, de la vigne. La plupart de ces végétaux odorants, qui s'enlacent aux autres arbres pour former des berceaux, émanent des aromes de la Terre. Le titre de fidélité et de dévouement qui caractérise les créations de cette cardinale miniature, inspire un puissant intérêt pour son malheux sort. Il n'est pas d'astre dans le ciel dont on s'occupe autant, dont le retour à la santé et à la raison soit attendu avec plus d'impatience; car le tourbillon tout entier souffre de sa souffrance, et la cardinale d'Amour, qui témoigne aujourd'hui tant de mauvais vouloir à la pauvre délaissée, est peut-être celle qui accueillerait sa rentrée en grâce avec le plus de joie. Songeons bien à une chose, c'est que les fleurs violettes et les très-doux parfums et les vins délicats, dont notre Planète est réservoir, sont presque aussi rares en

Herschell que les fleurs bleues sur notre Terre; qu'on les désire fort en Herschell, et que désir de fille est un feu qui dévore, bien plus encore en Cardinale d'Amour qu'en Cardinale d'Amitié, c'est-à-dire ici-bas.

Vénus, l'*ambiguë* de la Terre, parfume de lilas, arome mixte entre celui d'amour et celui d'amitié, comme la couleur lilas est mixte entre le violet et le bleu. Les ambiguës parfument toujours d'arome mixte. Le lilas, arbrisseau charmant, riche de fleurs, pauvre de fruits, première parure de la saison d'amour, symbolise l'amitié bi-sexuelle, une amitié excessivement passionnée, et qui transiterait volontiers du majeur au mineur. Le lilas est une des plus adorables choses de ce monde, comme l'affection qu'il exprime : l'amitié enthousiaste des Petites Hordes pour la corporation des Vestales ou le cousinage enfantin.

Mais les plus délicieuses créations d'Hébé, première lune d'Herschell, et celles de Vénus et celles de la Terre, doivent céder le pas pour la grâce et la forme, la délicatesse et la suavité des aromes aux créations de la lune favorite du tourbillon, de la planète Vestale, l'ex-cheffe des satellites de la cardinale miniature (Terre). Rien de plus gracieux, en effet, de plus frais, de plus suave, de plus odorant et de plus velouté que la rose et le pois de senteur, la pêche, la fraise, le petit pois, emblèmes parlants de virginité... charmes de l'odorat, du palais et des yeux... fleurs éphémères dont la couleur tendre semble pétrie de l'incarnat des lèvres de la vierge, fruits parfumés comme son haleine et portant sur leur épiderme le duvet de ses joues, fruits éphémères aussi et non de garde, et qu'il faut se hâter de manger dans leur fleur.

Il va sans dire que le nom de la planète à qui nous devons la rose, le petit pois et la pêche, est parfaitement inconnu au Bureau des Longitudes, où l'on n'a pas l'habitude de juger les astres à leurs fruits. Ils l'ont appelée Mercure!! Ils n'ont pas trouvé, entre eux tous, de nom plus convenable que celui du patron de l'ignoble boutique, pour désigner la créatrice des roses. Mercure... une planète aromatisée en titre vestalique! Je puis pardonner beaucoup de choses à la science officielle, mais non des méfaits de cet ordre. Singulières lois cependant que celles qui nous régissent, qui défendent de traiter de voleur un usurier, un sac d'écus à face humaine, une brute, un madrépore, une éponge, un être qui ne nous est rien... et qui permettent d'infliger à des astres qui font notre bonheur les sobriquets les plus désobligeants!

Quoi! pas une parole pour le chien! viens-je de m'entendre dire. Pardon, ce n'était point un oubli, et j'aurais d'ailleurs eu le temps de réparer un oubli envers le chien, d'ici à la fin de ce livre. Je voulais passer le chien sous silence pour ne pas revenir, à si court intervalle, sur un sujet épuisé (le déluge). Le chien, emblème *cardinal* d'amitié, *satellite* vigilant et sergent de ville de l'homme, toujours prêt à combattre et à mourir pour lui; le chien, je n'ai pas besoin de le dire, est création pivotale de la Terre, cardinale d'amitié. C'est même, avec la vigne, une des plus caractéristiques productions du clavier d'amitié, et l'une de celles, assurément, qui lui font le plus d'honneur. Et si je veux dire ici un mot de trop, ce n'est pas en faveur du chien de chasse, mais en faveur d'une autre espèce, l'espèce la plus fidèle, hélas! la plus intelligente et la plus dédaignée, celle du barbet, du mouton, du caniche-victime, le même qui joue aux dominos pour gagner la vie de son maître, guide l'aveugle et tient sa sébile et suit seul son convoi funèbre. Le caniche est le dernier témoignage d'affection que la Terre ait reçu de son infortunée satellite Phœbé, morte de malemort à la fleur de ses ans, morte avec le regret de n'avoir pu compléter pour son astre chéri la série des canins! Car nous ne saurions nous abuser sur ce chapitre : la série des canins n'est pas complète; la gamme est interrompue à la note du chien de pêche, et le chien de Terre-Neuve se flatterait en vain de combler la lacune. Le Terre-Neuve n'est qu'un pêcheur d'hommes, et c'est un pêcheur de poissons qu'il nous faut. Combien sont-ils au jardin des Plantes, qui se doutent que c'est la même cause qui a produit le dernier déluge et interrompu la formation de la série des canins?

J'ai dit les aromes typiques des cardinales et les aromes mixtes des ambiguës; je crois même avoir indiqué, bien que légèrement, la manière de s'en servir pour classer les bêtes et les fleurs. Je ne puis clore ce chapitre sans faire voir à la science civilisée la cause de ses erreurs et de ses contre-sens en matière de classification.

Ce qui a perdu les savants, en matière de classification, c'est l'orgueil et le manque de foi dans la sagesse de Dieu. Le savant a fait comme le philosophe, il a destitué la passion de son emploi de fanal universel de classification, de fanal sériaire, et Dieu l'a puni en lui fermant les yeux, comme au devin Tirésias.

Les savants n'ont pas compris la chose la plus simple du monde, à savoir : que c'est la passion qui *distribue les caractères* aux bêtes comme aux gens, et qui écrit le véritable nom des fleurs sur leurs corolles. Leur plus grand tort à tous, Linnœus, Geoffroy Saint-Hilaire et Cuvier y compris, est d'avoir eu trop de respect pour les préjugés de l'homme et pas assez pour les révélations de Dieu. Un peu plus de *religion* et de confiance dans le principe de l'Unité leur aurait laissé voir que la passion est la chaîne qui *relie* tous les êtres, la brute à l'homme, l'homme à la nature et à Dieu. Et comme ils auraient vu que toute créature inférieure à l'homme est miroir de ses passions, de ses vertus ou de ses vices, ils auraient été amenés par analogie à baptiser chaque créature du nom de la passion humaine par elle symbolisée.

Au lieu d'agir ainsi, et de déterminer le caractère de l'animal par sa dominante passionnelle, ils ont essayé de le déterminer par la forme, c'est-à-dire qu'ils ont mis la charrue devant les bœufs, ce qui était un moyen assuré de faire de très-mauvaise besogne. La forme n'est que le costume de la passion, le moule créé par elle. La griffe a été faite pour le lion et non pas le lion pour la griffe, et le lion n'a été armé de griffes et de dents redoutables que pour symboliser un type humain atroce, le proconsul sanguinaire, exacteur et hautain, le Verrès, le Scipion, le Djezzar-Pacha et l'Ali-Tébélen, le pacha toujours disposé à se révolter contre son maître et réussissant à le croquer quelquefois. S'il n'y avait pas de Djezzar-Pacha chez les hommes, il n'y aurait pas de lion chez les bêtes. Et quand la tyrannie ne subsistera plus que de nom dans la mémoire des hommes, le tigre, le lion et le crocodile seront depuis longtemps passés à l'état de mythes.

Les princes de la science qui ont écrit l'histoire naturelle jusqu'ici, et qui ont laissé de côté le titre passionnel des bêtes et des fleurs, pour ne tenir compte que de la disposition de leurs organes extérieurs, sont semblables à un historien qui, voulant écrire l'histoire de Jules César ou d'Alexandre, se bornerait à nous parler de la longueur du nez de son héros, de la couleur de ses cheveux ou de la coupe de son habit, et qui oublierait de nous entretenir de ses dominantes passionnelles. N'est-il pas vrai qu'un public éclairé à qui on présenterait un pareil ouvrage s'empresserait de le fermer dès la première page, et n'aurait pas assez de dédain pour l'œuvre et pour l'auteur ? Ce public aurait raison, parce que l'âme, la passion, le drame sont les seules choses qu'on cherche dans un récit, sont le nerf de l'intérêt, la couleur de l'action. Pourquoi un portrait au daguerréotype, qui reproduit la forme et les traits du visage avec une exactitude quasi-géométrique, est-il moins ressemblant qu'un portrait au pinceau? Précisément parce que l'instrument mathématique n'a peint que l'enveloppe extérieure, tandis que le pinceau a peint l'âme, a peint la passion, le caractère, la chose que nous cherchons avant tout sur une physionomie. Le regard, c'est l'homme, comme le style. Or, les plus grands naturalistes ne sont, pour la plupart, que des daguerréotypeurs plus ou moins habiles et non des peintres. Buffon et Linnœus, qui sont parfois de grands poëtes, ne sont poëtes véritablement grands que dans la peinture de la passion. Je donnerais toute la partie scientifique des œuvres de Buffon pour les trente pages sublimes qu'il a écrites sur le chien, sur le cheval, sur le cerf ou le kamichi. Je donnerais tout le travail de la classification de Linnœus pour sa découverte des deux sexes et des amours des fleurs. Hors de la passion pas de science, de style, ni d'immortalité.

Il est remarquable que les faux savants, qui ne savent pas un mot des vrais caractères des individus qu'ils décrivent, débutent généralement dans leurs traités par recommander l'étude approfondie des caractères.

Une autre erreur capitale de la science, une autre prétention non moins déplacée, est de vouloir faire entrer un individu dans une famille, en l'absence de toute notion sur ses proches. J'admire qu'on parle de la famille de gens quand on ne sait ni leurs noms, ni leur origine, ni leur généalogie.

Ainsi, je connais à l'Institut et ailleurs une foule de savants très-forts sur le calcul infinitésimal, et qui ne seraient pas embarrassés de me dire, avec le temps, ce qu'il tient de minutes et même de secondes dans un siècle ; mais j'y chercherais vainement, peut-être, un seul zoologiste capable de me renseigner exactement sur le titre passionnel ou sur la généalogie de l'animal le plus vulgaire, du canard, par exemple. Les savants de l'antiquité n'étaient pas aussi forts assurément que ceux du temps présent, dans l'art de teindre en rouge les tibias des poulets, et pourtant je suis bien sûr qu'ils ne seraient pas demeurés court devant une question de cet ordre. C'est que la sagesse avait deviné le principe de solidarité qui relie entre eux tous les êtres de la nature ; et les enfants de la Grèce, en apprenant l'histoire des hommes, apprenaient en même temps celle des bêtes et des fleurs, en lesquelles leur mythologie séduisante avait incarné tous les types de la passion humaine. Une noble et touchante religion, savez-vous, que cette religion de la solidarité universelle, qui tient les portes de l'imagination grandes ouvertes à tous les essors poétiques, et qui fait le cœur compatissant à toutes les infortunes ! Oh ! nous aussi, nous y reviendrons un jour, à ce panthéisme sublime, un jour que les dogmes de compression et de terreur auront disparu de nos livres et que nous ne croirons plus qu'au Dieu bon. Et vous y étiez déjà revenu avant nous, pauvre saint François d'Assise, vous qui fraternisiez si tendrement avec la brebis, le rouge-gorge et la bergeronnette, vous qui disiez si naïvement aux hirondelles bavardes qui troublaient vos ouailles : « Taisez un peu vos becs, douces hirondelles, mes sœurs, que je fasse entendre à ces braves gens la parole de Dieu ! » Pour moi, je ne saurais passer au long de ces grands peupliers taillés en larmes, qui servent de rideaux à la couche des morts (cimetières), sans me rappeler l'inconsolable douleur des sœurs de Phaéton.

Somme toute, je ne connais pas pour la science de plus grave empêchement, que ce manque absolu de classification méthodique et de nomenclature attrayante, qui tue la curiosité de l'ignorance, et paralyse ainsi tout essor de propagande et de vulgarisation. Le fait qui condamne le plus irrémissiblement la science civilisée, c'est la répugnance des femmes et des enfants pour elle ; car les femmes et les enfants sont les créatures les plus curieuses du monde et les plus avides de s'instruire. La science civilisée ne se lavera jamais de la répulsion qu'elle a toujours inspirée à ces êtres charmants, mais terribles avec leurs éternels *pourquoi*. Et veut-on savoir la raison de cette répulsion invincible de la femme et de l'enfant pour les sciences comme on les professe aujourd'hui ? C'est que la femme et l'enfant sont des intelligences droites et logiques qui, voyant que Dieu n'emploie jamais d'autre mobile que l'attrait pour conduire ses créatures au bien, ne peuvent pas reconnaître le caractère d'un enseignement religieux et utile à un enseignement qui procède par la contrainte et l'ennui.

Dieu a fait les tout vieux pour les tout jeunes; les tout vieux qui ont beaucoup vu et qui aiment à *radoter*, à *rabâcher*, pour les tout petits qui ne savent rien, et qui ont besoin qu'on leur répète et qu'on leur rabâche plusieurs fois la même chose. Le vieillard ne se fatigue pas plus des éternelles interrogations de l'enfant, que l'enfant des redites du vieillard ; et Dieu, en instituant cette entente cordiale des âges, que nous appelons le *ralliement des extrêmes*, avait donné la vraie règle à suivre en matière d'instruction primaire. Malheureusement les philosophes sont venus, qui ont prouvé aux gouvernements que Dieu n'entendait rien à la question d'enseignement, pas plus qu'aux autres, et ils ont changé tout cela, et ils ont mis le cœur à droite, ce qui est cause que la femme et l'enfant, dociles à la voix de Dieu, ont déserté leurs écoles.

Je sais un moyen simple et facile de refaire l'entendement humain et de rendre l'apprentissage de la science aussi attrayant qu'il est répugnant aujourd'hui. Il consiste à supprimer tout ce qui est ennuyeux dans le programme des études actuelles, et à prendre l'analogie passionnelle pour pivot du système universel d'enseignement. La passion une fois introduite dans l'étude des sciences, la cure de l'entendement humain se fera toute seule et marchera à pas de géant; car chacun se ruera à l'étude, homme, femme ou enfant, avec un enthousiasme impossible à décrire; et on se verra obligé d'infliger des pensums au moutard pour comprimer son ardeur de s'instruire. *Quantum mutatus ab illo!*... Je ne demande pas plus de six ans de ministère de l'instruction publique pour refaire l'entendement humain.

Les savants haussent les épaules en m'entendant parler ainsi et croient que je plaisante. Je ne plaisante pas le moins du monde; si les savants savaient que toutes les sciences sont la même, et qu'on peut en apprendre trente-deux à la fois, sans se gêner, ils comprendraient que je parle très-sérieusement.

Toutes les sciences à la fois... dites-vous? Mon Dieu oui, c'est comme cela! et l'enseignement passionnel, en naissant, produira des miracles comme la lyre d'Amphion. Car l'analogie n'a pas seulement le privilége de donner aux êtres les plus inanimés (vieux style), un corps, un esprit, un visage *humain* et des passions *humaines*; l'analogie a le privilége de ne pas pouvoir enseigner une science sans les enseigner toutes...., le privilége de faire jaillir de chaque démonstration cinquante découvertes, cinquante solutions non cherchées de problèmes, qui vous viennent toutes seules, qui vous partent, pour ainsi dire, dans les jambes, comme les faisans dans un tiré royal, et sautillent devant vos yeux comme les figures dans le kaléidoscope, et finissent par s'étager l'une sur l'autre comme les gradins d'un escalier gigantesque montant de l'homme à Dieu.

Oui, toutes les sciences à la fois, je vous le répète, et quelles sciences! Des sciences adorables, et dont les racines sont aussi douces que les fruits; bien différentes en cela des sciences actuelles, dont les fruits ne sont pas toujours sucrés, mais dont les racines sont toujours amères. Ainsi les savants civilisés sont parvenus à faire de l'Arithmétique, science des nombres, et de la Géométrie, science des grandeurs, un double cauchemar pour l'enfance des deux sexes et même pour les adultes, et tous les cœurs sensibles ont frémi au spectacle des tortures effroyables du jeune Romain de Gavarni, condamné à subir la démonstration de la mesure de l'angle BAC, inscrit à la circonférence, pendant que sa vestale l'attend au Cirque. Autres sont les effets de l'enseignement de l'Arithmétique et de la Géométrie passionnelles. J'ai vu, moi qui vous parle, des professeurs hors d'âge de ces deux gaies sciences, tenir suspendues à leurs lèvres, par le charme de leur parole, les plus adorables auditrices! Et j'ai plaint dans mon cœur le sort de ces pauvres enfants martyrs de la civilisation, à qui l'on n'a jamais donné la moindre idée des choses intéressantes qu'il y avait à dire sur le nombre *Deux*, nombre d'union, de symétrie, de sympathie, germe d'amour... ou sur le nombre *Trois*, nombre sacré, considéré comme tel par toutes les religions et les cosmogonies antiques, nombre des attributs de Dieu, et des trois principes naturels, et des trois distributives; le nombre de la mesure (triangle), le nombre de la loi et de la justice (balance), le nombre de l'agronomie, de *la propriété*, du progrès. Mais il y a dix livres amusants à écrire sur les vertus du nombre *Trois*. Est-on curieux d'avoir l'explication de tous les mystères et de tous les miracles?.. qu'on étudie les propriétés du nombre *Trois*.

Vous demandez-vous pour quelle cause, par exemple, le brave comte de Paris, Eudes, n'assommait jamais les Normands que *trois* par *trois?* Le moine Abbon, un saint homme d'Église, va vous répondre que c'était par respect pour la sainte Trinité.... La sainte Trinité est la figure allégorique de Dieu, qui est représenté partout sous la forme d'un *triangle* rayonnant.

Précédemment on avait vu le preux Roland *embrocher* les Sarrasins sept par sept, mais non pas trois par trois. C'est que ce dernier paladin était un ambitieux.

Certes, l'importance historique et mathématique du nombre trois est immense, et nul ne la conteste; et cependant, comme les jeunes personnes préfèreraient encore la leçon sur le nombre *Quatre*, le nombre de charme, le nombre du quatuor musical et du mariage *béni*, c'est-à-dire consacré par la maternité! Le nombre *Trois* est respectable, le nombre *Trois* est sage, mais le nombre *Trois* est la prose, et l'autre est la poésie. Le cerveau, organe de la pensée, opère par trois leviers; mais le cœur, qui distribue le sang et nourrit le corps, fonctionne par quadrilles de soupapes et de canaux. Au nombre de *Trois* sont les distributives, passions *tutrices* et régulatrices du mouvement passionnel; au nombre de *Quatre* les affectives. Je ne connais peut-être qu'un seul défaut au nombre *Quatre*, celui d'être un peu égoïste, un peu tirant à soi, comme le ménage familial; mais qui est-ce qui est parfait?

Voyez maintenant l'ordre et le charme, le nombre 3 et 4, s'unir en mode simple (addition) pour produire le second nombre sacré *Sept;* en mode composé (multiplication) pour produire le troisième nombre sacré *Douze.* Voulez-vous décomposer l'ambition, qui a pour double mobile l'esprit de corps (l'honneur, le sentiment de la hiérarchie) et l'intérêt personnel (désir du grade).

Vous trouverez que l'ambition est la réunion des deux principes qui résident dans les nombres 3 et 4. Le nombre *sept* est le nombre ambitieux par excellence, le nombre de la hiérarchie, le nombre de la série naturelle, de la gamme musicale, de la gamme solaire, des branches du chandelier de justice, des satellites de Saturne, des sept sacrements, des sept fléaux limbiques. J'ai vu un soir un mathématicien illustre excessivement embarrassé, parce qu'une espiègle adorable de quinze ans (cet âge est sans pitié), lui avait demandé les raisons de l'ambition démesurée du nombre *sept*, raisons qu'il ne put jamais dire. La même rendit non moins malheureux, une autre fois, un célèbre maëstro qui avait cueilli une foule de palmes sur nos scènes lyriques, mais qui ne put jamais expliquer non plus les causes de la sensibilité excessive de la note *si*, qu'elle désirait connaître. Tout le monde sait cependant que la note *si* aspire perpétuellement à monter à l'*ut,* et qu'elle s'écrit par un *sept* dans la langue musicale de Rousseau.

Je n'en finirais pas si je tenais à décrire toutes les propriétés passionnelles du nombre 7, celles du nombre *douze* encore moins. Mais nous savons déjà que le nombre sacré *douze,* si célèbre dans l'histoire, est le chiffre de l'harmonie simple; n'insistons pas sur ses mérites. Une seule observation seulement, à l'adresse des savants simplistes pour leur faire toucher du bout du doigt une des plus récentes déceptions de leur science infaillible, pour leur démontrer que l'analogie passionnelle est la vraie et unique boussole de la science, et que le naufrage attend tout navigateur audacieux qui ne la consulte pas.

La science moderne a-t-elle fait assez de bruit avec l'invention de son système métrique, avec l'uniformisation de ses poids et mesures! S'est-elle montrée assez fière des résultats de la nouvelle méthode! A-t-elle fait sonner assez haut à cette occasion les grelots de son collier!

Oui, oui, réjouis-toi, pauvre science, orgueilleuse en guenilles, surtout hâte-toi de jouir; car les jours des institutions barbares sont passés, et ton système décimal est un système barbare et indigne de la France et de la Convention; et de l'heure où la lueur de l'arithmétique passionnelle aura éclairé deux ou trois cerveaux de savants, ils auront honte de ton œuvre et renverseront dans la poudre ton échafaudage métrique, et feront un auto-da-fé général de tes mètres et de tes doubles décalitres. Avant quarante ans, je te le prédis, ton système barbare de numération décimale sera détruit comme Ninive, et le système de la numération passionnelle s'élèvera glorieux sur ses débris!

Voyez pourtant à quoi tient le progrès! Qu'une illusion fatale n'eût pas égaré les savants de la Convention à la poursuite de cette numération décimale!.. Que loin d'abandonner follement un système duodécimal tout fait qu'ils avaient dans la main, ils se fussent bornés à le modifier, à le compléter en ajoutant à la gamme des dix caractères déjà connus les deux notes (chiffres simples) qui manquaient pour aller à douze... qu'ils eussent transféré le zéro du dixième terme au douzième, de manière à ce que le nombre 144, carré de 12, s'écrivît à l'avenir comme 100, carré de 10... et ils bâtissaient une œuvre d'art et de science admirable, et ils travaillaient pour l'éternité!

Mais le principe de l'unité harmonienne, qui ne se peut

découvrir qu'au flambeau de l'analogie, leur a échappé, et, au lieu d'élever à la science un monument plus durable que l'airain, ils ont bâclé une charte arithmétique qui ne vivra pas plus que ce que vivent les chartes. Leur système ne sera pas encore établi dans toutes les capitales du monde civilisé, qu'il faudra déjà le jeter dehors comme un vieux pot fêlé. Pourtant c'était chose bien simple et bien facile que de choisir le nombre 12 comme pivot du système métrique. Il n'y avait pour cela qu'à comparer le mérite du nombre 12 à celui de son rival 10 ; et il suffisait du premier coup d'œil pour juger que le nombre 12 était non-seulement celui qui contenait le plus grand nombre possible de facteurs sous le plus petit volume, mais qu'il était surtout le seul qui, dans son amour de l'harmonie, de l'unité et de l'ordre, eût puissance d'absorber les angulosités caractérielles et les tendances réfractaires des nombres 5 et 7.

Les géomètres, qui ont généralement le tort d'être des hommes sérieux, croient se montrer aussi méchants que possible envers les analogistes, en les traitant d'hommes d'esprit. Hommes d'esprit tant que vous voudrez, mais, en attendant, ce ne sont pas des analogistes qui ont bâclé le système métrique décimal et qui auront à en répondre devant Dieu. Quand on voit que les auteurs du système décimal ont échoué, faute d'avoir consulté la boussole passionnelle, on a quelque peine à comprendre le sens de l'éternel refrain du moraliste : la passion égare l'homme.

La passion n'égare pas... au contraire, et quand la science est obligée de jeter sa langue aux chiens, c'est la passion qui lui vient en aide pour lui donner la solution des problèmes les plus difficiles. Apportez-nous les problèmes les plus insolubles de la politique ou de l'astronomie transcendante, et l'on se fait fort de vous les résoudre à la seconde, sans effort ni douleur.

Voulez-vous d'abord qu'on vous dise ce que c'est que la politique? La politique est la science du gouvernement des passions. La science politique consiste à ouvrir aux essors affectueux le champ le plus illimité; c'est l'art de développer combinément et simultanément l'action des distributives. En tête de la charte harmonienne est écrit le fameux précepte : *Aimez-vous*. S'aimer, c'est se procurer tout le bonheur imaginable, sans faire de chagrin à personne; c'est-à-dire que la liberté ou le libre essor des passions d'un chacun ne doit avoir pour limites que le respect du bonheur et de la liberté d'autrui. Or, l'amour, l'amour seul, donne l'édifiant exemple de la conciliation de la liberté et de l'autorité, l'amour qui fait que le captif *bénit ses fers* et vole avec bonheur au-devant des caprices de l'être aimé. Donc si j'étais gouvernement, je voudrais calquer toutes mes institutions sur celles de l'amour, et je ferais graver sur les boutons de la garde nationale un Cupidon adorable pour servir de trait d'union entre l'Ordre et la Liberté.

En fait d'intérêt politique de ce temps, par exemple, puisque nous parlons politique, il y a une question qui agite assez vivement les esprits. C'est la question de la faim, autrement dite la question de l'exubérance de population, autrement dite le problème de Malthus. Il s'agit de savoir comment les habitants de l'Europe civilisée s'y prendront pour ne pas se manger entre eux d'ici à une vingtaine d'années, si la population continue à croître comme elle fait dans des proportions effrayantes, tandis que la production des aliments destinés à nourrir cette population reste stationnaire. La question est certainement palpitante d'intérêt, à telles enseignes que M. le vicomte de Cormenin, qui éprouvait un jour le besoin d'être utile à l'humanité, proposa un prix de 1,200 fr. pour celui qui la résoudrait le plus vite de ce côté-ci de la Manche...; car on prétend qu'elle avait déjà été résolue de l'autre, c'est-à-dire qu'il y avait eu un commencement de solution du problème dans la Grande-Bretagne; un pays éminemment moral et philanthropique où les économistes avaient prouvé que l'enfant du riche possédait seul le droit de vivre, bien que l'enfant du riche naquît tout nu comme celui du pauvre... Et qu'alors on était convenu de mettre les prolétaires au régime de la contrainte morale et leurs petits au régime du laudanum. Le système, assure-t-on, aurait déjà produit d'heureux fruits. J'estime néanmoins que la solution n'est pas complète.

Or l'analogie passionnelle possédait seule le secret de la solution intégrale ; et si M. de Cormenin avait voulu m'entendre et être juste, il eût gardé ses 1,200 fr. pour lui, ou bien il en eût fait cadeau à la rose double, parce que la rose double avait donné la solution du problème de Malthus, bien avant que celui-ci eût reçu un nom parmi les hommes ; parce que la rose double avait dit, dès le lendemain de son invention par les Rhodiens, qu'*une fleur qui devient double est une fleur qui transforme ses étamines en pétales, et qui par conséquent devient stérile par exubérance de séve et de richesse.*

C'est-à-dire, Messieurs les philanthropes, qu'aussi longtemps que la misère ira croissant, la fécondité du sexe suivra une marche parallèle, et qu'il n'existe qu'un seul moyen de mettre un frein à cette fécondité toujours croissante, à savoir, *d'entourer toutes les femmes des délices du luxe.* Hors du luxe, hors de la richesse générale, point de salut !

Que si vous refusiez d'en croire la rose double sur parole, je vous renverrais à l'opinion de la vache grasse et de la jument grasse que leur embonpoint rend stériles, et qui vous diraient les mêmes choses, absolument les mêmes choses que la rose double. Enfin, que si cette imposante unanimité de témoignages ne suffisait pas encore à forcer vos convictions, je vous appellerais en dernier recours devant l'autorité des carpes de la Sologne. Demandez aux propriétaires des étangs de cette contrée chère à la bécassine, comment ils se conduisent à l'endroit de la multiplication de la carpe. Ils vous répondront que les étangs de la Sologne sont si favorables à la croissance des carpes, que la rapidité du développement de leur taille (luxe) les rend tout à fait inféconde ! et qu'ils sont obligés, eux propriétaires, *pour conserver de la graine* de leur poisson, d'avoir des carpières de *misère* où ils tiennent les carpes exclusivement destinées à la reproduction. Ces carpières spéciales à la reproduction sont d'étroites pièces d'eau où les carpes femelles sont entassées par myriades, sont les unes sur les autres, meurent de faim, en un mot. Ne pouvant profiter, ces carpes pondent, et ces pondeuses fécondes ont été baptisées en Sologne du nom significatif de *peinard !*

Comprenez-vous, Messieurs les malthusiens, comprenez-vous l'analogie qui existe entre la carpe ci-dessus et la femme du peuple dont la fécondité vous alarme justement! Ces ménages entassés les uns sur les autres dans les étroites *carpières* des cités industrielles, ces marmots qui pullulent dans les bas-fonds de nos sociétés, sont le *peinard* humain. J'avais demandé autrefois le prix de 1,200 francs pour la rose double ; je me repens, j'aurais dû demander que le prix fût distribué à la rose double et au *peinard* de la Sologne, *ex æquo*. Que les peuples seraient heureux, mon Dieu ! si les gouvernements étaient analogistes !

Politique transcendante ou astronomie transcendante, c'est tout un pour l'analogie, le firmament ne lui pèse pas plus dans la main que la société. La rose double et le peinard ont dit la solution du problème de Malthus. Voici venir les caractères passionnels des nombres 4 et 7, qui vont nous donner le mot d'une énigme indéchiffrable et qui intriguait tous les astronomes depuis des siècles.

Pourquoi, se demandaient tous les jours avec angoisse ces savants désorientés, pourquoi le créateur n'a-t-il accordé que 4 satellites à Jupiter, qui est la plus grosse des planètes du tourbillon, tandis qu'il en a confié 7 à Saturne, 8 à Herschell, 5 à la Terre? Évidemment, il s'est glissé quelque erreur dans ces comptes, le bon Dieu s'est trompé.

—Dieu ne s'est pas trompé le moins du monde, répond l'Analogie : la passion de familisme module par 4 ; la planète Jupiter est cardinale de familisme, ainsi qu'il a été prouvé plus haut par la nature des dons qu'elle a faits à la Terre (vache et pomme de Calville), — donc, Jupiter est forcé de se contenter de 4 satellites... Il faut bien, en effet, que les planètes qui représentent des passions plus relevées que le familisme, soient accompagnées dans leurs voyages d'une suite plus nombreuse, en témoignage de la supériorité de leur grade. La Terre a 5 satellites, ou du moins elle pourrait les avoir, parce qu'elle est cardinale d'Amitié, et que l'amitié module par 5, nombre *confus*. Saturne a 7 satellites parce que l'ambition module par 7. Maintenant pourquoi le cortége d'Herschell, qui est aussi une planète pas plus grosse que rien relativement à Jupiter, se compose-t-il de 8 lunes, du nombre précisément double de celui des satellites de Jupiter ? Il est clair qu'il y a une intention secrète de Dieu dans cette proportion de satellites...

Sans doute, et l'intention se devine sans peine. Herschell est cardinale d'amour, Jupiter de familisme; Herschell est touche hypermineure du clavier. Jupiter touche hypomineure. *Deux* est le nombre du couple... Or, *huit* est la troisième puissance de *deux*, tandis que *quatre* n'en est que la seconde... Cela signifie que l'amour porte le bonheur passionnel au cube, tandis que le familisme ne l'élève qu'au carré. C'est la même raison, mon Dieu, qui fait que l'ellipse a deux foyers et que la parabole n'en a qu'un. Quand je disais qu'il était impossible de toucher à une branche de l'arbre de la science sans les faire remuer toutes.

Ainsi, je m'étais parfaitement promis de ne pas dire un seul mot de la géométrie passionnelle, et de passer tout contre sans y entrer; mais le moyen d'éviter un malheur, quand la logique et la passion vous entraînent! Allons, puisque nous sommes tombés dans le guêpier sans le vouloir, essayons de nous en tirer par la théorie des quatre sections coniques. Dix lignes de géométrie passionnelle, c'est autant qu'il en faut pour produire une dizaine de solutions de problèmes complétement inédites.

D. — Pourquoi dans le cercle, première section du cône, première courbe fermée, tous les points de la circonférence sont-ils également éloignés du centre? Pourquoi tous les rayons sont-ils égaux?

R. — Parce que le cercle est la figure de l'amitié, passion cardinale de l'enfance, qui n'admet ni ordre, ni rang, ni hiérarchie et où le ton de l'égalité et de la familiarité domine. Ici tous les individus sont égaux comme les rayons du cercle, et la forme du groupe vire fatalement au rond. Les petites danseuses viennoises, qui eurent tant de succès sur la scène du grand Opéra de Paris, et qui étaient au nombre de 32, je crois, n'étaient jamais plus applaudies que lorsqu'elles exécutaient des évolutions circulaires. Les figures chéries de l'enfance affectent invariablement la forme sphérique, la balle, le cerceau, la bille; les fruits qu'elle aime de préférence aussi : la cerise, la groseille, la pomme d'api, la tourte aux confitures. Je suis encore obligé de m'arrêter dès les premiers mots, parce que je sens que je suis prêt à m'engager dans les plus hautes considérations de *Gastrosophie* et de *Gymnastique* passionnelle, encore deux sciences nouvelles, deux notes d'une gamme scientifique qui a pour pivot l'hygiène passionnelle, une science *cardinale* qui s'occupe de purger le globe et l'humanité de toutes leurs maladies morales et physiques.

Mais sans parler de Gymnastique ou plutôt de Gymnosophie passionnelle, mettons sur le tapis une chose que tout le monde a sous les yeux tous les jours, les jeux des groupes enfantins aux Tuileries. L'analogiste qui a observé ces jeux avec une attention suivie n'a pas été sans remarquer une différence caractéristique, dans le choix des amusettes et des exercices favoris des enfants des deux sexes. C'est tout naturel. Le sexe majeur a sa force à développer, l'autre sa grâce; chacun travaille de son mieux à exercer ses muscles dans la direction de ses destinées; le garçon apprend à courir et à lutter, parce qu'il est destiné à la course et à la lutte. La nécessité n'étant pas la même pour la jeune fille qui n'est pas destinée à disputer ni à courir, mais à être disputée et courue, la jeune fille s'abstient généralement de ces exercices violents. Elle sait bien que ses petits pieds n'ont pas été taillés pour la marche, mais pour la danse; car la femme a cela de commun avec les types les plus charmants de l'espèce féline, qu'elle bondit et qu'elle saute avec plus de grâce et de facilité qu'elle ne court, et elle ne cherche point à forcer la vocation de ses petits pieds. Qu'a donc remarqué notre observateur dans le caractère des jeux de l'enfance féminine? Il a remarqué dans la physionomie de ces jeux une propension décidée vers l'ellipse.

Je compte, en effet, parmi les exercices favoris de l'enfance féminine, le volant et la corde ; le volant, un pauvre cœur ailé qu'on se renvoie de l'une à l'autre avec tous les artifices de la coquetterie; la corde, la haute école de la souplesse, de la grâce et de l'élasticité. La corde et le volant décrivent des courbes elliptiques ou paraboliques.

Pourquoi cela? Pourquoi, si jeune encore, cette préférence du sexe mineur pour la courbe elliptique, et ce mépris manifeste pour la bille, la balle et la toupie?

Parce que l'ellipse, seconde section conique, est la courbe d'amour, comme le cercle est celle d'amitié. L'ellipse est la figure dont Dieu, de sa main d'artiste, a profilé la forme de ses créatures favorites, la femme, le cygne, le coursier d'Arabie, les oiseaux de Vénus ; l'ellipse est la forme attrayante par essence. L'ellipse a deux foyers!!... deux foyers comme l'amour, deux foyers dans chacun desquels s'absorbent fatalement tous les rayons partis de l'autre, comme dans le véritable amour, où pas une pensée ne part du cœur de l'un des deux amants qui n'aboutisse exclusivement à l'autre. Cette courbe fermée dont les foyers absorbent mutuellement leurs rayons, c'est l'image de ce monde des amoureux qui n'est peuplé que de deux êtres, *elle* et *lui!* La définition de l'ellipse répond à celle-ci : *L'amour, c'est de l'égoïsme à deux !*

Les astronomes ignoraient généralement avant cette explication pour quelle cause les planètes décrivaient des ellipses et non pas des circonférences autour de leur pivot d'attraction ; ils en savent maintenant sur ce mystère autant que moi. Mais poursuivons le cours de la section conique.

L'ellipse se déchire et s'ouvre ; un de ses foyers a brisé sa prison, et les rayons du foyer fidèle vont chercher à l'infini le foyer fugitif qu'ils ne rencontrent pas. Alors les mauvaises langues rapportent que c'est la monotonie du régime conjugal qui a provoqué la séparation, et elles partent du particulier pour conclure au général, disant que l'*hyménée est le tombeau de l'amour*. Mais les analogistes consciencieux ne voient rien de scandaleux dans cette métamorphose de l'ellipse en parabole. Ils trouvent naturel, au contraire, que l'ellipse, courbe d'amour, engendre la parabole, courbe du familisme, comme l'amour engendre la famille. Les enfants venus, il fallait bien que la flamme égoïste des parents s'épuisât, que l'égoïsme à deux devînt de l'égoïsme à trois, à quatre, à cinq. Un des foyers a disparu, c'est vrai, mais la tendresse du père et de la mère rayonne à présent vers l'infini, vers les générations futures auxquelles la génération actuelle se lie par les enfants. Cette faculté de rayonnement de la courbe parabolique vous explique pourquoi le miroir parabolique (réverbère) est le plus réfléchissant de tous les miroirs, pourquoi le rayon jaune, couleur du familisme, est le plus lumineux de tous les rayons du prisme. Decamps, Eugène Delacroix, Diaz, Baron, qui sont de grands coloristes, ignoreraient peut-être encore sans moi cette particularité intéressante de la parenté du rayon jaune avec le réverbère et l'amour maternel. Le physicien a désormais l'œil ouvert sur un horizon nouveau, l'optique passionnelle.

Mais voici que la parabole s'exagère à son tour et vire à l'hyperbole. Après l'amitié l'amour ; après l'amour la maternité ; après la maternité l'ambition ; après le cercle l'ellipse ; après l'ellipse la parabole ; après la parabole l'hyperbole. L'hyperbole est la courbe de l'ambition; la quatrième section conique symbolise la quatrième effective. Admirez la persistance opiniâtre de l'ardente asymptote, poursuivant l'hyperbole d'une course échevelée; elle approche, elle approche toujours du but qu'elle ambitionne d'atteindre, mais elle ne l'atteint pas. Qui ne reconnaît dans cette image saisissante l'aspiration de l'âme humaine emportée vers l'infini par une force toute-puissante, et s'en rapprochant toujours, et ne l'atteignant jamais; heureusement jamais. Cette aspiration perpétuelle, c'est évidemment la poésie, c'est l'art rêvant toujours un type du parfait idéal, qui s'éloigne sans cesse, mais qui va aussi s'embellissant toujours, et toujours vous appelle plus passionnément à lui. Dieu m'est témoin que c'est le manque d'espace et non le manque de bonne volonté qui m'empêche de loger ici une théorie complète d'esthétique passionnelle qui aurait distancé celles de Gœthe et de l'abbé Batteux, comme la locomotive distance le coucou. Le beau, *mobile d'attraction;* l'idéal, *utopie d'aujourd'hui,* mais *vérité de demain;* l'art ou la poésie, *puissances d'incarner l'idéal, de prévenir et de devancer les temps.*

Je ne sais pas si je me trompe, mais je suppose qu'une jeune personne un peu intelligente qui aurait assisté à une leçon très-bien faite sur l'ellipse et ses analogies reviendrait facilement de ses préventions contre la géométrie curviligne. J'estime également que la qualification de géomètre ne tarderait pas à perdre ce qu'elle a aujourd'hui d'injurieux.

Si l'analogie passionnelle est parvenue à orner de fleurs la table de Pythagore et le carré de l'hypoténuse, où n'en sèmera-t-elle pas! C'est-à-dire que je ne vois pas dans Paris tout entier une salle assez vaste pour contenir la foule des deux sexes qu'attirerait la simple annonce d'un cours de chimie, de physique ou d'astronomie passionnelles. Je ne suis pas ambitieux, je ne demande que le talent de parole de Lamartine, avec le droit d'ouvrir un cours de botanique passionnelle. Elles viendraient, pour m'entendre, de Naples et de Stockholm, peut-être de plus loin... et pourtant chacun devine que l'enseignement de la botanique passionnelle n'est pas dans les dons de l'homme, et que l'interprétation du langage des fleurs exige une imagination plus subtile et plus délicate que la nôtre. En Herschell et en Jupiter, les cours de botanique sont professés par de jeunes vestales de dix-huit à vingt ans, désignées à cet emploi par un charme d'élocution et de beauté sans égales. Quand je dis dix-huit à vingt ans, c'est pour me conformer au langage de la Terre, puisque les années de Jupiter sont beaucoup plus longues que les nôtres, et que l'âge du vestalat n'y commence guère qu'aux environs de la centaine. On se tromperait aussi très-fort si l'on supposait que la science des fleurs n'est qu'une science d'agrément; toutes les sciences passionnelles sont sciences composées, réunissant toujours l'agréable à l'utile. Par exemple, une des branches les plus intéressantes de la botanique passionnelle est celle qui a nom l'algèbre médicinale. L'algèbre médicinale est l'art de découvrir le spécifique infaillible de toutes les maladies, à la simple inspection du caractère ou de la dominante passionnelle d'une fleur. Je n'ai pas déshonoré ma jeunesse à disséquer des cadavres, je l'ai noblement *dépensée* à aimer, et pourtant je ne voudrais pas m'adonner plus d'un mois à l'étude de l'algèbre médicinale, sans arriver à découvrir des secrets de pharmacie merveilleux. Ma volonté bien formelle, par exemple, est de ne pas transiter vers une nouvelle vie (mourir) avant d'avoir légué à la race canine, en témoignage de mon estime et de mon affection, un spécifique certain contre l'hydrophobie. On dit qu'un voyageur français ou qu'un médecin russe m'a ravi cette gloire en rapportant d'Abyssinie ou de Moscou le spécifique tant cherché. Que le fait se confirme, et je serai le premier à bénir le nom de l'heureux voyageur, et ma reconnaissance pour un si grand service comprimera en mon cœur tout sentiment d'envie. J'en serai quitte d'ailleurs pour me rabattre sur quelque autre merveilleux secret. Il n'y a pas que le remède contre la rage pour conduire à l'immortalité.

L'algèbre médicinale explique *à priori* comme quoi le suc du grenadier doit tuer le ténia. Le ténia, en effet, reptile immonde et parasite qui vit du plus pur du sang de l'homme, et se loge en ses entrailles, est l'emblème de l'usurier parasite qui vit de la plus pure substance du travail social, et le grenadier symbolise l'apôtre du principe de solidarité et de justice qui doit tuer l'usure et le parasitisme.

Ainsi l'analogiste explique toutes choses,
Et trouve sous ses pas des fleurs toujours écloses.

On n'est pas géomètre, Dieu merci ! médecin encore moins, et pourtant on vient de vous donner en jouant les solutions des problèmes les plus épineux de la géométrie, de l'astronomie et de la médecine transcendantes.

On n'est ni musicien ni peintre, et de même on se fait fort de vous dire les raisons de l'accord des deux notes *la* et *mi*, des deux couleurs *orangé* et *azur*.

L'azur est la couleur d'amour; l'orangé celle de l'enthousiasme ou de la *composite*. L'amour est la passion *génératrice d'enthousiasme*. Voilà pourquoi il y a accord parfait entre les deux couleurs.

Le *mi* est la note d'amour, la note bleue ; le *la* est la note de composite, la note orangé... donc accord parfait du *la* avec le *mi*, l'une *tonique*, l'autre *dominante* de la gamme mineure.

Qui m'expliquera maintenant pourquoi des deux sensibles *fa* et *si*, l'une, la première, aspire toujours à descendre, l'autre toujours à monter ? La question paraît bien simple, mais je porte défi au plus habile croque-notes de la résoudre sans l'aide de l'analogie.

Le *si* aspire à monter, aspire à l'*ut supérieur*, parce que la note *si* est la sensible majeure, et que dans le mode majeur le *supérieur entraîne l'inférieur*. La note *fa* aspire à descendre vers le *mi*, parce que dans le mode mineur c'est *l'inférieur qui entraîne le supérieur*. Je ne sais pas si le lecteur s'est aperçu qu'on venait de lui révéler, par mégarde, la théorie naturelle de l'écriture musicale. Puisque chaque note de la gamme musicale a sa couleur, il s'ensuit qu'on ne doit l'exprimer sur le papier, ni avec des chiffres comme le veut Rousseau, ni avec des croches comme le veut l'Arétin, mais qu'on doit l'écrire avec des couleurs. Avec cette écriture-là, l'apprentissage de la lecture musicale, qui demandait dix ans encore, il n'y a pas longtemps, pourrait bien finir par coûter une vingtaine de leçons, d'une heure chaque. On sait que grâce à l'ardeur infatigable, au dévouement surhumain, devrais-je dire, du docteur Émile Chevé, de sa femme et d'Aimé Paris, cet apprentissage abrutissant de la lecture musicale a été transformé depuis peu en la plus attrayante et la plus facile des études. Triomphe glorieux du bon sens et du progrès sur la routine, en lequel on ne sait ce qu'il faut admirer le plus, de la grandeur des résultats obtenus, de l'excellence et de la simplicité de la méthode, du zèle désintéressé et du talent de ceux qui la professent.

On n'est pas astronome non plus, et l'on sait le nom des planètes à découvrir, et le nom qu'elles portent, et la place qu'elles occupent dans le ciel, et les plantes et les bêtes auxquelles elles ont donné le jour. Et quels autres, s'il vous plaît, que des analogistes eussent eu le courage de revendiquer pour notre globe son légitime droit à l'escorte de cinq satellites, et de prouver que c'était un malheur temporaire qui le privait aujourd'hui de la jouissance des quatre cinquièmes de ses droits. Car enfin la brièveté de notre existence et le chiffre effrayant des maladies qui en désolent le cours, et les épidémies, et les volcans, et les tremblements de terre qui déchirent encore les entrailles de notre infortunée cardinale et lui font vomir le feu, tous ces douloureux phénomènes, dis-je, attestent trop cruellement que sa santé n'est pas parfaite, et à l'analogie seule jusqu'ici, revient la gloire d'avoir découvert le véritable siége de la maladie de la Terre et d'en avoir indiqué le remède. Je ne voudrais pas retirer à M. Leverrier, qui est un grand calculateur, dit-on, un iota de sa renommée; mais M. Leverrier me permettra cependant de lui dire que les analogistes avaient parcouru *sa* planète en tous sens plus d'un siècle avant lui, et qu'ils s'étaient même permis de la nommer et d'en rapporter diverses productions.

Les analogistes savaient, en effet, depuis cent ans, l'arome typique de la planète de M. Leverrier, et si je ne demande pas à l'illustre savant d'où provient le tabac, c'est que je crains de l'embarrasser par une question insidieuse; c'est que j'ai peur que l'illustre savant ne me réponde, comme tout le monde, que le tabac provient de l'Amérique méridionale. Or, le tabac ne provient pas d'Amérique ; le tabac, ce narcotique abrutissant, dont les gouvernements constitutionnels se servent pour empoisonner les populations et les tenir endormies sous le joug ; le tabac, qui a perdu l'Espagne, la Turquie et la France, le tabac est une des créations pivotales de la planète Leverrier. La planète Leverrier parfume de... *caporal*, et celui qui l'a inventée ne le sait peut-être pas... *Nares habet, sed non*... Je défie, du reste, tous les savants du monde civilisé de m'expliquer le symbole de monstrueuse subversion écrit dans les propriétés scandaleuses du tabac, une plante qui vous fait *respirer par la bouche et manger par le nez !*

On n'est pas astronome, encore une fois, mais on sait que la lunigère Herschell est cardinale d'amour ; et l'on n'a pas besoin d'en savoir davantage pour donner à l'Académie des sciences l'explication du rébus de mécanique céleste qui l'intrigue le plus à l'heure qu'il est. Je veux parler de la *marche à rebours* des satellites d'Herschell qui se dirigent de l'Est à l'Ouest, tandis que tous autres satellites courent de l'Ouest à l'Est. Si ces messieurs du Bureau des Longitudes s'occupaient un peu plus des lois de l'attraction passionnelle et un peu moins de celles de l'attraction sidérale, ils auraient compris comme moi, il y a bel âge, que la course des satellites d'Herschell ne présente aucune anomalie, au contraire... Vu que le Dieu d'amour qui règne souverainement en cet astre en régit naturellement le mouvement matériel, et que le Dieu d'amour n'a pas de plus grand bonheur que de bouleverser tous les usages reçus, *soumettant le fort au faible*, pour montrer sa puissance, et faisant manœuvrer ses fuseaux par les mains des hercules. Caprice n'a point de lois. La loi générale du mouvement veut que les satellites marchent d'Occident en Orient, dit l'Amour ; c'est très-bien : alors je vais profiter de la circonstance pour imprimer à ma machine une direction diamétralement opposée. Sitôt dit, sitôt fait... et voilà pourquoi les satellites d'Herschell ont l'air d'être en dehors de la loi *générale*. Malheureusement les savants, qui sont presque tous en dehors de la loi *spéciale* d'amour, ne sont plus de force à comprendre des arguments de cette nature-là.

Voulez-vous qu'on vous dise pourquoi la nation française éprouve un si grand malaise aujourd'hui et désire autre chose que ce qu'elle a. C'est parce que sa *Tonique* n'est pas d'accord avec sa *Dominante*. Sa Dominante, en effet, c'est l'honneur, et sa Tonique d'aujourd'hui est le lucre, est l'ignoble agiotage.

Comme elle plonge dans les astres, l'analogie plonge dans le passé, dans le présent, dans l'avenir. Il lui est aussi facile de lire dans l'histoire des siècles écoulés que dans celle des siècles futurs ; car il y a pour elle des livres naturels où tout ce qui est, tout ce qui fut, tout ce qui sera est écrit. Les révélations parfumées du réséda et du pois de senteur l'ont mise au courant de l'organisation future des cinq chœurs de l'enfance, et lui ont appris le dévouement et la générosité des Petites Hordes. Elle sait, par une analyse attentive du gouvernement modèle des abeilles, quelles institutions préparatoires exige la fondation du régime harmonien. Car les abeilles, qui ont si bien réalisé chez elles la théorie de la liberté, de l'égalité et du travail attrayant, les abeilles ont débuté par supprimer impitoyablement les improductifs. Ensuite elles ont statué à l'unanimité que chaque ouvrier travaillerait en proportion de ses facultés, pour être rétribué ensuite proportionnellement à ses besoins. Dès que le travail est attrayant par lui-même, il va sans dire que personne ne réclame un salaire pour s'être amusé. Ces prétentions stupides sont spéciales aux civilisés, esclaves du capital. L'harmonie ignore ces coutumes. Les abeilles ont dit enfin le dernier mot de Dieu sur la forme gouvernementale. Elles ont adopté le Consulat *maternel*, ou la monarchie féminine et élective temporaire. Le souverain pouvoir, qui n'est pas une sinécure dans la ruche, s'y décerne à la plus belle, c'est-à-dire à la plus féconde. C'est une grande gloire pour les abeilles que d'avoir été choisies par le Créateur pour indiquer aux hommes la solution de deux questions aussi importantes que celles de la répartition des produits et de la forme gouvernementale; et les hommes, à mon sens, ne sauraient témoigner trop de gratitude aux abeilles pour ce double bienfait. Ce qui me passe et m'afflige, c'est qu'après la décision solennelle des abeilles, il y ait encore aujourd'hui division entre les deux principales fractions du parti socialiste sur la question du capital. Les socialistes ne s'entendent pas entre eux, parce que la science de l'accord universel, qui est l'analogie, leur manque. Et les classes fainéantes se réjouissent, et les classes laborieuses se désolent de la scission des socialistes qui n'auraient besoin, pour sauver le monde, que d'être plus forts sur l'analogie.

Je ne peux pas terminer ce chapitre sur l'origine des bêtes et sur beaucoup d'autres choses sans relever les dangereuses hérésies de Linnæus, qui, par la fausse définition des règles, a si tristement contribué à égarer l'opinion publique sur le caractère des plantes et des métaux.

Linnæus a dit: « Mineralia *crescunt;* vegetalia crescunt et *vivunt;* animalia crescunt, vivunt et *sentiunt*. — Les minéraux *croissent*, les végétaux croissent et *vivent;* les animaux croissent, vivent et *sentent.* » Autant de non-sens et d'erreurs capitales que de mots.

Ni le minéral ni la fleur ne sont dépourvus de *sensibilité*. Seulement la sensibilité de ces êtres inférieurs ne se manifeste pas par les mêmes organes que celle de l'homme, par la raison toute simple que les végétaux et les minéraux sont moins richement organisés pour penser et pour parler que l'homme. Mais le cerveau et le larynx ne sont pas indispensables pour *sentir*, pour *aimer*.

Car toute substance pénétrable par l'électricité est susceptible d'aimer et de sentir, et tous les corps sont pénétrables par l'électricité, qui joue dans la nature le rôle d'agent universel d'attraction, de vie et de fécondité. On sait l'ingénieux moyen dont se sert ce fluide impondérable à panache *bleu* pour forcer les corps à s'attirer, à s'aimer. L'électricité opère sur tous les corps en leur donnant un sexe, c'est-à-dire en les dédoublant, de façon à donner à chacune des deux parties disjointes un désir furieux de rejoindre l'autre. Aimer, c'est être électrisé; c'est sentir qu'on est dédoublé et éprouver le besoin de se recompléter. L'homme et la femme, qui sont deux sur la terre, ne sont qu'un dans l'autre vie, je veux dire dans la vie aromale, et c'est même pour cela que le nombre des femmes est égal à celui des hommes sur la surface de tous les globes. L'électricité prêche d'exemple, et la poursuite acharnée que se font ses deux sexes est la cause de toutes les grandes crises de la nature, y compris la reproduction des êtres et leur développement. Les typhons, les ouragans, les tremblements de terre ne sont pas autre chose que des explosions de fluide électrique, c'est-à-dire d'amour comprimé. L'éclair est le baiser des nuages, orageux, mais fécond. Deux amants qui s'adorent et qui veulent se le dire en dépit de tous les obstacles, sont deux nuages animés d'*électricités contraires* et gonflés de tragédies.

La jeunesse, saison des orages, n'est pas précisément un âge, c'est la faculté qu'ont les corps de se gorger d'une plus grande provision de fluide électrique : ce qui explique pourquoi il y a de jeunes vieux et de vieux jeunes, sans compter ceux qui n'ont point d'âge et n'en ont jamais eu. L'expérience constate que la chevelure soyeuse, qui est le plus bel apanage de la jeunesse, est en même temps le plus puissant des condensateurs naturels d'électricité.

L'expérience démontre encore que les formes elliptiques et hémisphériques favorisent éminemment l'accumulation de ce fluide, et que les formes anguleuses, au contraire, le laissent échapper par leurs pointes. Alors nous commençons à deviner pourquoi le Créateur a semé avec tant de profusion l'ellipse sur le corps de la femme, et pourquoi il l'a dotée d'une chevelure si longue et si soyeuse. Une jeune et jolie femme est une véritable pile voltaïque, un véritable aimant, chez qui le fluide captif est retenu par la forme des surfaces et la vertu isolante des cheveux; ce qui fait que lorsque ce fluide veut s'échapper de sa douce prison, il est obligé de tenter d'incroyables efforts, lesquels produisent à leur tour, *par influence*, sur les corps animés *diversement* d'effrayants ravages d'attraction. Et c'est alors que les regards s'allument et que les incendies se propagent avec une intensité qui s'accroît en raison inverse du carré de la distance. La science n'a jamais pu calculer, même approximativement, la puissance de fascination qui se condense quelquefois en un simple regard de femme. L'histoire du genre humain fourmille d'exemples d'hommes d'esprit, de savants, de héros intrépides, de graves magistrats hébétés, magnétisés, séduits, foudroyés par une simple œillade féminine, une œillade assassine d'enfant. Heureusement que cette puissance formidable de fascination dévolue à la femme n'a jamais commandé l'extermination des humains, au contraire; il n'en est pas moins vrai pourtant que la plupart des révolutions des empires ont eu pour origine un coup d'éventail électrique.

La guerre de Troie, qui fit tant jaser dans le temps, et dont on parle encore, et la guerre de Cent ans entre l'Angleterre et la France n'ont pas eu d'autre cause.

Un amoureux de vingt ans me demandait une fois si je n'avais jamais été témoin de regards bleus qui luisent dans les ténèbres et font clair autour d'eux. Hélas! lui répondis-je. Une chose très-plaisante, c'est le ton d'assurance des vieux qui, n'ayant plus la vue assez perçante pour distinguer ces lueurs, les révoquent en doute, et les appellent des *hallucinations*, des illusions du bel âge!

Messieurs les professeurs de physique officielle n'osent pas dire les *deux sexes* de l'électricité; ils trouvent plus moral d'appeler cela ses deux *pôles*. Ils ont un pôle *négatif* et un pôle *positif*, une électricité *vitrée* et une électricité *résineuse*. De telles absurdidés me passent. La fausse pudeur de ces messieurs, qui ne rougissent pas du commerce et qui rougissent des plus jolies œuvres de Dieu, ressemble étonnamment à la délicatesse des viandes noires qui se raffinent par la faisandaison.

La vie proprement dite, la vie de l'adulte, c'est donc la séparation des deux fluides ou des deux sexes, c'est le jeu de l'électricité. La mort, c'est la neutralisation absolue des deux électricités l'une par l'autre. Les êtres ne vivent pas encore quand le sexe n'est chez eux qu'à l'état latent, comme dans l'enfance; la vie se retire d'eux quand l'électricité ne peut plus tenir en leurs corps, comme dans la vieillesse. Le saint roi David fit preuve qu'il comprenait parfaitement les propriétés condensatrices des surfaces elliptiques polies quand il s'adjoignit la jeune Abisag pour garde du corps en ses vieux jours. L'électricité fait mieux que ranimer les moribonds ; elle rend le mouvement aux cadavres ; je l'ai vue ressusciter des vers à soie morts d'amour et les faire r'*aimer*.

Et si le fluide électrique est principe de mouvement et de vie, il faut bien admettre *à priori* que les corps métalliques et tous les autres minéraux sur lesquels agit ce fluide ne sont pas complétement dépourvus de sensibilité, comme l'affirme Linnæus.

En effet, le minéral n'est pas un corps inerte, comme le vulgaire le suppose : c'est un corps chez lequel la vie n'est encore qu'à l'état latent. La définition même de Linnæus, *mineralia crescunt*, prouve que Linnæus ne s'était pas bien rendu compte du phénomène de la croissance, car la croissance est une agglomération de molécules qui sont sollicitées à se réunir par une puissance quelconque, et cette puissance, cette attraction moléculaire est encore l'électricité. Or, où il y a électricité, il y a vie : croître, c'est vivre.

Certainement que si l'on place une tige métallique dans un séjour paisible et parfaitement abrité du souffle des orages, où aucune influence dangereuse ne puisse développer le sentiment en elle, certainement qu'on aura lieu de la considérer comme une matière inerte. Mais qu'on s'avise, par hasard, de la changer de place, de métamorphoser, par exemple, l'humble broche à rôti en tige de paratonnerre... ; tout aussitôt s'opérera dans les mœurs du métal une révolution complète, et la puissance magnétique apparaîtra en lui, preuve que ses passions ne faisaient que dormir. Ce n'est pas, comme on le voit, chez les hommes seulement que les honneurs changent les mœurs. A peine la pacifique broche a-t-elle été transférée de la basse région du foyer culinaire au faîte des hautes tours; à peine a-t-elle quitté l'horizontal pour la verticale, qu'elle a pris un caractère conforme à sa position nouvelle. Couchez le fer, il s'endort; dressez-le; il voudra marcher.

Rien de plus froid en apparence et dans la vie habituelle qu'un paquet d'aiguilles anglaises ou une boîte de plumes métalliques. Examinez pourtant : Voici qu'on a fait passer à proximité de cette masse inerte le souffle amoureux de l'aimant : soudain aiguilles et plumes de s'éveiller de leur lourd sommeil, de se dresser sur leurs pointes, de frémir, de se trémousser dans une agitation fébrile, de s'unir, de s'enlacer pour exécuter quelque sarabande fantastique; bref, de prendre toutes ensemble leur volée, comme un essaim de moineaux francs, pour aller donner de la tête et du corps contre leur foyer d'attraction et s'y incruster avec rage. N'en déplaise à Linnæus, *elles ont du sentiment*, ces plumes et ces aiguilles, tout comme la fauvette à la nièce de Descartes.

Et si le feu d'amour n'embrasait pas tous les êtres, les métaux et les minéraux comme les autres, où serait, je le demande, la raison de ces affinités ardentes du potassium pour l'oxygène, du gaz hydrochlorique pour l'eau, de l'acide sulfurique pour la baryte, affinités si puissantes, si bien comprises par nous, que nous avons été forcés de leur voler leurs effets pour en enrichir le langage de nos passions? Car nous avons aussi, dans notre langage figuré de la politique et du drame, la *fermentation* de l'esprit public, l'*effervescence* des idées, l'*ébullition* des passions, les théories *incendiaires*, etc.... Et tous ces substantifs imagés et expressifs sont empruntés au langage de la matière, et l'on dit encore d'un vieillard amoureux que c'est un volcan qui brûle sous la neige. Il est évident que si ces minéraux étaient aussi insensibles et aussi calmes qu'on veut bien le dire, nous n'aurions pas été leur emprunter leur vocabulaire pour parer à la pauvreté du nôtre. La poésie et la vérité ont eu raison cette fois de la science.

Dites aussi s'il n'est pas visible, et visible à l'œil nu, que la cristallisation est la floraison du minéral, le diamant un charbon fleuri.

Et les fleurs, ô mon Dieu ! refuser le sentiment aux fleurs, les plus sentimentales, les plus nerveuses peut-être de toutes les créatures ! Mais où donc ces gens-là avaient-ils étudié la nature dont ils se sont proclamés les seuls et uniques interprètes? Moi qui suis un homme simple, j'ai beaucoup vécu aussi dans la société intime de la nature, et elle m'a beaucoup parlé par la voix des lilas, des roses et des luzernes. Pourquoi donc ne m'a-t-elle pas dit la même chose qu'à eux? car voici, à quelques volumes près, ce que j'ai retenu de ses conversations.

Elle disait :

Toutes les plantes sont des êtres sensibles, animés comme les hommes de passions dévorantes, et qui ne peuvent s'épanouir dans leur magnificence qu'en un milieu qui laisse à ces passions leur légitime essor, ou, pour parler plus simplement, un milieu qui leur fasse une *destinée proportionnelle à leurs attractions*. Hélas ! que vous en avez vu mourir de jeunes fleurs sans vous douter que c'était la passion qui les tuait ! Oui, la passion, une inclination violente contrariée par la barbarie d'un *tuteur inflexible*, entravée par un obstacle quelconque, une grille, un mur noir de couvent, ou d'ombreux alentours. L'une était blanche et rose et née pour vivre aux champs, ignorée et heureuse ; elle s'étiola et s'éteignit, faute d'air et de soleil, dans le séjour des *cours* où elle fut transplantée. L'autre, qui sèche sur pied et s'incline avant l'heure, apporta en naissant le germe de la contagion héréditaire et périt avant l'âge, victime expiatoire de la faute d'autrui. Celle-ci, séparée de la moitié de son être par une multitude innombrable de kilomètres, a longtemps attendu un doux message d'amour ; mais les facteurs habituels de la correspondance des fleurs, le souffle du printemps, les insectes dorés, ont passé avec les beaux jours sans lui apporter le moindre souvenir de l'étamine aimée. Alors la pauvre délaissée a fermé sa corolle ; sa corolle, nid d'amour par elle préparé pour les tendres mystères, tente nuptiale qu'elle avait tissée d'une merveilleuse matière, plus précieuse, plus odorante, plus splendide mille fois que l'étoffe du manteau d'une reine d'Angleterre. Oh ! cachons bien à tous nos secrètes douleurs et le mal qui nous fait mourir, et que l'œil du profane ne déflore pas du moins l'alcôve virginale où l'amour, hélas ! n'a pas lui. Elle dit, et son dernier parfum s'exhale vers la contrée natale, et sa tête allanguie s'affaisse sur sa tige. Combien d'autres ont péri en proie au ver rongeur... ont péri de misère et de soif et de froid !

Oh ! oui, les fleurs confessent la loi universelle d'amour, comme le potassium et l'acide sulfurique confessent la loi du désir et du bonheur gravée au cœur de tous les êtres par le burin de Dieu. Le luxe et l'éclat de la fleur affirment que le bonheur est au bout de la passion satisfaite ; son affaissement et ses pâles couleurs, que la souffrance est au bout de la passion comprimée. Les fleurs, en obéissant à la loi de Dieu, qui commande le plaisir, se montrent plus intelligentes qu'une foule de moralistes civilisés, qui prétendent refaire l'œuvre de Dieu, et qui s'en vont prêchant la mortification et le jeûne dont ils s'abstiennent pour leur compte personnel autant que faire se peut. Et, chose assurément fort bizarre, c'est que le soi-disant dieu de la douleur, le Dieu des catholiques lui-même, n'a pas du tout l'air de savoir mauvais gré aux fleurs qui obéissent avec le plus de zèle à son commandement : *Aimez-vous...* et que c'est, au contraire, précisément à celles-là qui se ruinent le plus vite en frais de toilette et de parfums qu'il accorde une place privilégiée dans ses reposoirs et ses temples. La vigne est certainement une plante sainte et une plante chérie du Seigneur et de ses ministres, puisque c'est avec le sang de la vigne que le prêtre communie. Eh bien! nous allons voir de quelle persévérance et de quels incroyables efforts la plante sainte est capable pour surmonter les obstacles qui entravent l'essor de sa dominante passionnelle, passion d'ordinaire fort paisible, le besoin de jaser.

La vigne aime à jaser. C'est un défaut qui lui est commun avec le chien d'arrêt et une foule de créatures adorables des deux sexes ; et en conscience, il serait difficile de faire un crime de cette faiblesse pleine de charme à une plante dont le jus délie la langue, et qui est un emblème cardinal d'amitié. Dans l'ardeur d'expansion qui la brûle, la vigne s'attache avec amour à tout ce qui l'entoure ; elle monte familièrement sur l'épaule des pruniers, des oliviers, des ormes ; elle tutoie tous les arbres. Puisque la vigne module en tonique d'amitié, sa familiarité est légitime.

J'en eus une pour amie d'enfance, amie généreuse et prodigue que je vois encore d'ici me tendre ses longs bras chargés de fruits ; fruits dorés et vermeils qui semblaient attendre pour mûrir ces jours heureux de septembre où l'enfant exilé rentre au foyer natal, où M. Lhomond se tait pour laisser parler le rouge-gorge. La riche végétation, délices des enfants, orgueil de la famille, non contente de tapisser de ses réseaux la face méridionale d'une muraille immense, en avait escaladé la crête pour aller voisiner au moyen de ses pousses les plus aventureuses avec un espalier de la maison adjacente. L'entente la plus cordiale régnait entre les deux treilles et plusieurs circonstances que l'horticulteur devine sans peine avaient contribué à resserrer leurs liens... Mais le deuil entra un jour dans la maison voisine ; puis vint un nouveau maître qui prétendit avoir le droit d'exhausser de quelques pieds la muraille mitoyenne, et qui en abusa.

Il fallut bien se résigner alors à trancher par le fer les nœuds étroits qui unissaient les espaliers amis. Leur cœur en saigna bien longtemps, mais la barbarie ne tarda pas à porter fruit. Dès le premier automne, la récolte des deux treilles diminua de moitié en poids et en saveur. L'an d'après, les deux tiges ne poussèrent qu'en bois et s'emportèrent en hauteur avec une incroyable énergie. C'était pitié de voir les chétifs grappillons durcis et recroquevillés sous la feuille, déshonorer la place où s'étalaient naguère dans tout l'éclat de leur beauté appétissante les grappes d'or translucides. Deux ou trois ans se passent sans apporter de changement notable dans la disposition d'esprit des espaliers rebelles. La science fait vainement appel à tous les moyens de la thérapeutique végétale pour vaincre l'infécondité opiniâtre. Fumier chaud, bains de pied, manteau de paille l'hiver, caresses, petits soins, rien n'y fait, ou plutôt tout se *convertit en bois*. Des deux côtés du mur la désolation est au comble, chez les enfants surtout. La paresse toute seule est bien douce après dix mois de travail répugnant dans le jardin des racines grecques; mais la paresse aimantée de chasselas est bien plus douce encore. Déjà les grands parents parlent de mesures extrêmes, et prononcent le mot d'arrachement, quand, par une belle matinée d'avril, la mousse des bourgeons de l'une et de l'autre treille s'entr'ouvre et laisse voir sortant de sa coque soyeuse une double gemmule, promesse inespérée d'une riche vendange. Et comme l'un des propriétaires se glorifiait bruyamment du succès de ses efforts, qui avaient *triomphé,* à l'en croire, des résistances de la nature : « Père, lui demanda son fils, un enfant de douze ans, qui « prenait à bon droit sa part de l'allégresse paternelle, « as-tu remarqué comme les branches qu'ils avaient *sépa-* « *rées,* il y a trois ans, *sont revenues ensemble* par-dessus « la muraille ? » Le savant ne prit pas au sérieux l'observation de l'enfant... Mon père était savant.

Cinq mois après, au milieu des jouissances de la récolte, le propriétaire de la treille voisine, un industriel, répétait pour la vingtième fois à mon père : Savez-vous que c'est tout de même bien drôle, ça, la coalition de ces deux vignes, qui se donnent le mot pour faire grève et pour reprendre le travail en même temps?—Certainement que c'est fort singulier et fort inexplicable, lui répondait mon père, qui était un savant.

Je déclare qu'on a fait beaucoup de drames avec des murs de couvent et des victimes cloîtrées, et des échelles de soie, qui n'étaient pas plus intéressants que la simple histoire qu'on vient d'ouïr. Et j'ajoute que les annales de la botanique passionnelle, que trop peu de gens ont feuilletées jusqu'à ce jour, fourmillent de semblables récits... et, circonstance fort remarquable, la morale de ces romans-là dit toujours : Dieu nous a mis au monde pour aimer et jouir ; aimons, soyons heureux pour faire plaisir à Dieu.

Pourquoi les deux vignes ci-dessus ont-elles refusé pendant deux ou trois ans de produire? Je vous l'ai déjà dit, — parce que l'attraction de la vigne est de se lier d'amitié avec tout ce qui l'entoure pour jaser de choses et d'autres. En séparant les deux espaliers amis, en les soumettant au régime cellulaire, en les condamnant au silence surtout, on leur avait fait *une destinée non proportionnelle à leurs attractions.* Elles se regimbèrent et refusèrent de produire; elles étaient dans leur droit. Et elles rentrèrent dans la voie de la fécondité le jour où elles se rejoignirent et rentrèrent dans la voie de leurs attractions.

Voilà les êtres que la science civilisée nous donne pour dénués de sentiment!

Je finis, car il faut finir, car je ne sais plus où s'arrêterait le Pégase de mon imagination, si je lui rendais la main au lieu de lui serrer la bride.

Que les gens sérieux, que les moralistes civilisés à qui la lecture de chacune des pages qui précèdent a inspiré un sentiment de pitié ou de colère, que tous ceux qui réclament pour l'auteur de ce livre une place à Charenton, attendent cependant pour me bien condamner que je leur aie tout dit, que je leur aie nommé tous mes complices.

Il y a quelque temps que des physiciens de l'Institut, qui ne songeaient pas à mal, qui ne songeaient pas surtout à travailler pour la plus grande gloire de l'analogie passionnelle, se livraient à des expériences de physique amusante sur les diverses propriétés des rayons lumineux. Ils ignoraient complétement que l'analogie passionnelle eût décerné les fonctions de rayon générateur au rayon jaune. Or, ils ont découvert qu'*aucune plante ne pouvait fructifier hors de l'action du rayon jaune*... et le fait, affirmé *à priori* par l'analogie passionnelle, avec ce ton d'autorité qui la caractérise, *est demeuré acquis à la science*, comme l'existence de la planète Leverrier, comme l'existence des planètes dites *télescopiques*, qu'elle avait aussi annoncées.

J'avais établi en 1845, au rez-de-chaussée d'un journal quotidien (*Démocratie Pacifique*), la théorie de l'identité caractérielle et de l'analogie du rat et du barbare; j'avais prouvé que les deux fléaux dévastateurs se correspondaient dans l'histoire avec une exactitude rigoureuse, que chaque invasion de barbares avait déposé son rat spécial sur le sol envahi. Un savant médecin de l'Institut de France, une illustration plus qu'européenne, M. le docteur Lallemand, reprit la thèse en avril 1847, dans la *Revue indépendante*, et il est fort probable que l'illustre docteur n'avait jamais eu connaissance de mon travail, puisqu'il ne me cita pas.

Voici venir maintenant, en faveur de l'analogie passionnelle, un troisième acte de foi qui dépasse de mille coudées en franchise et en autorité les deux autres. C'est encore un prince de la science officielle, un mathématicien illustrissime, une des gloires de l'Institut français, un homme pieux, qui ose dire (novembre 1845) en pleine Académie :

« *Les passions sont des forces soumises aux lois de la mathématique; le jeu de ces forces constitue la* MÉCANIQUE PASSIONNELLE ! ! !

« La jeune personne qui renonce à son brillant avenir de bonheur et de famille pour se consacrer au service répugnant des malades *obéit à une force calculable, suit une* RÉSULTANTE ! ! ! »

Le jeu des passions constitue la MÉCANIQUE PASSIONNELLE? Qu'avons-nous dit de plus?

La jeune fille qui renonce à son avenir de bonheur et d'amour *suit une résultante* (tension de l'unitéisme). Qu'en dites-vous à présent, messieurs les incrédules? Que vous semble de cette analogie passionnelle, ce rêve inadmissible de quelques cerveaux fêlés?

Le jeu des passions constitue la mécanique passionnelle. C'est très-vrai ; mais il a fallu à l'honorable M. Cauchy quarante ou cinquante ans d'efforts persévérants, de travaux incompris, ridiculisés peut-être, pour arriver à confesser la loi de la mécanique passionnelle... Et voici une jeune fille, une enfant de seize ans, qui n'a pas fait plus que nous sa société chérie des x ni des y, et qui en a appris tout autant que l'homme de science, en effeuillant des roses ou en écoutant pendant huit jours le ramage de ses oiseaux favoris.

C'est-à-dire que la science, à mesure qu'elle s'élève, proclame la souveraineté de la Passion, loi de Dieu, levier universel du mouvement. Ce qu'il fallait démontrer.

Passion, passion, passion, et tout n'est que passion !

J'ai dit les mystères de la classification universelle des sciences, l'origine des mondes et des bêtes et l'étroite parenté qui les relie, et les lacunes de la création dernière... A présent que nous avons une idée de ce monde où nous devons entrer, nous pouvons passer outre à l'étude de notre sujet, l'histoire des mammifères de la France européenne, que nous compléterons quelque jour par l'histoire des mammifères des autres contrées du globe, si Dieu nous prête vie.

CHAPITRE Ier

I.—La France européenne. Sa physionomie, son climat, son mobilier mammiférique.

La France est un pays favorisé du ciel. C'est la patrie des nobles veneurs et des nobles penseurs, la patrie de la femme reine, des vins délicieux et du gibier exquis. En aucun autre pays du globe Dieu n'a semé plus de chants, de trésors et de fleurs. Esprit, femmes, vins, gibier de France sont titrés d'un arome supérieur, ont un bouquet à eux qui ne permet pas qu'on les confonde avec les femmes et les vins des autres crus et des autres contrées.

Le rire est un don propre à l'homme, une faculté caractéristique de sa supériorité. Le sérieux est le cachet presque certain de la pauvreté d'esprit. Nulle part on ne rit comme en France.

La France est la contrée la plus chaude du globe, à latitude égale. La ligne isotherme qui passe par Paris situé sous le quarante-neuvième degré, passe par Philadelphie, qui gît sous le quarantième, c'est-à-dire environ à la même distance de l'équateur que Naples. La latitude de Paris, où mûrissent en plein champ le raisin et la pêche, est celle de Québec, où gèle le mercure. La température *moyenne* de la France est la même que celle de l'Angleterre; mais le raisin ni la pêche ne veulent vivre en

Angleterre. C'est un peu la faute aussi de la population anglaise, population vouée au négoce et au mercantilisme, et qui a prohibé dans son île les rayons du soleil... pour favoriser la consommation de la houille nationale. Le soleil des Anglais n'est qu'une lanterne sourde.

L'admirable disposition de la superficie du territoire français explique ces faveurs de la température. De hautes chaînes de montagnes, s'élevant graduellement du nord au midi, y partagent le sol en une vaste série de bassins abrités et profonds, presque toujours ouverts au sud et fermés à la bise. Ces chaînes, dont quelques-unes sont couronnées de neiges éternelles, donnent naissance à des cours d'eau sans nombre, à des fleuves magnifiques qui descendent lentement la pente douce de leur lit, arrosent et fertilisent les vallées, s'abouchent, s'anastomosent et courent quelquefois parallèlement l'un à l'autre pour relier par des voies de communications naturelles toutes les parties du territoire, pour faciliter l'échange de tous les produits du sol entre les habitants des diverses zones.

Car il y a véritablement trois zones dans cette France exiguë, que traverse en cinq heures, dans toute son étendue, la grande hirondelle noire. Il y a la zone tropicale, où mûrissent à ciel ouvert l'orange et la grenade, où fleurissent toutes les fleurs des tropiques; la zone du littoral méditerranéen, les bassins du Var et du Tech, où les frimas sont encore inconnus, où l'atmosphère limpide a la teinte azurée du ciel de la Sicile, et distribue avec une prodigalité aussi constante les jours splendides et les nuits étoilées. Il y a la zone du milieu, où croissent la vigne, le mûrier, le maïs et les autres céréales; puis enfin celle du nord, où ne mûrit plus le raisin, mais où mûrissent encore le houblon et la pomme. Dieu a voulu que chaque division naturelle de cette terre bénie eût sa liqueur enivrante.

Quelquefois les productions des trois zones s'assemblent sous le même regard et s'étagent l'une sur l'autre en gradins, du pied au sommet de la même montagne aux rivages de la mer bleue : en bas l'olivier, l'arbre à liége ; un peu plus haut le mûrier, le noyer et le chêne ; puis le châtaignier, puis le hêtre, puis le sapin, puis les arbustes aux feuilles sombres et luisantes, confinant à la région des neiges éternelles où le sol ne vit plus. Au pied du mont l'ortolan, la canepetière, la caille, le ganga ; plus haut la perdrix grise, la grive, la bécasse ; plus haut encore la perdrix rouge ; puis, en montant toujours, la bartavelle, le coq de bruyère, la gélinotte ; enfin, sur les limites de la région des neiges, le lagopède, compatriote de l'aigle, du bouquetin et du chamois. Les anciens avaient oublié de placer le jardin des Hespérides dans l'une de ces oasis du midi de la France, où croît l'arbre aux pommes d'or et qu'Esculape assigne aujourd'hui pour séjour aux poitrines débiles et aux tempéraments épuisés. Les poëtes modernes ont réparé l'oubli des poëtes de la mythologie grecque : *Si vellet Deus in terris habitare, Biterris*, disent-ils. « Si Dieu voulait demeurer sur la terre, il s'établirait à Béziers ». Ce globe, en effet, n'a pas de plus doux climat que celui des villes de Béziers, Perpignan, Hyères, Antibes.

Heureuse contrée, riche demeure de l'homme, si l'homme, qui a mission de créer après Dieu et de parer sa demeure, eût su tirer parti des largesses de la nature ! Mais l'homme civilisé, cet ennemi acharné de son propre bonheur, n'a pas agi ainsi. Il a porté avec furie la hache dans les forêts des monts qui couvraient les cimes des hautes chaînes, et cardaient les vents de l'orage et tamisaient en douce et féconde rosée la vapeur de la nue. Il a dénudé toutes les hauteurs et ouvert au souffle dévastateur de l'ouragan et du mistral les passes des vallées..... et les nuages, noirs de tempêtes, ne rencontrant désormais sur les crêtes qu'ils rasent que des pointes aiguës de roc pour déchirer leurs flancs, les nuages ont crevé sur les collines, et leurs cataractes furibondes ont raviné les pentes et amoncelé dans les plaines les terres des coteaux effondrés. La gelée a brûlé la vigne, le mistral a acculé l'olivier et l'arbre aux pommes d'or aux plages abritées de la mer du midi. Et chaque année quelque nouveau sinistre a frappé les cultures : hier l'inondation, l'ouragan ou la trombe ; aujourd'hui la sécheresse ou le mal contagieux du troupeau, de la pomme de terre, de la vigne, etc., etc., et la hideuse famine, la rouge pourvoyeuse d'échafaud, est revenue s'asseoir au foyer du laboureur de la contrée bénie. Honte éternelle à lui et à ses gouvernants !

Une noble terre pourtant, et que Dieu avait élue entre les autres, et qu'il avait destinée à être le tombeau de toute barbarie... la terre où dorment depuis tant de siècles les ossements des Huns et des Arabes ; une terre où Dieu avait placé le cœur de l'humanité, le foyer de vie intellectuelle où devaient répondre tous les cris de souffrance, toutes les malédictions des peuples opprimés ; et d'où devait jaillir jusqu'aux extrémités du monde, comme des artères le sang régénérateur, l'idée régénératrice de liberté et de fraternité..... la Terre du bon Dieu en un mot, la commune patrie des autres peuples, où toute cause juste était sûre de trouver des martyrs, tout proscrit un refuge ! Noble France, dont les nationalités expirantes invoquaient naguère encore le nom vengeur sous la hache du bourreau, disant : Dieu est trop haut et la France est trop loin.

Noble pays et noble le peuple qui l'habite; ce peuple Franc que le monde ancien salua, dès sa première apparition sur la scène de l'histoire, du titre de peuple sauveur de l'unité chrétienne, et de bouclier de Dieu. Car bien avant que le farouche Sicambre n'eût courbé le front sous la bénédiction de l'humble serviteur du Christ, l'extermination des hordes d'Attila, le fléau de Dieu, avait déjà proclamé la bravoure du héros franc et la puissance de son bras invincible. Déjà la vierge libératrice et sainte, dont la douce auréole doit colorer de si poétiques reflets toute page héroïque de nos annales, avait fait irruption dans la légende nationale.

Une grande nation, si généreuse et si répulsive par nature à l'ignoble trafic qui force l'homme à mentir, qu'il lui a fallu faire venir de Juda et de Genève d'infimes mercenaires façonnés à la fourbe pour tenir ses boutiques de prêt! Et qu'elle a été obligée de tirer de l'étranger sa tribu d'écumeurs de bourse, comme elle en avait tiré déjà sa tribu de ramoneurs! Une grande et sainte nation, la seule de qui l'esprit de nationalité soit absent; je veux dire l'esprit de barbarie antique, la haine de l'étranger, l'amour exclusif du canton. Ah! que tous les thuriféraires du Veau d'or, que tous les croupiers du juif roi déplorent l'inaptitude des gens de mon pays aux choses du commerce et leur défaut d'égoïsme national! Moi je revendique ces vices-là comme les plus beaux titres de gloire de ma patrie, comme les signes les plus manifestes de la supériorité de ma nation.

Bon pour les peuples de proie l'esprit d'ardente nationalité. Que l'Anglais, qui ne doit voir en dehors de l'Angleterre que peuples à rançonner, se mire dans son patriotisme d'insulaire, rien de mieux. L'Anglais est un juif roux qui a déclaré, comme celui de Juda, la guerre à tous les peuples du monde, et dont la fortune ne peut se faire que de la ruine de tous les autres peuples. Mais c'est précisément parce qu'il en est ainsi pour les peuples juifs qu'il en doit être autrement pour le peuple français, peuple chrétien.

Quand l'Anglais ivre s'écrie dans son stupide orgueil : *La vigne ne croît pas dans notre île et nous buvons le vin de toutes les nations!* il faut que le Français réponde : « Si Dieu nous a donné la vigne, c'est qu'il a voulu faire de nous les échansons du globe ; prenons la coupe de la communion fraternelle et versons le vin à toutes les nations ! »

Quand le barbare rouge, le marchand d'opium, prend pour devise : *Chacun pour soi*, le génie de la France doit écrire sur son drapeau : *Tous pour chacun, chacun pour tous!*

J'admire ce Hollandais, ce Genevois, cet Anglais, tous ces juifs soi-disant chrétiens, se targuant de leur supériorité dans l'ignoble industrie commerciale où la victoire est assurée au plus fourbe!

La France est un pays favorisé du ciel; riche de plaines, de monts, de prairies, de forêts et de fleuves, mais pauvre néanmoins en espèces de quadrupèdes et d'oiseaux, comparativement aux contrées de l'équateur. Seulement, les espèces qu'elle nourrit sont de qualité supérieure; les cerfs et les sangliers de ses forêts sont plus forts et mieux armés que ceux des autres contrées; ses bécasses et ses cailles ont le fumet plus fin qu'ailleurs. Espèces rares, mais utiles, tel est le caractère général de la Zoologie française, bien que les emblèmes du mal y soient en dominance comme partout.

Et d'abord qu'on n'y cherche pas les énormes pachydermes à l'épaisse cuirasse, ni les félins géants à la voix rugissante, ni les boas immenses, ni les sauriens musqués à la mâchoire nue. L'existence de ces monstres semble enchaînée aux déserts sans limites, aux forêts vierges et aux sables brûlants de la zone de feu, comme celle des dragons de la fable aux jardins enchantés. La calme température des zones mitoyennes a dû modifier la furie des appétits sanguinaires chez les bêtes, comme elle modérait l'essor de la séve dans le tissu des plantes. La famille du tigre se personnifie en France dans le chat domestique; le boa *constrictor*, qui étouffe des taureaux, y descend aux proportions de l'orvet; le gavial et le caïman à celles du lézard; et la malfaisance des espèces a décru dans les mêmes rapports que leur taille. Il faut voir aussi dans ce fait une preuve de la supériorité des aromes de l'hémisphère boréal sur ceux de l'antarctique.

Toutefois, le mobilier zoologique de la France n'a pas toujours été aussi pauvre qu'aujourd'hui, et sans remonter bien haut dans l'histoire, il fut un temps où les parages les plus dépeuplés de gibier, comme les rives de la Seine, avaient peu de chose à envier aux contrées les plus giboyeuses du continent européen.

En ce temps-là, l'aurochs, taureau-géant des forêts de la Gaule, honneur perdu de nos climats, tondait en paix les herbes des prairies verdoyantes, où peut-être furent depuis le Louvre et l'Institut, les Tuileries et le Palais-Royal. L'élan au col charnu, aux jambes de girafe, l'élan, dont le bois rameux abrite sous sa toiture immense près de la moitié de son corps, buvait aux ondes pures de la Bièvre. De lourds bisons, embossés par le travers des îles de la Cité, de Louviers, de Saint-Louis, et plongés dans le fleuve jusqu'au poitrail, semblaient comme une flotille de canots postés là pour barrer à la civilisation romaine les chemins de Lutèce (du latin *lutum*, ville de boue). Le renne, ami de la froidure, se fixait aux mêmes bords, séduit par la longueur des hivers et par la persistance et l'éclat de neiges de six mois. En ce temps-là, de sombres et épaisses forêts, théâtres de sanglants sacrifices, couvraient de leur noire verdure les cinq sixièmes du sol. Chaque vallée avait son repaire, chaque fleuve, chaque rivière son marais. Là vivaient doucement sous l'ombrage des vieux chênes d'innombrables troupeaux de sangliers, race féconde. Là hurlaient, grondaient et se ruaient à l'envi, à la poursuite des fauves, de nobles représentants de la tribu des animaux chasseurs, le grand ours noir de Russie, et les loups argentés, et le chat cervier du Nord, et le lynx et l'isatis à la fourrure bleue. Là bondissaient en hardes plus serrées que celles des moutons de la plaine, les cerfs, les daims, les biches et les chevreuils; et le glouton perfide, tapi sous les basses branches du hêtre colossal, attendait l'élan au passage pour lui sauter au col, lui incruster ses ongles dans la chair et lui sucer le sang.

Entre temps, l'aigle royal, le gerfaut, le lanier, le sacre, l'autour, sillonnaient l'atmosphère de leur vol tournoyant. Le marsouin se jouait par l'orage sur le dos de la Seine, vierge des ponts de l'homme, mais non des chaussées du castor, lequel a laissé son nom à la rivière de *Bièvre*. L'oiseau cher à Léda y mirait sa blancheur dans le cristal des ondes, recueillant de droite et de gauche, dans son majestueux sillage, les témoignages de vénération et de crainte d'une foule de palmipèdes respectueux. La solitude retentissait à toute heure des cris de la bataille, glapissements aigus tombant du ciel, sinistres hurlements et réclames de mort s'élevant de la profondeur des forêts !

Que les temps sont changés, et comme deux ou trois mille ans, quelquefois moins encore, suffisent pour altérer la physionomie des choses! Allez donc demander l'élan et le bison aux bois de Romainville, ou bien aux plaines de l'air les orbes du gerfaut.

Décadence trop rapide, hélas! Dès les premiers jours de l'invasion romaine, l'élan a commencé son mouvement de retraite vers la Baltique; l'élan a mis le Rhin entre la Gaule et lui; César le rencontre encore dans la forêt Hercynie, en société du *machlis*. Le renne s'est cantonné aux revers des monts glacés de l'Helvétie et des Cantabres. Les deux nobles races, débordées par les flots de la civilisation, ont été chassées de repaire en repaire, jusque par delà les régions boréales et l'impasse du cap Nord. Elles ne se sont arrêtées dans leur fuite que là où le sol a manqué sous leurs pas.

Il y a des savants qui ne veulent pas à toute force que le renne de Laponie et l'élan de Norwége aient jamais foulé de leur large sabot le sol des Gaules. Je n'ai jamais bien compris quel intérêt pouvait avoir un savant à refuser aux ancêtres du renne et de l'élan, qui habitent aujourd'hui la Laponie ou la Finlande, l'agrément d'avoir brouté les jeunes pousses des chênes de la Gaule, il y a deux mille ans. L'élan se retrouve encore aujourd'hui dans le nord de la Russie d'Europe, dans la Finlande et dans le gouvernement d'Archangel; il n'est pas invisible en Suède ni en Norwége; le roi de Prusse en entretient un superbe troupeau dans une île du Niémen.

Le bison aussi, ils en ont fait un mythe; le bison, célébré par toutes les chroniques de la France mérovingienne et carlovingienne, et dont s'occupent tous les naturalistes de l'antiquité, Aristote, Pausanias, Pline; le bison si cher aux plaisirs du grand roi Charlemagne, ils l'ont nié, nié par la raison qu'ils ne le connaissaient pas. Moi non plus, je ne connais pas parfaitement l'animal désigné sous le nom de *bison*, mais ce ne m'est pas une raison de le nier. Ce bison-là est-il le même que le *bonasos* d'Aristote, qui porte une crinière étoffée comme celle d'un lion, mais dont le front est orné de cornes inoffensives qui lui retombent sur l'une et l'autre oreille? Je ne sais pas, mais néanmoins je ne vois guère parmi les bêtes à cornes de ma connaissance que le bison d'Amérique qui réponde au signalement ci-dessus; et encore, le bison d'Amérique ne ressemble-t-il au bonasos d'Aristote et au bison d'Oppien que par la crinière. Après cela, on sait que les anciens s'échauffaient facilement à propos de cette question de cornes, et que le poëte Oppien, par parenthèse, en voulait voir partout, même dans les défenses de l'éléphant. Toujours est-il qu'il existait en France, du temps de Charlemagne, une forte race de ruminants sauvages qu'on appelait *bisons* et qui se chassaient dans les chasses royales en société de l'aurochs, puisque le moine de Saint-Gall, rendant compte des fêtes données par le grand empereur d'Occident aux envoyés du calife Haraoun-al-Raschid, parle d'hécatombes d'aurochs et de bisons immolés en cette circonstance (*uros et bisontes*). Pausanias aussi a parlé du bison en décrivant la Phocide. Il explique comment les jeux du Cirque faisaient une consommation effroyable de bisons, et comment on s'y prenait pour s'en procurer en Grèce. Le procédé est ingénieux; il consiste à creuser une fosse aux abords glissants au bas d'une forêt en pente, et d'y faire tomber l'animal. L'animal emprisonné, on l'affame, on le dompte. J'admire qu'il n'y ait pas de renseignements plus précis sur une bête qui entrait comme élément de drame et de plaisir dans les fêtes publiques.

Quant à l'aurochs, point de doute sur son identité. Jules-César le signale dans un passage du livre 6, *De Bello*

Gallico. Il commence par lui donner une taille voisine de l'éléphant, *magnitudine paulo infrà elephantos*, et le gratifie ensuite d'une force et d'une vitesse incomparables, le tout associé à un caractère farouche et indomptable qui le fait se précipiter tête baissée sur tout ce qu'il rencontre, bêtes et gens. Il est impossible de ne pas reconnaître à ces traits l'*urus* de la forêt d'Ardenne du temps de Charlemagne et l'aurochs de la Lithuanie d'aujourd'hui. L'aurochs quitte la France vers la fin de la seconde race ; l'histoire fait défaut sur sa voie vers la fatale époque de l'invasion normande. A cette même époque où l'aurochs s'éloignait de nous sans espoir de retour (878), la France subissait un épouvantable déluge d'insectes malfaisants, d'araignées, de scorpions et de loups enragés qui semaient partout la désolation et la terreur. Mais, au dire de tous les écrivains du temps, le pire de ces fléaux est encore le Normand, souche du lord anglais.

Les derniers débris de la famille de l'aurochs errent aujourd'hui sous les trop frais ombrages des sapins de la Lithuanie. L'individu donné par l'empereur Napoléon au Musée du jardin des Plantes provient de ces forêts. Les *bisons* de Pologne que l'empereur de Russie envoya une fois au jardin des bêtes de Londres pour vexer le gouvernement français étaient des aurochs. On a retrouvé naguère l'aurochs en compagnie du tigre noir, dans les forêts escarpées du Caucase.

Le glouton et le chat-cervier avaient émigré à la suite de l'élan et du renne, leurs victimes de prédilection. Ils ne font plus dès lors que de très-rares apparitions dans l'histoire de l'Europe centrale.

L'ours noir, le loup argenté, le renard bleu s'éclipsèrent totalement, ou peut-être, jaloux de conserver une fourrure splendide qui leur faisait trop d'ennemis, renoncèrent-ils à ce vêtement de luxe pour adopter le costume modeste de leurs congénères indigènes?

Le cerf, le daim, délices des chasses royales, ont été entraînés dans la chute de la royauté chasseresse ; car c'est le gibier du gouvernement qui paye généralement pour les fautes des princes. On trouve encore quelques rares individus de ces nobles espèces échappés par miracle aux vengeances révolutionnaires, et qui se conservent dans les parcs des fournisseurs de vivres ou des entrepreneurs de curage, rois de l'époque. Il y a longtemps aussi que la race du loup aurait complétement disparu du sol français comme elle a disparu d'Angleterre, n'était l'institution tutélaire de la louveterie, un corps spécial de hauts et puissants veneurs, préposé à la conservation du loup, ainsi que son nom l'indique. Le sanglier est près de ses fins comme le loup ; le chevreuil pas encore.

Le lynx a fini en France avec le XVIIIe siècle, ou du moins y est-il plus rare que le castor.

Je ne désespère pas de rencontrer, à l'occasion du castor de la Seine, un membre très-savant d'un institut quelconque qui me démontre que ce ne sont pas des individus de cette famille qui ont bâti les deux ponts d'Iéna et d'Austerlitz. Je réponds d'avance à cette objection spécieuse... qu'il est absolument impossible de juger de la capacité intellectuelle et des moyens physiques du castor indigène par les individus qui nous en restent aujourd'hui, tristes débris d'un peuple dispersé à qui l'infortune a fait perdre les traditions de l'art. Le régime de l'association était tout le secret de la supériorité industrielle du castor dans les deux mondes. Du jour où le castor de France a dû renoncer au régime sociétaire, c'en a été fait de son habileté tant vantée, comme de la force de Samson après le coup de ciseau de Dalila. L'association vivifie, l'isolement tue. Le castor gaulois, acculé à cette heure sur les rives trop habitées du Gardon et du Rhône, y végète déplorablement, poursuivi sans relâche par l'homme et assailli de perpétuelles terreurs. Quel cerveau humain, si solidement trempé qu'on le suppose, résisterait pendant des siècles à l'influence abrutissante d'un pareil genre de vie? L'isolement a tué le castor de France. De dégradation en dégradation, l'intéressante et noble créature est passée moralement à l'état de rat d'eau. La succession des étages de son terrier trahit encore les études de l'ancien ingénieur; mais s'il se souvient parfois de son ancien talent de mineur, de charpentier, de maçon, c'est pour l'employer à la destruction des digues et des chaussées faites par l'homme: triste et stérile vengeance! Je raconterai au chapitre du castor de France une histoire touchante conservée dans les archives du Jardin des Plantes.

La fortune du castor de France nous révèle celle que l'avenir réserve au castor d'Amérique pour une époque plus ou moins éloignée. J'ai ouï dire que l'intelligence de cette espèce supérieure avait déjà subi du fait de la persécution une atteinte mortelle. Grande et sainte leçon pour les hommes! Confirmation solennelle de cette haute vérité philosophique, *que la misère et l'abrutissement du travailleur sont fatalement au bout de toute industrie morcelée.*

Combien de siècles écoulés aussi depuis que la race des faucons, à qui l'odeur cadavéreuse des cités soulève le cœur, a déserté le ciel de Paris! Dès l'époque des croisades, c'est-à-dire vers le temps où la fauconnerie est le plus en honneur, les fauconniers se plaignent déjà de la rareté des faucons en France, et sont forcés de tirer leurs sujets de Grèce, de Norwége et d'Écosse. Aujourd'hui l'atmosphère française appartient en toute souveraineté aux noires bandes des choucas, des corneilles, des étourneaux et des pigeons ramiers. De sa maison de ville l'observateur n'aperçoit plus dans l'air que le rare et rapide sillage de la grande hirondelle des tours, ou les évolutions capricieuses du pigeon culbuteur et le vol muet des oiseaux de nuit autour des vieux clochers.

Il est visible par le tableau qui précède que le propre de la civilisation est de remplacer partout les nobles races par des espèces inférieures et chétives. Qui pourrait reconnaître dans ces misérables conscrits de nos cités industrielles, qui ne vont pas même à la taille de leur fusil de munition et qui s'en félicitent, qui pourrait, dis-je, reconnaître la race de ces Gaulois géants qui marchèrent de chez eux jusqu'à l'Asie Mineure en chantant, et pillèrent en passant Rome et Delphes? La civilisation a banni du territoire de France l'élan, le renne, le bison, l'aurochs, le daim, le cerf, le sanglier; elle a laissé s'y multiplier dans des proportions désastreuses le rat de Montfaucon et le lapin de choux. Ce n'est pas un progrès. Encore si la multiplication du faisan, du paon, du dindon et de la pintade avait réussi à compenser tant de pertes! Mais l'homme civilisé n'est de feu que pour la sottise et la destruction; il est de glace pour le bien.

Une administration intelligente et vraiment désireuse de s'immortaliser par de grandes choses devrait n'avoir qu'un seul but aujourd'hui... *faire tomber les alouettes toutes rôties dans la bouche du peuple;* car la popularité la plus durable est celle qui se base sur la gratitude de l'estomac. Si le roi chasseur Henri IV est demeuré dans la mémoire du peuple français pour avoir émis le simple vœu que l'immense majorité de ses sujets pût s'exercer les mâchoires, une fois par semaine, aux muscles filandreux de la poule au pot coriace, de quelles couronnes de laurier ce même peuple ne couvrirait-il pas le chef du gouvernement quelconque qui l'aurait soumis au régime du poulet rôti quotidien. Et que dis-je, du poulet!... Mieux que cela, s'il vous plaît, au régime du faisan et de la bécassine, attendu que la bécassine et le faisan, qui ne coûtent aucuns frais d'entretien ni d'éducation à l'homme, doivent lui revenir à meilleur marché que le poulet. Cette dernière raison s'applique au sucre, qui devrait, dans l'état normal des choses, coûter deux fois moins cher que le pain à poids égal. Je n'ai jamais été gouvernement qu'une seule fois dans ma vie, en Afrique. Comme le prix de la viande de bœuf dépassait les moyens de mes sujets (elle coûtait 2 fr. 40 c. le kilog.), j'avais pris l'habitude de distribuer gratis deux ou trois fois par semaine une certaine quantité de perdrix et de bécasses; mes sujets m'adoraient.

Je répète que je ne sais rien de plus facile à réaliser que ces utopies culinaires. Il ne s'agit en effet que d'acclimater une foule d'espèces nouvelles et de multiplier les indigènes. Or, Bakewel, le plus grand homme qu'ait produit l'Angleterre; Bakewel, le sublime artiste qui entra si avant dans les secrets du Créateur; qui fit la chair vivante aussi docile sous la main de l'éleveur que l'argile sous le doigt du potier; Bakewel, à qui la Grèce païenne eût bâti des autels, a résolu des problèmes bien autrement impossibles, et donné la réalité à des êtres bien autrement chimériques.

Un véritable ami des bêtes, un des maîtres les plus aimés de la science, un fils qui marche avec honneur dans le sentier de la gloire paternelle, M. Isidore Geoffroy-Saint-Hilaire, avait présenté, il y a quelques années, à son gouvernement, un mémoire d'un intérêt extrême, où il était surabondamment prouvé que la France ne pouvait se passer plus longtemps d'un jardin d'acclimatation quelque part, vers les parages de la Méditerranée. Ce gouvernement, qui était celui de M. Guizot et de M. Hébert, était trop absorbé par la recherche des moyens de se perdre pour songer aux moyens qui l'auraient pu sauver. Naturellement il aima mieux employer ses millions en subsides pour le Sonderbund que pour le Jardin des Plantes... dont il mourut. Celui qui vint après prit en considération le mémoire du savant professeur et lui permit de réaliser une de ses utopies, en achetant pour le compte du Muséum un superbe troupeau de lamas et d'alpacas provenant de la succession du feu roi de Hollande. C'est quelque chose, mais ce n'est pas assez. La France, qui est un grand empire, la France, que la nature a dotée de toutes les températures, ne peut pas laisser sans honte à l'Angleterre, qui n'est qu'un misérable îlot perdu dans les brumes du nord et ignoré du soleil, la gloire de naturaliser en Europe les plus magnifiques espèces volatiles et mammifères des autres continents. J'appelle donc de tous mes vœux la venue d'une administration prévoyante et réparatrice, qui comprenne enfin que la conquête d'une bête ou d'un légume est infiniment préférable à toutes les conquêtes imaginables de Belgique et des rives gauches du Rhin, et qui mette ses soins à parfaire le mobilier zoologique de ma patrie. Je n'ai jamais plus souffert dans mon amour-propre national que de voir un simple lord anglais, lord Stanley, posséder pour lui seul une ménagerie plus riche et plus peuplée que celle de Paris, Paris, la capitale des arts et de la science, la reine des cités, le seul lieu où l'on mange.

En attendant cette ère de réparation, de prévoyance et de sagesse, procédons à l'inventaire du mobilier mammiférique de la France d'aujourd'hui.

Ce mobilier, réduit au règne des quadrupèdes mammifères, accru des séries ambiguës des Cétacés et des Phoques, se compose de 80 pièces environ qui se distribuent, suivant la nomenclature officielle, dans l'ordre ci-après :

Ordre des	Pachydermes.	1
—	Solipèdes.	2
—	Ruminants.	9
—	Carnassiers	16
—	Rongeurs.	15
—	Insectivores.	11
—	Chéiroptères.	15
—	Cétacés.	8
—	Phoques	2
	Total.	79

La faune mammiférique de la France européenne est si pauvre en espèces, qu'elle n'en fournit pas une seule à une foule d'ordres populeux, tels que ceux des Quadrumanes, des Édentés, des Marsupiaux, des Monotrèmes, etc. ; sans compter que le contingent qu'elle apporte à certains autres, à celui des Pachydermes, par exemple, se borne à un individu. On conçoit l'impossibilité de bâtir une classification de toutes pièces pour une faune locale où manquent la moitié des ordres et les cinq sixièmes de la totalité des espèces répandues sur le globe. Mais c'est précisément cette impossibilité qui m'a poussé à entreprendre un traité de classification universelle, introduction d'une histoire également universelle des oiseaux et des bêtes à quatre pattes, œuvre lourde et dont l'achèvement serait la réalisation de tous mes rêves d'ambition scientifique.

En attendant la réalisation de ces vœux et pour me faire

comprendre, je suis bien obligé d'employer le vocabulaire de la science officielle et de me servir des noms consacrés par l'usage. Je réclame seulement le droit de protester contre la violence qui m'est faite avant de me courber sous le joug. Je demande à prouver que le système de classification mammiférique dont je viens de reproduire le bizarre spécimen est le plus merveilleux chef-d'œuvre de décousu et de confusion qu'ait encore enfanté la fausse science.

J'ai déjà dit dans l'introduction de ce livre le pourquoi de ce désordre intellectuel. Je reviens avec insistance sur ce sujet, à raison de son importance extrême, et j'y reviendrai plus d'une fois encore dans le cours de ces études, et sans craindre aucunement de m'exposer aux reproches de redite, parce que la classification, au dire de George Cuvier lui-même, est l'*idéal de la science*, parce que la méthode est l'instrument de tout progrès et de toute découverte, et qu'on ne saurait trop flétrir une méthode vicieuse. De même que le réformateur social ne saurait travailler avec trop d'énergie à la démolition de l'imposture religieuse, qui est la pierre angulaire de toute oppression et de toute immoralité... ainsi l'analogiste passionnel, à qui incombe la mission de démolir les erreurs de la science et de redresser les instruments défectueux d'icelle, est tenu de s'acharner avec rage contre les classifications absurdes et de les réduire en poussière.

Or, l'arithmétique ayant dit que l'Unité était le terme de comparaison entre les quantités de même espèce, et le bon sens ayant confirmé cette définition, je proteste au nom de l'arithmétique et du bon sens contre le système de classification officielle ci-dessus, dont les auteurs semblent avoir pris à tâche de contrecarrer toutes les lois de l'unité.

Il y avait pour le moins dix termes, ou dix types de série, capables de servir d'Unité ou de terme de comparaison entre les mammifères. Il y avait le milieu ou l'élément habituel de la vie qui eût donné la série des Nageurs, des Coureurs et des Amphibies, voire des Volatiles (chéiroptères). Il y avait le genre de nourriture, qui eût donné la série des Piscivores, des Herbivores, des Insectivores, des Carnivores et le reste. Il y avait le pied, la mâchoire qui eussent engendré des séries analogues. Or, la science a repoussé systématiquement et impitoyablement l'unité du domaine de la classification mammiférique. Et elle l'a repoussée sous toutes ses espèces et si bien, que l'anarchie qui règne aujourd'hui parmi les bêtes est une des hontes de la situation. Que cette honte retombe sur les coupables.

Et les coupables, hélas! sont les maîtres eux-mêmes, lesquels ont dépensé, à coup sûr, plus de génie pour atteindre à l'idéal de l'absurde, qu'il n'en eût fallu pour réaliser l'idéal de la science, c'est-à-dire la classification utopique de Cuvier.

Ce que j'appelle l'idéal de l'absurde, c'est ce semblant grotesque de système de nomenclature zoologique que l'on professe effrontément dans les écoles publiques avec l'autorisation du gouvernement et du conseil supérieur d'enseignement. C'est cette liste de noms barbares que j'ai produite tout à l'heure, et où l'on trouve des Pachydermes, des Marsupiaux, des Édentés, des Ruminants et le reste. La liste contient une dizaine de noms au plus, ainsi que vous pouvez le voir, et les malheureux nomenclateurs ont mis à contribution trois langues d'abord : la grecque, la latine, la française, pour forger les dix mots... Trois langues pour forger dix mots, afin qu'aucun de ces mots ne ressemblât à son voisin, et ne pût indiquer la parenté des séries auxquelles ils devaient servir d'étiquettes. Ainsi, dès la première parole des maîtres éclate et se révèle par la confusion des langues, l'horreur de l'unité !

Mais le langage n'est jamais que la forme et le vêtement de l'idée. C'est l'ordonnance de la classification elle-même qui constitue le crime de rébellion flagrante contre l'ordre naturel et qui résume le beau idéal du chaos.

Les nomenclateurs se sont d'abord dispensés de classer les Mammifères par rang d'âge et de primogéniture, ce qui était une méthode naturelle et facile, sous le prétexte futile que les registres de l'état civil du monde constatant les naissances des bêtes manquaient à leurs archives. Je ne veux pas discuter la valeur d'une pareille excuse, dont jamais ne se sont fait faute la paresse et le mauvais vouloir.

Ensuite, au lieu de prendre un organe quelconque de la bête pour type d'unité sériaire et de ranger les familles les unes après les autres, d'après les modifications de ce type, comme a fait Linnæus dans son système de classification botanique, où les plantes qui n'ont qu'une étamine constituent la tribu de la *Monandrie,* celles qui en ont deux la tribu de la *Diandrie*, et ainsi de suite ; — au lieu, dis-je, de suivre cet ordre logique et naturel qu'indique le bon sens, les nomenclateurs ont pris au hasard dix organes, et ils ont fait de chacun de ces organes un type de série. Ils ont nommé l'Éléphant par son cuir, le Cheval par son sabot, le Cerf par sa manière de manger, le Chien par sa manière de marcher, le Kangourou par sa poche abdominale, etc... Il faut voir avec quel art inimitable ils vous ont embrouillé tout cela. J'ai besoin de beaucoup d'empire sur moi-même pour me maintenir calme en présence de ces abominations scandaleuses, et pour retenir sur mes lèvres le sarcasme prêt à s'en échapper en traits âpres et mordants.

Car je crois, Dieu me pardonne, que je calomnie les savants quand je les accuse d'avoir pris une unité quelconque, pied, cuir, dent, nourriture, pour terme de comparaison entre les divers ordres de la Mammiférie. L'horreur de l'Unité, qui a pour corrélatif l'amour du pêle-mêle, ne leur a pas même permis de s'élever jusque-là.

Ainsi, j'ai eu tort d'affirmer qu'ils avaient tiré le nom de l'éléphant de son cuir. Ils n'ont pas osé prendre le cuir pour dénominateur d'une série. Ils ont créé la série des *cuirs épais*, autrement dit des *Pachydermes* (éléphant, rhinocéros, tapir, sanglier) ; mais ils ont reculé devant la création de la série des *cuirs minces*. Ils ont trouvé moyen de se passer de l'Unité en employant la fraction ! Il existe maintenant une autre série de Quadrupèdes mammifères, porteurs d'une cuirasse osseuse beaucoup plus résistante que celle des éléphants et des rhinocéros (Pangolins et Tatous), et qu'on n'a pas même songé à rallier sous un titre commun emprunté à ce caractère anormal.

Et pourquoi, s'il vous plaît, cette barbare dénomination de *Pachyderme* appliquée à l'éléphant, au sanglier et au tapir, sous prétexte d'égalité d'épaisseur dans le cuir? Est-ce qu'il n'y avait pas, je vous le demande, entre ces trois bêtes-là un trait d'union plus proéminent? Est-ce que chacune de ces espèces n'avait pas reçu de la nature un organe plus apparent, plus caractéristique que l'épaisseur du cuir, et prouvant mieux la parenté d'origine, un groin, par exemple, une trompe? Et comment avez-vous les yeux faits pour que ce développement formidable de l'appareil olfactif ne vous ait frappés tout d'abord, comme il a frappé les Amazoulous de l'Afrique australe, qui disent des éléphants *les longs nez*. Voyez pourtant à quelles magnifiques conséquences vous conduisait d'emblée la reconnaissance du groin ou de la trompe comme titre de la série. Vous commenciez par intituler la série : des *Proboscidiens*, ou des porteurs de trompe. Et comme l'analogie indique la signification du groin, vous signaliez d'avance, par ce nom seul, la tribu des êtres les plus laids, les plus sensuels et les plus voraces de la création, la tribu des goinfres par excellence..., mais tribu essentiellement utile à l'humanité par sa voracité même, et descendant en ligne droite du Soleil, ce qu'il est complétement inutile de prouver.

J'ai essayé de faire ressortir l'inconvenance de ce nom de Pachyderme, pris comme étiquette de série ; mais il n'y a pas un des termes comparatifs adoptés par la nomenclature officielle qui ne prête le flanc à de semblables attaques. Oyez le cheval se plaindre du risible sobriquet qu'on lui a infligé.

Solipède est, en effet, le nom que ces fâcheux ont imposé à la série des Herbivores *monodactyles*, quand ils ont pris le pied pour type de la série. Or, je demande quel est celui de nous qui, à la place du cheval, ne protesterait pas comme lui contre cette qualification étrange. Car enfin, il faut être de bonne foi en zoologie comme ailleurs, et dès qu'il est convenu que *quadrupède* voudrait toujours dire une bête *à quatre pattes*, il s'ensuivait naturellement, ce me semble, que *solipède* voudrait toujours dire aussi une bête à un *seul pied*. Alors je désapprouve complétement les savants d'avoir créé une série de quadrupèdes solipèdes, c'est-à-dire une série de bêtes à *quatre pieds* qui n'en ont qu'*un seul*. La science officielle n'évite pas avec assez de soin ces alliances adjectives malheureuses et qui font rire d'elle.

Autre plaisanterie non moins blâmable :

La dent est un caractère de division primordiale très-digne assurément d'être pris en considération, puisqu'il indique de prime-abord les mœurs et le genre de nourriture des bêtes à classer ; et les savants en auraient abusé dans leur nomenclature que je ne leur en ferais pas un reproche.

Mais comment qualifier la conduite de gens qui ont l'air de se prendre au sérieux et de s'appeler savants, et qui, ayant à opter entre les divers emplois de la dent comme caractère divisionnaire, ne s'en servent qu'une fois... et juste pour désigner les bêtes qui n'en ont pas ! Car, c'est ainsi qu'ils ont fait dans l'espèce. Regardez, en effet, que la nomenclature officielle qui s'honore de la série des *Édentés* est complétement veuve de celle des *Dentés*. Je demande à ce qu'on interdise dorénavant à la science officielle le droit d'abuser ainsi de la plaisanterie.

Plaisanterie d'autant moins tolérable, que cette dénomination d'*Édentés*, qui a l'air de vouloir dire *sans dents*, s'applique à des espèces qui ont une mâchoire parfaitement garnie. Il faudrait pourtant tâcher de s'entendre sur la valeur des mots avant de s'en servir.

On voit encore en cette nomenclature une série dite des *Monotrèmes* (canal excréteur unique), laquelle vous force logiquement d'appeler celle des *Polytrèmes;* mais le Polytrème, ainsi que le Denté, est sourd à votre voix.

C'est-à-dire que jamais ailleurs on n'afficha un plus profond mépris des liens sacrés de la famille, des lois de l'ordre, des principes de l'arithmétique, et que je suis peut-être resté au-dessous de mon devoir en qualifiant ce risible grimoire de chef-d'œuvre du tohu-bohu. La vérité est que la chose à laquelle ressemble le plus cette juxtaposition d'espèces disparates, qu'ils appellent leur classification, est une veste d'arlequin.

Heureusement pour les intérêts et la gloire de tous ces fauteurs d'anarchisme, que le monde civilisé est plein de gens qui se contentent de tout ce qu'on leur donne, et qui prennent le Monotrème, l'Édenté et le Pachyderme, sans demander leur reste.

J'en passe, et des meilleurs, car je pourrais tout aussi bien continuer ma guerre à la classification patentée, à propos des dénominations de Cétacés, de Phoques, de Ruminants ou de Plantigrades, dénominations plus absurdes les unes que les autres, et qui portent toujours le cachet de l'insignifiance absolue lorsqu'elles ne servent pas d'étendard au chaos.

Il est bien évident, *à priori*, que ce bizarre ramassis de dénominations impropres, empruntées à tous les jargons du grimoire, ne peut pas s'appeler décemment une nomenclature. Il est évident que tous ces noms de bêtes, à deux ou trois exceptions près, ont été forgés par le hasard et par l'usage, qui sont les pires de tous les parrains, et que la tentative d'additionner des pachydermes grecs avec des insectivores latins et des rongeurs français, pour ne manquer ni d'originalité ni de hardiesse, n'en est pas moins une bouffonnerie détestable.

A tant faire pourtant que de s'affranchir de tous les liens de l'Unité et de la Méthode, et de s'arroger le droit de choisir ces noms, comme il était facile de faire un meilleur choix ! Qui les a empêchés, par exemple, d'intituler la tribu du cheval et de l'âne, la tribu des *Porteurs*, du service que les bêtes de cette catégorie sont appelées à rendre à l'homme ? Ce titre n'en dit-il pas plus à l'esprit que celui de *Solipède* ?

La nature semblait avoir destiné la noble et délicate tribu des bêtes à cornes à servir de nourriture à l'Homme, au Lion, au Tigre, à tous les bourreaux de la terre. Pourquoi n'avoir pas donné à cette pauvre famille un nom en harmonie avec sa destinée de *victime* (Victime, de *victus*, *victuaille*).

Carnassiers n'est pas non plus un titre qui spécifie suffisamment les trois tribus des Canins, des Félins et des Mustéliens, plus l'Ours et le Blaireau, etc. D'abord, parce que ces deux dernières espèces adorent par-dessus tout les fruits et les légumes, et ensuite parce que la Taupe est plus carnivore et plus sanguinaire à elle seule que tous les quadrupèdes connus sous le nom de carnassiers. Ces dénominations de Canins et de Félins, tirées des noms latins du Chien et du Chat, joignent elles-mêmes au défaut de l'absolue insignifiance celui de l'impropriété.

Il était incomparablement mieux d'intituler cette série des *Chasseurs* et de la diviser en trois groupes. Le premier, dit des *forceurs* ou des chasseurs proprement dits, animaux doués d'un odorat puissant, d'un jarret d'acier et d'une intelligence supérieure, s'associant pour chasser et forçant la proie de haute lutte. J'ai nommé le Loup, le Chien, le Renard.

Deuxième groupe, dit des *Guetteurs,* bêtes paresseuses et chassant isolément, s'approchant de leur proie en rampant, la surprenant et ne la forçant pas; douées en outre d'ongles tranchants et rétractiles qui leur confèrent la faculté de grimper. Chat et Lynx.

Troisième groupe, dit des *Égorgeurs* ou des *Buveurs de sang,* animaux reconnaissables à leur museau pointu, à leur étroit corsage, à leur odeur musquée, les plus féroces de tous les carnassiers, à l'exception de la Taupe, préférant le sang à la chair et les œufs au poulet, Martre, Fouine, etc. Ce nom d'égorgeurs ou de buveurs de sang va mieux évidemment à des bêtes qui égorgent pour le seul plaisir d'égorger, et qui saignent leurs victimes à la jugulaire, en véritables praticiens, que celui de *Mustéliens*, synonyme de *Rat allongé*.

Digitigrades et Plantigrades sont des termes qui ne manquent pas d'un certain cachet scientifique, mais qui, logiquement, ne peuvent trouver place que dans une classification qui prendrait la marche ou la forme du pied pour type de sériation pivotale. Le titre de *Dormeurs* ou de *Paresseux* me paraît mieux convenir à l'Ours et au Blaireau que celui de Plantigrades, dans une classification libre et purement arbitraire comme celle dont l'Institut se sert.

Rien n'empêchait de rallier par le groin les membres épars de cette affreuse famille naturelle dont j'ai déjà parlé, et qui est si remarquable par sa laideur, sa sensualité, sa boulimie féroce. Les bêtes à groin de France sont le Porc (Sanglier), le Hérisson, la Taupe, le Desman, la Musaraigne. Pour baptiser convenablement la famille, il y eût eu à choisir entre *Proboscidiens*, *Goinfres* et *Dévorants*, noms plus significatifs qu'insectivores et pachydermes.

La série des Rongeurs exigeait pour le moins une subdivision en trois groupes : 1° celui des *Herbivores*, Lièvre, Lapin, Cochon d'Inde ; 2° celui des *Grimpeurs frugivores* qui vivent sur les arbres, Écureuil, Loir, Lérot, Muscardin ; 3° enfin le groupe des *Cannibales*, comprenant toutes les espèces qui vivent sous terre, qui émigrent et se dévorent avec bonheur les unes les autres, à l'instar des Barbares. Cette série de Rongeurs se rallierait par la Marmotte au groupe des Carnassiers dormeurs et à la série des Amphibies par le Rat d'eau et le Castor.

J'ai déjà dit le seul nom qui puisse désigner scientifiquement la tribu des Mammifères volants. Ce serait un joli nom dans le genre de *Mammiptère*, qui voudrait dire *Oiseau-mamelle* ou quadrupède volant.

La famille a porté longtemps sur son étiquette Chauve-Souris. Ce terme avait l'inconvénient de ne vouloir rien dire du tout, mais je ne sais pas encore ce que la famille a gagné à échanger son nom vulgaire contre celui de Chéiroptère, qui veut dire en grec *mains ailées;* car j'ai deux fortes objections à faire valoir contre cette dénomination étrangère : la première, que la Chauve-Souris n'a pas de mains; la seconde, qu'elle n'a guère d'ailes.

C'est-à-dire, encore une fois, que toute la classification officielle est à démolir et à rebâtir de la base jusqu'au faîte, et qu'il est urgent pour l'honneur de la science que la lumière se fasse dans ce chaos.

Et cette urgence, hâtons-nous de le reconnaître, n'a pas frappé que nous, profane. Elle a été, elle est encore une des préoccupations principales de l'époque pour une foule d'esprits éminents dans la science. Parmi ces esprits éminents, citons en première ligne le prince Charles Bonaparte, mort récemment au service de la science zoologique; le savant professeur du Jardin-des-Plantes, M. Isidore Geoffroy-Saint-Hilaire; le docteur Eugène Guitton, de Dieppe; et demandons pardon de notre silence aux chercheurs des autres pays que nous ne connaissons pas. Le prince Charles Bonaparte, qui servit toute sa vie la science, et la glorifia dans la bonne comme dans la mauvaise fortune, qui fut dans la terre d'exil l'ami et le protecteur d'Audubon, et qui nous a donné à nous, un peu avant sa mort, un témoignage public de ses sympathies et de son estime en baptisant de notre nom latinisé un vaillant épervier d'Afrique; le prince Charles Bonaparte poursuivit jusqu'à sa dernière heure, de concert avec Jules Verreaux, la refonte complète de la zooclassie. L'illustre professeur du Jardin-des-Plantes a démontré plus éloquemment que personne, en ses cours, la nécessité de cette refonte, et lui-même a tenté courageusement la réforme et essayé de donner à la fois le précepte et l'exemple. Mais l'œuvre la plus importante et la mieux réussie de ce temps, en matière de classification zoologique, est, sans contredit, celle du docteur Eugène Guitton, de Dieppe, disciple de Blainville. Le travail de M. Eugène Guitton a été publié en entier, dès l'année 1854, dans l'excellente *Revue de zoologie* de M. Guérin-Menneville, et nous sommes encore à nous étonner et à nous alarmer presque du peu de bruit qui s'est fait autour de cette œuvre capitale, qui nous semblait devoir attirer sur la tête de son auteur toutes les couronnes académiques, comme elle attachera certainement tôt ou tard la célébrité à son nom.

La classification zoologique du docteur Guitton, basée sur les appareils et les fonctions de la reproduction, embrasse toutes les régions de l'animalité, depuis les plus obscures créations de la génération spontanée jusqu'à l'homme. Elle divise tout le règne en dix grandes classes premières, qui se subdivisent en deux sections chacune, d'après la grande loi naturelle de la Dichotomie. Les quatre premières divisions s'intitulent : la Génération spontanée, la Fissiparité, l'Hermaphrodisme et la Métamorphose. Elles enclavent la grande coupe de l'Invertébrie, qui est elle-même une des deux divisions cardinales de l'animalité. La cinquième, dite de la Fécondation extérieure, comprend le règne des Poissons et celui des Amphibiens (Batraciens) ; la sixième, dite de l'Incubation extérieure, celui des Reptiles et celui des Oiseaux. Les quatre dernières enfin, le règne des Mammifères : Didelphes, Placenta diffus, Mamelles multiples ou ventrales, Mamelles uniques.

L'ordre divin de la Série qui a distribué les êtres sur le globe a rarement rencontré un plus fidèle et plus intelligent interprète que le docteur Guitton.

L'exemple du succès de l'honorable médecin de Dieppe, qui n'est professeur d'anatomie comparée dans aucune faculté de France, que je sache, est une preuve qu'il n'était pas impossible de faire mieux que ce qui avait été fait avant lui. Et comme ce soin regardait les maîtres de la science officielle, je tire de leur négligence un nouveau texte d'accusation contre eux.

Mais je crois l'instruction criminelle terminée ; je crois avoir mis assez de pièces sous les yeux du public pour déterminer son verdict. Revenons à nos bêtes.

Il a été dit que le personnel de la Mammiférie française se composait de quatre-vingts espèces environ, y compris les séries ambiguës des Phoques et des Cétacés... ; et que la faune française était si pauvre en espèces mammifères, que les trois quarts des séries naturelles y brillaient par leur absence : Éléphants, Hippopotames, Rhinocéros, Antilopes, Chameaux, Singes, Marsupiaux, Édentés, Monotrèmes, etc., etc., etc.

La nomenclature officielle distribue ce personnel en six ou sept séries, dites des Pachydermes, des Solipèdes, des Ruminants, des Carnassiers, des Rongeurs, des Insectivores et des Chéiroptères. Je ne suis pas bien sûr que cette dernière tribu des mammifères ailés ne fasse pas partie de la classe des Insectivores.

La série des Pachydermes ne compte qu'un seul genre, le sanglier, père du porc domestique, qui peut être au besoin considéré comme une seconde espèce.

La série des Solipèdes, mot que j'ai peine à prononcer sans rire, comprend deux genres : le Cheval et l'Ane ; une variété : le cheval nain des Landes et de la Corse. (Les chevaux nains constituent de véritables variétés, puisqu'ils ne proviennent pas de la cardinale Saturne comme le cheval arabe, mais bien de l'ambiguë Protée, planète non encore découverte). Le mulet n'est pas une espèce, puisqu'il ne se reproduit pas, ou du moins puisqu'il ne peut se reproduire au delà de deux générations.

La série des Ruminants a été ainsi nommée de la faculté que possèdent les animaux de cette famille de faire remonter dans leur bouche les aliments qu'ils ont déjà avalés une fois, pour les remâcher plus en détail, ce qui s'appelle *ruminer*. Elle renferme neuf genres et se bifurque en deux principaux groupes, dits des *Cornus* et des *Branchus*. Je proteste contre la dénomination de ruminant, comme j'ai protesté contre celle de solipède, la manière de manger ne pouvant être raisonnablement prise pour Unité comparative.

Le groupe des ruminants *cornus* prend son nom de son armure de tête, vulgairement nommée *corne*, qui lui sert à la fois de parure et de défense. Cette corne est persistante, ce qui la distingue de l'armure des ruminants *branchus*. On rencontre quelquefois néanmoins de bonnes familles de ruminants domestiques, qui par déférence pour leur maître, à qui déplaisait la corne, s'en sont débarrassés. Ce groupe ne compte plus aujourd'hui en France que six variétés, dont trois domestiques, le *Taureau*, mari de la *Vache* et père du *Veau*; le *Bouc*, mari de la *Chèvre* et père du *Cabri*; le *Bélier*, mari de la *Brebis* et père de l'*Agneau*. Le bœuf et le Mouton ne sont pas des espèces particulières; ils ne sont que les oncles des veaux et des agneaux dont les taureaux et les béliers sont les pères.

Trois espèces vivent encore à l'état sauvage : le Bouquetin des Pyrénées, souche du Bouc domestique; le

Mouflon de Corse, souche du Bélier; le Chamois des Alpes, qui est la même espèce que l'Isard des Pyrénées. Absents pour cause de destruction : le Bison et l'Aurochs.

Le groupe des ruminants *branchus* reçoit son nom de son armure de tête comme celui des cornus. Cette armure a été appelée bois, parce qu'elle semble végéter et se ramifier comme une branche. Elle est caduque, c'est-à-dire qu'elle tombe et repousse tous les ans à une époque fixe. Le groupe des branchus de France a, comme celui des cornus, de grandes pertes à déplorer. Il regrette l'Élan et le Renne, et ne comprend plus aujourd'hui que trois espèces, le Cerf, le Daim et le Chevreuil. Encore le Cerf et le Daim ne figurent-ils que pour mémoire dans le catalogue du mobilier zoologique de la France. M. Isidore Geoffroy Saint-Hilaire, dont je ne saurais trop louer le zèle et le dévouement à la science, a déjà résolu la question de l'acclimatation du *Cerf-cochon* de l'Inde et du *Cerf d'Aristote*. Mais combien d'années nous séparent encore de l'époque bienheureuse où ces espèces conquises concourront aussi puissamment que les indigènes au repeuplement de nos forêts !

Il y aura à tenir compte d'une troisième division, celle d'un genre ambigu de Ruminants sans bois ni cornes, comme le dromadaire, la vigogne, etc., lorsque ces espèces auront été naturalisées en France. Mais n'oublions pas de mentionner que la tentative de l'empereur Napoléon pour naturaliser le dromadaire dans le département des Landes échoua. Le dromadaire est emblème d'esclavage patriarcal. C'est la grande raison qui me fait douter *à priori* qu'il réussisse jamais à s'acclimater sur le sol de la France, terre de liberté.... A moins que la race juive, qui n'a pas encore déserté le patriarcat, ne s'implante décidément sur ce sol en souveraine absolue, comme a fait la race franque.

L'ordre des Carnassiers, vivant exclusivement de chair, de proie et de rapine, comprend seize espèces, qui forment deux séries principales, l'une dite des *Digitigrades*, l'autre des *Plantigrades*. Les Digitigrades sont les bêtes qui marchent sur leurs doigts; les *Plantigrades*, celles qui s'appuient sur la plante des pieds.

A cette dernière série appartiennent les deux genres de l'Ours et du Blaireau.

La série des Digitigrades se subdivise en trois groupes, dits des *Canins*, des *Félins* et des *Mustéliens*.

Le groupe des Canins compte trois espèces : Chien, Loup, Renard.

Celui des Félins, deux espèces au plus : le Chat sauvage, souche du chat domestique, et le Lynx.

Le groupe des Mustéliens, plus peuplé à lui seul que les deux autres ensemble, renferme huit espèces : Martre, Fouine, Putois, Furet, Belette, Hermine et Herminette. Le Vison est le même animal que la Fouine.

Beaucoup de gens m'ont affirmé que la Genette existait encore, dans l'ouest et dans le midi de la France, où elle fut commune autrefois, notamment dans les forêts du Poitou et du Rouergue. Le fait est très-possible; je juge toutefois l'existence de la Genette aussi problématique que celle du Lynx. La Genette, qui est une des plus jolies bêtes du monde, constitue un genre ambigu ou de transition entre les félins et les mustéliens. Elle porte la robe mouchetée du chat sur le corps souple de la fouine.

Je ne me rappelle pas bien s'ils ont créé ou s'ils n'ont pas créé une série spéciale pour la loutre, qui est un quadrupède piscivore, ambigu du chien au phoque.

A la série des Carnassiers succède celle des Rongeurs,

dont le principal caractère est de porter à chaque mâchoire deux dents incisives d'une longueur démesurée, puis d'avoir le train de derrière beaucoup plus élevé que celui de devant. Cette série compte quinze genres : Lièvre, Lapin, Marmotte, Cochon d'Inde, Écureuil, Loir, Lérot, Muscardin, Hamster, Surmulot, Rat brun, Souris, Campagnol, Rat d'eau, Castor. Le Rat d'eau constitue une espèce particulière, quoi qu'il n'ait pas de membrane à la patte.

La série des Insectivores, qui sont des Omnivores atteints d'une fringale permanente, se compose de quatre genres : Hérisson, Taupe, Desman, Musaraigne. Le genre Taupe compte deux variétés ; le genre Musaraigne, six espèces.

La série des Chéiroptères ou des Chauves-Souris comprend une quinzaine d'espèces, partagée en Vespertilions, Oreillards, Rhinolophes, Noctule, Sérotine, Pipistrelle, Barbastrelle, etc.

La série des Cétacés comprend sept à huit genres formant deux groupes principaux, dits des Baleines et des Dauphins. Le groupe des Baleines compte deux espèces : la Baleine franche et le Rorqual. Celui des Dauphins six espèces : Marsouin, Dauphin gris, Globiceps, Épaulard, Nésarnak, Delphis. Entre le groupe des Baleines et celui des Dauphins se glisse une espèce ambiguë, dite l'Hypéroodon. Le chiffre des cétacés qui parcourent toutes les mers et qu'on n'est pas à même d'observer à toute heure est, pour cette dernière cause, difficile à bien préciser. Je ne garantis pas l'exactitude, quand même, de celui que j'ai donné.

La série des Phoques ne comprend que deux seules espèces : l'une, la spéciale à nos côtes du Nord ; l'autre, à nos côtes de la Méditerranée ; le Phoque vulgaire et le Phoque Moine.

Deux Pachydermes, trois Solipèdes, neuf Ruminants, quinze Carnassiers dont un Piscivore, quinze Rongeurs, dix Insectivores, quinze Chéiroptères, huit Cétacés, deux Phoques. En tout soixante-dix-neuf bêtes à mamelles ou à poils ; disons quatre-vingts en chiffre rond. Voilà le bilan de la France.

Procédons sans plus long délai à l'histoire de chaque moule.

J'ai dit les vices de la classification et de la nomenclature officielles. Je ne pouvais suivre sa voie sans me rendre coupable de lâcheté, et sans me faire complice de ses écarts. Je ne l'ai pas suivie. Je n'avais pas non plus les moyens de dépenser un système complet de classification et de nomenclature pour une fraction de règne, et j'ai réservé ce travail pour une époque plus lointaine. En attendant, j'ai voulu rentrer par un biais dans le giron de l'analogie et de la classification passionnelles ; ce que j'ai fait en divisant tout simplement l'histoire de mes quatre-vingts bêtes en trois chapitres : des Bêtes d'Utilité, d'Agrément, des Nuisibles. Que le lecteur ne cherche donc en ce récit aucune trace de sériation méthodique.

Le personnel de la mammiférie française se divise de lui-même en deux camps, celui des espèces ralliées à l'homme, et celui des espèces rebelles ou insoumises.

CHAPITRE II

Des Espèces ralliées à l'Homme.

Les bêtes ralliées à l'homme se divisent en deux catégories. La première est celle des *Auxiliaires*, c'est-à-dire des bêtes qui mettent toutes leurs facultés animiques et corporelles au service de l'homme, comme le Chien, l'Éléphant, le Cheval, le Dromadaire, le Faucon.

La seconde est celle des *Domestiques* qui se contentent de vivre sous les lois de l'homme et de lui apporter le tribut de leur toison ou de leur chair, comme la Chèvre, la Brebis, la Poule, etc.

Le chiffre des espèces conquises ou ralliées sur toute la surface du globe est encore peu élevé. C'est tout au plus si depuis six mille ans, et sur quelques dix mille bêtes à quatre pattes et à plumes, l'homme a su en amener une quarantaine à lui.

Ces bêtes sont parmi les mammifères : le Chien, le Cheval, l'Ane, l'Éléphant, le Chameau, le Dromadaire, le Lama, le Taureau, le Buffle, le Renne, le Bouc, le Bélier, le Porc, le Chat, le Lapin, le Furet, le Cochon d'Inde. Je ne crois pas avoir le droit de loger dans cette catégorie le Guépard et la Loutre.

Les oiseaux ralliés s'appellent les Faucons (éperviers,

autours etc.), le Paon, le Dinde, la Pintade, le Coq domestique, le Hocco, le Pigeon, le Cygne, l'Oie, le Canard. Ne citons que pour mémoire le Pélican et le Cormoran.

Une vingtaine d'espèces dans chacun des deux règnes de la Mammiférie et de la Volatilie, voilà donc, disons-nous, le chiffre des conquêtes de l'homme. C'est triste.

Je ne sache pas de condamnation plus sanglante de la phase sociale actuelle que la minimité de ce chiffre. L'impuissance du civilisé à rallier les bêtes est, en effet, la démonstration la plus géométrique du caractère subversif de la civilisation.

Attendu que l'immense majorité des espèces animales a été créée pour aimer l'homme et le servir, et que l'ambition secrète de presque toutes est de se rallier à leur souverain légitime, bien que jusqu'à ce jour le Chien ait été peut-être le seul à avoir le courage de son opinion.

Je vois tous les jours jeter la pierre au Zèbre pour son humeur farouche et insociable, pour son indomptabilité, son horreur invincible du travail répugnant. Mais je ne comprends pas ce reproche, et j'avoue même que je trouve parfaitement justifiées les répulsions de la noble bête et parfaitement sensés les motifs qui l'éloignent de traiter avec nous. Le Zèbre est l'emblème du Sauvage ; il est donc naturel qu'il partage l'horreur du Sauvage pour le travail esclave et qu'il se tatoue comme lui. Et comment, je le demande, n'en serait-il pas ainsi ?

Comment! voici un animal qui a reçu le jour dans le pays des Hottentots, des Namaquois ou des Amazoulous, les plus affreuses gens du monde; qui n'a eu sous les yeux, depuis qu'il a eu des yeux pour voir, que des scènes de carnage et d'anthropophagie propres à soulever le cœur ; qui transporté en Europe par un concours de circonstances douloureuses, y a été témoin des supplices barbares que le civilisé inflige aux malheureuses bêtes qui ont eu la sottise de se fier à lui... Et, parce que cet animal ne s'éprend pas à première vue d'un ardent enthousiasme pour le civilisé et ses institutions ; parce que l'exemple du sort fait à l'âne, son parent, n'a pas réussi à le séduire, l'espèce humaine s'étonne et traite de *stupide* l'animal réfractaire !

Pas si stupide que vous voulez bien le dire, civilisés, mes semblables ; et, ici, le plus âne des deux n'est pas celui qu'on pense... Et, au lieu de m'unir à vous pour protester contre l'insociabilité du Zèbre, c'est avec lui que je m'unis pour protester de toutes mes forces contre le travail répugnant. Et aussi longtemps que l'association des forces vives de la société n'aura pas affranchi le travailleur de l'oppression du capital, et qu'on me laissera dire, j'irai continuant de crier sur les toits que la plus terrible imprécation à jeter à la tête d'un ennemi est celle du Sauvage et du Zèbre : *Puisses-tu être réduit à labourer un champ !*

Les quadrupèdes ralliés à l'homme à titre d'auxiliaires sont au nombre de six en France : le Chien, le Cheval, l'Ane, le Taureau, le Chat et le Furet.

Les domestiques comptent cinq espèces : le Bouc, le Bélier, le Porc, le Lapin, le Cochon d'Inde.

LE CHIEN.

Au commencement, Dieu créa l'homme, et le voyant si faible il lui donna le chien.

Il chargea le chien de voir, d'entendre, de sentir et de courir pour l'homme.

Et pour que le chien fût tout entier à l'homme, il le titra exclusivement en amitié et en dévouement, affections du mode majeur. Il lui mit au cœur le plus profond mépris pour les joies de la famille et de la paternité. Il borna chez lui le sentiment d'amour à l'instinct brutal de la reproduction. Il laissa les passions du mode mineur, l'amour et le familisme, à la race canine inférieure, au renard, si cher à l'Anglais.

Le chien, qui est le plus docile, partant le plus intelligent de tous les animaux, n'eut garde de désobéir à la volonté de Dieu. Il se fit le serviteur dévoué, le sergent de ville de l'homme.

Le chien est, dans toute société fondée sur la propriété individuelle, comme la nôtre, le gardien vigilant et le défenseur héroïque de ce qui s'appelle l'ordre public et la propriété. Voyez cette lourde diligence qui descend avec fracas la rue de la cité, menaçant d'écraser les passants et d'écorner les boutiques ; le chien s'élance avec fureur à la tête des chevaux pour arrêter leur marche ; il mord les roues qui lui passent quelquefois sur le corps ; le fouet du postillon ne saurait l'empêcher de faire *son* devoir. C'est que l'allure désordonnée de la bruyante machine trouble le repos public et compromet la sécurité des citoyens. Marchez au pas, *on* ne vous dira rien.

Ce citoyen à la voix rauque, porteur de vêtements délabrés, a la mine peu rassurante pour la propriété... le chien l'aborde rudement pour lui demander son passeport.

Mais comme la majorité a ses principes, la minorité a aussi les siens, et toutes deux ont leurs chiens à qui elles ont appris à vénérer leurs institutions. Le chien du fraudeur professera donc, en matière d'économie politique, des principes diamétralement opposés à ceux du chien de la douane. Il verra dans l'habit vert de cette institution l'uniforme de l'ennemi commun, et le maudira dans son cœur. Il sera pour la liberté commerciale comme l'autre pour le système protecteur. De même le chien du truand ne jappera qu'aux gens bien mis. Les bêtes sont, comme les hommes, ce que l'éducation les fait.

Les chiens de la tribu arabe, organisés pour la défense de la commune, considèrent comme dégradant le service d'un homme seul, et ils ont bien raison.

Cependant le chien n'entre pas dans la discussion de la question de droit; son devoir est d'obéir et de se taire; il obéit sans murmurer.

Le chien est la plus belle conquête que l'homme ait jamais faite, n'en déplaise à M. de Buffon. Le chien est le premier élément du progrès de l'humanité.

Sans le chien, l'homme était condamné à végéter éternellement dans les limbes de la Sauvagerie. C'est le chien qui fait passer la société humaine de l'état *sauvage* à l'état *patriarcal*, en lui donnant le troupeau. Sans le chien pas de troupeau ; sans le troupeau pas de subsistance assurée ; pas de gigot ni de rosbif à volonté, pas de laine, pas de burnous, pas de temps à perdre par conséquent, pas d'observations astronomiques, pas de science, pas d'industrie. C'est le chien qui a fait à l'homme ces loisirs.

L'Orient est le berceau de la Civilisation, parce que l'Orient est la patrie du chien. Otez le chien de l'Asie, et l'Asie n'est plus que l'Amérique ; le Romain, le Grec, l'Égyptien, le Chinois ne sont plus que des Atzèques (Mexicains) et des Péruviens. Ce qui constitue toute la supériorité de l'ancien continent sur le nouveau, c'est le chien.

A quoi se bornent, en effet, tous les efforts d'intelligence, tous les travaux du Mohican qui ne peut vivre que de chasse? — A étudier le grand art de dépister et de suivre le gibier ou l'ennemi. Or, un jeune basset en sait autant et plus en cette science difficile, au bout de six mois d'étude, que le sauvage le plus intelligent au bout de quarante ans.

Les indigènes de l'Orient, qui avaient le chien, ont donc été dispensés de se livrer aux pénibles travaux qui absorbaient tout le temps et toutes les facultés des Peaux Rouges. Ils ont eu du temps de reste et ils ont pu l'employer à créer l'industrie. Voilà l'origine des arts et des métiers; voilà toute la différence entre l'Ancien et le Nouveau Continent. Les historiens ont écrit des milliers de volumes sur cette grave question sans arriver à la découverte de cette vérité si simple; et de braves anatomistes continuent à disséquer des crânes d'Américains pour y chercher la cause de l'infériorité de cette race, sans se douter qu'ils sont à cent lieues de la solution du problème.

A côté de cette solution anthropologique si neuve et si lumineuse, vient se loger une autre observation qui m'est également personnelle, c'est que l'anthropophagie est un mal endémique aux contrées déshéritées du chien.

Pourquoi ne rencontre-t-on jamais l'anthropophagie chez les peuples *pasteurs*, chez le Chaldéen, l'Égyptien, l'Arabe, le Mongol, le Tartare? — Parce que le lait et la chair des troupeaux, dont le chien fit don à ces peuples, les préservèrent toujours des tentations criminelles de la faim.

Il est évident que l'anthropophagie est née d'une excessive fringale combinée avec l'habitude du régime de la viande. Il arriva que deux hordes de chasseurs se rencontrèrent à la poursuite du même animal, un jour que la proie était rare et que la faim mugissait dans leurs entrailles, et il y eut guerre entre elles. On se battit, on se tua, et les cadavres des vaincus remplacèrent naturellement au foyer des vainqueurs les cadavres du gibier absent. Puis la fureur de la vengeance sanguinaire s'en mêla, l'ivresse de la victoire aussi ; le fait, consacré par la tradition, s'incrusta dans les mœurs, et l'on sait ce qu'il en coûte pour déraciner les mauvaises habitudes. Les sauvages de l'Amérique septentrionale n'ont complétement renoncé à l'usage de faire rôtir leurs ennemis que depuis qu'ils ont été mis en possession du chien et du cheval. Et encore la fameuse réponse du chef indien à M. de Humboldt prouve-t-elle la vivacité des regrets qu'a laissés dans les estomacs des infortunés cannibales le souvenir des banquets d'autrefois.

Tout le monde a entendu citer cette réponse éloquente. L'illustre voyageur européen demandait à ce chef indien, l'un des principaux lieutenants du farouche *Tecum Seh*, s'il avait connu, dans la guerre de 1816, un officier américain qu'il lui nommait : — Beaucoup, répondit l'Indien, j'*en* ai mangé...

On ne dit pas que les indigènes de Noukahiva aient un goût bien prononcé pour le soldat français, mais leur sympathie pour le navigateur anglais est un fait acquis à l'histoire. Le morceau qu'ils préfèrent dans l'Européen est la main. Les Apicius de Bornéo mettent l'oreille au dessus de la main.

La preuve que c'est l'absence du chien qui a livré les populations de l'Amérique centrale au démon de l'anthropophagie ou cannibalisme, c'est que l'horrible coutume n'a jamais envahi la hutte de l'Esquimau, qui habite cependant la contrée la plus septentrionale du nouveau continent, c'est-à-dire celle où l'empire de la faim est le plus rude et devrait fournir à la fureur des entrailles plus d'occasions de se manifester. Je ne vois qu'une raison pour expliquer l'anomalie monstrueuse que présente la comparaison des mœurs de l'Esquimau avec celles du

Caraïbe : l'Esquimau a joui de l'assistance du chien de temps immémorial, le Caraïbe n'eut pas le bonheur de le connaître.

Remarquons maintenant que les mêmes causes ont produit les mêmes résultats dans les deux continents; que l'anthropophagie s'est arrêtée sur le seuil glacé du Lapon, de l'Ostiack, du Samoïède, riches du chien, tandis qu'elle a incendié de ses fureurs sanguinaires les populations des îles fortunées de l'Équateur, Bornéo, Célèbes, Timor, etc., où fleurit la muscade, mais où manque le chien.

Je demanderai, à ce propos, à ne pas joindre mon anathème à ceux que la fausse morale et la fausse philanthropie ont lancés si souvent contre l'anthropophagie. L'anthropophagie est une des maladies de la première enfance de l'humanité, un goût dépravé que la misère explique, si elle ne le justifie pas. C'est une courte folie provoquée par la faim; mais il faut bien que l'humanité passe par la phase de la disette pour arriver à celle de l'abondance. Plaignez donc le cannibale et ne l'injuriez pas, vous autres civilisés qui mangez de la viande saignante et qui massacrez des millions d'hommes pour des motifs moins plausibles que la faim. Pour moi, de toutes les guerres que les hommes se font, celle où l'on se mange est la seule rationnelle. J'excuse tous les coupables qui ont faim, parce que la première loi pour tous les êtres est de vivre, et qu'il est naturel qu'un homme tue son semblable et le mange, quand il n'a pas autre chose à se mettre sous la dent. Tous les jours ces principes sont mis en pratique chez les nations civilisées, et les Géricault, les Delacroix, les Eugène Sue ont fait, en les appliquant aux naufrages, des chefs-d'œuvre admirables, et l'opinion publique plaint plus qu'elle ne condamne les malheureux affamés de la *Méduse* et de la *Salamandre*.

Ugolin mangeant ses enfants pour leur conserver un père, inspire autant et plus de pitié que d'horreur. Le mal n'est pas tant de faire rôtir son ennemi quand il est mort que de le tuer quand il ne veut pas mourir. Et la preuve que le crime ne consiste que dans la manière d'envisager la chose, c'est que les mêmes moralistes qui blâment si fort le sauvage affamé de s'assimiler la substance de son ennemi sous forme de rosbif, ont fait de la reine Artémise le modèle des épouses pour avoir avalé son mari en pilules.

Où il y a crime impardonnable, folie furieuse poussée jusqu'à la septième puissance, c'est dans la guerre à coups de canon que se font entre eux les peuples civilisés, comme les Français, les Anglais, les Prussiens, les Russes, qui n'ont pas faim les uns des autres. La guerre est la plus atroce de toutes les folies humaines; mais la plus risible de ces atrocités est à coup sûr celle où l'on se tue sans appétit, pour le seul plaisir de se tuer ; où les ennemis se saluent courtoisement avant de s'égorger ; où les vainqueurs, *après* la bataille, s'occupent philanthropiquement à raccommoder les jambes aux vaincus, comme s'il n'eût pas été plus simple de ne pas les leur casser *avant*. Hélas ! l'oiseau de proie et le tigre, qui sont forcés de vivre de chair, donnent tous les jours de fières leçons d'humanité à l'homme. Ils ne se chassent pas entre eux, et ils ne tuent que pour assouvir leur faim. Castagno, mon chien braque, était intimement persuadé que je calomniais mon espèce quand je lui racontais certaines extravagances humaines, comme des boucheries de guerres civiles et des assassinats de prisonniers.

Le chien ne s'est pas contenté de donner le troupeau à l'homme ; il s'est constitué le gardien et le défenseur du don qu'il nous a fait. Les ennemis du droit de propriété, qui ne voient dans la propriété individuelle que ses abus et qui ne veulent pas convenir que l'ambition de la propriété est aussi un des stimulants les plus actifs du travail humain, ont peine à pardonner au chien ses sympathies ardentes pour la législation romaine. C'est une ingratitude à eux. Le chien, qui défend le mouton et le cheval contre la dent du loup, croit travailler pour toute la société et non pour un seul homme. Le droit de propriété pour le chien comme pour tous les penseurs sérieux est le droit de jouir du fruit de son travail. Ce n'est pas de la faute de la pauvre bête si des législateurs indignes ont faussé les termes de cette proposition et fait du droit de propriété le droit de jouir du travail d'autrui.

La passion de la chasse est la dominante caractérielle de la race canine. C'est dans l'exercice de cette industrie que se développent ses facultés animiques et intellectuelles; c'est là seulement qu'il faut prendre le chien pour le juger.

Le chien, le loup, le renard, les trois seules espèces de *forceurs* que possède la France, emploient le même système de chasse. Ils s'appellent et se réunissent pour attaquer une bête, quand l'importance ou la vitesse de cette bête exige la réunion de plusieurs. On connaît les refuites de l'animal pour les avoir étudiées; on se poste aux endroits où l'on a la certitude de le voir passer pour l'appréhender au corps. Pendant que les uns sont en embuscade, les autres mènent à voix pour indiquer à leurs complices la direction de l'animal poursuivi. Quand on ne réussit pas à prendre ainsi la bête chassée par *surprise*, on cherche à la *forcer*. Les loups, qui ont très-peu d'amis en France et qui sont obligés d'apporter dans toutes leurs démarches une excessive prudence, chassent presque toujours *à la muette*. J'ai été plusieurs fois en position d'admirer la profondeur de leurs combinaisons stratégiques; c'est effrayant de sagacité et de calcul.

Tous les animaux forceurs, le loup surtout, pratiquent depuis un temps immémorial le procédé du *relai*. Le relai est une escouade de chiens ou de loups frais qui se tiennent sur le passage présumé de la bête de chasse pour *relayer* les chasseurs fatigués, de manière à ne pas laisser à la malheureuse victime un moment de repos. Il n'est pas un habitant des forêts de France qui n'ait entendu chasser de nuit le renard. Le ramage du chacal est le charme des nuits d'Algérie pour les amateurs qui chérissent ce genre de concerts. On rencontre tous les jours chez nous dans les forêts et dans les plaines une foule de chiens de toute espèce qui profitent de la dangereuse liberté que leur laissent leurs propriétaires pour se remettre à la pratique de la méthode naturelle. Souvent le pacte de chasse se conclut entre individus qui se connaissent à peine, mais qui n'ont besoin que d'un seul mot pour s'apprécier et se comprendre. J'ajoute que les chiens d'arrêt les mieux dressés n'ont pas toujours la force de résister aux entraînements de ces *marrons* dangereux.

Le chien sauvage, ou plutôt le chien revenu à la sauvagerie, celui qui habite les pampas de l'Amérique méridionale notamment, le chien sauvage est le plus habile et le plus amusant de tous ces carnassiers coureurs. Les chasseurs de ces diverses contrées tiennent en haute estime ces transfuges de la civilisation et cherchent à s'emparer des portées des lices. Ainsi pourrait-on faire dès aujourd'hui des portées de la louve en France pour dresser le louveteau au service de l'homme, car le loup est éminemment susceptible d'attachement et d'éducation.

Le premier chien qui chassa en compagnie de l'homme fut un lévrier fauve, de ceux qu'on voit encore en Syrie, en Algérie, en Égypte, et qui coiffent le sanglier; moins évidés que nos belles races de lévriers d'Espagne et plus voisins du loup et du chacal. Le type du chien primitif se retrouve quelquefois admirablement conservé dans le chien de berger européen. C'est un animal allongé et taillé pour la course, à la poitrine haute, au ventre avalé, à la démarche oblique, aux oreilles fines et droites, à la mine éveillée, futée, spirituelle. La nature l'a doté d'une robe à poil rude, d'une vue perçante, d'un odorat exquis, d'une mâchoire de diamant et d'un jarret d'acier; sa queue fourrée balaye la terre, ses yeux flamboient dans les ténèbres; il tient et au delà les promesses de sa mine. Tous les chiens de chasse que possède l'homme aujourd'hui proviennent de cette espèce, à l'exception peut-être du chien de l'Esquimau ou de l'amphibie de Terre-Neuve. La coiffure de chaque race raconte, du reste, l'influence de la civilisation : plus l'oreille est fine, rabattue et tombante, plus l'animal s'éloigne du titre primitif; plus elle est droite, plus il se rapproche de ce type. C'est, comme on sait, tout le contraire pour le cheval, dont l'oreille s'infléchit sous l'influence de l'état sauvage et se raffine et se redresse à mesure que l'éducation perfectionne ses formes.

Tous les chiens sont plus ou moins chiens de chasse. Tous les chiens de chasse sont des chiens courants. Cette règle générale ne souffre pas d'exception.

Le véritable instinct du chien d'arrêt se révèle dans ses rêves. J'ai possédé longtemps une chienne épagneule parfaitement dressée et parfaitement muette, qui n'avait jamais aboyé qu'une seule fois dans sa vie (après une maison). A peine s'endormait-elle cependant que son imagination l'emportait en des courses furibondes à la suite de gibiers fantastiques. Il fallait l'entendre alors oublier les préceptes de l'homme pour ne plus se souvenir que de ceux de la nature et bourrer comme un franc choupille et donner à pleine voix.

Le chien d'arrêt n'est qu'un produit de l'art, comme la prune de reine-Claude, comme la rose double ; c'est un chien muet greffé sur chien courant, et qui retourne au sauvageon comme la rose double quand la greffe est mal conduite. J'ai connu des chiens courants qui s'amusaient à *pointer* la caille et qui menaient sagement à voix le râle de genêt, la bécasse, le faisan et la perdrix rouge. Mais aussi j'ai été très-lié avec des chiens d'arrêt de race, qui donnaient de la voix sur la caille, qui forçaient la perdrix et ne l'arrêtaient pas. Les chiens d'arrêt anglais, le pointer et l'épagneul dérivent du lévrier comme les *fox hunds* (chiens de renards) et s'obtiennent au bout de deux ou trois générations au plus.

J'ai vainement fouillé l'antiquité pour y trouver des traces du chien d'arrêt, je suis encore à *en revoir*. J'ai interrogé sur l'époque de l'apparition de cette race les souvenirs des plus lucides somnambules ; tous les renseignements que j'ai pu me procurer sur cet intéressant sujet aboutissent à cette conclusion que le chien d'arrêt est une création des temps modernes dont la date n'est pas bien fixée. Elle est née en Europe à la suite de la fauconnerie, institution qui date pourtant de la plus haute antiquité. Comme il fallait des chiens pour faire lever le gibier plume et le gibier poil devant les oiseaux de vol, on en a rencontré qui pointaient naturellement la pièce de gibier avant de la faire partir ; on a cultivé cette disposition en prolongeant le *pointage* jusqu'à *l'arrêt solide*. On a obtenu par ce moyen le chien *couchant*, c'est-à-dire le chien qui se *couche* contre le gibier qu'il arrête, pour se laisser couvrir avec celui-ci sous le filet (épervier). Le fusil venu, qui permettait de tirer au vol, le chien couchant s'est transformé de lui-même en simple chien d'arrêt. Toutes les statues de chiens que nous a léguées l'ancien monde représentent des chiens courants. Diane d'Éphèse et Diane de Poitiers n'ont jamais eu que des lévriers pour cortége.

Le vrai chien de chasse, ai-je dit, est le chien courant, le chien qui aboie et qui force ; mais le chien est une nature éminemment malléable et docile et qui se prête à tout. Il fallait qu'il en fût ainsi pour que l'homme pût vivre sous tous les climats et de toutes les industries. Le chien courant chasse tout, le lièvre, le lion, voire l'homme. Le chien se dresse à tout ; il fait au besoin la partie de dominos pour tenir compagnie à son maître.

Tous les animaux de cette race, le loup, le renard, le chacal, sont forts sur le calcul du temps ; ils disent aussi invariablement que le meilleur des chronomètres Bréguet telle ou telle heure du jour, l'heure des repas notamment ; mais je crois que le chien seul connaît la division *politique* des jours de la semaine. On sait que les bouchers de village ont l'habitude de *tuer* le samedi, veille du jour de bombance... Alors il n'est pas rare de rencontrer le samedi, sur les routes, des chiens isolés qui se rendent des fermes ou des villages des environs au bourg où a lieu la tuerie hebdomadaire. Une grave préoccupation se lit dans leur allure, et c'est vainement qu'un camarade flâneur ou qu'une personne de connaissance essayerait de les arrêter par une conversation frivole. Une affaire importante les attend où ils vont, et ils n'ont pas le temps de batifoler en chemin. Au retour, à la bonne heure. Le plus souvent, hélas ! ces pauvres chiens n'ont ainsi recours à la charité publique qu'à défaut de la pitance quotidienne du logis et parce qu'ils se verraient obligés de quitter leurs maîtres sans cela.

A Constantinople, et dans une foule d'autres cités de

l'Orient, la police des rues est confiée à des chiens qui sont enrégimentés par brigades et par quartiers; aussi tous les voyageurs s'accordent-ils à reconnaître que la ville de Constantinople est, de toutes les capitales de l'Europe, la moins féconde en assassins et en voleurs de nuit.

Une fois que des envieux du chien avaient songé à lui ravir son titre de compagnon de chasse de l'homme, pour le donner au porc, sous prétexte que la subtilité de l'odorat de celui-ci dépassait encore celle de l'odorat du chien, le chien de chasse, indigné, éprouva le besoin de tirer une vengeance terrible de cette prétention ridicule. Il étudia à fond l'art de deviner la truffe, qui était la spécialité du porc, et parvint à enlever à son triste rival cette branche glorieuse d'industrie. Le chien ne mangeant pas la truffe, ainsi que fait le porc, il n'y avait pas moyen de l'accuser d'avoir été inspiré dans son ambition par le mobile de l'intérêt personnel; il fallut reconnaître qu'en usant légitimement du droit de représailles à l'égard du porc, le chien n'avait eu d'autre but que de repousser une assimilation injurieuse et de condamner ses envieux au silence.

On a dressé le chien à tourner la broche sans se préoccuper du rôti, à tirer de l'eau du puits, à fabriquer toutes sortes d'ustensiles, à jouer la comédie et le drame. Et cependant il est évident que la société actuelle n'a pas su tirer de l'intelligence du chien de chasse la moitié des profits qu'elle en tirera un jour.

Le chien se prête à tout. Il remplace le cheval de poste dans les steppes neigeux de la Sibérie, du Kamtschatka, du Labrador. Ces régions seraient tout à fait inhabitables sans le chien. L'homme n'y végète que par la grâce et sous le bon plaisir du chien.

La mission du chien de poste ne se borne pas à voiturer le voyageur à travers l'océan des neiges, comme il voiture des enfants ou des pains de quatre livres à travers nos rues encombrées. Le métier de bête de somme est plus difficile dans les contrées polaires, où l'institution des ponts et chaussées n'existe pas encore, et où le froid se charge seul de niveler et de macadamiser les routes. Il suit de cette absence d'ingénieurs que la pauvre bête à qui est confiée la conduite d'un traîneau est tenue de faire à la fois office de postillon, de bidet et de guide, c'est-à-dire de remplacer deux hommes et un cheval! Et comment faire, mon Dieu, pour suffire à tant d'exigences, quand on n'a que son nez pour boussole et pour chronomètre?.. car aucune trace de végétation n'est debout pour indiquer la voie, pour servir de point de repère en ces mornes solitudes où la terre dort ensevelie dans un linceul de frimas éternels, sous un ciel de plomb, bas et mat. Seulement, à de longs intervalles sont échelonnées de misérables huttes, parfois inhabitables, stations obligées du touriste en ces déserts de neige, unique abri pour l'homme contre le froid des nuits. C'est là que doit arriver le traîneau à l'heure dite; le danger de mort est au bout de la moindre erreur de chemin. On va s'imaginer peut-être que le chien, qui a la conscience de la responsabilité immense qu'il assume sur sa tête, est tenté de reculer devant le péril. C'est bien peu le connaître que de le juger capable d'une telle couardise. Son courage est de ceux qui se haussent à la taille des circonstances. Comme l'œil et le pied de la mule s'affermissent à l'aspect de l'abîme, ainsi l'intelligence du chien grandit en proportion du péril et de la responsabilité.

Ce n'est rien, en effet, que d'amener un homme à bon port à travers l'espace vierge. Un homme, c'est docile, ça se laisse faire, ça n'a pas grande volonté au pôle nord, par 40 degrés sous zéro, et le péril ne vient pas de l'insubordination du voyageur. Le péril est tout entier dans l'inexpérience et dans l'indiscipline de l'équipage ; tout est perdu si la mutinerie s'y met ; et cet équipage se compose de dix coursiers à long poil. Or, il faut apprendre au lecteur qu'une passion ardente, impétueuse, la seule qui puisse lutter contre l'atonie universelle à ces extrêmes confins du règne de la vie, que la passion de la chasse brûle au cœur du rapide attelage, et que la moindre étincelle peut en provoquer l'explosion.

Donc qu'une piste récente d'ours, de renne, d'orignal vienne à couper le sillage du léger véhicule, voilà soudain l'équipage qui s'emporte sur la voie en élans furibonds ; voilà le but du voyage complétement perdu de vue. On avait bien juré au maître, au moment de partir, de se conduire en chiens sages.... mais la passion a parlé par l'odeur de la bête, et la raison s'est tue, comme elle se tait toujours en pareille circonstance, et le traîneau vole, vole avec la rapidité de l'ouragan sur la crête argentée des neiges et soulève leur poussière. « Où courons-nous, bon Dieu, et où dormirons-nous ce soir, se disent en se pressant d'effroi le touriste et son compagnon, emportés sur les ailes de la meute endiablée. Seigneur, prenez pitié de nous, de deux nobles créatures faites à votre image !... »

Allons, ne tremblez plus, faibles humains que vous êtes, et n'appelez pas pour si peu que votre existence l'intervention divine. Ce Dieu que vous invoquez si pieusement dans vos périls extrêmes pourrait être occupé autre part et ne pas vous entendre ; et d'ailleurs sa prévoyance infinie vous a donné le chien, que vous faut-il de plus ?... Vous voyez bien qu'il y a là un chien qui veille sur vos jours ; c'est le chef d'attelage, c'est le plus grand, le plus fort et le plus respecté de la bande. Dès qu'il a répondu de vous, vous devez être tranquilles ; vous reposerez cette nuit sous la hutte du sommeil.

En effet, le chef d'équipage ne s'est pas jeté dès l'origine en travers de la piste maudite ; il n'a pas menacé d'étrangler, comme aurait fait un homme, le premier de ses soldats qui violerait sa consigne, parce qu'il sait parfaitement que menaces et caresses, jurements et prières seraient peines perdues en pareille occurrence, et qu'il faut faire la part du feu de la jeunesse et respecter la légitimité de la passion jusque dans ses écarts les plus désordonnés. Le chien sage comprend qu'il importe de diriger cette passion vers le bien et non de la comprimer, et il agit en conséquence. Au lieu d'imposer silence à la meute, il hurle plus fort qu'elle. Elle se traîne sur la piste, elle interroge l'air, lui affirme à haute voix avoir vu l'animal *par corps*. On sait le respect des chiens pour l'opinion de leurs supérieurs, chacun le croit sur parole, et la meute s'ébranle comme un seul chien, en un *à vue* furieux sur la bête fantastique... *On prend la diagonale* pour couper au plus court. Cinq, dix minutes se passent pendant lesquelles l'équipage tumultueux a dévoré l'espace, croyant voir, mais ne voyant que par les yeux du chef qui tient la tête. L'escouade demande à souffler quelques secondes avant de gravir l'éminence au bas de laquelle la chasse l'a conduite. (Règle générale : ces *à vue* là conduisent toujours au bas d'une éminence.) Très-vive opposition de la part du chef, qui objecte que, pour peu qu'on perde de temps, l'animal va prendre de l'avance et se dérober à la poursuite de la troupe. Comment le retrouver ensuite ? — Du courage, mes amis, voyons, un dernier coup de collier ! Et joignant les actes aux paroles, il s'abat de tout son poids sur ses traits. Stimulés par ce noble exemple, nos compagnons reprennent l'œuvre ; mais on n'a pas atteint le milieu de la montée que déjà les jarrets les plus vigoureux s'alourdissent. Tout à l'heure on avait cessé de galoper, mais on trottait encore, voici maintenant qu'on ne chemine plus qu'au pas. Ce temps qu'on a perdu est cause que l'ombre du fugitif a complétement disparu de l'horizon, quand on arrive enfin au point culminant du plateau. Le chef l'avait bien dit que ça tournerait comme ça... Plus moyen de retrouver la piste, à moins de revenir sur ses voies et de doubler la diagonale... Mesure impraticable. Désappointement universel, surtout désolation extrême du directeur de l'entreprise, qui gourmande sa troupe sur sa mollesse. Mais enfin puisque le mal est fait, il faut bien en prendre son parti et faire son deuil de l'animal. —Si nous essayons cependant d'*en revoir* [1], hasarde une voix du groupe ?—Sans doute, reprend le chef, mais avant d'en venir là, il faudrait commencer par nous débarrasser de ce traîneau si gênant pour la course et par déposer ces deux hommes en lieu sûr. La chose est d'autant plus facile que, par un de ces hasards heureux qu'on serait véritablement tenté d'attribuer au calcul, la fameuse diagonale *suivie pendant la chasse* a si obstinément tendu à se rapprocher de la ligne droite qui sépare les deux huttes, qu'*elle a fini par se confondre avec elle*. Un demi-temps de galop, trente minutes, trois quarts d'heure au plus et la besogne est faite.

Ainsi dit le sage mentor, et sa proposition judicieuse est accueillie sans trop de murmures par la majorité. On se remet en route et au plus vite, et chacun de s'escrimer de l'avant et de l'arrière et de doubler ses allures pour

[1] *En revoir*, reconnaître sur le sable, sur la boue, sur la neige l'empreinte des pas de l'animal chassé.

être plus tôt libre. L'espace fuit, les trente minutes et même les soixante; enfin, un maigre panache de fumée noirâtre se détache à travers l'horizon lointain sur la blancheur immaculée du sol. C'est le signe qui trahit l'habitation de l'homme, roi de la terre; on arrive, on est arrivé.

J'ai vu des hommes civilisés, des guides européens des Pyrénées et des Alpes qui ne m'auraient pas tiré d'un aussi mauvais pas sans mettre à leur service des prix exagérés. Au Kamtschatka, le guide à quatre pattes et à poil dont je viens de narrer l'histoire vous demande pour tout salaire un témoignage de satisfaction oral... Néanmoins vous auriez à lui offrir une côtelette de renne ou un bifteck d'ours qu'il ne vous refuserait pas.

Les adieux échangés, l'équipage libéré reprend le chemin du retour. On chasse en revenant, si l'on n'est pas trop las, surtout s'il y a déjà quelques jours que l'on jeûne. Au retour, on gratte doucement à la porte du maître, non pas pour réclamer une place au foyer (ces huttes sont si étroites!), non pas pour réclamer une part du festin (les vivres sont si rares!); on gratte tout simplement pour avertir qu'on est là... Ne vous dérangez pas, c'est nous; les choses se sont très-bien passées. Puis, la troupe dételée, chacun se couche en rond dans le trou qu'il s'est creusé sous la neige, l'estomac vide, mais la conscience calme. Je ne sache pas que la race des humains foisonne de serviteurs passionnés de cette espèce, qui livrent leur travail gratis, se logent et se nourrissent à leurs frais. Voilà les bêtes qu'un homme de génie, Charles Fourier, appelle des *cloaques d'infamie*.

Hélas! si rude que soit la constitution de ces bêtes, la faim en vient parfois à bout; quand l'hiver, par exemple, se prolonge au delà de ses limites habituelles et prend dix mois sur l'an, au lieu de neuf. Alors la malemort sévit sur l'espèce malheureuse et la menace de complète destruction. On a vu bien des fois, en ces passes douloureuses, de pauvres femmes recueillir les orphelins de la race canine et leur faire partager le lait de leurs mamelles avec leurs nouveau-nés.

Je tiens de narrateurs dignes de foi que des voyageurs reconnaissants ont offert des sommes fabuleuses à quelques-uns de ces coursiers du pôle, sans pouvoir les déterminer à quitter leur patrie. Vainement a-t-on essayé de les séduire par la peinture des délices des autres climats, par la perspective d'une existence de chanoine sur des bords plus tranquilles ; fidèles à leur mission de charité, les nobles bêtes ont toujours refusé les présents d'Artaxerce. « Eh ! sans nous que deviendrait ce pauvre monde, avaient-ils l'air de dire à ceux qui les voulaient corrompre ? » Dentatus et Cincinnatus, dont les historiens romains ont fort vanté l'héroïsme, n'étaient pas menacés de mourir de faim à toute heure comme les chiens des déserts du Nord, quand ils refusaient les présents des Samnites. Ils avaient des raves à gogo !

Mon Dieu, oui, tous les jours des hommes sont témoins de ces actes de dévouement, de renoncement et de rouerie sublime de la race canine. Il y a dans les contrées les plus inhospitalières du globe des êtres dont la vie se passe à sauver celle de l'homme, et la poésie, qui seule peut écrire l'histoire des bêtes comme celle des hommes, la poésie n'a pas encore songé à glorifier par ses chants ces généreux martyrs... Et j'entends chaque matin des poëtes ennuyés me dire qu'il n'est rien de neuf sous le soleil et que tous les sujets sont usés. Quel malheur pour les pauvres bêtes, quel malheur pour moi surtout, que je ne m'appelle pas Alphonse de Lamartine ou Alfred de Musset !

Que n'eût pas obtenu l'homme, hélas ! d'une race si spirituelle, si docile, s'il n'eût jamais songé qu'à tourner vers le bien ses dispositions magnifiques. Mais l'homme a dressé le chien à manger l'homme ! (*homo homini lupus*).

Je ne rappellerai pas le mot de cet Espagnol d'Haïti à un autre brigand : prête-moi un quartier d'Indien pour le déjeuner de mes dogues, je te le rendrai demain ou après. Si l'Amérique a tué l'Espagne, c'est la preuve qu'il y a une justice dans le ciel.

Les Espagnols de Cuba ne font plus dévorer aujourd'hui leurs esclaves par leurs chiens ; ils chargent seulement ceux-ci de ramener les transfuges à leur domicile. Les propriétaires d'esclaves de la libre Amérique ont des troupeaux de chiens dressés à cet office. Un noir s'est échappé, on ignore la route qu'il a prise. Alors on fait venir un de ces chiens dressés à la chasse de l'homme. On lui montre un couteau, une ceinture, une guenille quelconque ayant appartenu au fugitif. Le chien ne demande pas de plus amples renseignements pour repêcher son homme ; il tient son signalement au bout de ses naseaux ; il le cherche, le trouve, le ramène ou conduit sur sa trace les sbires de la police. Je doute que beaucoup de gendarmes et même de sergents de ville, sachant lire et écrire, fussent capables de s'acquitter d'une mission semblable avec d'aussi faibles renseignements, et surtout au même prix. Ah ! ne blâmons pas le chien d'avoir servi de complice aux tyrannies et aux forfaits de l'homme ! Ses crimes sont de son maître, ses vertus seules sont de lui. Détournons nos regards de ces scènes attristantes, où l'on voit le roi de la terre exploiter la sagacité du chien au bénéfice de son inhumanité, et reportons-les avec amour sur les actes de dévouement sublime des chiens du Saint-Bernard, pauvres chiens de charité, si heureux et si fiers d'avoir été choisis pour arracher le voyageur du sein de l'avalanche qui vient de l'engloutir, ou pour guider ses pas à travers les abîmes et la brume des neiges. C'était un grand artiste et un profond penseur que ce Charlet qui fit dire au pioupiou, dans son naïf langage : *ce qu'il y a de mieux dans l'homme, c'est le chien!* Quand l'ignoble civilisation d'aujourd'hui comparaîtra au tribunal de l'histoire, son avocat fera valoir avec succès le chien du Saint-Bernard comme circonstance atténuante. Elle en avait besoin.

J'ai ouï dire en Afrique, en 1842, que le gouvernement d'alors avait eu la pensée d'employer le chien de chasse à la conquête de l'Algérie. L'idée me semble passablement hardie pour ce gouvernement. Il paraît cependant qu'on avait essayé du système à Bougie, où tout le monde a entendu parler des exploits de la compagnie *franche* qui gardait cette place et qui avait confié la défense de ses blockaus à la compagnie *des Chiens*. J'ai connu l'illustre Blanchette, l'Attila du Kabyle, la plus noble expression de la bravoure canine, une grande levrette blanche qui ne marchait plus que sur trois pattes, ayant oublié la quatrième dans une lutte corps à corps avec un chef ennemi. Le Zéphire l'admirait et partageait ses repas avec elle. L'éclat de ses services avait même attiré sur elle et sur les siens les regards reconnaissants de l'administration, et il avait été décidé en un jour de justice que, la compagnie des chiens s'étant noblement comportée devant l'ennemi, il lui serait accordé à l'avenir une ration quotidienne d'une livre de pain par tête. Le malheur voulut, hélas! que cette décision, pleine de bon sens et de justice, n'eût son effet qu'un temps, et que le Zéphire, qui abuse de tout, même de l'innocence de l'agent comptable, trouvât moyen de faire allonger la susdite ration d'un demi-litre de vin, sous prétexte que la race canine n'avait pas moins besoin que l'homme d'un tonique fortifiant contre les ardeurs énervantes du climat. Or, comme il fut prouvé plus tard par une expérience authentique faite en présence de l'intendant militaire, qu'on avait indignement calomnié la race canine en lui prêtant des appétits bachiques, l'autorité, furieuse d'avoir été trompée, dépassa l'équité dans sa vengeance. Elle supprima la ration solide de la compagnie en même temps que la liquide. Le corps des chiens supporta cette disgrâce imméritée sans se plaindre; il ne menaça pas le gouvernement de se retirer chez les Volsques, loin de là; et comme le Caleb du sire de Ravenswood, son dévouement et sa fidélité s'accrurent de sa ruine. Le cheval traité ainsi eût passé à l'Arabe!

Je ne serais pas éloigné de croire qu'il y eût beaucoup à faire avec l'organisation du chien, mais surtout avec celle de la commune pour la colonisation de l'Algérie. Un colon plein de bon sens me disait : « La graine d'épinards et les bâtons de maréchal de France qui poussent si merveilleusement dans cette contrée coûtent à la France cent millions par an et dix mille soldats. Je prends l'entreprise de la colonisation si l'on veut me laisser faire, à quatre-vingt-dix millions et neuf mille soldats de rabais! » Il fondait toute son espérance sur le concours de l'association et du chien.

Qui n'a pas vu le chien de chasse courir au-devant des soldats, en compagnie des moutards, à l'entrée d'un régiment dans une ville! C'est que le régiment est le foyer de l'amitié et du dévouement, les deux sentiments qui vibrent le plus fortement dans le cœur du chien : *similis simili gaudet*.

La même raison explique l'affection du chien pour l'enfance, âge de l'égalité, de l'amitié, de la candeur. L'épagneul a bien des misères avec l'enfant, à cause de ses oreilles longues, lustrées et soyeuses, que celui-ci aime à tirer; mais il a bien des agréments aussi sous le rapport des tartines de beurre et de la conformité des goûts.

Le chien aspire aux combats comme le cheval; il s'enivre de l'odeur de la poudre et s'abandonne à des excès de gaieté extravagante à la vue d'un fusil. J'en eus un en Afrique qui attaquait tout aussi volontiers l'Arabe que le lièvre, et qui périt victime de sa passion pour la guerre. C'était un animal charmant, qui riait pour le moindre bon mot comme le chien de Stanislas; un admirable métis de braque et de bouledogue, privé d'oreilles, mais pourvu en revanche d'une queue superbe en cor de chasse. Un jour qu'un fort parti d'Hadjoutes nous avait surpris braconnant vers la lisière embaumée des orangeries d'Allouya, tout au pied de l'Atlas, et que la conversation du salpêtre était chaudement engagée, Bichebou, c'était le nom de mon compagnon d'armes, s'amusait à faire la navette de l'ennemi à nous, accourant à chaque coup de feu pour voir ce qu'on avait tué. A ce vice de curiosité excusable, l'animal unissait, hélas! le défaut de trop tenir au gibier de son maître et d'avoir la dent dure. Il advint donc qu'un chef arabe, superbement monté, étant tombé dans la direction de mon arme, l'intrépide Bichebou crut qu'il y allait de son honneur de me le rapporter. Peut-être que le succès eût couronné la tentative avec un ennemi mort, mais celui-ci ne l'était pas; il n'était que démonté du bras droit, et, saisissant de la main gauche son yatagan terrible, il fit dans les flancs de son agresseur une large blessure. Pauvre Bichebou! Je crois le voir encore, étendu sur la rouge arène, me tendant, en signe d'adieu suprême et sans bouger la tête, sa patte ensanglantée, et m'adressant du regard et de la queue sa dernière caresse; puis essayant de se relever encore au son bien connu de mon arme, et retombant enfin épuisé sous l'effort... Ils disent par là-bas que j'ai vengé sa mort, et qu'un Kaïd de la Mitidja jure parfois mon nom quand le temps veut changer.

Le deuxième régiment d'artillerie conserve dans ses glorieuses archives le souvenir des hauts faits du caniche *Mitraille,* que son amour étrange pour le bruit du canon avait fait baptiser ainsi ; un vrai cœur de lion sous une peau de brebis. Mitraille, qui aimait à se vêtir à la façon du roi des animaux, se distingua par sa vaillance à l'attaque et à la prise d'Alger, et fut un des premiers assaillants qui pénétrèrent dans le corps de la place. Immédiatement après la victoire, il s'offrit généreusement à déguster les sources du pays conquis, qu'on disait avoir été empoisonnées par les Arabes, et il rendit à l'armée française en cet office de gourmet d'innombrables services. Rentré en France avec sa batterie et caserné à Metz, il essaya quelque temps de tromper, par les délassements de la petite guerre, l'ardente soif des combats qui le brûlait au cœur ; mais sa passion empirant de jour en jour finit par le dégoûter des vains exercices du polygone, et par lui inspirer le désir de tenter l'impossible. Las de déterrer les boulets morts, il rêva d'arrêter l'obus en sa course rapide, et périt dans une rencontre avec un de ces projectiles, rencontre qu'il avait provoquée. Digne et glorieuse fin d'une vie si bien remplie, écrit son biographe.

La postérité, qui commença de trop bonne heure pour Mitraille, n'a trouvé jusqu'ici que deux ou trois faiblesses à reprocher à sa mémoire, entre autres un mépris non motivé du civil combiné avec une estime exagérée de l'uniforme et la passion des liqueurs fortes. Mais encore est-il juste d'attribuer ces travers et ces goûts déplorables à la triste influence du milieu où il avait vécu. Un chien ne se dégrade pas spontanément ainsi.

Je sais dans l'histoire du temps présent un éloge de chien plus facile encore à rédiger que celui de Mitraille, comme ne comportant aucune restriction. C'est l'éloge de Larigot, l'une des plus nobles victimes de nos troubles civils; Larigot, dont la poésie illustrera un jour le dévouement sublime et la fidélité à la cause du malheur; Larigot, à qui la persécution n'a jamais arraché une plainte, et qui n'est jamais descendu à la prière que pour solliciter la faveur de partager la captivité de son maître, qu'il a suivi pieusement pendant dix ans de prison en prison, de la Conciergerie au Cherche-Midi, de la Roquette à Belle-Ile, où il a conquis à force de vertus l'estime de ses adversaires politiques eux-mêmes, et jusqu'aux sympathies de ses geôliers. Beaucoup de citoyens français, je n'excepte pas de ce nombre Jérôme Paturot de Marseille, ont remporté des prix Montyon de mille écus et plus qui n'avaient pas rempli à coup sûr aussi religieusement que Larigot toutes les conditions du programme. Larigot, si tu peux m'entendre du fond de ta cellule et à travers le bruit étourdissant des flots de la Mer Terrible qui déferle avec rage au pied de ta demeure, reçois ces paroles amies de ton ancien compagnon de chaîne, comme l'expression de l'affection la plus profonde qui fut jamais au cœur d'un humain pour une bête, et puisse ce témoignage public et désintéressé de mon admiration pour ta noble conduite contribuer à atténuer dans ton esprit les torts de mon espèce!

Pourquoi ne puis-je, hélas! célébrer les mâles vertus de Larigot, son courage dans l'adversité, sa constance dans ses affections, sans être obligé de flétrir du même trait de plume le monstre d'ingratitude qui eut nom Castagno, ce Judas qui n'eut pas honte de se séparer de son maître sur la question de Rome, et passa lâchement à la réaction triomphante, au lieu de le suivre en prison. Et moi qui croyais avant ce jour, dans ma candeur naïve, que si la fidélité catonique était bannie du reste de la terre, elle serait toujours sûre de trouver un asile dans le cœur du braque vendéen.

Après cela, comme j'ai dit, les bêtes ne sont que les miroirs des hommes. Or, il se peut que quelques-uns de ces derniers soient fort laids, et qu'il y ait parmi eux des trompeurs et des traîtres capables de renier leur foi et de vendre leur patrie pour quelques pièces d'or, et dans ce cas il semble logique que la nature ait créé des Castagnos pour symboliser les infâmes, comme elle a fait des Larigots pour représenter les fidèles, les dévoués, les purs.

La France, comme toutes les contrées riches depuis trop longtemps habitées, possède de nombreuses variétés de races canines dont la plupart peuvent être considérées comme le produit du hasard et de la fantaisie. Parmi celles qui portent sur leur face un certain cachet de famille, un type héréditaire, on peut citer le Lévrier et le Chien de berger aux oreilles droites, le Terre-Neuve, le Mâtin, le Bouledogue, le Chien courant et le Chien d'arrêt aux oreilles rabattues. Le reste vaut à peine l'honneur d'être nommé. Kings-Charles, Spitz, Bichons, Barbets, Carlins, Bigles, etc., ne sont que des dégénérescences perpétuées de ces souches primitives. Qu'on abandonne au hasard des rencontres pendant une centaine d'années la reproduction de cet amalgame confus de noblesse et de roture, on sera tout surpris de voir au bout de ce court intervalle l'ordre se substituer au chaos et l'unité des types originels reparaître par la seule virtualité de la loi de nature.

Rien ne dit où le chien de chasse, premier du nom, a reçu le jour; mais toutes les nations illustres de l'ancien continent ont revendiqué tour à tour l'honneur d'avoir produit ce type glorieux.

La mythologie grecque, à elle seule, a dix versions sur ce sujet.

Les uns prétendent que la race provint, dans l'origine, d'un chien d'airain, forgé et animé par Vulcain, qui en fit don à Jupiter, lequel le céda pour un baiser à la belle Europe, qui le repassa à Minos roi de Crète, et ainsi de suite. Ce chien d'airain aurait été surtout le type du molosse, notre mâtin d'aujourd'hui, chien de grand cœur et de forte mâchoire, et l'un des ancêtres de Cerbère, si connu dans l'histoire, qui avait plusieurs têtes et qui mangea Pirithoüs, l'infortuné compagnon de Thésée. Beaucoup d'historiens grecs ne reconnaissent que deux races de chiens courants, l'une créée par Castor, la race des *Castorides;* l'autre, provenant du croisement du chien et de la renarde, et appelée *Alopécide*, du nom grec du renard. J'ai dit du chien et de la renarde pour faire remarquer que les femelles ne dérogent jamais... par la raison que la femelle, type supérieur de l'espèce, est bien l'élément de la fusion, mais uniquement de la fusion ascendante. Le chien qui est rallié à l'homme consent volontiers à contracter union avec la louve sauvage, jamais la chienne avec le loup, pas plus que la mulâtresse avec le noir. Toutefois j'ai peur que les anciens et les modernes n'aient confondu ici la renarde avec la femelle du chacal. On a des exemples multipliés de l'alliance du chien et de la chacale, mais pas un, que je sache, de l'alliance de la renarde et du chien.

Que chaque contrée réclame pour sa gloire l'honneur de l'invention du chien de chasse, rien de plus légitime.

Quoi qu'il en soit de ces diverses origines, Xénophon, Arrien, Oppien, Claudius, Pollux, Gratius et tous les écrivains cynégétiques de l'antiquité, s'accordent pour reconnaître une multitude innombrable de variétés de chiens de chasse. *Mille canum patriæ*, dit le poëte Gratius, contemporain d'Horace. Autant de pays, autant de gibiers divers, autant de chiens courants; mais je suis heureux d'apprendre par les récits des historiens et des poëtes que la gloire des chiens de ma patrie ne date pas d'hier. Le poëte Gratius, déjà nommé, consacra cette célébrité par un hexamètre pompeux :

Magnaque diversos extollit gloria Celtos [1].

Arrien donne de nombreux témoignages d'estime aux chiens courants de la Gaule ; il appuie surtout sur le mérite des chiens de la Bretagne et de la Bresse. Les chiens Ségusiens ne sont pas moins estimés par les veneurs de la Grèce et de Rome. Les *agasses* (bassets) d'Angleterre paraissent jouir également d'une réputation méritée. Les autres chiens célèbres de l'antiquité sont ceux de Péonie ou de Pannonie (Hongrie) qu'on dressait à la guerre, à l'instar des chiens gaulois. Il y a tout lieu de croire que le chien de Péonie n'est autre que le molosse. Némésianus chante aussi les brillantes qualités des chiens de chasse de l'Étrurie. Viennent ensuite le chien de Laconie (encore le molosse), le chien de Crète, enfin ces fameux chiens de combat de l'Inde qui eurent l'honneur de déployer leurs talents devant Alexandre le Grand à son entrée à Babylone, et dont un couple suffisait pour porter bas un lion. Je fais observer à ce propos que l'historien qui rapporte le fait, Élien, a tort de prendre au sérieux l'opinion du vulgaire de son époque, qui considérait cette race de bouledogues comme le fruit illégitime des amours de la

[1] Une grande gloire est acquise aux diverses races des chiens celtes.

tigresse et du chien. Aristote, antérieur à Élien, avait eu soin de protester contre ces croyances erronées. La nature a mis antipathie morale et physique entre le chien et le chat, entre le bouledogue et la tigresse. Je n'ai pas bien reconnu nos petits hurleurs de l'Est dans le portrait donné par Arrien des chiens laids et velus de la Bresse. Notre griffon de Vendée, qui ressemble un peu plus à ce signalement, notre chien courant de la Normandie et celui de la Saintonge, sont reproduits par le même, trait pour trait. Je retrouve moins aisément dans cette catégorie des chiens de l'ancienne Gaule, le chien bleu et le chien noir (Saint-Hubert) de Lorraine. Il y a une page touchante dans le récit de cet Arrien ; c'est celle où l'historien, emporté par un mouvement sublime d'admiration et de reconnaissance pour le charmant caractère et la fidélité de sa chienne Horné, prie la postérité de garder mémoire d'elle. Que ne puis-je, moi aussi, charger la postérité d'acquitter les dettes de ma reconnaissance pour mon premier Ajax et mademoiselle Coquette, le fléau de la bécassine, et mon fourbe Castagno, l'Attila du faisan.

L'opinion de Jacques Du Fouilloux sur l'origine des chiens français mérite qu'on la rapporte. Du Fouilloux estime que les chiens gaulois ont été amenés en Bretagne par un petits-fils d'Enée nommé Brutus, lequel, ayant eu le malheur de casser la tête à son père dans un petit mouvement de vivacité, avait été, pour cette peccadille, banni de sa patrie et obligé de chercher fortune ailleurs... pour quoi il s'était fixé dans l'Armorique à laquelle il avait donné son nom actuel (*Bretagne*, *Brutus*). Ces choses se passaient dans le temps qu'un ami de ce même Brutus, un autre évadé d'Italie, Turnus, donnait son nom à la ville de Tours, célèbre par ses pruneaux.

Avant l'invasion du fox-hund, la France, patrie des

illustres héros et des illustres veneurs, était aussi la patrie des nobles races canines, comme elle avait été précédemment celle des nobles chevaux. On y distinguait quatre principales familles de chiens courants. Le chien d'ordre pour courre le cerf, le daim, le loup, le sanglier... un chien de haute taille, au poil rude blanc ou fauve, à la large poitrine, à la gorge sonore, aux oreilles larges et pendantes, ayant l'Ouest pour patrie. C'est le type originel des chiens de Normandie, de Bretagne, de Poitou, de Saintonge, type qu'on retrouve altéré jusque dans la race anglaise. Toutes ces variétés d'un même type national étaient également généreuses, pleines de mépris pour le renard et la bête puante ; elles affectaient les mêmes allures et ne différaient l'une de l'autre que par la couleur de la robe, qui pourtant ne prenait jamais la nuance noire ni la nuance orangée. La nuance orangée semble exclusive à la robe des chiens écossais. Le noir qui tend aussi à caractériser le chien de la Grande-Bretagne se retrouve chez le chien des Ardennes et de Lorraine, dit chien de Saint-Hubert ; toutefois ce noir est plus lustré, plus foncé chez le chien anglais que chez le nôtre. Le pelage du chien de Saint-Hubert vire au roux. Le griffon de Vendée, le grand courant au poil rude et frisé, fort recherché pour la chasse du loup et celle du sanglier, n'est qu'une simple variété de la race primitive de l'Ouest.

Tous les chiens d'ordre de cette race étaient incomparables pour la finesse de l'odorat, pour la discipline, pour la persévérance et pour la beauté des voix. Rien de plus commun, dans les fastes de la vénerie française, que d'entendre dire : les chiens, n'ayant pu forcer le sanglier ou le dix-cors après huit heures de courre dans la *première* journée, ont pris le parti de passer la nuit près de la bête. Ils l'ont relancée au point du jour et prise vers les onze heures; la meute a tenu au bois vingt-quatre heures sans manger, sur lesquelles vingt-quatre heures, elle en a couru douze. Il faut aller chercher dans l'histoire des campagnes des armées françaises, pour trouver des faits de fougue enthousiaste analogues. Il n'y a jamais eu que le chien courant de France pour pousser la passion de la chasse jusqu'au mépris de la soupe, comme il n'y a jamais eu que le troupier français pour faire des marches forcées et gagner des batailles sans chaussure ni pain.

Or, parce que ces chiens courants, qui avaient des raisons pour considérer la chasse comme le plus noble emploi des loisirs de l'homme, s'ingéniaient à prolonger les jouissances des veneurs, des hommes sont venus qui les ont accusés de lenteur, sous ce prétexte éminemment britannique que *le temps était de l'argent!* Eh! non, trafiquants misérables, ce n'est pas le temps qui est de l'argent, c'est le plaisir; à preuve que l'on ne cherche à gagner de l'argent que pour gagner du plaisir. Réjouissez-vous, au surplus, voici que vos doctrines mercantiles, après s'être infiltrées dans le sang du peuple français et l'avoir corrompu, ont envahi les chiens. Pauvres bêtes! Quand les veneurs de France endossaient la livrée britannique et ne demandaient plus que de la vitesse à leurs chiens; quand les tripotages de Bourse devenaient le principal dans l'existence de l'homme riche et que la chasse n'en était plus que l'accessoire, il fallait bien qu'elles se conformassent aussi aux honteuses exigences des mœurs, et qu'elles livrassent leurs longues et soyeuses oreilles au tranchant de l'emporte-pièce [1], et qu'elles évidassent leur poitrine, et qu'elles renonçassent à *hurler* pour se contenter de *glapir;* car on ne peut pas courir de toute vitesse et hurler en

[1] Les Anglais coupent les oreilles de leurs chiens de chasse avec un emporte-pièce qui les réduit aux proportions d'un écu de six francs.

même temps. Le mal est déjà fait, hélas! j'ai bien visité les marchés de chiens de l'Ouest, ceux de Fontenay et de Bourbon-Vendée; mais là je n'ai trouvé nulle part le type du pur griffon, ni du pur Poitevin, ni du pur Saintongeois; partout le sang mêlé, partout l'écusson national *barré* de noir et d'orangé, barre de bâtardise.

A côté du grand chien de l'Ouest, blanc ou fauve, figuraient avec honneur le chien noir de Saint-Hubert et son premier-né, le chien bleu. Le chien noir aux sourcils de feu, aux pattes de même couleur, moins haut sur jambes que le chien de Normandie, moins bien gorgé, moins disciplinable, mais plus vite, plus ardent et plus rude, plus propre pour chasser seul, donnant sur tout et moins distingué dans ses goûts de chasse — le chien bleu, né du chien de Saint-Hubert et du mâtin, bas sur jambes et râblé, fleurdelisé partout, moucheté de feu et de noir, poitrail de dogue, oreilles noires traînantes, lent d'allures, mais riche de gorge et capable de coiffer un sanglier à lui tout seul. Habitantes de forêts d'où les cerfs sont partis, où le sanglier et le loup se chassent en battue, ces deux races ne fournissent plus depuis longtemps que de méchants harpaillons de lièvre ou de renard, et leur sang s'est perdu.

Une troisième race charmante et primitive et plus particulière aux contrées de l'Est, à la Bourgogne, à la Franche-Comté, à la Bresse, est celle des petits hurleurs : robe blanche constellée de larges taches fauves, oreilles moyennement longues, physionomie mutine et éveillée, chassant le lièvre avec un entrain merveilleux. Je ne sache pas au monde de chasse plus adorable que celle du lièvre mené bon train par douze hurleurs de même pied. N'a rien ouï en fait de musique de chasse qui n'a pas entendu un *tutti* de hurleurs partant sur un lancer à vue. Je sais des gens qui, après avoir goûté de cette musique, n'en ont plus voulu d'autre. Le don de hurler, c'est-à-dire de pousser à la fois quatre à cinq aboiements qui se gênent, n'est pas particulier à la race que je signale. On rencontre des hurleurs dans presque toutes les bonnes races de chiens courants.

Vient en quatrième ordre la race du basset, reconnaissable comme les races précédentes à des caractères spéciaux : long corsage, pattes courtes et torses, reins larges, oreilles démesurées, physionomie grave et magistrale, admirable basso. Le basset de bonne souche est plein d'excellentes qualités, je le respecte. Il chasse généralement tout ce que les grands chiens ne chassent pas. J'en ai vu de très-forts néanmoins qui chassaient dans la perfection le sanglier, le cerf, le chevreuil, voire le loup. Le basset est le plus lent de tous les chiens. C'est le chien du braconnier, le chien du petit chasseur et de la petite propriété. Rien de plus facile que de lui apprendre à chasser le gibier à plume, la caille, la marouette. Sa perfide lenteur, qui fait que le gibier chassé le méprise et trottine en s'amusant devant lui au lieu de prendre parti, cause tous les jours la mort d'une multitude infinie de chevreuils et de lièvres. Le basset n'a point de répugnance pour la bête puante, mais le lapin est son gibier de prédilection. Il n'est pas de chasse plus mortelle au faisan que celle du basset, la nuit. C'est peut-être pour cela qu'on ne donne jamais, dans les tableaux de peinture, d'autre escorte au garde qu'un basset; *braconnier comme un garde*, dit le proverbe.

J'ai omis de parler du chien terrier, du bigle, du chien de fouine, du barbet, qui sont des espèces métisses, des espèces fabriquées. Les *bauds*, les grands chiens blancs de Barbarie qui tiennent tant de place dans nos annales de vénerie, ne me paraissent pas différer essentiellement du type vendéen. Du reste, l'éducation a introduit de telles modifications dans la conformation de l'espèce, qu'il serait tout à fait impossible à l'anatomiste d'aujourd'hui d'assigner une commune origine à telles ou telles familles de chiens, d'après l'inspection de leurs crânes. Il y a beaucoup moins de distance, par exemple, de la boîte osseuse du tigre du Bengale à celle du bouledogue anglais, que de celle-ci au crâne du bichon, du *Kings' Charles.* On ne sait même plus, à l'heure qu'il est, si le chien est carnivore, piscivore ou frugivore, car il s'est fait partout des appétits proportionnels aux facultés de son maître.

On peut affirmer que les dix-neuf vingtièmes des chiens courants de France proviennent des quatre types que je viens de décrire, bien qu'il soit à peu près impossible de suivre les filiations de chacun de ces types, à travers les croisements multipliés et confus de tant de races. Il y a dans l'œil et dans la démarche de certains chiens, comme dans l'œil et dans la démarche de certains hommes, un cachet de distinction particulier qui les fait reconnaître d'emblée pour des types de souche noble. Assurément que la France ne compte pas aujourd'hui dix types de cet ordre dans ses vingt races de chiens.

La rage, qui fait ressembler les bêtes à des hommes atteints de fanatisme religieux, n'est pas du chien, mais du loup. On en parlera à sa place. Résumons par un trait notre opinion sur le chien :

Plus on apprend à connaître l'homme, plus on apprend à estimer le chien.

LE CHEVAL.

Tout le monde a écrit sur le Cheval, depuis le bonhomme Job, qui ne date pas d'hier, jusqu'à M. de Lancosme-Brève; mais personne ne l'a défini, pas même M. de Buffon, qui écrivait cependant avec des manchettes de dentelle :

La plus belle conquête
Que l'homme ait jamais faite
Est celle du cheval,
Ce superbe animal...

Le cheval est l'expression de la société, bien mieux que la littérature... Dites-moi le cheval d'un peuple, je vous dirai les mœurs et les institutions de ce peuple.

L'histoire du cheval est celle de l'humanité, parce que le cheval est la personnification de l'aristocratie de sang, de la caste guerrière, et que toutes les sociétés, hélas! ont dû passer par l'oppression de la caste guerrière. J'engage vivement le professeur d'histoire et l'académicien des inscriptions et belles-lettres à ouvrir leurs oreilles.

Il n'y a qu'un seul cheval au monde, un vrai cheval, l'Étalon arabe. Je sais que le monde est plein de quadrupèdes ambitieux qui s'arrogent illégalement ce titre; mais la plupart de ces usurpateurs peuvent être suppléés avec avantage par la vapeur ou le chameau.

Le vrai Cheval est l'emblème du véritable gentilhomme.

Il n'y a pas à contester la parenté analogique du cheval et du gentilhomme, tant la ressemblance entre les deux types est parfaite. Ou l'étalon arabe signifie le chevalier, ou il ne voudrait rien dire du tout, ce qui serait absurde.

Admirez, en effet, comme le noble animal semble appeler la guerre de tous les mouvements de son corps, de tous les essors de son âme. Ses naseaux brûlants s'ouvrent et fument; ses pieds impatients creusent le sol; son œil ardent darde l'éclair et dévore l'espace; sa bouche ronge le frein et le blanchit d'écume; sa crinière élégante et désordonnée s'agite et se redresse au gré de ses colères; sa queue s'épanouit en panache. Il s'encense et se rengorge sous les regards de la foule, et piaffe sous l'éloge. Ecoutez le hennissement aigu qu'accentue sa fureur jalouse, cette voix plus belliqueuse que celle du clairon; c'est encore une provocation au combat, une menace de mort. Si vous ne reconnaissez pas à ces traits le preux de la légende, le héros des croisades, le chevalier aux armes étincelantes et aux ondoyants panaches, désireux de briller et de plaire, avide de tournois, de périls, de pompe et de fanfares... je renonce à aller plus loin.

Le cheval sauvage, qui vit encore aujourd'hui en maître sur un grand tiers de la superficie du globe, a bien le caractère altier, les habitudes belliqueuses, les mœurs chevaleresques du coursier arabe; mais il ne faudrait pas lui demander cette grâce exquise d'allures, cette courtoisie de manières, cette richesse de tenue, cette élégance, que l'éducation seule et le contact du grand monde peuvent donner. La vitesse elle-même est une qualité qui ne se développe complétement chez le cheval que sous l'influence des soins de l'homme. On sait que tout l'espace qui s'étend des rives du Danube aux portes de la Chine, c'est-à-dire tout le plateau central de l'Asie et la région des steppes appartiennent en toute souveraineté au cheval,—et qu'en Amérique ses domaines embrassent les incommensurables solitudes des *Prairies* au nord, et au midi celles des *Pampas,* des rives de l'Amazone aux champs patagoniens—et que, non satisfait encore de régner sur une si vaste étendue de territoire, l'ambitieux animal a posé récemment le pied sur les terres d'Australie. Le soleil ne se couche plus dans l'empire du cheval.

Or, cet empire, plus grand que ceux de Charles-Quint

et de Djingis, plus grand que ceux de l'Anglais et du Romain, est fractionné, morcelé en une myriade de petites républiques aristocratiques, où l'autorité, source de combats sans fin, est dévolue au plus fort. Autant de cantons, autant de chefs, comme sous le régime féodal du moyen âge; autant de manoirs, autant d'États. Là les jeunes étalons qui aspirent au pouvoir cherchent à s'en rendre dignes par des actions d'éclat, et débutent ordinairement dans la carrière glorieuse par un meurtre de loup. Il n'est pas rare de voir dans les steppes de Russie un étalon de deux ans s'élancer tout seul à la rencontre d'une bande de quatre ou cinq loups, en tuer un, estropier les autres et semer dans toute la contrée la terreur de son nom. Le cheval libre frappe des pieds de devant comme le cerf, et non de ceux de derrière comme on le croit trop généralement parmi le peuple. Il se dresse de toute sa hauteur contre l'ennemi, le broie sous ses pilons meurtriers; puis le saisit de ses redoutables incisives entre les deux épaules et le jette à ses juments pour qu'elles s'en amusent, elles et leur progéniture. La jument elle-même ne se fait pas prier pour voler au combat, quand le danger menace. La guerre est l'élément de l'espèce.

L'homme de génie, cité plus haut, le grand analogiste à qui je ne connais que deux faiblesses, son estime pour les chats et son mépris pour les chiens, Charles Fourier a écrit que le cheval n'allait au combat que par obéissance, tandis que le chien se délectait au rôle de bourreau. C'est le contraire qui est vrai. Le cheval ne se délecte pas au rôle de bourreau; mais il se délecte à la bataille, comme le gentilhomme, tandis que tous les chiens sont susceptibles d'être métamorphosés en saints Vincent-de-Paul.

On ne saurait nier l'identité de la dominante passionnelle chez le gentilhomme et le coursier, quand on réfléchit que le cheval de sang est de toutes les bêtes la seule qui possède son arbre généalogique; quand on voit le cheval se pavaner dans les cérémonies publiques et s'encenser lui-même, à l'instar d'un chambellan autrichien dans l'exercice de ses fonctions. La fierté du noble animal dégénère même facilement en morgue. Plutarque raconte que Bucéphale, une fois caparaçonné, n'acceptait plus d'autre conversation que celle d'Alexandre...

Le poëte arabe Eldemiri rapporte aussi que le calife Méronan avait un cheval qui ne permettait pas à son valet de chambre d'entrer dans ses appartements sans y être appelé. Un jour que le malheureux palefrenier avait oublié la consigne, le cheval, indigné de son irrévérence, le saisit par le dos et le broya contre le marbre de sa mangeoire.

Pausanias se vante d'avoir connu un cheval qui se rendait parfaitement compte de son triomphe quand il avait gagné le prix de la course aux jeux Olympiques, et qui, toutes les fois que la chose lui arrivait, se dirigeait fièrement vers la tribune des juges pour réclamer sa couronne.

Aucune bête, au surplus, n'a eu et ne devait avoir un plus grand nombre de panégyristes que le cheval. Peut-être que les premiers vers arabes ont été faits pour lui. Homère a fait pleurer Patrocle par les coursiers d'Achille, et dire la bonne aventure par ceux de Rhésus. Je sais des gens sérieux qui révoquent en doute la véracité du vieil Homère, à l'endroit de la prophétie des chevaux de Rhésus, et qui se feraient couper en quatre pour soutenir que l'ânesse de Balaam a parlé. Les poëtes sont au surplus dans leur droit quand ils donnent la parole aux bêtes; mais Aristote, qui n'est qu'un savant, a tort de vouloir nous persuader qu'on a vu, en Scythie, un cheval se suicider en se précipitant du haut en bas d'un rocher très-élevé, pour se punir d'avoir cédé à l'entraînement des sens et commis un inceste. Le cheval a bien assez de qualités de mémoire, d'adresse, de courage et d'intelligence pour pouvoir se passer de celles qui ne lui appartiennent pas, et la pudeur est de ce nombre. C'est presque calomnier une bête et la traiter comme un homme riche que de lui prêter les qualités qui lui manquent. Disons tout bas que le cheval de sang est légèrement *carnivore*.

Mais je n'ai pas besoin d'invoquer le témoignage de Plutarque et des autres pour démontrer une vérité plus claire que la lumière du jour, et que les poëtes, ces privilégiés de l'espèce humaine, qui devinent tout sans rien apprendre, ont signalée il y a trois mille ans. Le livre de Job, rédigé sous la tente, en plein désert arabe, déborde d'allusions magnifiques au naturel batailleur et chevaleresque du coursier.

Le conseil municipal d'Athènes avait à opter entre Minerve, déesse de la Sagesse, et Neptune, dieu des Ondes, qui se disputaient chaudement l'honneur de patronner la paroisse nouvelle. La déesse de la Paix, invitée à déployer ses talents, fait sortir de terre l'olivier, emblème de l'industrie pénible, mais fructueuse, un arbre pâle au bois noueux et dur, au fruit âcre et difficile à traiter, mais susceptible de produire, à force de travail, la lumière et la richesse. Le dieu des Mers frappe à son tour le sol de son trident, et il en fait jaillir un cheval fougueux, qui débute par ruer et hennir, image trop ressemblante du caractère prompt et orageux du maître des Tempêtes. Le peuple d'Athènes, peuple sage et ami de la liberté, eut le bon esprit de préférer le symbole de l'industrie émancipatrice à celui de l'aristocratie oppressive, et il s'en trouva bien. Mais Rome, j'en suis sûr, eût opté pour le don de Neptune.

Qui veut connaître à fond le caractère et les institutions du monde patriarcal n'a pas besoin de consulter la Bible : qu'il interroge le cheval.

Dans le monde patriarcal, dans la tribu arabe, le cheval, compagnon de gloire et de périls du chef, vient en premier dans ses affections ; la femme et l'enfant ne passent qu'après. A lui les soins coquets et les tendres caresses et les poésies d'Atar. Son arbre généalogique est mieux tenu que celui de la famille, comme sa crinière aussi plus artistement entretenue et lissée que la chevelure de l'épouse. J'ai ouï parler pourtant de tribus du désert, où le faucon venait avant le cheval dans les affections du chef.

C'est que dans le monde patriarcal, la caste guerrière est tout, et que le père barbare a droit de vie et de mort sur la femme et l'enfant. Il m'en coûte de l'avouer, mais l'oppression du faible et la misère du travailleur sont en raison directe de la fortune du cheval. Toute révolution qui relève le peuple abaisse le cheval. J'ai bien peur que cette observation si profonde n'ait encore échappé à la sagacité de MM. les historiens.

Il n'est personne qui n'ait entendu parler de l'antipathie du cheval pour l'ours, l'éléphant, le chameau. L'ours, le représentant de l'Outlaw, de la race vaincue est la bête noire de l'aristocratie. L'Éléphant, pauvre d'habits et à qui le nu ne va pas, représente l'indigence industrielle de l'Edénisme, une période éminemment antipathique au cheval qui ne veut entendre parler que de luxe, de panaches et de caparaçons dorés. Le Chameau est l'emblème de l'esclavage ; toute aristocratie, toute puissance tyrannique pivote sur l'oppression et le mépris du travailleur. Je sais un superbe volume à écrire avec les deux mots *antipathie*, *sympathie*. J'ai lu chez un conteur de fables qu'il suffisait pour mettre en fuite l'ours le plus affamé, de lui jouer un air quelconque sur un tambour fait de la peau d'un cheval.

Suivons la fortune du cheval dans ses diverses phases, et le tableau successif des diverses époques de l'humanité se déroulera sous nos yeux.

Le cheval est la première conquête du chien, c'est un des pivots de la tribu patriarcale.

Un jour la tribu se fait conquérante, et déserte la tente pour les palais de Babylone ; c'est la transition du Patriarcat à la Barbarie. La horde victorieuse a aussitôt besoin de s'organiser pour s'implanter solidement sur le sol du pays conquis. Elle débute par ennoblir le service du cheval, lequel a été pour moitié dans ses victoires. (On sait que les chevaux et les chiens gaulois prenaient parti dans toutes les batailles pour leurs maîtres.) L'ennoblissement du cheval est, à proprement parler, la constitution du régime féodal. Le premier fonctionnaire de l'État, après le roi, s'appelle *connétable* (*comes stabuli*, le chef de l'écurie); vient ensuite le maréchal (médecin du cheval), puis le grand écuyer (premier valet de pied du cheval) et le reste. Je suis fâché d'être obligé de mentionner ici que c'est de nos ancêtres, les Germains et les Scythes, que nous est venue la singulière habitude de rogner la crinière et la queue de nos chevaux. Le cheval germain fut longtemps pour l'italien un sujet de charge, après quoi les rôles changèrent...

L'apogée de la splendeur du cheval dit les beaux jours de la féodalité nobiliaire et de la chevalerie. Le cheval a son nom, dans les chants des poëtes, à côté de celui des plus nobles héros.

Un jour cette fortune décline. Le preux Bayard (je parle du héros, non du cheval), est frappé d'une balle, et il se trouve que la poudre à canon a tué le cheval et la féodalité du même coup. L'esprit d'examen se lève et proteste; l'aurore des libertés populaires a point à l'horizon.

Or, avec la même facilité que le cheval de guerre nous a dit les temps passés, la Barbarie et le Patriarcat, Abraham et Sémiramis, Rome et Athènes, il nous dira les temps présents, et peut-être, si on l'en priait bien, les temps de l'avenir. Oyons le temps présent, l'Angleterre et la France.

Quel est le pays d'Europe où le cheval de sang joue encore le plus brillant rôle? C'est l'Angleterre. Pourquoi cela? Parce que l'Angleterre est une contrée où règnent l'oppression et la misère, une contrée qu'exploite odieusement un millier de familles de sang barbare. En Angleterre, la race conquérante est tout, le reste de la nation rien. Le lord anglais estime son cheval en proportion du mépris qu'il porte à l'Irlandais, au Saxon, races inférieures qu'il a vaincues, de compte à demi avec sa bête. Gardez-vous d'offenser un seul crin de la robe d'un noble coursier dans les États britanniques, vous qui tenez à vos écus et à votre liberté; car le cheval est l'apanage de l'aristocratie des lords, et ces lords ont fait déclarer, de par la loi, leur cheval inviolable et sacré. Par exemple, vous pouvez vous permettre d'assommer un homme d'un coup de poing, de mener votre femme au marché la corde au cou, et de traîner dans la fange des ruisseaux la malheureuse prostituée, la fille du pauvre artisan que la misère a vouée à l'infamie. La loi de la Grande-Bretagne tolère ces peccadilles.

Le peuple anglais, qui ne se sert aucunement du cheval, est excessivement fier de la philanthropie de ses lords, qui s'étend jusque sur les animaux domestiques... dit-il. Cette stupide multitude est la même partout.

L'inviolabilité du cheval anglais en apprend plus évidemment sur les institutions aristocratiques de l'Angleterre que tous les volumes de Blackstone et de M. Guizot. Maintenant la simple inspection de l'animal va nous dévoiler les mœurs les plus intimes, et le caractère, et les arts, et la physionomie du peuple britannique.

Nous ne saurions pas d'avance que l'amour désordonné de la verticale et l'horreur de l'ellipse sont les deux traits les plus saillants du caractère anglais, que la conduite de ce peuple à l'égard du cheval arabe suffirait pour le démontrer.

Le cheval arabe, tel qu'il était sorti des mains de Dieu, était une bête adorable, un ensemble harmonieux de souplesse, de vigueur et de légèreté, arrivant immédiatement après la femme et la chatte dans l'ordre des créations gracieuses. La courbe de son encolure et celle de sa croupe rivalisaient de pureté et de délicatesse avec les plus suaves des courbes féminines. Cette encolure avait été ainsi ployée en forme d'arc, pour que le cavalier fût le maître absolu des mouvements de sa monture, au moyen de la bride, corde de l'arc, qui permet de refréner toute velléité de rébellion du coursier, en forçant, par la moindre pression, la tête de l'animal à se rapprocher de son poitrail. Dans cette position, le mors porte sur les barres, la partie la plus sensible de la bouche du cheval : un enfant le guiderait avec un fil de soie. Ce système de courbes élastiques qui se succèdent et se correspondent sur toute l'étendue du corps de la bête, depuis le sommet de la tête jusqu'aux extrémités des membres, n'avait été imaginé que pour adoucir au cavalier l'ébranlement de la secousse et convertir le mouvement du galop en un doux balancement. C'était là le secret de la douceur infinie des réactions du cheval arabe, de la grâce de son allure et de la sûreté de son pied.

L'indigène britannique a éprouvé le besoin d'*améliorer* ces formes, et de les rapprocher de ce type idéal de beauté que son ardente imagination caresse (l'angle droit), type sur le patron duquel il avait déjà taillé la démarche et le costume des femmes de son pays. L'Anglais a dépensé une foule de millions et deux siècles d'efforts pour obtenir le merveilleux résultat qu'on appelle le cheval de course. Je donnerais beaucoup de choses pour pouvoir faire comprendre mon opinion à l'aide d'une image représentant un cheval étique, à l'encolure concave, à la tête de bique, à la croupe anguleuse, orné d'une queue de rat et monté par un jockey hideux, lequel serait séparé de sa selle par une distance respectable, et ferait une grimace affreuse pour exprimer l'atrocité des réactions de sa monture.

Cette merveille de perfection britannique, qui rappelle à tous ceux qui ont bâillé sur la géométrie certains détails charmants du carré de l'hypoténuse, a donc les réactions atroces, la bouche dure, le pied perfide. Pour cette dernière raison, il est défendu de la faire courir ailleurs que sur un terrain parfaitement uni, peu glissant et soigneusement épierré. Ces bêtes-là travaillent trois ou quatre fois par an, trois à quatre minutes chaque fois. Elles ne sont bonnes, du reste, ni pour la chasse, ni pour la guerre, ni pour la promenade.

Des montures de cette espèce réclamaient une race d'écuyers spéciaux. A l'aide de procédés chimiques supérieurs, l'Anglais est parvenu à créer le jockey, une race intermédiaire entre le Lapon et le jocko, et qu'il a nommé ainsi de sa ressemblance avec ce dernier quadrumane.

Ceci est l'exposition la plus pure et la plus complète de l'art et de l'idéal d'outre-Manche. Un dernier trait pour peindre le caractère anglais. Le cheval anglais spécule... C'est une machine à pari, rien de plus.

Comme c'est bien là, n'est-ce pas, cette nation brocanteuse, disgracieuse et amie de la Bible qui, par amour pour l'humanité, lui vend partout de l'opium, des armes de guerre et des révolutions ! Voyons notre patrie maintenant.

La France, avec ses 52 millions d'hectares, ne peut pas même produire assez de chevaux de guerre pour la misérable dépense de sa cavalerie. C'est assez dire que la noblesse française a passé de vie à trépas. En effet, priviléges, parchemins, droits du seigneur et autres oripeaux de la vanité humaine ont été brûlés en une nuit, la grande nuit du 4 août ; et les castels des derniers fils des croisés, vendus à la criée, sont devenus propriétés des preux de la mélasse et du trois-six. Le joug de la conquête barbare est brisé ; mais ne croyez pas que le Gaulois se soit affranchi pour cela.

Car si le territoire français se refuse à produire le cheval de bataille, emblème de la féodalité nobiliaire, il produit en abondance le cheval de *diligence*, emblème de la féodalité mercantile, régime vorace qui débute en tout pays par l'accaparement du monopole des transports.

La France est aux mains des agioteurs, des banquiers, des monopoleurs de la voie publique ; donc le seul cheval qu'on puisse y estimer et y cultiver avec amour est le cheval de transport. L'autre était plus joli, je ne crains pas de le dire, quoique je le regrette peu. Qui nous délivrera maintenant du cheval de diligence ?

Une des plus inconcevables folies gouvernementales de ce siècle a été de prétendre assujettir au même joug constitutionnel deux nations aussi opposées de tendances caractérielles et d'affections chevalines que le peuple français et le peuple grand-breton. On ne fera jamais que le cheval de trait s'accommode du régime qui convient au cheval d'hippodrome. Une idée qui me semble surtout marquée au coin de la déraison suprême, c'est d'avoir essayé de créer une chambre haute, une chambre aristocratique et héréditaire, dans un pays qui ne peut pas même fournir à sa consommation de chevaux de guerre en temps de paix ; un pays où l'aristocratie se gagne et se perd à la Bourse d'un coup de dé ; où l'agent de change *exécute* le Pair !

Pas de cheval de guerre, encore une fois, pas d'aristocratie ; partant, pas de nécessité de chambre haute ! Avis aux octroyeurs de chartes.

Le peuple parisien, vainqueur au 24 février, ayant décrété que la Chambre des Pairs avait cessé de vivre, celle-ci se le tint pour dit, et ne protesta pas.

Ce n'était pas assez d'avoir emprunté à l'Angleterre ses chapeaux puritains, ses habits étriqués, son régime constitutionnel, ses ignobles tabagies, la France, dans le paroxysme de son anglomanie, a voulu posséder son cheval de pari. A l'heure qu'il est, toutes les villes un peu importantes de la France sont occupées à se construire des hippodromes et à s'imposer extraordinairement pour favoriser les développements de l'industrie du cheval de pari. Tous les fonds destinés par le budget à l'encouragement de l'agriculture sont consacrés à servir des primes de quelques milliers de francs aux plus heureux joueurs, à d'ignobles juifs, de vrais juifs qui achètent les jockeys de leurs concurrents et partagent avec eux les deniers de l'État. Ces prodigalités absurdes n'ont rien que de très-logique, du reste, dans un pays où le ministère de l'agriculture a été confié pendant dix ans à un fabricant de culottes de casimir noir, qui était complétement incapable de distinguer à première vue une betterave d'un chou-fleur.

La popularité toujours croissante des jeux de l'hippodrome a forcé pour un temps certains journaux de Paris d'enrichir le personnel de leur rédaction d'un écrivain pour cheval, lequel devait être ferré sur la langue du *sport* (en français *langage d'écurie*).

Je remarque que c'est le comte d'Artois et le duc d'Orléans, père du roi Louis-Philippe, qui ont le plus contribué à l'introduction du cheval de course en France. On sait le bénéfice qui est advenu à chacun du progrès des idées anglaises. Le *règne* du vieux Priam aussi avait péri, il y a bien longtemps, par l'introduction d'un cheval étranger dans les murs d'Ilion. Triste et nouvelle preuve de l'inutilité des enseignements de l'histoire.

Paris est le miroir et le foyer de la France. La capitale donne le ton à la province. Le cheval qui joue le premier rôle à Paris et dans le reste du royaume, celui qui fait le plus parler de lui, est le cheval de messagerie, poste, diligence, omnibus. La statistique administrative constate que ce quadrupède onéreux estropie, rien qu'à Paris, deux personnes et une fraction par jour, et qu'il coûte à la population parisienne deux victimes par mois. Tout n'est pas de sa faute. Il existe à Paris, séjour de l'opulence et du bonheur, une foule d'individus qui n'ont pas d'autre métier que de se jeter sous les roues d'une voiture pour se faire briser un membre et attraper une indemnité qui leur donne du pain pour le reste de leurs jours. Il y en a qui réussissent, d'autres qui se manquent, d'autres qui se font couper en deux et n'en sont pas fâchés !

Le plus inoffensif de tous ces chevaux, mais non le moins estimable, est le cheval de fiacre, race modeste, d'origine bretonne ou ardennaise. Celui-là n'appelle pas la guerre de ses naseaux fumants. C'est l'emblème de l'humble travailleur que stimule incessamment l'aiguillon de la misère, qui est forcé de se reposer là où il se trouve, qu'aucun abri protecteur ne défend contre la rigueur des saisons, et dont la tête appesantie par la fatigue s'incline tristement vers la terre. A peine si le bourreau qui le fustige lui donne le temps de s'arrêter pour prendre son repas. Hélas! ce bourreau lui-même est torturé par l'aiguillon d'un maître plus barbare et plus impitoyable encore, la concurrence, l'Euménide civilisée qui détruit toute pitié au cœur du fabricant et réveille à coups de fouet, dans les manufactures anglaises, l'enfant qui s'endort sur sa tâche.

Le cheval de cabriolet, celui de coucou, racontent les diverses phases de l'existence chevaline, les chutes imprévues, les splendeurs éclipsées.

J'ignore d'où provient ce dicton mensonger que Paris est l'enfer des chevaux et le paradis des femmes. Si jamais deux destinées furent semblables, c'est à coup sûr celle de la jolie femme et celle du joli cheval de Paris, considérés tous deux comme objets de luxe. Le Boulevard et le Bois, voilà leur paradis à tous deux, tant que dure leur beauté, leur santé, leur jeunesse. Le coucou, la prostitution, le mépris public, voilà leur enfer... et les deux jolies créatures que le ciel avait douées de tant de moyens de plaire arrivent au terme fatal, Montfaucon et l'Hospice, par le même chemin. Quelle souveraine déchue, j'appelle souveraine de la mode et des plaisirs, n'a pas à repousser quelquefois l'obsession d'un souvenir d'humiliation et d'opprobre, un chapitre de l'histoire du cheval de coucou!

Ce foyer des plaisirs, ce gouffre des fortunes qui s'appelle Paris, consomme annuellement près de quinze mille chevaux. C'est à peu près aussi le chiffre des jeunes vierges que les familles pauvres de Paris livrent chaque année en tribut au minotaure de la prostitution.

Oh! oui, le cheval de France est bien bas et la gentilhommerie aussi. La postérité d'Alfane et de Bayard traîne le tombereau pendant que le pair de France assassine sa femme ou trafique de concessions de mines, et que le fils des preux vend le blason de ses pères pour servir d'enseigne aux boutiques de Juda. Où sont passés, demandais-je naguère, ces robustes enfants de la Gaule qui traversaient autrefois d'une seule traite les Alpes, l'Apennin, l'Adriatique et l'Archipel, qui se ruaient à la mort avec la même furie qu'au plaisir et à la chasse ? Que sont devenus, pourrais-je demander pour la même cause, ces fiers chevaux gaulois si terribles dans les combats, au dire de Guichardin et des autres, ces bêtes si ardentes à l'attaque, si habiles dans la défense, qui payaient de leur personne dans toutes les mêlées, se mordant au poitrail de monture à monture et ruant des quatre fers pour élargir le cercle autour de leurs cavaliers. Hélas ! il y a longtemps que le cheval de bataille ne procède plus ainsi, et que le niveau de la discipline a tué chez l'individu tout essor de courage, de dévouement, d'ambition. Le cheval français a possédé un jour tout ce qu'il fallait pour plaire, tout ce que les Teutons exigeaient d'un cheval accompli : la grâce, la chevelure et la fierté de la femme ; la vue perçante, le sang-froid et l'appétit du loup ; l'oreille droite, la queue épaisse et la souplesse du renard... S'il a péri, lui et ceux qui le montaient, pour n'avoir pas su faire de tant de dons précieux un saint et digne usage, que sa ruine soit du moins un enseignement pour l'avenir à tous ceux de sa race. *Discite justitiam moniti*... Chevaux et gentilshommes, avertis par la voix vengeresse des révolutions, apprenez que les *devoirs* des individus sont en raison directe de leurs *facultés*, que plus *on peut* pour le bonheur de ses frères en Dieu, plus *on doit;* que l'oisiveté et le parasitisme sont de véritables délits de vol chez tous autres que l'idiot et le paralytique...

et tâchez de conformer désormais vos actes à ces principes.

Car le culte de la grâce et de la forme n'est pas anéanti pour jamais, parce que l'épicier règne et gouverne en France. Que le cheval se rassure, l'épicier ne règnera pas toujours; l'épicier passera comme ont passé le safran et la muscade... et avec l'Harmonie reviendront les concours de beauté, de vigueur et d'adresse, et les cavalcades armoriées aux écussons des séries, et les tournois sans fin, les parades luxueuses, les fêtes éternelles, et l'existence du cheval ne sera plus que joie, enchantement, ivresse. Donc que toute noble monture ayant quelque intelligence dans le cerveau et quelque beauté dans la forme tourne avec moi ses regards vers les félicités de l'avenir, afin de se consoler des misères du présent!

J'avais posé, il y a quelques années, deux problèmes à l'Institut sur le cheval :

Pourquoi le cheval, qui adore la propreté, trouble-t-il l'eau avant de boire?

Pourquoi ses oreilles, droites en domesticité, se rabaissent-elles dans l'état de liberté, tout au rebours de ce qui a lieu pour le chien?

L'Institut n'a pas encore eu le temps de me répondre, et même tout porte à croire qu'il ne me répondra pas. Ce qui est cause que je vais me charger de la tâche.

La réponse à la première demande est si facile que je ne sais pas pourquoi j'ai posé la question. Et d'abord le cheval ne trouble pas l'eau, il l'agite.

Le cheval est originaire des pays de sable brûlés par le soleil, et il adore la toilette. Double raison pour aimer les bains froids. Mais comme dans ces pays l'onde rare et perfide est le réceptacle habituel des crocodiles, des sangsues, des anguilles électriques, le cheval bat l'eau avant que d'y entrer, afin d'éloigner ces vermines, et il sonde le fond avec son sabot pour voir s'il est propice à la friction qu'il médite. On sait que tout cheval qui tâte l'eau est près de s'y rouler.

Quant à la seconde question, la réponse exige une étude approfondie de la physiologie de l'oreille.

L'oreille est un organe destiné à renseigner l'animal par la perception du son ou des bruits de l'espace.

Par conséquent, la direction de l'oreille d'une bête doit vous dire à première vue les mœurs et le caractère de cette bête.

L'oreille du lièvre qui est dirigée vers l'arrière vous dit que le pauvre animal est destiné à être poursuivi. Cette direction du conduit auditif signifie, en effet, que l'organe a surtout pour objet de renseigner le fuyard sur le nombre et la rapidité des ennemis qui le poursuivent.

Mais si l'oreille du poursuivi se dirige vers l'arrière, il n'en peut être ainsi de l'oreille du *poursuivant*, du renard, ou du loup, ou du chien qui le chasse.

L'oreille de ces forceurs, en effet, se dirige en sens opposé. Les chiens de chasse primitifs, le Lévrier et le Chien de berger qui ne chassent qu'à forcer, auront donc l'oreille droite et le conduit auditif dirigé vers l'avant.

La Fouine, le Chat, le Renard lui-même, qui ont besoin de savoir ce qui se passe dans les branchages au-dessus de leur tête, auront l'oreille large, évasée, mobile et faite pour percevoir les petits bruits d'en haut.

Le cheval à l'état sauvage se promène et ne poursuit pas; il n'a pas charge d'homme et broute la tête basse. Le conduit auditif, en ce temps-là, est dirigé vers le sol qui est le meilleur de tous les conducteurs du son et qui lui transmet le bruit de la marche et des voix de l'ennemi.

Mais une fois que le cheval a accepté la fonction de compagnon des travaux et des périls de l'homme, d'autres devoirs lui incombent à ce titre, et il change de tenue en même temps que de régime. Du moment qu'il est obligé de se porter *en avant* et de guider son cavalier dans la nuit obscure, il redresse son oreille à l'instar du *forceur* (lévrier), pour être en état de percevoir tous les bruits de l'avant.

Et pour une raison identique, mais contraire, le chien d'*arrêt*, obligé de renoncer à son métier de forceur, renonce à porter l'oreille droite et se coiffe en momie.

Mais à ce compte, me direz-vous, tous les chiens courants d'ordre devraient porter l'oreille droite comme le lévrier et le cheval arabe...

— Sans doute, et vous avez mille et mille fois raison.

L'ANE.

A un degré plus bas dans les variétés de l'espèce se rencontre l'âne, emblème du paysan, contempteur souverain de la parure et du beau langage, et qui, pour la nourriture et pour le domicile, se contente de tout. L'âne symbolise plus spécialement en France le porteur d'eau, qui est son compagnon de peine. Le natif des monts d'Auvergne ne brille pas précisément non plus par l'atticisme du langage, l'élégance des manières et le purisme de la gastrosophie. Il y a parenté entre l'Ane et l'Auvergnat, comme entre le Gentilhomme et le Cheval arabe.

Ce n'est pas d'aujourd'hui que l'âne et l'analogie se connaissent. Il y a quelques milliers d'années que l'Histoire et la Fable les ont mis en rapport.

L'Histoire sainte, entre autres, s'est fort évertuée sur le compte de la pauvre bête qui fut la monture du Sauveur. De ce que l'âne porte sur le dos une croix, emblème de tribulations, on l'a d'abord baptisé chrétien. De ce qu'il paraît aimer les chardons et les épines, on l'a comparé au philosophe qui supporte avec calme toutes les amertumes de l'existence, et au juste qui, pour gagner le ciel, renonce aux pompes et aux œuvres de Satan. De ce qu'on avait remarqué que la prudente bête ne traversait qu'avec répugnance les passages dangereux où elle avait déjà trébuché, on en a fait un sage qui craint de retomber dans le piége où il a été pris et fuit la récidive. Enfin, parce que l'âne a peu de confiance aux eaux nouvelles et se fait un peu prier pour boire aux abreuvoirs inconnus, on l'a fait longtemps passer pour un modèle de prudence et de fidélité à l'Église, pour le beau idéal du croyant qui regimbe contre l'hérésie et les idées nouvelles et repousse le droit d'examen.

L'analogie se voit à regret forcée de prendre ici en faute les saintes Écritures. L'esprit d'obscurantisme et de répulsion systématique pour les idées nouvelles est, en effet, la Dominante passionnelle du Baudet, et il aime à en faire parade ; mais l'esprit d'obscurantisme n'a jamais constitué la sagesse, au contraire. L'âne, qui est l'emblème du paysan grossier et du conservateur borne, pèche surtout par la paresse d'intelligence. Ce n'est pas tant l'amour des anciens us et coutumes qui le retient dans l'ornière de la routine que l'horreur du nouveau. Ne confondons pas la paresse d'esprit, la myopie d'intellect avec la fidélité à la religion des aïeux. Les deux choses ne se ressemblent nullement. J'admire volontiers l'âne et le paysan, son image, en ce que tous deux ont d'admirable, en leur sobriété, leur constance au travail, leur résignation dans l'indigence ; mais je veux pas leur faire des vertus de leurs vices. Comme je sais que c'est par défaut d'élévation dans les idées que l'âne et le paysan supportent si patiemment le joug de la tyrannie, je ne leur ferai pas un mérite de leur patience; quand leur patois odieux m'écorche le tympan, je ne me répandrai point en éloges sur l'énergie de leurs mâles accents. Erasme, qui ne sait pas dissimuler ses sympathies pour l'âne, avoue néanmoins que ce quadrupède porte-croix a peu de dispositions pour la musique; mais il essaye de faire valoir, en faveur de son protégé, cette circonstance atténuante : que si l'âne contribue peu à l'harmonie pendant sa vie, il la sert généreusement après sa mort, lui fournissant les meilleures peaux qui existent pour faire les grosses caisses et les meilleurs tibias pour fabriquer les clarinettes (*tibiæ*). Je demande à me récuser comme juge de cette dernière question, à raison de ma répulsion invincible pour la clarinette, ayant habité le voisinage du Pont-Royal pendant plusieurs années.

Les pauvres travailleurs, hélas! n'ont pas de pires ennemis que les honnêtes gens qui ne sont bons qu'après leur mort, comme les pourceaux et les avares, comme le banquier, le blaireau et le conservateur borne, comme une foule d'autres institutions héréditaires que les lois protectrices de la liberté de tout dire m'empêchent de nommer. Mon Dieu, mon Dieu, mais ce sont précisément ces idées d'utilité posthume exclusive qui poussent aux moyens violents et aux exécutions sanguinaires. Puisqu'ils doivent être si utiles et si bienfaisants après leur mort, disent les logiciens de l'échafaud, voyons, procurons-leur le moyen d'être utiles.

Pour qui est un peu fort sur le langage des bêtes, pour qui sait apprécier les nuances de chaque style, il est facile de reconnaître que les trois quarts des proverbes de Sancho Pança lui sont soufflés par le Grison. Je ne connais pas d'identification de bête et d'homme plus complète que celle qui existe entre l'écuyer du seigneur don Qui*k*ôte et sa monture. Même grossièreté de bon sens de part et d'autre, même égoïsme, même sécheresse de cœur, même besoin de se gausser des principes d'équité et des idées généreuses, même mépris du droit, même respect du fait. Je voudrais rédiger en huit jours un traité complet de morale et de politique à l'usage du trembleur, rien qu'avec les aphorismes les plus populaires du baudet. Qu'on inspecte l'arsenal de la politique de la peur, qui prend habituellement pour pseudonyme *sagesse,* on reconnaîtra que la plupart des armes défensives y incluses portent la marque de fabrique de maître Aliboron. Le *chacun chez soi* de M. Dupin aîné n'est pas venu d'ailleurs. Pour tous les hommes pratiques, *Donquichotisme* est le mot propre du dévouement, de la délicatesse et de la fidélité.

Mais ne nous y trompons pas, l'âne, comme l'Auvergnat, est plus rusé et plus ignorant que sot, et l'histoire a recueilli de lui une foule de mots mémorables, notamment celui-ci : *Notre ennemi, c'est notre maître.* Ce qui prouve que la maligne bête s'exprime aussi en très-bon français quand elle veut. La sottise pivotale que je reproche à l'âne est de ne pas conformer son vote à cette opinion, et de donner toujours sa voix à celui qui le malmène le plus brutalement.

Cette contradiction bizarre entre ses bons mots et ses votes démontre que l'âne ne fait d'opposition que par tempérament, et que cette opposition, chez lui, s'en tient volontiers à l'épigramme et à la *rétivité.* Je ne compte pas plus sur l'âne que je n'avais compté sur l'opposition dynastique pour le succès de la révolution dernière. L'âne, qui fait une guerre d'extermination au chardon, emblème de la presse bonne et mauvaise, a trop de points de contact avec les petits hommes d'État qui inventent les législations de septembre, pour que j'aie foi en ses reliques. Défions-nous, défions-nous des gens qui sont toujours prêts à se rouler par terre et qui attendent que nous soyons endormis pour nous jeter à bas.

L'âne (paysan) n'a pas non plus assez de désirs pour être charitable, et le monde ne peut être sauvé que par la charité. L'émotion de plaisir que cet animal éprouve à la vue de l'abîme béant ressemble aussi par trop à la curiosité cruelle qui fait affluer la population des campagnes autour de l'échafaud, un jour d'exécution.

L'ânesse, dont le lait réparateur ranime la vigueur des poitrines délabrées par l'abus des plaisirs des villes, symbolise la femme forte et laborieuse des champs à qui la petite-maîtresse de la capitale est forcée de remettre le soin d'allaiter sa progéniture, incapable qu'elle est elle-même de cette fonction sainte. Or, on sait que le lait transmet au nourrisson le caractère moral et physique de la mère; d'où s'explique trop facilement, hélas! le nombre toujours croissant de types asiniques parmi les enrichis.

L'Anesse Laitière est affranchie du travail, prend du bon temps et se prélasse en voiture dans les rues de Paris... Comme la vigoureuse nourrice campagnarde que les riches familles admettent aussi à partager leur table, leur luxe et leur mollesse, aussi longtemps qu'elles ont besoin de ses services.

Pauvre peuple des champs, porte-bât méprisé du régime social actuel, tu entretiens de ton travail l'orgueil et l'oisiveté du riche citadin, du bourgeois et du juif; tes fils montent la garde à la porte des plaisirs de tes maîtres; tes filles sont obligées de refuser le lait de leurs mamelles aux fruits de leurs entrailles pour le vendre aux enfants des femmes étrangères; et ce sont elles seules qui soutiennent, elles seules qui empêchent de s'éteindre cette race d'énervés...

Et, tous les jours néanmoins, j'entends dire par les

fainéants des cités que c'est le fainéant qui te fait vivre ; et ce mensonge impudent ne te révolte pas !

Porte-bât du régime actuel, paysan aux longues oreilles, qui votes pour Montal....... et les cuistres, je ne sais qui l'emporte en mon esprit, de ma pitié pour tes souffrances, de mon mépris pour ta stupidité.

LE MULET.

Nous avons mesuré la distance qui sépare le Cheval de l'Ane, le Gentilhomme du Manant; reste à parler de la race intermédiaire, du métis provenant de l'alliance des deux espèces, du Bourgeois enrichi, du Mulet.

Le mulet est le triste emblème de la féodalité d'argent.

Le mulet, ou plutôt la mule, adore, comme le cheval, les grelots, les panaches, les caparaçons brodés et les galas pompeux. Ainsi le bourgeois vaniteux recherche les décorations et les titres, et son *épouse* aspire à figurer dans le quadrille des princes, auprès des grandes dames.

La mule aime à s'atteler au char des *papes* et des *reines*, royautés pacifiques. Le bourgeois n'est pas moins plat en ses adulations intéressées que le véritable gentilhomme, l'homme de cour.

La mule marche d'*un pas relevé en faisant sonner ses sonnettes*. Ainsi le bourgeois *huppé* de la petite ville, le *gros bonnet* de la Bourse, aime à parler de ses richesses et à faire sonner ses écus.

Malheureusement pour le mulet, je cherche et ne trouve pas chez lui cette ardeur des combats, ce courage bouillant qui poétisent, s'ils ne la légitiment pas, la tyrannie de la caste aristocratique. Vainement le bourgeois enrichi essaye-t-il de se donner un air imposant en se couvrant le chef du redoutable bonnet à poil de la milice citoyenne ; il vise au majestueux et n'atteint qu'au risible. La coiffure martiale, au lieu de concourir à dissimuler le bout de l'oreille d'âne, l'oreille paternelle, semble réussir au contraire à lui donner des proportions gigantesques.

Une des passions malheureuses du négociant, du calicot, de l'officier de garde nationale, est la passion du cheval ; car il y a antipathie insurmontable entre les deux espèces. Aussi est-il très-rare que les mariages forcés que l'on voit de temps à autre se conclure entre elles n'aboutissent pas très-vite à une séparation de corps.

L'étalon généreux, à l'instar du vrai gentilhomme, est toujours prêt à voler au secours de la république menacée, — le mulet (lisez *le bourgeois*) aime autant se faire remplacer dans cette fonction peu attrayante.—Le mulet (lisez *le bourgeois*) veut bien abuser de tous les *priviléges* de la propriété foncière, chasse, pêche, cueillette, droit d'insouciance ; mais il désirerait en même temps en éluder les *charges*. Il aime mieux payer pour faire défendre le sol et pour faire veiller au maintien de l'ordre que de se charger lui-même de la besogne. Du reste, ce brave et digne accapareur, qui a volé deux ou trois millions à la société dans le commerce des farines, ne demande à cette société qu'une chose : qu'elle lui assure la jouissance paisible de *ses droits, fruits de son* TRAVAIL. C'est un ami de l'ordre et de la paix à tout prix, un abonné fidèle du journal de Juda, exact en ses payements.

Le mulet tient beaucoup plus de son père l'âne, quant aux facultés intellectuelles, que de sa mère la jument. Quoique moins aventureux et plus réfléchi que le cheval, il est beaucoup plus têtu et plus opiniâtre que ce dernier dans ses rébellions contre le droit, et il y a peu à espérer qu'il fasse un auto-da-fé de ses titres de rente, comme le cheval en a fait un de ses titres de noblesse dans la nuit du 4 août. En fait de littérature et de spectacles, il affectionne par-dessus tout, comme l'âne et le paysan, le mélodrame et la guillotine. La postérité ne lui pardonnera pas d'avoir voté la mort des affamés de Buzançais, et d'avoir redressé l'échafaud politique après les journées de juin 1848.

Le mulet, emblème de la féodalité mercantile, emblème du bourgeois têtu, vaniteux et poltron, n'a pas été destiné par Dieu à faire souche. Que le saint nom de Dieu soit béni!

La mule n'est pas stérile dans l'acception absolue du mot, puisqu'il est connu depuis des milliers d'années qu'elle peut produire par accouplement avec le mulet, avec le cheval et avec l'âne. C'est la race elle-même qui est frappée d'infécondité, puisqu'elle ne peut se perpétuer indéfiniment par ses femelles, et que sa fécondité s'arrête à la troisième ou à la quatrième génération. Les savants qui se sont occupés de cette question intéressante des mulets ou des métis ne me paraissent pas l'avoir comprise jusqu'ici, faute d'avoir limité la puissance de l'homme. L'homme peut modifier et améliorer les espèces créées, mais non en créer de nouvelles. Les mulets, qui sont un produit de l'art ou de la création humaine, doivent apporter en naissant pour principaux caractères naturels la neutralité du sexe et l'aptitude à tous les services. Ainsi les métis de faisan et de poule commune s'engraissent avec autant de facilité que les chapons, et remplissent avec plus de complaisance encore que ceux-ci l'office de *couveuses*, oubliant complétement leur sexe. La chair du mulet est de beaucoup préférable aussi à celle du cheval, et pourrait devenir succulente si l'on y tenait beaucoup; et jamais le mulet n'aurait songé à son sexe si les savants n'avaient éprouvé le besoin de s'en préoccuper pour lui. Le mulet, qui n'est pas un sot, sait parfaitement que sa race bâtarde est frappée d'infécondité, et il n'essaye pas de se révolter contre la condamnation du sort. Or, quand il renonce si philosophiquement et si spontanément à l'amour et à ses peines, c'est mal à nous de lui monter la tête avec des chimères et de l'abuser par l'espérance d'une postérité fabuleuse.

RUMINANTS DOMESTIQUES.

C'est la famille des mammifères la plus importante, la plus riche en espèces, la plus utile à l'homme par les nombreuses qualités de son esprit et de sa chair. Il faut croire que les astres, dont le concours l'a créée, n'ont guère été troublés dans leurs opérations, car la série est presque complète, et nous retrouvons ses groupes sous toutes les latitudes : la vache et la biche partout; l'antilope, la girafe, le zébu sous la zone torride ; le renne jusque dans les régions glacées où la terre ne vit plus. La Providence maternelle, qui veille sur la destinée des globes, a su distribuer les pièces de son plus précieux mobilier, de manière à ce que chaque contrée, même la plus déshéritée, en eût sa part. C'est elle qui a donné au chameau, avec la sobriété et le don de deviner les sources, le large sabot qui le fait glisser comme un navire sur la houle embrasée du désert. C'est elle qui a donné la légèreté de l'oiseau au chamois, au bouquetin, à l'isard, pour voltiger sur la crête des pics, au séjour des neiges éternelles.

Nulle famille n'a fourni à l'homme autant de serviteurs dociles que celle des Ruminants, témoin le troupeau de bœufs, de moutons et de chèvres, le troupeau, premier élément du bien-être de l'homme et la plus intéressante de toutes ses conquêtes animales. Les Ruminants ont fait pour l'homme dans l'ordre des quadrupèdes ce qu'ont fait les gallinacés dans l'ordre des oiseaux; ils ont donné à toutes les bêtes l'exemple de la soumission à leur roi légitime. L'homme ne sait pas encore tout ce qu'il doit de gratitude à ces deux races modèles, dont les unes, celles à lui ralliées, comme le Bœuf, le Mouton et le Dinde, le servent, le nourrissent et l'habillent; dont les autres, les rebelles, le Chevreuil, le Faisan, la Caille, entrent pour une si large part dans ses festins et dans ses plaisirs comme gibier. Avant cinquante années du régime d'harmonie, tous les Ruminants seront à nous, le Karibou du Nord comme l'Élan du Cap, et le Bison des prairies herbeuses de l'Amérique occidentale comme le Buffle soi-disant indomptable des forêts de l'Abyssinie et des îles de la Sonde. La Vache domestique a déjà fait de louables tentatives vers les parages de Terre-Neuve, pour rallier le Karibou.

Dieu a écrit lui-même la bonté, la placidité, l'innocence dans l'œil des Ruminants; car Dieu a voulu que toutes les bêtes portassent leur caractère écrit dans leur regard, comme les fleurs leur nom brodé sur le champ de leur corolle. C'est pour cela que le vieux procureur a du renard dans les traits et que la figure de l'usurier juif vous fait songer malgré vous au vautour.

Le peuple grec, qui comprit si admirablement les lois de l'analogie universelle, a chanté dans ses poëmes l'œil bleu du Ruminant. La reine de l'Olympe païen, la fière Junon, se trouvait excessivement flattée de s'entendre appeler la déesse aux yeux de bœuf (*boopis*) par ceux qui lui faisaient la cour. Les Persans, les Arabes, une foule de poëtes jaunes et noirs de la ligne équinoxiale, ont épuisé les formules d'adoration les plus hyperboliques pour célébrer le regard velouté de la gazelle. Je ne vois pas de mal à cela, certainement; toutefois, si le sort m'avait fait naître Persan, j'avoue que je me ferais scrupule d'attribuer le regard de la femme aimée à la gazelle, quand il est évident que c'est la gazelle qui a emprunté son regard à la femme aimée. Il y a toujours du bénéfice à dire les choses comme elles sont.

Et comme toutes ces espèces innocentes étaient destinées à servir de pâture aux espèces malfaisantes, l'homme en tête; comme toutes symbolisent le travailleur, le juste, opprimé, persécuté par la coalition des parasites, par celle des loups cerviers notamment, Dieu a marqué leur face du cachet de victime. Aux races les plus persécutées, daim, cerf, chevreuil, etc., à ces doux yeux si grands ouverts, si remplis d'innocence, il a donné la faculté des larmes... un don qu'il a refusé obstinément au chien, et sagement a-t-il fait; car le chien eût abusé de ce don pour se rendre maître de l'homme.

Ce fut un grand événement dans la société primitive que la conquête du Taureau, et dont on parla bien longtemps. Le Chien fut pour beaucoup dans cette victoire importante de l'homme sur la brute; l'histoire ne l'a pas dit assez; l'ingratitude est le vice dominant de l'homme des sociétés limbiques. Du jour où le taureau docile accepta le servage, la société transita de Sauvagerie en Patriarcat: pas immense! Ce fut la première rédemption de l'humanité après sa chute, et la reconnaissance du monde rédimé de la faim éleva des autels aux dompteurs du taureau, aux inventeurs de la charrue. L'Égypte bâtit des temples au bœuf Apis, comme au chien Anubis. La Grèce, sage imitatrice de l'Égypte, admit Bacchus et Triptolème au rang des dieux, et fit une place brillante au chien et au taureau parmi les constellations de son ciel.

Avouons pourtant que nous aurions tous un peu plus profité dans nos classes, si nos professeurs, au lieu de nous fatiguer de leurs insipides rabâchages sur les batailles d'Alexandre, eussent pris la peine de nous enseigner l'histoire de chaque conquête de l'homme sur la nature, la conquête du blé, de la vigne ou du bœuf, et l'influence d'icelle sur les progrès de l'humanité. Eh! sans doute, mais voilà l'obstacle. Si les savants s'avisaient de rendre les études attrayantes, les enfants, en deux ans, en sauraient un peu plus que leurs maîtres, et ceux-ci perdraient bientôt l'avantage de position que leur a conservé jusqu'ici l'ignorance des masses. C'est toujours, hélas! l'histoire des répulsions de tous les corps constitués pour les grandes découvertes, que le découvreur s'appelle Galilée, Fourier ou Colomb; c'est la vieille guerre de l'obscurantisme contre le progrès, de la papauté contre la philosophie, du prêtre contre l'homme. Nous-mêmes, nous autres Français, qui nous disons le peuple spirituel et progressif par excellence, le peuple ami du nouveau, nous n'avons de sympathie que pour la routine, de sarcasme et d'esprit que contre les inventeurs; nous semblons craindre toujours que le temple ouvert à nos grands hommes par la patrie reconnaissante ne soit pas assez grand pour contenir toutes nos gloires.

Le ruminant adore la mélodie... la mélodie et le sel, l'une qui parfume l'âme, l'autre qui purifie le corps.

Et cette passion de la mélodie est encore un des signes où se reconnaissent les douces et nobles natures, les créatures victimes. Le lézard, emblème de l'innocence, raffole de la flûte. Le bœuf oublie à écouter la plaintive vilanelle et la dureté du sol et la profondeur du sillon. La folle par amour se guérit par des airs tendres. Et quelle douleur, en effet, ne se détendrait pas; quel orage du cœur ne fondrait pas en pluie de larmes sous l'impression suave et mélancolique qui vibre dans les accents de certaines voix de femme, qui s'échappe par bouffées balsamiques de l'*Invitation à la Valse* ou de la *Dernière Pensée* de Weber? Je me suis fait bien des ennemies déjà parmi le beau sexe de l'Asie Mineure, pour avoir dit un jour : On *aime* les femmes *grasses*, on n'*adore* que les *minces*. Eh bien ! je ne crains pas d'attirer sur ma tête une nouvelle disgrâce en disant : Pas d'organe harmonieux et velouté, pas de femme; pas de romance, pas d'amour... d'amour complet, s'entend, amour de collégien ou de prêtre. L'histoire dira comme moi, que parmi les femmes célèbres de ce temps-ci les deux qui réalisèrent le mieux l'idéal de leur sexe pour une foule d'esprits distingués, Marie Malibran et une autre, une Marie aussi, étaient de grandes artistes, chez lesquelles la puissance de séduction résidait dans une multitude de charmes, mais surtout dans la voix.

Le monde a connu de bonne heure la passion musicale des bêtes.

> De là sont nés ces bruits reçus dans l'univers,
> Qu'aux accents dont Orphée emplit les monts de Thrace,
> Les tigres amollis dépouillaient leur audace.

Les premiers législateurs des peuples, les poëtes, ayant saisi avant les autres les rapports mystérieux qui unissaient la bête à l'homme par la chaîne d'harmonie, consignèrent le fait dans leurs chants. En Perse, l'élégie amoureuse est intitulée *Gazelle*. Les Français, les Latins, les Grecs ont appelé *Bucoliques* les poésies pastorales. Aristote, ainsi qu'on le verra plus loin, connaît la sympathie du cerf pour la musique sentimentale.

La fable rapporte que dès les temps les plus anciens l'homme se servit des notes de la gamme pour rallier ses troupeaux. Dans les grands pâturages de la Suisse, chaque troupeau de vaches est conduit par une commandante qui ne porte d'autre insigne du généralat qu'une clochette au cou. Mais cette clochette a un son particulier et distinct des autres clochettes du voisinage; et tous les autres membres de la réunion sont d'une force si remarquable sur l'intonation, qu'il n'y a pas d'exemple qu'une vache suisse se soit jamais trompée de compagnie en prenant un *ut* pour un *sol*. Si les bergers de la Mœsta espagnole, qui conduisent tous les ans des Pyrénées à l'Estramadure des millions de mérinos, avaient la sagesse d'adopter la méthode helvétique, il leur suffirait à chacun du concours d'un seul chien, muni d'une clochette en *fa dièze*, ou en *mi* ou en *ré*, pour mener sans encombre un troupeau de dix mille têtes. Je suis en position de garantir aux bergers de la Mœsta les bonnes dispositions du Chien. Je connais le Chien, il fera toujours pour l'homme plus que celui-ci ne lui demandera.

Cela est si vrai, que le Terre-Neuve qui a eu la chance de retirer de l'onde un noyé devient parfois insupportable par exagération de dévouement. On en cite qui ne peuvent voir un homme se baigner sans éprouver le besoin irrésistible de le sauver et de le rapporter à bord, à la force des crochets.

J'affirme encore que s'il existait dans la nature un son absolu qui s'appelât le *sol* et qui fût l'analogue du rayon jaune dans la gamme de couleurs, ce serait la note que les Ruminants affectionneraient le plus, parce que la note *sol*, ainsi que le rayon jaune, est celle qui correspond à la passion de familisme, la plus puissante des passions affectives chez les Ruminants.

La dominante de Maternisme est, en effet, caractéristique de l'espèce, et ce qui est vrai de la vache ou de la chèvre l'est également de la biche ou de la chevrette.

Une autre passion non moins noble du ruminant est sa passion pour le sel. Admirons encore ici la manière dont le civilisé s'est conduit avec les ruminants et avec lui-même dans cette question du sel.

Quand une chose est indispensable ou simplement utile à l'homme, Dieu a grand soin de multiplier cette chose et de faire en sorte qu'elle se trouve en tous lieux à la portée de sa créature.

Ainsi a-t-il fait pour le sucre et pour le sel, deux substances qui sont éminemment nécessaires à la nourriture de l'homme, et qui sont destinées à servir d'assaisonnement à tous ses aliments. Il a placé le sucre au fond de tous les fruits, de tous les grains, de toutes les tiges; il a voulu que les roseaux de la zone torride le versassent à longs flots et presque sans travail, afin que l'homme n'eût qu'à se baisser pour en prendre et pour s'en composer des breuvages reconfortants et des mets délicieux. Il a voulu que cette denrée précieuse fût pour les peuples des zones brûlantes ce que le vin avait été pour ceux des zones tempérées, un moyen de ralliement et d'échange avec les autres pays du globe. Aussi le sucre serait-il aujourd'hui la denrée alimentaire la plus commune et la moins chère, si le civilisé n'avait trouvé moyen d'en entraver la production par tous les procédés imaginables, et de manière à la rendre inaccessible à la bourse du pauvre. Si j'étais gouvernement français, le demi-kilogramme de sucre coûterait moins que le demi-kilogramme de pain avant deux ans d'ici, et l'impôt du sucre rapporterait trois fois ce qu'il rapporte.

Un des bonheurs suprêmes du civilisé est de détruire

l'œuvre du Créateur, afin d'avoir occasion de se donner des peines infinies pour réparer ses sottises et refaire l'œuvre de Dieu. Le voilà très-occupé en ce moment à reboiser les montagnes qu'il a dénudées par besoin de destruction. Ces penchants de destruction semblent innés dans la race; le petit civilisé, au sortir de la mamelle, essaye déjà de briser de ses faibles mains les tiges des fleurs et les vases qui sont à sa portée.

Le sel étant pour l'homme un produit de nécessité indispensable, absolue, Dieu l'avait donc répandu sur la surface du globe avec prodigalité. Il en avait saturé certaines sources, pour que l'homme n'eût d'autre peine à prendre que d'en faire évaporer les eaux et d'en recueillir le résidu. Il l'avait fait jaillir en couches immenses des vagues de la mer, pour que le pêcheur eût toujours sous la main le moyen de conserver le produit de ses pêches et de l'expédier au loin. Au sein des continents, il avait fait effleurir le sel à la surface du sol, et il en avait renfermé dans les entrailles de la terre des masses inépuisables.

Comme la richesse de l'homme devait consister principalement dans le nombre et dans la beauté de ses troupeaux, qui fécondent la terre par leur travail et donnent à cette terre en engrais ce qu'ils lui enlèvent en récoltes, Dieu avait doué la plupart des animaux qui devaient les premiers se rallier à l'homme d'un vif appétit pour le sel. Le sel est pour les ruminants la première condition de la santé, de la vigueur et de la succulence. Avec le sel, il n'est point d'épizooties à redouter, pour ainsi dire; avec le sel, il n'y a pas de mauvais fourrages pour le mouton ni pour le bœuf. Les herbes sèches des prairies voisines de la mer et saturées de sel sont préférées par le bétail aux herbages les plus gras et les plus tendres des prairies de l'intérieur. Le mouton par excellence est le mouton des prés salés.

Le civilisé n'a pas eu de repos qu'il n'eût complétement tari cette source naturelle de richesses, et qu'il n'eût corrigé l'œuvre de Dieu. Le produit que Dieu donnait pour rien, parce que la consommation de ce produit était nécessaire à la santé de l'homme et à celle de ses compagnons de travail, il l'a imposé à des taux tellement fabuleux, que non-seulement le mouton et le bœuf ont été forcés d'y renoncer, mais que l'homme lui-même a dû réduire sa consommation de sel à des proportions totalement insuffisantes. Le peuple français, jusqu'en ces dernières années, a payé 50 et 60 centimes le kilogramme de sel, qui ne vaut pas un centime sur les lieux d'extraction.

Il y a folie et folie, mais je ne connais pas de pire folie gouvernementale et fiscale que celle-ci, qui s'arroge le droit de priver l'homme d'un aliment que le bon Dieu lui donne pour rien, et dont il a absolument besoin pour vivre. Je conçois la haine du peuple pour les gabelous et les gabelles ; je conçois qu'on fasse des révolutions, rien que pour se délivrer de l'impôt sur le sel. Les professeurs d'histoire astronomique des autres planètes ont toutes les peines du monde à persuader à leurs auditeurs que les habitants de la Terre aient pu tolérer paisiblement une semblable tyrannie.

Mais il me faut mes impôts, dira le gouvernement, et il faut bien que je prenne de l'argent quelque part pour faire aller ma machine, et avoir de quoi solder mes garnisons et engraisser mes banquiers.—Vous avez raison, gouvernement, mais imposez le contribuable proportionnellement à sa fortune, comme le prescrit la Constitution, et non pas proportionnellement à sa consommation de sel, attendu que cette consommation est précisément proportionnelle à la pauvreté du consommateur. Je sais un moyen de supprimer dès demain l'impôt sur le sel sans qu'il en coûte un centime au Trésor, au contraire.

Et ce serait merveille de voir comme les choses changeraient de face quasi subitement s'il était employé; car, notez bien ceci : le sel, c'est la richesse.

Le sel, c'est la richesse, la pureté; le sel a un caractère tellement sacré, que dans toutes les religions primitives les hommes ne trouvent pas de plus noble offrande à présenter à la divinité.

Jésus-Christ a dit à ses disciples : « Vous êtes le sel de la terre. »

L'hospitalité s'exerce par le sel. L'Arabe se croit obligé de protéger et de défendre l'étranger qu'il a admis à partager le sel avec lui.

Le sel est l'élément par excellence de la salubrité et de la conservation. Le produit que le peuple éloigné de la mer estime le plus est le sel. La denrée qui renchérit le plus vite dans la ville assiégée est le sel.

Le sel est le principe de toute croissance et de toute vigueur. La taille et la vigueur de l'homme sont en proportion du sel qu'il consomme. Le Patagon et le Taïtien, qui sont les plus grands des mortels, font leur cuisine à l'eau de mer.

J'ai ouï dire à des physiologistes consciencieux et éclairés que la génération de 92 n'avait déployé tant d'énergie physique et morale que parce que c'était la génération qui avait le plus consommé de sel. En effet, comme l'impôt de la gabelle, sous les rois Louis XV et Louis XVI, forçait chaque contribuable à payer une redevance fixe au Trésor, qu'il consommât ou ne consommât pas la quantité voulue, le contribuable était forcé de consommer... De là cette vigueur herculéenne et ces merveilleuses campagnes que nos aïeux ont exécutées sans effort, et qui nous paraissent, à nous autres pygmées qui économisons le sel, des travaux de géants.

Cherchez à travers les rangs de cette génération invincible quelles sont les populations qui ont enfanté le plus grand nombre de héros, les guerriers qui ont le moins fondu au soleil de l'Égypte et le moins gelé en Russie, vous trouverez que ces populations sont celles de la Lorraine et de la Franche-Comté, pays de sel.

Quels sont les marins qui se conservent le plus longtemps sur mer? Les Bretons des marais salants.

A quelle contrée appartenaient ces fédérés géants dont la taille superbe excitait si vivement l'admiration des dames parisiennes aux beaux jours de 90? Au Jura, pays de sel.

Quelles sont aujourd'hui encore les contrées les plus éclairées, les plus laborieuses et les moins procédurières de la France? Contrées de sel, Franche-Comté toujours et Lorraine. Le Breton ne sait pas lire, mais du moins il plaide peu.

Dans quelle industrie s'est introduit d'abord le principe vivifiant de l'association? Dans la fabrication des fromages, une industrie salée...

Je me suis contenté d'arracher quelques preuves à l'histoire de nos conquêtes pour démontrer la sottise et l'immoralité de l'impôt sur le sel. Je ne veux pas attaquer à ce sujet la corde révolutionnaire, et mettre en regard les conséquences de l'odieux impôt sur l'existence du riche et sur celle du pauvre, parce que ce sont là des comparaisons qui appellent des conclusions terribles. Mais je veux foudroyer l'impôt par des considérations d'un autre ordre, par les inductions de l'analogie, science des sciences, c'est-à-dire par des arguments sans réplique.

Le sel, qui cristallise en cube, est l'emblème de la richesse, de la salubrité, de la conservation. Sans le sel, l'homme ne peut conserver ses richesses acquises, le poisson, les viandes; comme sans le sucre, ses fruits.

Le sel répandu sur la terre stérile la fertilise, contrairement au préjugé antique, et y développe une végétation vigoureuse. Le peuple breton, qui vit dans une atmosphère salée, est le peuple le plus chevelu de l'Europe.

Le sel excite l'appétit de l'homme et le maintient en santé. Il lustre le poil du bétail et active son engraissement.

Privez l'homme de sel, condamnez-le à manger de la viande non salée, et aussitôt vous allez voir se développer dans ses intestins, dans toutes les parties de son corps, des myriades de vers, ténias et dragonneaux, emblèmes de parasitisme. Ses cheveux et son corps se couvriront de vermine, emblème de misère et de dégradation; je parierais que les enfants ont leurs raisons pour adorer le sel. Les Abyssiniens, qui mangent beaucoup de viande et qui n'ont pas de sel, sont constamment affectés de dragonneaux et de vers solitaires. Je ne sais plus où j'ai lu que dans certains pays du Nord l'interdiction du sel était le supplice réservé à l'aristocratie. Au bout de quelques mois du régime, le condamné périssait, dévoré par la maladie pédiculaire.

Pénétrez pendant l'hiver dans les étables des pauvres cultivateurs de France, et vous y trouverez tous les animaux dévorés de vermine, par raison de mauvaise nourriture et de privation de sel. La plupart des épizooties, la clavelée, la morve, proviennent de l'appauvrissement du sang, et n'ont pas d'autre cause que la mauvaise qualité de la nourriture, qui se bonifierait immédiatement d'une minime addition de sel. Les mêmes causes produisent les mêmes effets sur les chevaux, le porc, le chien, qui semblent cependant ne pas rechercher aussi avidement le sel que le mouton et le bœuf. On découvrira quelque jour que la rage ne se développe chez les chiens qu'à la suite de l'inflammation de la glande salivaire sublinguale, produite par une trop longue abstinence de nourriture salée.

Les cerfs de l'Amérique du nord, instruits par la nature, font tous les ans, à une certaine époque, des voyages de 400 et 600 kilomètres pour venir paître le sel aux rives des lacs salés. La tradition leur a appris que c'était là le seul moyen de se débarrasser des myriades de tiquets (poux de bois) qui s'attachent en grappes à leurs chairs.

Il y a quelques années que tous les chevreuils de la belle terre de Vaux, appartenant à M. de Praslin *Barbe-Bleue,* périrent de cette peste.

Autrefois, quand il y avait des forêts royales, où l'on tenait beaucoup de fauves, on avait soin d'établir de distance en distance de petits monticules de glaise et de sel pétris ensemble, et que venaient lécher les daims, les cerfs et les chevreuils.

Cette loi de l'efficacité du sel, emblème de la pureté et de la richesse, contre la vermine, emblème de la misère et de la corruption, est si universelle que tous les animaux la comprennent. Tout le monde sait la passion du pigeon pour le sel. Tout le monde sait que le meilleur moyen d'affriander le pigeon fuyard et de le retenir au colombier est d'orner de temps en temps sa demeure d'une queue de morue bien salée, ou mieux encore d'un rôti de renard richement salpêtré. Le pigeon mange les murs comme la brebis et la chèvre, par goût pour le salpêtre qui y effleurit quelquefois. Le pigeon fuyard, que dévorent une foule de misères, est le trop fidèle emblème des amours civilisés.

Donc, ces civilisés avaient à choisir entre le sel et la vermine, entre la pureté et la corruption, entre l'extension de la richesse et celle de la misère, et ils ont opté pour la misère et la corruption. Je flattais le civilisé quand je le comparais à Nabuchodonosor; car son intelligence, dans cette question du sel, ne s'est pas même élevée à la hauteur de celle d'un ruminant, que dis-je? à la hauteur de celle d'un simple volatile.

La science officielle aura bien de la peine à se laver dans l'histoire du rôle odieux qu'elle a joué dans cette question du sel; car c'est un savant des plus illustres, M. Gay-Lussac, pair de France, qui, contrairement à l'avis de tous les ruminants et de tous les cultivateurs de France, a déclaré la question du sel parfaitement étrangère à l'agriculture..... et l'impôt juste de tout point.

Le Taureau, réduit à la condition de bœuf, est le plus précieux de tous les serviteurs de l'homme : il le sert pendant sa vie, le nourrit après sa mort, l'enrichit de toutes les parties de sa dépouille. C'est l'emblème du travail utile et pacifique; la vue du drapeau rouge, signe de guerre et de sang, a la propriété de le mettre en fureur, car la guerre inhumaine porte le deuil et la désolation sous le toit du laboureur, dont il s'est constitué l'appui. Par la même raison, le bœuf s'irrite comme le cerf du bruit éclatant des fanfares, qui plaisent tant à l'oreille du cheval belliqueux.

Le bœuf était la victime d'honneur dans les sacrifices solennels de la Grèce, la victime dont le sang devait apaiser la colère des dieux et purifier le pays de tout germe d'infection. Saint Bernard compare la goutte de sang du Christ, qui suffit à elle seule pour racheter tous les pécheurs, à la goutte de sang de la vache *rouge*, répandue sur l'autel des dieux du paganisme. Toutes les affections du noble et pacifique coadjuteur de l'homme dénotent l'innocence et la pureté de ses mœurs. Son goût passionné pour le sel, emblème de propreté et de richesse, révèle ses attractions pour le travail utile, producteur du bien-être. La puissance de ses efforts et sa reconnaissance pour son maître sont en raison des égards qu'on lui témoigne, du soin qu'on a de lui. On a vu, je l'ai dit, des races entières de ces animaux pousser la déférence envers l'homme jusqu'à abdiquer leur armure de tête qui pouvait inquiéter leur maître. La France, terre sainte de charité où les droits du travailleur n'ont jamais été méconnus en principe, mais simplement en fait, a toujours témoigné une aversion profonde pour les combats de taureaux.

Et mal en a pris au peuple espagnol de sa passion pour ces jeux sanguinaires, institués pour prolonger la barbarie des hommes. C'était déjà ce peuple qui, du plus loin qu'on s'en souvienne, avait dressé le bœuf à la chasse, à une chasse de guet-apens et d'assassinat. La pauvre bête, contrainte d'obéir, s'était prêtée à la perfidie. Elle servait à *masquer* le chasseur qui la poussait devant lui et se glissait jusqu'à portée du gibier sans défiance qu'il s'agissait d'assassiner. L'Espagne a payé assez cher sa passion démoralisatrice pour les courses de taureaux, pour le tabac, l'inquisition, les moines fainéants et les chasses sans gloire. Il serait peu généreux à nous de l'accabler de nos colères.

Je passe sous silence les mérites et les vertus de la vache, notre mère nourricière à tous, cette bonne amie d'enfance dont les roses mamelles, gonflées de leur blanche liqueur, symbolisent si ostensiblement la fécondité de la nature. Je ne dis rien de cet admirable sentiment de tendresse et de prévoyance maternelle qui pousse tous ces animaux, mâles, femelles et neutres, à se réunir par escouades en présence du danger, et qui leur inspire l'idée salutaire de placer les nouveau-nés au centre de leurs groupes circulaires présentant le front à l'ennemi. J'affirme seulement que, s'il y a une bête du bon Dieu sur la terre, c'est le bœuf, et que je ne passe jamais devant un attelage de ces braves animaux sans les remercier et les saluer tacitement du cœur, tandis que je passerais dix fois devant un ministre des finances en costume sans éprouver le moindre besoin de lui tirer mon chapeau. Il m'est arrivé deux ou trois fois dans ma vie de posséder un atôme de pouvoir. Je crois avoir saintement employé ma puissance en infligeant des châtiments à tous les bourreaux de bêtes qui me sont tombés sous la main.

La question de la vache laitière soulève une série de considérations très-graves sur l'hygiène et l'alimentation publique. Nous croirions manquer à nos premiers devoirs de ne pas arrêter un moment le lecteur parisien sur ce chapitre.

On ne se douterait guère, à voir le liquide bleuâtre qui se débite sous le nom de lait dans les rues de Paris, que cette ville nourrit six mille vaches laitières dans l'intérieur de ses murs. Qui consomme le lait de ces six mille vaches? Le limonadier glacier et le riche amateur ennemi du lait baptisé. L'imagination du badaud parisien est tellement pervertie qu'on est parvenu à lui faire prendre pour de la crème le lait presque naturel. Le lait pur s'appelle de la crème à Paris : le badaud parisien vous traiterait d'utopiste, si vous entrepreniez de lui faire entendre que la vraie crème est au lait naturel ce que le lait naturel est à celui de Paris.

C'est une question immense que celle de la vacherie parisienne, je parle sérieusement; une question comme l'Académie de médecine et le Palais-Bourbon n'en agitent pas souvent.

Toutes les vaches de Paris meurent phthisiques. Les six mille vaches ci-dessus se renouvellent toutes en dix-huit mois.

Or, j'ai déjà dit que le lait communiquait à l'être qui s'en abreuve tous les vices du sang, toutes les maladies de l'être qui le fournit. Cette vérité est si parfaitement démontrée qu'on guérit les enfants de certaines maladies en opérant sur les nourrices, qui transmettent le remède à leurs nourrissons par l'intermédiaire du lait de leurs mamelles.

Et la phthisie pulmonaire enlève aujourd'hui plus du cinquième de la population parisienne, et elle sévit surtout sur les jeunes filles, et le fléau marche, élargissant chaque jour le cercle de ses ravages. Je déclare que le lait de Paris n'est pas étranger aux progrès de la mortalité.

La phthisie de la vache s'appelle la pommelière; elle provient, comme celle des pauvres ouvrières de Paris, de la sédentarité perpétuelle, du défaut de mouvement et d'air.

Aussitôt que les symptômes de la maladie se manifestent et que la bête refuse de manger, on l'abat, et on la sert sous forme d'aloyaux et de biftecks au badaud parisien, qui vit et meurt dans cette croyance salutaire que la viande de boucherie n'est mangeable qu'à Paris... De sorte que nous mangeons, que nous buvons, que nous aspirons la phthisie sous toutes les espèces.

Juste châtiment des fraudes commerciales! L'homme des champs, naïf et candide en ses supercheries, s'était contenté de doubler le volume de son lait par une innocente addition d'eau de source, substance inodore et limpide. Est venue la science, qui a perfectionné la méthode pastorale, qui a découvert le procédé de falsification du laitage par la farine et la cervelle de mouton. Le consommateur riche espérait pouvoir se soustraire à l'une et à l'autre fraude, en allant chercher le breuvage nourrissant aux sources mêmes ; il a trouvé ces sources empoisonnées, et il y a puisé des germes de consomption et de mort. Le lait phthisique est le châtiment de la falsification du laitage. Il ne doit disparaître de la société qu'après qu'il sera devenu inutile de falsifier le lait des pâturages. Ce qui n'empêche pas que si j'avais l'avantage d'être préfet de police, pas une goutte de lait falsifié ne se débiterait dans Paris, et que pas une vache n'aurait le droit de s'y établir *intrà muros*.

Peut-être, si l'on cherchait bien, trouverait-on que les empoisonneurs patentés, je veux dire les falsificateurs de denrées alimentaires, tuent plus de monde en dix ans que les guerres les plus meurtrières en un siècle. Les guerres, en effet, ne tuent que l'homme, ce qui n'est que demi-mal ; elles respectent la femme, qui est pour beaucoup dans la reproduction de l'espèce, ainsi qu'il a été prouvé par l'accroissement du chiffre de la population française après les grandes guerres de l'Empire. La phthisie, au contraire, semble choisir de préférence ses victimes parmi les types les plus adorables et les plus suaves de la beauté féminine, *frêles, pâles* et *nerveuses*...

Ils disaient avant 89 que *tous les épiciers iraient au paradis, n'était la terre d'Auvergne,* se fondant sur cette parole de l'Évangile : *bienheureux les pauvres d'esprit.* Comme la liste des cas d'empêchement s'est allongée, hélas ! depuis cette époque d'innocence ! C'est-à-dire qu'aujourd'hui la voie du salut de l'épicier est tellement parsemée de pierres d'achoppement couleur de terre d'Auvergne, que je défie le plus honnête d'y faire un pas sans trébucher. Je frémis de songer qu'on a pu faire un gros livre, rien qu'à enregistrer par ordre alphabétique les crimes de l'épicerie moderne. Convenons franchement que cette noble corporation des marchands n'a pas beaucoup changé depuis son origine punique. C'est toujours la milice sainte de Baal, et tant que dominera son influence en ce monde, il est à croire que l'enfer ne chômera pas de recrues. En vérité, je vous le dis, rien n'est changé depuis la Grèce et malgré le Christ, et c'est toujours Mercure, Mercure le triple Dieu de l'Éloquence, du Commerce et des Voleurs qui conduit les âmes à Satan !

Comme le dégoût du lait falsifié avait forcé de recourir au lait de la vache phthisique, de même l'usage du lait de la vache phthisique a forcé de recourir à celui de l'ânesse. Le lait de l'ânesse parisienne est le remède destiné à neutraliser les ravages du lait de la vache parisienne. C'est une méthode médicale civilisée qui s'appelle *cercle vicieux*.

LE CHAT.

Le chat sauvage est le père du chat domestique, comme le sanglier est le père du porc. Les deux races n'en sont vraiment qu'une. Le type primitif est devenu fort rare en France, où on ne le rencontre plus que dans les vieilles forêts de l'est, en Franche-Comté, en Lorraine, en Alsace, dans les Ardennes et dans la Côte-d'Or, etc. C'est un charmant animal, bien nourri, à la robe soyeuse, tigrée et non mouchetée, à la face carrée et majestueuse. Sa queue, ondée de larges anneaux noirs comme sa robe, est plus forte, mais plus courte que celle du chat domestique. La taille du chat sauvage adulte approche de celle du renard :

j'en ai tué qui pesaient jusqu'à dix kilogrammes. Les bonnes femmes du pays considéraient la graisse de cet animal comme un spécifique excellent contre les rhumatismes; pour mon compte, je ne sais pas de corps gras préférable pour préserver les armes de la rouille.

Le chat sauvage fait très-peu parler de lui, bien qu'il ait déclaré à tous les menus gibiers de la terre et du ciel une guerre acharnée. Il ne se fait pas chasser; à peine sent-il un roquet à ses trousses qu'il grimpe sur un arbre pour voir le chien courir, et de là le plomb du chasseur le fait bientôt descendre. C'est encore une espèce dont la disparition est imminente; il y a même longtemps qu'elle serait détruite si la chatte domestique ne veillait attentivement à sa conservation et n'avait soin de l'entretenir par de fréquents croisements.

Chose remarquable et bizarre que ce soit ici la femelle qui fasse retour à la sauvagerie! car cette rétrogradation de la part de la femelle est contraire à la règle générale du mouvement. On sait, en effet, que dans toutes les races animales ou hominales, le progrès s'opère par les femelles. Ainsi il n'y a pas d'exemple que la chienne ait jamais accepté la mésalliance avec un hôte des bois, le loup ou le renard, tandis que tous les jours, au contraire, on voit la louve écouter avec la facilité la plus extrême les propos amoureux du chien, et même faire des avances à celui-ci dans le voisinage des bois. La femme noire vient au blanc, jamais la blanche au noir; la fille du juif aspire à la main du gentilhomme, jamais la fille du gentilhomme ne s'abaissera jusqu'au juif; toutes les femmes européennes viennent au Français, rarement la femme française prend-elle mari hors de France, parce qu'elle sent vaguement qu'il lui faudrait descendre pour épouser ailleurs.

L'analogie passionnelle, sphinx de toutes les énigmes,

pouvait seule donner la clef de l'apparente contradiction qui précède. Il faut se souvenir d'abord que l'amour est un petit dieu malin qui se fait un jeu d'intervertir toutes les relations sociales et de bouleverser toutes les conventions, toutes les idées reçues. Il faut savoir ensuite que la Chatte est un emblème d'amour...

Triste amour, s'il est même permis d'honorer de ce nom les débordements de la courtisane, prêtresse tarifée de Vénus. La société civilisée ne peut pas plus se passer de la chatte que de la prostitution, affreux vampire qu'elle nourrit du plus pur de son sang et de sa chair, et dont elle n'ose se débarrasser dans la crainte d'un mal pire.

Les fabulistes et les voltairiens ont voulu voir longtemps dans cet animal fainéant, égoïste et fripon, l'emblème édifiant du chanoine, *un saint homme de chat*, ont-ils dit, *bien fourré, gros et gras*. J'en suis fâché pour les fabulistes, mais leur analogie ne soutient pas l'examen. Une bête si proprette, si lustrée, si soyeuse, si caressante, si électrique, si gracieuse, si souple ; une bête dans l'existence de laquelle les soins de la parure tiennent tant de place ; une bête qui fait de la nuit le jour, et qui scandalise les honnêtes gens du bruit de ses orgies amoureuses, n'a jamais pu avoir qu'une seule analogie au monde, et cette analogie-là est du genre féminin.

Tout n'est pas rose dans ces amours honteuses que symbolise la chatte. L'infortunée créature le confesse assez haut par les miaulements de douleur que lui arrachent les brutales caresses de ses amants, et cependant c'est toujours elle qui court au-devant de ses bourreaux. La chatte est la bête noire du moineau franc, emblème des ardentes et fidèles amours. Elle est en relation de sympathie avec l'asperge, emblème parlant de corruption et de vénalité. Le Matou batailleur qui ne se marie pas, et qui partage sa vie entre l'orgie amoureuse et le vol, est la personnification la plus frappante du gentilhomme de lansquenet, du viveur parasite *fonctionnant de nuit*, de l'*escroc de la haute*, non moins habile à *manier le carton* et à faire sauter la coupe que chatouilleux sur le point d'honneur.

La femelle tient toute la place dans cette espèce ; le monde ne connaît guère le mâle qu'à l'état neutre, *fanciullo o soprano*. Le monde n'a jamais connu non plus d'époux aux Ninon de l'Enclos et aux Marion Delorme. La chatte est essentiellement antipathique au mariage ; elle accepte un amant, deux amants, trois amants, des esclaves tant qu'on veut, mais jamais un tyran ; et pour peu que la Civilisation lui refuse le droit de libre essor amoureux, elle va le redemander à l'état sauvage et retourne aux forêts. Voilà pourquoi la sauvagerie développe la taille et la beauté du chat. Le chat n'est que campé chez nous. C'est l'homme qui est l'*auxiliaire* du chat bien plus que le chat n'est le nôtre.

La chatte est la plus gracieuse et la plus souple de toutes les créatures. On dit d'une femme éminemment gracieuse qu'elle a des poses de chatte. La chatte est le seul animal que l'embonpoint ne déforme pas. Sa câlinerie appelle la caresse ; sa fourrure étincelle, et son dos s'arrondit sous la main qui la flatte. Elle a pour sa maîtresse des inflexions de tête et des clignements d'yeux à elle et un langage confidentiel (ron ron) pour son bonheur intime.

Les bayadères de Madras et les almées du Caire, les zambas liméniennes et les sylphides de l'Opéra parisien possèdent aussi au plus haut degré la grâce et la souplesse du corps et le secret des attitudes provocantes. *Le ciel est dans leurs yeux*... N'achevons pas le vers.

La chatte dissimule soigneusement ses armes sous leur étui de velours ; elle débute en ses querelles par le soufflet et l'injure. La *Gazette des Tribunaux* affirme que c'est parfois aussi le procédé de ces dames.

La chatte s'attache à la demeure, non aux personnes qui l'habitent, preuve d'ingratitude et de sécheresse de cœur. Ce n'est pas ainsi que se conduit le chien, qui ne s'attache qu'aux personnes, et à qui la misère est indifférente, pourvu qu'il la partage avec les objets de ses affections.

Paresseuse et frileuse, et passant tous ses jours à méditer et à dormir, sous prétexte de souris....; incapable du moindre effort pour un travail répugnant, mais infatigable au plaisir, au jeu et à la volupté, amante de la nuit. De qui écrivons-nous l'histoire, de la chatte ou de l'autre?

L'amour est une passion de luxe, exigeant pour son libre essor insouciance et richesse. Le petit dieu malin, qui professe pour les culottes un si souverain mépris, craint naturellement la froidure, et volontiers il élit domicile sous les riches lambris calfeutrés, où, grâce à la pérennité artificielle des zéphyrs, la gaze transparente et l'écharpe brodée d'or suffisent à voiler la pudeur.

La chatte adore aussi les étoffes soyeuses, les tapis chauds et sourds qui protégent les pattes roses contre l'humidité redoutée, et les crépines dorées qui pendent des rideaux comme pour solliciter la jouerie enfantine, et les divans moelleux où elle et ses petits endormis font si bien. Où la chatte fait bien encore, c'est dans la corbeille élégante qui décore le marbre blanc des comptoirs de limonadiers, près de la jeune fille qui pose pour attirer les chalands.

Qui prend tant de soins de sa toilette doit chérir les parfums; la chatte raffole d'essences; la valériane la met hors d'elle. La chatte avait découvert plus de mille ans avant les chimistes modernes la propriété désinfectante de la braise et du charbon.

La musique mélancolique ne produit pas moins d'effet sur ces organisations nerveuses, passionnées, électriques. J'ai vu des chattes mélomanes se tordre de plaisir, s'évanouir de bonheur, au son d'une symphonie trop tendre. La chatte est également sensible au charme de la voix humaine ; j'entends de la voix féminine.

Pour toutes ces gentillesses et ces goûts raffinés, la chatte a eu de tout temps les gens d'esprit pour elle. C'est un des peuples les plus forts de l'antiquité qui lui a bâti des temples et qui l'a empaillée. Fourier a aimé la chatte jusqu'à détester le chien ; Hoffmann a donné un des premiers rôles au chat Murr dans ses drames fantastiques. Rarement l'esprit, le goût et le génie, hélas ! sont-ils pour la vertu : c'est triste pour la vertu. Mais aussi c'est de sa faute. Pourquoi s'habille-t-elle si peu ? Pourquoi se place-t-elle sous l'égide des vieux ?

La courtisane aussi a été de tout temps l'idole des gens d'esprit et des peuples lettrés ; elle a régné en Ionie, en Italie, en Grèce. Le mausolée de Pythionice compta un jour parmi les merveilles d'Athènes ; Flora eut ses autels à Rome ; l'amour libre a son culte en Chine, la plus vieille terre de la civilisation. La courtisane a été chantée par les plus brillants génies de l'antiquité et du monde moderne : Anacréon, Sapho, Térence, Aristophane, Tibulle, Horace, La Fontaine. La Grèce, qui avait refusé de fléchir le genou devant la toute-puissance du grand roi, la même Grèce, un peu plus tard, se prosterna tout entière aux pieds de la courtisane Laïs. La France a voué les noms d'Agnès Sorel et de Ninon de l'Enclos à l'admiration des âges, comme Athènes celui d'Aspasie.

Certes, l'espèce féline a été richement douée par le créateur et puissamment titrée en favoritisme. Manon Lescaut appartient à cette race, et aussi Cléopâtre, l'ardente

Égyptienne aux cheveux d'or, l'enchanteresse irrésistible qui n'eut pas de rivale dans l'art d'enivrer les mortels, la Cléopâtre fatale à qui disait l'esclave : *une heure de bonheur et la mort*, et qui acceptait le marché, et qui trouvait sa suprême jouissance dans le spectacle de l'agonie de ses amants, jouant avec ses victimes comme la chatte avec la souris.

Or, parce que je reconnais la puissance de fascination dévolue à ces êtres, je conçois et j'excuse la sympathie des gens de goût pour la bête au menton rose, aux caresses perfides, au langage insinuant. Je conçois et j'excuse les amours furibonds des Antoines pour les Cléopâtres ; mais je ne saurais céder à l'entraînement général, car, il m'en coûte de le dire, la passion des chats est un vice, un vice de gens d'esprit, c'est vrai, mais de gens d'esprit dégoûtés.

Jamais un homme de goût et d'odorat subtil n'a été et ne sera en relations sympathiques avec une bête passionnée pour l'asperge. Je m'étais demandé bien souvent la raison de mes faibles attractions pour la race féline avant que l'asperge m'eût tout dit !

La domestication du chat est toute moderne, et n'a été opérée en France qu'à l'époque de l'invasion du rat normand (rat brun). Jusqu'à ce jour, qui confine au temps de la première Croisade, le soin de nous débarrasser de la souris avait été confié au furet, qui s'en acquittait fort mal. Le furet nous était venu de la Mauritanie, en compagnie du lapin et du cavalier arabe, par la voie de la Péninsule Ibérique. L'établissement du rat normand en France fit éprouver à la nation française le besoin de confier la garde de ses lares à un auxiliaire plus respectable que le furet. De là, l'introduction du chat dans nos demeures. La domestication du chat avait été essayée, du reste, avec succès, chez la plupart des populations du midi de l'Europe. J'expliquerai plus loin, dans un lumineux développement de la question du rat, comme quoi le rat moscovite (surmulot) a depuis absorbé le rat normand.

L'invasion du rat russe nous place aujourd'hui dans une situation parfaitement analogue à celle où se trouvaient nos aïeux vis-à-vis du rat normand. Le chat domestique ayant lâchement baissé pavillon devant le rat d'égout, il nous faut d'abord destituer de ses honorables fonctions cet insuffisant guetteur, puis le remplacer par un gardien plus brave. Le griffon d'écurie et le petit bouledogue ne demandant pas mieux que d'accepter les fonctions de l'indigne, j'opine à ce qu'ils en soient investis le plus tôt possible. J'ai toute confiance dans la parole du chien, et j'ai, pour garant de sa fidélité, l'expérience. Ce n'est pas un chat qui tuerait douze rats à la minute, comme je l'ai vu faire à Montfaucon, par des bouledogues dressés à la besogne par des professeurs anglais. Ce n'est pas un chat qui braverait les assauts d'une myriade de rats pour conquérir un simple suffrage d'estime et faire gagner quelques pièces d'or à son propriétaire. Au lieu d'aspirer à cette gloire, seul but des nobles cœurs, le chat a conclu sous main son pacte de Judas avec le rat d'égout qu'il avait juré d'occir. Que ceux qui croient le chat incapable d'une aussi basse félonie se rendent, passé minuit, sur le carré des Halles. Là, à la lueur furtive des pâles réverbères, ils seront témoins d'un spectacle qui navrera leur âme d'étonnement et de tristesse ; car ils apercevront sur chaque tas d'immondices un groupe de chats et de rats devisant de bonne amitié ensemble, et fraternisant aux dépens de l'homme, et se partageant sans vergogne les entrailles des pigeonneaux et des lapins de choux.

Je ne rencontre jamais un chat en maraude, au bois ou

dans la plaine, sans lui faire l'honneur de mon coup de feu, et j'engage vivement tous mes frères en saint Hubert à faire comme moi. Presque toujours, lorsque les pies *agassent* et font tapage dans les parcs ou dans les petits bois voisins des habitations, c'est pour indiquer la présence d'un chat sur un arbre. Je me suis rendu vingt fois dans ma vie à des appels de cette nature; autant de fois j'ai eu l'agrément de débarrasser le pays d'un mauvais larron. Les pies sont, comme les geais, des langues de vipère, à l'affût de tous les scandales, et qui ne peuvent pas voir voler... quoi que ce soit, sans l'aller crier partout.

LE FURET.

Le Furet ne joue pas un grand rôle et ne tient pas une grande place dans l'économie domestique de l'homme, mais il est plus utile qu'il n'en a l'air. Il protége l'homme contre le lapin, et quand un historien digne de foi, comme Pline, vous rapporte que le lapin a renversé des cités, et que les habitants d'une des îles Baléares ont été forcés de demander le secours d'une légion romaine contre l'invasion des lapins, vous sentez tout doucement la question du Furet s'agrandir, et vous comprenez l'importance des services par lui rendus à l'humanité.

Le Furet, sans qu'il y paraisse, est un des plus anciens amis de l'homme; presque nulle part, en effet, on ne le rencontre à l'état sauvage. Il est originaire d'Afrique, d'où il est passé en Espagne, avec les Arabes. Il nous est venu de l'Espagne, comme chacun sait, en compagnie de ces envahisseurs. Le Furet ne vit qu'à l'état domestique en France; il semble profondément mépriser tous ses congénères.

Je ne crois pas qu'il soit très-habile de dire beaucoup de mal d'une bête qui s'est ralliée à nous. C'est pourquoi j'ai mieux aimé renvoyer à l'article *fouine*, que garder pour l'article *furet* les observations générales que j'avais à faire sur les mœurs peu édifiantes de la famille des buveurs de sang. Il est d'une sage politique de voiler les turpitudes de ses amis, sauf à s'indemniser de sa réserve sur le compte de ses ennemis.

Le furet, malgré sa couleur blanche, est la bête noire du lapin, et réciproquement. Il a été créé dans l'intérêt de l'espèce humaine, pour opposer une barrière aux envahissements du lapin, que sa fécondité excessive eût bientôt fait maître du globe. Le laboureur n'a pas de plus grand ennemi que le lapin.

L'éducation du furet ne coûte pas des peines infinies. Il suffit, pour bien faire, de l'abandonner à ses impulsions naturelles, qui le conduisent tout droit au terrier du lapin. Il entre, fouille les galeries, y met le désarroi, en expulse tous les habitants. Son idée fixe est d'en acculer un dans une impasse ; et s'il parvient à ce résultat, si l'on n'a eu soin de le museler, de bien le faire manger avant la chasse, il égorge incontinent sa victime, et lui suce le sang jusqu'à ce qu'il en soit ivre ; et comme il s'endort aussitôt qu'il est repu, force est bien d'attendre son réveil pour recommencer le fouillage. Une éventualité non moins désastreuse de la chasse au furet est la rencontre imprévue d'un blaireau ou d'un renard dans un terrier de lapins. Le furet, en ce cas, court grand danger de s'endormir du sommeil éternel.

Je ne puis pas aimer une bête qui appartient à la tribu des buveurs de sang, une bête insatiable, cauteleuse et fétide. Cependant je ne saurais m'empêcher d'avoir un peu de reconnaissance pour le furet, et de lui savoir gré de son obéissance à l'homme; car la déférence du furet pour l'homme est d'autant plus méritoire que rien ne le forçait à solliciter notre alliance, qu'il pouvait s'en passer mieux qu'aucune autre bête, et qu'il a, en définitive, plus perdu que gagné à la domestication. En effet, le furet a toujours soif de sang, sang de lapin, sang de pigeon, sang de poulet. Or il vit parmi ces espèces; il les entend roucouler, chanter, trottiner à ses côtés, tout le long du jour, sans pouvoir franchir l'obstacle qui le sépare d'elles. Sa vie n'est qu'un long supplice de Tantale, et son maître, comme pour activer l'ardeur de ses regrets et de ses désirs, le nourrit presque exclusivement de laitage. Le sort de la martre et de la fouine dans les bois et dans les granges est incontestablement plus doux.

La domestication du furet est, à mon sens, une des plus glorieuses démonstrations de la légitimité des prétentions de l'homme au titre de souverain absolu du globe, parce que c'est la soumission imposée à l'une des tribus les plus farouches et les plus réfractaires de l'animalité.

Mais quand la série des félins (lions, tigres), et celle des serpents elle-même étaient contraintes par la volonté d'en haut de se rallier à l'homme, au moyen de leurs derniers anneaux (chat privé, couleuvre domestique), il était de toute impossibilité que la série des égorgeurs demeurât en dehors de la loi générale. La série des égorgeurs s'est donc humanisée comme les autres, et elle a détaché le furet auprès de l'homme pour le servir en qualité de *fouille-lapin*. On m'a assuré plusieurs fois que la fouine et le putois, entraînés par l'exemple du furet, avaient cherché à se rapprocher de l'homme. Je n'en serais pas surpris.

Nous sommes trop disposés, tous tant que nous sommes, à oublier le service des bêtes, depuis que nous avons perfectionné les armes à feu, qui nous permettent de nous passer un peu de leur concours. Il est donc convenable que ceux qui ont conservé le souvenir des misères et des difficultés des époques primitives rappellent aux oublieux les devoirs de la gratitude. Le furet fut utile aux jours du débordement du lapin; respectons cette page de ses mémoires. Aujourd'hui que l'oisiveté l'a fait ivrogne, gourmand, dormeur, joueur et voleur, il n'est plus que l'emblème du valet de grande maison : ivrogne, fainéant, corrompu, débaucheur de jeunesses; mais la domesticité personnelle elle-même, si honteuse qu'elle soit devenue, pivotait sur le dévouement et l'honneur aux premiers jours de la féodalité.

Ce furet, qui boit le sang du lapin et s'enivre, quand on oublie de le museler... c'est évidemment le Frontin du grand seigneur, qui boit tout le chambertin de son maître, quand celui-ci a oublié de fermer la porte de la cave ! Mais la race des Frontins a produit des Calebs.

Et puis la chasse du lapin au furet est un des plus agréables délassements de la villégiature, et une chasse qui fournit au tireur habile l'occasion de faire montre de son adresse, ce qui permet de supporter avec plus de résignation les ennuis du chômage de la saison d'été.

DES ANIMAUX DOMESTIQUES PROPREMENT DITS.

PORC. — BOUC. — BÉLIER. — LAPIN. — COCHON D'INDE.

LE PORC.

Si le porc eût voulu continuer de prêter à l'homme le concours de son groin pour découvrir et fouiller la truffe, j'aurais pu me décider à le colloquer dans la catégorie des auxiliaires ; mais il est évident que dès le moment qu'il s'est laissé sottement enlever par le chien sa fonction spéciale, il a perdu tout droit de figurer dans cette classe honorable.

On me dira qu'on s'en est servi dans le temps pour la chasse à Saint-Domingue et ailleurs, en lui faisant jouer le rôle d'appelant, comme au canard, son homologue passionnel. Je ne nie pas le fait, mais le fait d'appeler son semblable ne constitue pas l'auxiliarité. Il y a d'ailleurs une autre raison, une raison d'ordre supérieur, une raison d'analogie, qui me contraint de refuser au porc le titre d'auxiliaire : le porc est l'emblème de l'avare, et l'avare n'est bon qu'après sa mort. Par conséquent, il n'était pas dans les dons du porc d'être utile à l'homme pendant sa vie.

Pour ces causes, je me suis borné à placer le nom du porc en tête de ce chapitre des animaux simplement domestiques et privés. Et attendu que l'histoire du porc privé est la même que celle du porc sauvage (sanglier), et que j'ai donné à celle-ci d'immenses développements dans la suite de ce volume, au chapitre des bêtes d'agrément, j'y renvoie dès à présent les curieux des gestes et propos de l'animal immonde.

LE BOUC. — LA CHÈVRE.

Le bouc, type effacé du bouquetin des Pyrénées et des Alpes, n'a jamais joui d'une grande réputation de sainteté dans la légende biblique, pas plus que dans la mythologie grecque, et je ne prends pas sur moi d'affirmer qu'il vaille beaucoup mieux que sa réputation. Il est très-certain que le bouc prête le flanc à la médisance par ses mœurs dissolues, et que l'odeur qu'il exhale ne symbolise pas un modèle de pureté.

C'est l'emblème du sensualisme brutal; les religions grecque, juive et chrétienne sont d'accord sur ce point avec l'analogie. Les Grecs ne se contentèrent pas d'immoler le bouc à Bacchus comme un des ennemis de la vigne, un des fléaux du travail attrayant; ils affublèrent leurs Satyres, adversaires acharnés du droit de libre amour, du masque et du caractère de l'animal lubrique, pour flétrir l'amour matériel et grossier d'une réprobation éclatante; pour dire que la passion exclusivement sensuelle dégrade l'homme et le fait descendre au niveau de la brute.

On sait que les Juifs chargeaient chaque année de leurs iniquités un bouc qu'ils immolaient ensuite au Seigneur, moyennant quoi tout pécheur sortait du temple blanc comme neige et libre de travailler de nouveau à sa perdition. J'admire ce procédé d'expiation commode.

Les chrétiens avaient peu de chose à faire pour métamorphoser le Satyre antique en Satan. Le moule était parfaitement trouvé, mais je ne vois pas bien pourquoi ils ont décoré d'une paire d'ailes l'image du démon de la chair, qui n'a rien d'éthéré. Une chose essentielle à constater ici, c'est que l'opinion de tous les temps et de tous les peuples a été fidèle à flétrir la luxure, et à ne reconnaître le caractère de passion divine qu'à l'amour composé (double essor des sens et de l'âme). Il m'en coûte d'accabler de ma sentence une pauvre bête déjà chargée des iniquités d'Israël, mais je ne saurais trouver dans mon cœur une parole d'indulgence pour un emblème de luxure et de fétidité morale, pour un ennemi des vendanges et de l'agriculture. L'avenir du bouc m'épouvante, je ne le cache pas; car je ne lui vois guère d'emploi en Harmonie, où la culotte de peau, dont il a aujourd'hui la fourniture, aura subi une réduction immense de prix, vu la suppression du gendarme. Ce que le bouc peut espérer de plus favorable pour ce temps, c'est qu'on le renvoie dans sa patrie originelle, aux fins de repeupler les demeures des glaciers et les rocs de l'abîme en compagnie de la Vigogne, du Mouflon, du Chamois.

Le bouc, qui est plus solide sur ses jambes que sur les principes de fidélité et de morale, a contracté une alliance morganatique avec la brebis, il y a très-longtemps. Le bélier en a fait autant avec la chèvre. Il est résulté de ces croisements une espèce métisse commune en Amérique, espèce très-précieuse pour la beauté de sa toison; ce qui prouve que le bouc peut encore rendre de très-grands services à l'homme, mais uniquement comme agent de transition. La race du bouc est faite pour peupler les déserts et non pour vivre dans la société des humains. Le Civilisé et le Barbare, qui ne sont pas difficiles, peuvent bien s'accommoder des senteurs qu'elle exhale, mais non l'Harmonien.

Lascive, capricieuse et facile, adonnée à la vie errante et à la sorcellerie, friande de salpêtre, bonne fille au fond et bonne mère, la chèvre représente la gitana pur sang, la gente Esméralda, la compagne du satyre, la parure et la joie de la cour des Miracles, la poursuivante désordonnée du droit de libre amour. Pauvre race de victimes condamnées par la défaite et par la misère au vagabondage éternel, race qui doit disparaître de la surface des terres fortunées, à mesure que les sociétés graviteront vers leurs phases supérieures. Plaignez Esméralda, Djali et le Satyre, mais gardez-vous de conjurer le sort qui les attend. A quoi bon conserver sous ses yeux l'emblème de la dégradation féminine, quand le type à symboliser ne sera plus; quand la jeune fille, affranchie de la misère morale et matérielle, aura résurgi glorieuse dans son type normal. Où serait la raison d'être de la chèvre domestique dans la sphère d'Harmonie où trône la beauté?

Une chose restera de la chèvre, pour immortaliser son souvenir, le café, emblème d'amour charnel, qui ne pouvait être découvert que par l'intermédiaire d'une créature tant soit peu folle de son corps. Que la chèvre aussi se dépêche de se faire une position honorable pour l'avenir, comme moule de transition.

La chèvre et sa famille peuvent trouver dès aujourd'hui leur place dans la colonisation des îles désertes et des rocs inhabitables. La chèvre et le lapin sont à coup sûr les meilleurs moyens que Dieu ait donnés à l'homme de tirer parti du roc chauve, sous toutes les latitudes.

BÉLIER. — BREBIS.

La prudence m'interdit la franchise sur la question de la brebis, du mouton et de l'agneau. Disons que le bélier nous est venu du mouflon, et qu'il a peu gagné à la perte de sa liberté.

La fable du loup et de l'agneau, les *moutons* de Béranger, toutes les littératures du monde, ont raconté le sort du mouton et de la brebis. Le Rédempteur du monde, le bon pasteur qui donna sa vie pour ses brebis, a choisi pour lui-même le symbole de l'agneau ; ce qui ne l'empêcha pas de dire qu'il était venu pour la guerre. J'estime peu les peuples moutons qui se laissent tondre. Innocence, candeur et résignation dans la souffrance, sont vertus d'Irlandais dont je ne veux pas pour la France. Et je dis qu'il est grand temps que l'agneau cesse de servir de victime, et que le prolétaire sorte de son purgatoire après six mille ans de misère et d'attente. Gare à vous, les bouchers et les mauvais pasteurs !

LE COCHON D'INDE.

Le cochon d'Inde, ainsi nommé de ce qu'il est originaire d'Amérique, ne me paraît pas valoir l'honneur d'une dissertation approfondie. C'est encore un emblème du pauvre monde... prolifique, affamé, abruti, sans ressort contre l'oppression étrangère, Irlandais. Le cochon d'Inde est le compagnon de captivité du lapin blanc et l'un de nos premiers amis d'enfance.

LE LAPIN.

Je n'estime pas le lapin de choux pour sa chair ni pour ses mœurs tant soit peu cannibalesques, mais je lui sais gré de sa fécondité, de sa croissance rapide, d'une foule d'autres mérites, de son bas prix surtout, qui lui permet de nouer des rapports avec l'estomac des pauvres gens, privés de viande de boucherie par l'impôt excessif frappé sur le bétail. Le lapin de choux ne se contente pas d'apporter aux pauvres artisans le tribut de sa chair, il leur fournit de sa dépouille un manchon fourré pour les doigts, un châle pour les épaules, une coiffure pour la tête. On sait que la chapellerie française consomme chaque année pour quelques centaines de mille francs de soie de lapin. C'est avec cette soie feutrée que se confectionnent les chapeaux communs, les *faux* castors. Le *vrai* castor se fabrique avec le poil de *lièvre*, le poil du dos.

Pauvre bête, bête des pauvres! Dieu, qui l'avait destinée à servir de proie et de victime à tous les dévorants, l'a douée heureusement d'une résignation à l'épreuve!

Le lapin est l'emblème de la pauvre industrie qui vit de l'exploitation des carrières et des mines, race qui trouve quelquefois le repos au fond de ses demeures souterraines, mais sur laquelle mille ennemis se précipitent, dès qu'elle met le nez à l'air; race qui n'a pas reçu, comme le hamster et l'écureuil, le don de la prévoyance; parce que les salaires de l'industrie qu'elle symbolise sont trop faibles, pour que le travailleur puisse en consacrer une part à l'avenir.

Le lapin tue quelquefois ses petits. Tous les jours la misère et la débauche conduisent à l'infanticide la pauvre ouvrière qui lutte contre la faim. L'infanticide, crime commun dans la tribu des lapins, arrive plus rarement dans la tribu des lièvres. C'est que la misère est plus affreuse dans les pays d'industrie que dans les pays de culture. Le lapin a fait des émeutes et bouleversé des villes, comme le rapporte Pline... Les prolétaires des cités aussi se donnent quelquefois cette jouissance, mais non pas ceux des champs, parce qu'*ils ne sont pas semés assez dru pour pouvoir se compter*. Et le voisinage du lapin est funeste à la santé du lièvre, comme celui du prolétaire de l'industrie aux populations des campagnes.

Pauvres races opprimées ! beau lapin blanc aux yeux rouges, pauvre petit cochon d'Inde à la robe panachée, agréez ici l'expression des chaudes sympathies de l'humble prolétaire qui ne vous éleva jamais pour vous faire cuire, et qui conservera éternellement dans son cœur le souvenir des douces distractions que vous apportiez à sa douleur au collége, quand il pleurait la pelouse natale, captif sous la garde du pion.

CHAPITRE III

Des Bêtes insoumises.

Les bêtes insoumises se divisent comme les soumises, en deux catégories, l'une que j'appellerai des *bêtes à conserver*; l'autre des *bêtes à détruire*.

Parmi les bêtes à conserver figurent au premier rang celles que l'homme *chasse et mange* et qui servent à ses plaisirs en mode composé, le Sanglier, le Cerf, le Chevreuil, le Lièvre. C'est la catégorie des bêtes d'agrément dont la conservation importe essentiellement au bien-être et à la prospérité de l'homme. Il est juste d'ajouter aux noms de ces espèces précieuses, sur la liste des bêtes à garder, ceux de quelques espèces innocentes, comme la marmotte et le castor, de quelques serviteurs obscurs comme la chauve-souris ; ceux enfin des moules de haut titre, comme le Loup et la Loutre, dont la rébellion aujourd'hui manifeste, est susceptible de se convertir en un ralliement harmonique, sous l'influence de la réflexion et du temps.

La liste de proscription ou des bêtes à détruire ne contiendra donc que les noms des espèces qui sont de trop sur cette terre et à l'extermination desquelles l'homme a reçu mission de procéder.

Les espèces à conserver sont au nombre de quarante, en France : un Pachyderme, le Sanglier ; six Ruminants, le Cerf, le Daim, le Chevreuil, le Bouquetin, le Chamois, le Mouflon ; deux Carnassiers, le Loup, la Loutre ; cinq Rongeurs, le Lièvre, le Lapin, l'Écureuil, la Marmotte, le Castor ; neuf à dix Cétacés, deux Phoques, une quinzaine de Chéiroptères environ.

LE SANGLIER.

Une des plus utiles conquêtes que l'homme ait jamais faites est celle du sanglier. Je ne dis pas la plus utile, je m'incline avec respect devant le chien. Le sanglier privé, plus généralement connu sous le nom de porc, est une des principales sources de la richesse des nations, et l'un des plus précieux éléments de la première de toutes les industries, l'industrie culinaire. L'éducation et l'exportation des porcs ont fait la prospérité commerciale des Gaules dès les temps les plus reculés de l'antiquité. Pausanias parle des puissantes expéditions de porcs provenant des forêts du Jura, de la Côte-d'Or et des Vosges, et qui descendaient vers la Méditerranée par la Saône et le Rhône. La grande querelle des Eduens (Bourguignons) et des Séquaniens (Francs-Comtois), laquelle favorisa si puissamment l'invasion de Jules-César, eut pour origine un droit de péage sur ces porcs. Bayonne, à qui le genre humain ne doit pas l'institution de la baïonnette, Bayonne l'aventureuse, a vendu des jambons aux Phéniciens et aux Carthaginois, tant qu'il a existé des peuples de ce nom. La charcuterie est une industrie éminemment française. C'est pour cela que je sens le besoin de protester contre la déplorable réputation qu'ont faite au porc les estomacs débiles et les anathèmes ridicules de ces sombres législateurs de l'Orient, qui n'ont pas plus respecté la femme blonde et le vin. Je sais qu'on est en droit de reprocher au porc, à sa femelle surtout, quelques habitudes vicieuses, comme de manger les enfants au berceau, ou de dévorer ses petits; mais ces légers défauts du porc ne doivent pas nous donner le droit d'être ingrats à son égard, et de méconnaître ses nombreux mérites. Je prouverai tout à l'heure que cette voracité même, qui entraîne quelquefois le porc à des excès regrettables, constitue la plus précieuse de toutes ses qualités.

J'ai besoin de répéter que tout ce que je vais dire du porc s'applique au sanglier, et réciproquement. Le porc et le sanglier sont une seule et même race, comme il a été dit. De cette race, certaines familles se sont ralliées à l'homme, les autres ont préféré aux délices de la servitude la noble indépendance et la pauvreté des forêts. Du reste, les individus des deux camps n'ont jamais cessé de vivre sur le pied de la plus parfaite intelligence, et des relations de bon voisinage ne manquent pas de s'établir entre eux, pour peu que le local et les habitudes du régime alimentaire s'y prêtent. J'ai vu tuer en pleine basse-cour, dans un petit village de la Meuse, un énorme sanglier qu'un trop vif sentiment d'amour avait attiré dans ce lieu. J'en ai tué un de mon propre fusil, en Afrique, dans la grande rue de ma ville, où l'avait entraîné l'ardeur de la même passion. Les mœurs et les appétits sont les mêmes dans les deux conditions de liberté et d'esclavage. L'influence du domicile n'a apporté de modification sensible que dans la couleur du vêtement et dans la puissance des armes offensives. Il est tout aussi difficile d'amener le sanglier à la civilisation que de rendre le porc à la sauvagerie. Il y a mieux : je sais, dans les forêts de Lorraine, certaines races de porcs soi-disant privés, qui se ruent sur les chasseurs ou sur les voyageurs accompagnés de chiens, avec une énergie et une férocité qui n'ont jamais été dans les habitudes du sanglier. Celui-ci, en effet, ne se décide guère à attaquer qu'autant qu'on le pousse à bout. Il use de représailles, et, s'il se rend coupable de quelque meurtre, il a toujours pour lui l'excuse de la légitime défense, tandis que l'autre, le soi-disant privé, qui charge spontanément et poursuit sans miséricorde, ne peut, dans aucun cas, invoquer le bénéfice des circonstances atténuantes.

Le porc est l'emblème de l'avare ; voilà son grand malheur. L'avare est un être qui ne commence à nous être agréable qu'après sa mort, mais qui nous est particulièrement répulsif et odieux toute sa vie. Ainsi du porc.

La voracité du porc est insatiable comme la cupidité de l'avare. Il ne craint pas de se vautrer dans la fange ; il s'engraisse des plus immondes substances ; tout fait ventre pour lui. De même de l'avare, du juif, qui n'a pas honte de se vautrer dans la bassesse, dans l'ignominie et l'usure pour augmenter son capital, et qui ne trouve pas de spéculation infime dès qu'il y a du profit à y faire. L'empereur Vespasien disait, à propos de l'impôt des vespasiennes, que l'argent n'avait pas d'odeur. On prête la même réponse à Henri IV, dans une circonstance analogue. J'en suis fâché pour Henri IV, qui aura beaucoup à faire avec l'histoire pour se laver de l'accusation d'avarice.

La goinfrerie du pourceau et la violence de ses autres appétits charnels disent la nature des jouissances qui conviennent au tempérament de l'avare.

La truie qui dévore ses petits, c'est la mère cupide qui fait argent des charmes de sa fille, qui la vend par-devant notaire à un vieux, et s'engraisse ainsi de sa chair.

Cependant l'avarice a aussi son bon côté. L'avarice est l'amour immodéré de la conservation, comme la prodigalité est l'amour désordonné de la dépense inutile.

L'humanité a un intérêt immense à ce qu'aucun de ses éléments de richesse ne disparaisse, avant d'avoir fourni à l'homme toute la somme de services ou de jouissances qu'il contenait en lui.

Or, il y a dans l'humanité une foule de tessons de bouteilles, de clous dépareillés et de résidus de chandelles qui seraient complétement perdus pour la société, si quelque main soigneuse et intelligente ne se chargeait de colliger tous ces débris sans valeur, et d'en reconstituer une masse susceptible d'être retravaillée et rendue de nouveau à la consommation. Cet office important rentre dans les attributions de l'avare.

En effet, l'avare se baisse avec bonheur pour ramasser le bouton ou l'épingle que le reste de l'humanité foule aux pieds. Ce n'est plus ici l'usurier, le vampire qui suce au cœur une pauvre famille d'artisans, qui s'enrichit de leur ruine ; ce n'est plus l'agioteur infâme qui fabrique des nouvelles de Bourse et parie à coup sûr ; ici le caractère et la mission de l'avare s'élèvent visiblement : le grippe-sou devient chiffonnier.

Or, quelle industrie plus honorable que celle du chiffonnier, qui résume les débris, analyse les immondices et protége la richesse sociale contre la distraction des servantes et la prodigalité des ménages négligents !

Comme le chiffonnier utilise pour la société les tas d'ordures des villes, ravivant le papier mort et convertissant les fragments de carafes en lustres magnifiques dont il use peu pour lui-même, ainsi le porc utilise les immondices des forêts, des champs et de la ferme, et convertit pour l'homme en viande succulente les rebuts de la cuisine, du jardin et de la laiterie. Le porc est le grand chiffonnier de la nature ; il ne s'engraisse aux dépens de personne.

C'est pour cette fin que Dieu l'a fait omnivore et l'a doué de cette voracité tant blâmée. Sans cette voracité, l'animal ne serait pas apte à se contenter de ce que tous les autres refusent et à faire graisse de tout. S'il eût été délicat pour sa nourriture comme le cheval, il est évident qu'il n'eût pu remplir sa mission de chiffonnier. Et ce qui prouve bien clairement que la pauvre bête accomplit une fonction de dévouement sur cette terre, quand elle fouille les ordures et laboure le sol, c'est qu'elle est éminemment sensible de sa personne aux charmes du bain froid et de la propreté. Tout le monde sait que, de tous les animaux domestiques, le porc est le seul qui craigne de souiller de son fumier la couche sur laquelle il sommeille. Le cheval et le chien, qui ont de si jolies manières, ne sont pas cependant à la hauteur de cette délicatesse.

L'avare redoute la mort qui doit le séparer de ses trésors, unique objet de ses affections. Comme il a pratiqué l'usure et pillé son prochain toute sa vie sans l'obliger jamais, il est peu pressé de rendre compte à Dieu de ses œuvres d'ici-bas. Le porc voit aussi arriver la mort avec terreur et cherche à la conjurer par d'horribles gémissements. La colère du sanglier aux abois est de la rage à son plus haut paroxysme. Xénophon et Pollux ont écrit que, dans ces moments-là, les dents du sanglier s'échauffaient à tel point, qu'il n'était pas rare de voir la robe des chiens roussie à l'endroit où les dents avaient frappé. J'ai déjà reconnu que ces historiens grecs ont été de tout temps d'agréables brodeurs. J'ai vu dans ma vie beaucoup de sangliers très-fâchés, en France et en Afrique, mais je déclare n'avoir jamais pu réussir à allumer mon cigare au feu de leurs défenses.

Comme la mort de l'avare, qui n'a jamais fait de bien à qui que ce soit, comble les vœux les plus ardents de sa famille... ainsi le jour où l'on tue le porc est une fête pour son propriétaire, ses voisins, ses amis. C'est le moment où la chair de la victime va indemniser le nourrisseur de toutes les dépenses que l'éducation de la bête a coûté. Donc, que chacun se gaudisse dans le voisinage et prenne sa part de la curée; il y en aura pour tous : la succession est riche. Voyez ces chapelets de boudins qui n'en finissent pas, comme ces *jaunets* du défunt qui demandent à prendre l'air.

L'analogie de l'avare et du porc est une tradition populaire; mais, une chose assez curieuse, c'est que ce sont les législateurs des juifs et des Arabes, c'est-à-dire des nations réputées les plus avares, qui ont proclamé les premiers l'*immondicité* du porc.

La nation juive et la nation arabe sont éminemment sujettes à la lèpre, ainsi qu'il est prouvé par la place importante que tient, dans leurs chroniques, l'histoire de cette maladie. Le porc est également l'animal le plus sujet à la lèpre. La lèpre du porc s'appelle *ladrerie!*

Ladrerie, avarice!

Tous les historiens sont à peu près d'accord sur les causes qui ont fait anathématiser la viande du porc par la loi religieuse de l'Orient. Question d'hygiène locale.

La viande de porc gâtée peut occasionner des accidents fort graves. On voit fréquemment, à Paris même, des familles entières empoisonnées pour avoir mangé de la charcuterie de mauvaise qualité. M. Gisquet raconte dans ses mémoires que la première razzia qu'il fit faire par ses agents chez les charcutiers de la capitale produisit une saisie de 10,000 kilogrammes, ou de 20,000 livres de viande putréfiée. C'étaient d'odieux jambons, des saucisses, du fromage d'Italie surtout. La matière saisie fut transportée à la voirie de Montfaucon et précipitée dans les lacs impurs de ce moderne Cocyte. Pendant la nuit, toute la cargaison fut repêchée et rendue à la consommation. Pour opposer des entraves efficaces à cette industrie courageuse, le préfet ordonna qu'à l'avenir les viandes saisies seraient hachées et mélangées intimement avec les matières qui peuplent le fond des lacs de la voirie de Montfaucon. Je m'abstiens facilement de la chair du porc à Paris.

Or, les dangereuses qualités de la viande du porc n'ont pu être un secret pour les premiers législateurs, qui furent tous un tant soit peu médecins. De là les interdictions formulées au nom de Dieu dans leurs codes. Le Juif et l'Arabe étant particulièrement sujets aux maladies de la peau, soit à raison de leur malpropreté native, soit pour cause de la rareté des eaux dans leur aride patrie, Moïse et Mahomet durent tenir plus rigoureusement que tous les autres la main à la prohibition.

Toutefois, quelques historiens trop savants ont assigné à cette interdiction religieuse une origine plus curieuse; ils ont attribué la répugnance des Orientaux pour la viande de porc à trois causes principales :

1° A la similitude de la disposition intérieure du corps de cet animal avec celui du corps humain, similitude reconnue par Galien;

2° A l'identité complète de saveur entre la chair du porc et celle de l'homme. Cette identité, qui, pour le dire en passant, fournit un argument de quelque valeur aux partisans de l'anthropophagie, a été constatée, au rapport de Conrad Gessner, par une foule d'expériences. (Voir l'histoire des pâtés de chair humaine du barbier de Tournus.)

3° Enfin, à cette propension singulière qui porta de tout temps les démons chassés du corps de l'homme à élire domicile dans le ventre des pourceaux, propension mentionnée en vingt endroits de l'Écriture sainte, ce qui doit révéler une antique tradition. Dans l'Évangile selon saint Matthieu, ce sont les démons eux-mêmes qui, pressés de sortir du corps du possédé, demandent au Christ la faveur de se retirer dans un troupeau de porcs qui flâne en ces parages. Il doit y avoir aussi, si je me souviens bien, les habitants d'une ville, les *Gadareni*, je crois, qui supplient le Christ de se retirer de leur territoire, à cause du préjudice énorme qu'il fait à leurs troupeaux.

Ici se présente une question historique qui m'a intrigué toute ma vie, et que je me permets d'adresser aux membres les plus forts de l'Académie des inscriptions et belles-lettres, au risque de les plonger dans une perplexité douloureuse :

Puisque le porc n'est bon qu'après sa mort, et n'est bon qu'à être mangé, comment un peuple qui ne mangeait pas le porc, et qui regardait cet animal comme immonde, a-t-il pu se livrer à l'éducation de cette espèce?

J'ai toujours pensé qu'il y avait eu jusqu'à ce jour confusion dans les textes. Les porcs dont parle l'Écriture n'ont jamais été que sangliers, et ce qui donne à mon opinion une autorité immense, c'est qu'on peut voir aujourd'hui encore en Arabie, en Judée, en Égypte et en Algérie, dans tous les pays, en un mot, où se rencontrent le musulman et l'Israélite, d'innombrables troupeaux de sangliers peu farouches, qui s'y multiplient avec d'autant plus de facilité que l'indigène ne leur fait pas la guerre.

Quoi qu'il en soit de ces diverses manières d'envisager la chose, le fait est que le porc jouit d'une pauvre réputation dans l'opinion religieuse des peuples. Les prédicateurs luthériens, entre autres, ont abusé de la comparaison des porcs à l'engrais, en faveur des ministres du culte catholique. Or, je dis que le porc est victime d'un préjugé inique.

Le porc est le don le plus précieux que le navigateur européen puisse faire aux peuples sauvages. C'est un des éléments les plus puissants de la civilisation et du progrès.

Le porc qui vit de tout, et dont la fécondité est prodigieuse, s'accommode de tous les climats, hormis de ceux de la zone glaciale, où la terre durcie par le froid ne lui permet pas d'exercer son industrie de laboureur. Hors de là, on le rencontre aujourd'hui par masses nombreuses sur toute la surface des continents et des îles. C'est un animal innocent, qui ne fait la guerre qu'aux reptiles, aux mulots et aux taupes, et généralement aux espèces parasites ennemies de l'homme. Les cochons sauvages de l'Amérique passent pour détruire journellement une énorme quantité de serpents à sonnettes. Mais un de nos amis, qui a voulu voir la chose de ses propres yeux, m'a affirmé n'avoir jamais réussi à faire avaler une seule couleuvre à ses pourceaux.

Le porc a été doué par la nature d'une subtilité d'odorat prodigieuse. Il s'en sert pour découvrir la truffe cachée dans les entrailles de la terre, et pour l'enseigner à l'homme. J'ai déjà dit que le chien lui avait enlevé naguère cette spécialité.

L'Inde asiatique, les grandes îles de la Sonde et l'Afrique tout entière, depuis le cap de Bonne-Espérance jusqu'au cap Matifoux, regorgent de sangliers. Notre régence d'Alger était bien riche encore, il y a quelques années, en produits de ce genre. J'en dirai plus bas quelques mots.

Le sanglier de nos forêts d'Europe l'emporte sur tous

ceux des cinq parties du monde par le volume du corps et la force de ses défenses. On en a vu qui pesaient 250 kilogrammes. La venaison du sanglier européen est aussi la plus délicate. C'est que le gland, qui fait les délices du sanglier, et qu'il récolte en abondance dans nos forêts, à l'automne, est la nourriture par excellence de l'espèce. Le gland agit vigoureusement sur le sanglier au moral et au physique. Il donne de la fermeté à sa chair et de l'énergie à son caractère. On sait que le sanglier repu de gland est d'humeur peu commode. Les hallalis sont plus dramatiques en octobre et en novembre qu'aux autres époques de l'année. Remarquez que le gland est le fruit du chêne qui symbolise l'avarice comme le porc !

Les laies entrent en rut en décembre ; elles mettent bas vers la fin de mars. La richesse de la portée est proportionnée à l'âge de l'animal ; les jeunes mères se contentent d'élever trois à quatre marcassins ; les vieilles vont jusqu'à la dizaine. Le jeune sanglier conserve le nom de marcassin aussi longtemps qu'il porte la *livrée*, cinq à six mois environ ; vers l'automne, il renonce à la robe de l'enfance et prend le titre de *bête rousse*, qu'il quitte bientôt pour celui de *bête de compagnie*. L'animal est dit *ragot* ou *venir à son tiers-an*, quand il a deux ans révolus et qu'il entre dans sa troisième année ; le *tiers-an* a ses trois années pleines, le *quart-an* ses quatre années ; plus tard, il est dit indifféremment *solitaire* ou *grand vieux sanglier*. Avec l'âge, ses défenses se recourbent et perdent leur tranchant ; on dit alors que la bête est *mirée*. Ces défenses sont au nombre de quatre : les deux plus terribles sont celles de la mâchoire inférieure ; il semble que celles de la mâchoire supérieure n'aient d'autre fonction que de servir d'aiguisoir à celles-ci. Je n'ai jamais rencontré de laies armées en guerre, c'est-à-dire pourvues de puissantes défenses, que dans les romans de certains auteurs qui ne font pas autorité en matière cynégétique. Les autres, celles qu'on rencontre dans nos forêts d'Europe et dans les plaines de l'Abyssinie, de l'Amérique et de l'Inde, sont peu faites pour inspirer la terreur; tout au plus leurs boutoirs inoffensifs sont-ils de force à découdre un basset.

La chasse du sanglier exige peu de connaissances de la part du veneur, peu de finesse d'odorat de la part de la meute. C'est une bête de piste grossière et chaude comme le renard, et qui se fait chasser de près. Le sanglier bon marcheur est le sanglier de deux ou trois ans, le ragot ou le tiers-an. Il ne prend parti d'habitude que lorsqu'il a gagné sur les chiens une avance considérable. Cette chasse-là devrait être l'apanage exclusif du mâtin. Les anciens tuaient le sanglier à l'épieu. Cette méthode, longtemps adoptée par la vénerie française, a été généralement abandonnée pour celle du fusil double; toutefois, les nobles veneurs sont restés jusqu'en ces derniers temps fidèles aux traditions de l'art antique. Je sais plus d'un chasseur qui dégaîne volontiers pour venir au secours de ses chiens dans un hallali dramatique et pour attaquer le sanglier au couteau. Il n'est pas de chasseur qui n'ait été témoin de quelque épisode ensanglanté de cette nature. Un de mes plus dramatiques et de mes plus récents souvenirs date du 26 octobre 1845. La scène se passait dans *notre* forêt d'Ourscamps.

Le solitaire dont j'ai entrepris de raconter la fin tragique n'habitait pas précisément la forêt d'Ourscamps; il s'y plaisait seulement comme s'y plaisent tous ceux qui l'ont visitée, hommes ou bêtes, Parisiens, chevreuils ou faisans; il y prolongeait ses stations aussi longtemps que ses moyens d'existence pouvaient le lui permettre. C'était, pour la brutalité, le caractère, la richesse de la taille, la longueur et le tranchant des défenses, l'image vivante de feu le sanglier de Calydon, si souvent mentionné dans l'histoire des personnages illustres de l'antiquité. Ses avantages physiques, rehaussés de l'éclat de quelques actes de sa vie privée, où il avait fait preuve d'un méchant naturel, avaient fini par lui conquérir dans le pays une réputation de coupe-jarret et de mauvais coucheur, qui n'avait pas peu contribué à éloigner de sa demeure une foule de visiteurs importuns. Les maîtres d'équipages du pays l'auraient attaqué de grand cœur, s'ils en avaient eu une seule fois connaissance précise; car c'eût été pour quelques-uns d'entre eux une occasion nouvelle de faire montre de leur sang-froid et de leur intrépidité, en même temps que de leur adresse à jouer du couteau de chasse, et l'on ne trouve pas tous les jours pour faire sa partie un adversaire du poids de 200 kilogrammes. Mais le moyen que des piqueurs ou des valets de chiens, quelque peu affectionnés à leur meute, se décidassent à faire rapport d'une bête aussi terrible! Ils se turent deux ans, attendant que l'âge eût miré l'animal, c'est-à-dire que pendant deux ans l'affection pour leurs chiens l'emporta dans leur cœur sur l'amour de la gloire et la soif des combats. Cette longanimité, cependant, devait avoir son terme; le hasard l'amena.

Le 25 octobre 1846, le piqueur de M. le marquis de l'Aigle eut connaissance du passage d'une laie avec ses marcassins dans la forêt d'Ourscamps, et reçut ordre de la détourner. Mais la laie, avec toute sa société, avait vidé la forêt pendant la nuit.

Le lendemain, à neuf heures du matin, nous nous rencontrions, le piqueur et moi, dans une verte avenue.

—Eh bien! lui demandai-je, la chance a-t-elle été bonne?

—Mauvaise, mauvaise.

—La laie?

—Partie.

—Pas de loups?

—Pas plus que dessus ma main.

—Pas de chasse alors?

—Au contraire.

—Comment cela, fis-je à part moi, commentant cette physionomie lugubre et cet accent désolé, est-ce que par hasard il retournerait solitaire? Et d'un air dégagé, continuant l'entretien : Vous avez dû revoir du vieux sanglier? lui dis-je; je l'ai rencontré tout à l'heure qui sortait du Petit-Chapitre, et traversait la plaine pour rentrer au bois Leblond. Eh, parbleu! si je ne me trompe, le revoici; c'est le *pigache*[1], il n'y a pas à s'y méprendre. Et, ce disant, mes regards étaient collés à un pas tout frais de la nuit, une empreinte de la dimension de celle d'une génisse, et chacune de mes mains se portait machinalement vers sa poche respective, pour chercher la cartouche à balle.

—Vous l'avez dit, répondit le piqueur d'un air triste.

Le rapport du vieux Louis accusait en effet un solitaire monstrueux rembûché au bois Leblond, à cinquante mètres du poteau.

—Pensez-vous que ça se fasse chasser un peu? dis-je à Louis, au moment où l'on découplait les chiens. Question insidieuse; je savais bien qu'une bête de cette taille-là ne se fait pas chasser.

[1] On dit qu'un sanglier est pigache quand il a une pince plus longue que l'autre.

—Mais, dame! oui, peut-être bien un quart d'heure, vingt minutes.

—Vous m'étonnez... et vous n'êtes pas à cheval?

—Parfaitement inutile pour la chasse d'aujourd'hui.

Le brave homme examinait en ce moment les pièces d'un nécessaire de chasse, qui paraissait avoir certaine analogie de forme et de destination avec une trousse de chirurgien. Il tournait et retournait entre ses doigts des pelottes de soie rouge armées d'aiguilles courbes, et semblait trop absorbé dans cette importante besogne pour répondre longuement à mes questions.

On arrive au poteau; les relais sont jugés inutiles; on chassera de meute à mort.

Les quarante-cinq chiens de l'équipage (chiens anglais) sont donc donnés à la fois à l'attaque. La bête débûche sans se faire prier, contrairement aux habitudes de l'espèce; elle traverse le pré Viguereux à fond de train; les quarante-cinq Anglais sont sur elle et lui soufflent le poil. C'est l'ouragan qui passe, noir, menaçant, terrible, mais l'ouragan muet, sans tapage ni furie.

Le chien anglais, comme je l'ai déjà dit vingt fois, a été inventé par des gens qui considèrent comme perdue toute journée passée sans trafic; le veneur anglais, si tant est que j'aie le droit de le nommer ainsi, avait besoin de se créer une distraction pour les heures du jour où la Bourse ne va pas, et il a rogné la chasse pour la forcer à se tenir dans de ridicules intervalles. Il est évident, du reste, qu'on ne pouvait pas inventer de chiens trop vites pour un pays où le brouillard n'a que deux heures de transparence sur vingt-quatre, dans la saison des chasses. Quoi qu'il en soit de ces causes, le chien anglais a conscience de sa mission et de son devoir; il n'aboie pas, parce qu'il a appris à l'école le nombre précis de centimètres que peut faire perdre un coup de voix dans un instant donné. Je ne pardonnerai jamais aux veneurs français d'avoir contribué à naturaliser dans ma belle patrie cette race inintelligente et brutale, qu'il est absolument impossible de suivre à pied, comme j'en ai acquis la conviction par une foule d'expériences.

Si je me permets sur l'Angleterre cette intéressante digression, dont je ne demande pas pardon à mes lecteurs, c'est que je cherche à gagner du temps, n'entendant plus la chasse. Cependant l'air est calme, et l'attaque a eu lieu à une heure vingt-cinq minutes; or, il est une heure trente, et la chasse tourne autour de nous; il me semble que les échos de la forêt, s'ils faisaient bien leur devoir, devraient nous rapporter quelque bruit; car nous n'avons pas, à coup sûr, un kilomètre de distance du champ de bataille à l'endroit où nous sommes. Baissez-vous un peu, écoutez! Entendez-vous là-bas, là-bas, ces quelques glapissements de renard dans la direction du château d'Ourscamps?— Sur mon âme: c'est la grande voix de la meute furieuse! oyez plutôt les fanfares; le solitaire fait tête.—De si bonne heure, c'est mauvais signe.

Les habits rouges se précipitent en foule vers le lieu présumé du combat. Mais le moment n'est pas venu encore; la bête n'a pas jugé assez inexpugnable la position où elle a fait un moment mine de s'acculer; elle sait mieux que cela ailleurs. Elle repart, rapide comme le vent (le sanglier n'est pas un quadrupède qui court, c'est une boule noire qui roule, lancée à toute vapeur). Au Gorgeat, veneurs et piqueurs, c'est là que vont se porter les grands coups! Le Gorgeat, ainsi que son nom l'indique, est une affreuse enceinte non percée de routes, mais bordée, en revanche, d'une muraille formidable de houx et d'épines noires, agréable préambule d'un corps de place inexpugnable, se composant, pour ainsi dire, d'un seul et unique roncier, un roncier de cent hectares. Je ne connais, parmi les animaux de nos climats, que le sanglier et la fouine à qui ces demeures ne soient pas interdites; le renard lui-même ne songe à y chercher un refuge que dans des circonstances excessivement pénibles. La chasse y est arrivée en moins de temps, à coup sûr, que je n'en ai mis à traduire ce nom propre. Le solitaire a brûlé déjà dix enceintes : les Longs-Murs, les ventes d'Ourscamps et Sempigny, les Blanches-Tailles, le bosquet de Parvillet et la queue Saint-Éloi; c'est à peine si j'ai pu distinguer la bête de la meute, au traverser de la route départementale, au milieu de la poussière que l'ouragan fumeux soulevait dans son vol. La bête s'arrête enfin : c'est assez fuir comme cela... La montre de mon voisin marque une heure trente-cinq.

En entrant au Gorgeat, le rusé solitaire a forcé de vitesse pour avoir le temps de se frayer passage et de dresser ses batteries. — A vous, messieurs les Anglais! voici la route, entrez...

Dix chiens s'élancent de front dans le dangereux passage qu'a taillé pour eux la fine bête, emportés par la même ardeur; ils se culbutent, se déchirent, s'entassent...

Attendez, voici qui va faire cesser le désordre et nettoyer la passe.

Du poste qu'il a choisi, et où il attend de pied ferme ses innombrables ennemis, les yeux rouges de sang, les lèvres écumantes, le solitaire tombe comme la foudre au milieu de ses assaillants surpris; il éventre, découd, mutile, taille tout ce qui s'offre à ses coups; la voie est déblayée; les deux premières bêtes que le monstrueux animal a frappées sont restées sur la place; elles posent, agitées à peine par les dernières convulsions de l'agonie, sur l'épaisse couche de ronces où les a fait voler le boutoir formidable; leur poitrine est ouverte du sternum à l'épaule. Trois ou quatre autres champions se retirent du champ de bataille en poussant d'affreux hurlements qui retentissent douloureusement dans mon âme; les intestins leur sortent du corps par de larges fissures ; ils appellent Louis à l'aide, Louis arrivera trop tard. Heureux qui s'est retourné à temps pour recevoir le coup de boutoir dans la partie la moins dommageable de son individu.

Il est une heure trente-sept... deux chiens sont étendus roides morts, dix, douze hors de combat.

Les habits rouges se hâtent; les gémissements des victimes disent où en est le drame ; les cavaliers mettent pied à terre et se disposent à pénétrer dans le fourré, la carabine et le couteau à la main. Il faut dire que lorsque le sanglier est acculé contre un tronc d'arbre et occupé à discuter sérieusement avec les chiens, la vue du veneur a le don de porter sa colère au paroxysme. Il est assez d'usage même que le sanglier, dans ce cas, laisse là ses premiers adversaires et tourne toute sa rage contre le survenant. C'est le moment que les veneurs un peu artistes choisissent pour servir l'animal ; comme il fond droit sur vous, rien de plus facile que de lui loger un lingot entre les deux yeux, avec un peu de sang-froid surtout et un fusil qui ne rate pas. Mais si la chose est facile ailleurs, au Gorgeat c'est tout différent. Les ronciers dudit lieu ne permettent pas au veneur le plus intrépide de tenter l'aventure. Il faut se décider pourtant, car les moments sont chers et chaque minute compte sa victime. On entend des rives de l'enceinte un formidable charivari formé de hurlements de douleur, de cris sourds de vengeance, d'aboiements frénétiques, de grognements de rage, accentués du roulement des redoutables castagnettes des mâchoires. Les geais, les pies, oiseaux éminemment bavards, brodent sur l'événement leurs discordants commentaires.

L'Anglais se bat bien et longtemps; la vue du sang, loin de l'intimider, ne fait qu'enflammer sa furie; le théâtre du combat commence à s'élargir; la terre et les buissons voisins s'empourprent peu à peu : il est une heure trente-huit minutes.

Est-ce le sanglier qui est chassé, est-ce le sanglier qui chasse? on ne sait; le fait est que les aboiements des combattants qui survivent ont semblé indiquer tout à coup que le lieu du combat changeait. Oui, vraiment, c'est le solitaire qui charge la meute et qui la force à rebrousser. Bravo! le solitaire! Mais la roche Tarpéienne, hélas! est près du Capitole! Dans son retour offensif, l'animal imprudent, emporté par sa fougue, a baisé de trop près la rive de l'enceinte. Il passe à portée de la balle d'un veneur, qui a juré d'avoir sa vie, et qui s'est courageusement engagé dans le roncier, décidé à marcher à quatre pattes pour arriver jusqu'à lui. La bête tombe : il est une heure quarante..... Le drame n'a duré que quinze minutes. Cinq chiens sont éventrés, douze grièvement blessés, douze légèrement; quatre minutes de plus et la meute entière y passait!

Le solitaire dont il est ici question pesait sur pied 200 kilogrammes. Il fut envoyé à Paris pour servir d'ornement à un musée quelconque. Un Arabe aurait donné bien des choses pour pouvoir orner le poitrail de son coursier (cheval) des défenses de la bête.

Le vieux Louis n'est pas encore consolé de la perte de Floribaut et de Perçante... les meilleurs chiens de tête qu'il ait eus de sa vie, raconte-t-il. (Le chien qu'on vient de perdre est toujours le meilleur et le plus aimé.) J'ai pris une part sincère aux douleurs de cet homme. Ses chiens n'étaient que des anglais, mais c'étaient toujours des chiens.

« Quelle différence de caractère entre les ours d'autrefois et les sangliers d'aujourd'hui ! » me disais-je à part moi, le soir de cette journée mémorable, songeant à la légende d'Ourscamps qu'on lira plus tard en ce livre.

Mais une pensée mélancolique m'oppresse, que je ne peux contenir plus longtemps dans ma poitrine, et que je demande la permission d'exhaler.

Les forêts de France, déjà veuves de l'élan, de l'aurochs, de l'ours, du daim et du cerf, sont menacées de perdre d'ici à peu de temps le dernier fleuron de leur couronne (style noble). Le morcellement va faire passer le sanglier à l'état de mythe. J'ai assisté, en 1835 et 1836, à l'extermination de la race dans ces magnifiques cantons du Mâconnais, que M. le marquis de Foudras a si judicieusement choisis pour le théâtre de ses récits cynégétiques. Les damnés veneurs ne respectaient ni l'âge, ni le sexe ; ils en mirent à mort plus de cent cinquante dans un rayon de trois à quatre lieues, en deux campagnes. Ils chassaient tous les jours ; le peu qui survécut à la boucherie déguerpit. Maintenant qu'ils ont dissipé leurs richesses, qu'ils ont crevé le ventre à la poule aux œufs d'or, ils cherchent à repeupler ; ils élèvent des sangliers dans leurs basses-cours. Lorsqu'une laie est pleine, ils la transfèrent dans une maison des bois, où ils l'entourent de tous les agréments du confort. Puis, quand elle a mis bas, on pratique à la partie inférieure de sa loge de petites ouvertures propres à laisser passer les marcassins, qui peuvent vaguer dans le bois voisin, s'en aller, revenir, se faire croquer par le loup, suivant que la fantaisie leur en prend. De cette façon, on est à peu près sûr que la portée se cantonnera dans le voisinage, pourvu qu'on ne la tourmente pas. Il serait grandement à désirer que tous les louvetiers de France, qui n'ont été institués que pour la conservation des nobles races et des traditions de la haute vénerie, usassent de toute leur influence pour généraliser l'emploi de ce procédé de multiplication simple et économique. Je demanderais également à la loi d'interdire la chasse et la vente du sanglier passé le jour de l'an.

Outre l'homme, le sanglier et sa famille ont pour ennemi dans nos forêts le loup. Le loup aime à rôder aux environs de la bauge sous laquelle la laie abrite sa portée; et alors malheur à l'imprudent marcassin qui s'écarte ! La bauge est une cabane artistement couverte avec des branches d'arbre, et garnie à l'intérieur d'un moelleux tapis d'herbes sèches. Ce sont d'excellentes mères que ces laies, attentives, empressées, courageuses. J'ai vu de quelques-unes, dans mon enfance, des actes de dévouement maternel qui pourraient figurer avec avantage dans le traité de la *Morale en action*. Pour conjurer les périls dont l'importunité de ces loups menace leur famille, les laies des Ardennes et de la Meuse ont l'habitude d'établir autour de leur bauge un cordon sanitaire de bêtes de compagnie. Il y a des sentinelles qui pèsent 75 kilogrammes et qui sont armées de manière à faire respecter leur consigne. Les individus de cette race sont assez portés en général vers l'esprit d'association. Ils se prêtent volontiers secours et assistance dans les mauvais quarts d'heure.

J'avais compté sur l'Algérie et sur les hôtes de ses populeux déserts pour nous indemniser de la disparition du sanglier français : vain et fragile espoir ! Ils ont tout tué déjà.

J'ai été assez heureux cependant pour voir l'Algérie en

ses jours de splendeur, alors que le fléau de la guerre sévissait sur la Mitidja dévastée, et que les ordres des chefs retenaient dans les camps nos garnisons captives. La guerre chez les hommes, c'est le repos et le bonheur chez les bêtes! Si le gibier de France n'est pas ingrat, la mémoire de Napoléon lui doit être bien chère. A l'époque dont je parle, le sanglier d'Algérie, débarrassé du voisinage des tribus indigènes, s'épanouissait avec luxe par toutes les demeures de la plaine. Pas un buisson un peu épais de vignes ou de luzernes sauvages qui n'en recélât dans ses flancs quelque puissante famille. Les corridors que les sangliers pratiquent dans ces fourrés, impénétrables pour le chien et pour l'homme, nous disaient à l'avance quand la place était habitée. Nous avions d'ailleurs, pour nous accompagner dans ces chasses dangereuses, un groupe de cavaliers arabes, une race d'hommes que la nature a trop favorablement traités, et qui joignent à la force et à la supériorité du Centaure la subtilité de vue et d'odorat du chien. Avec ces limiers-là, et dans cette terre bénie, il eût fallu bien de la bonne volonté de notre part pour faire buisson creux.

Le plus difficile en Algérie n'était pas de détourner la bête, mais de la débusquer. En fait de gibier de cette contrée, je ne connais que la gazelle et la poule de Carthage (canepetière) qui partent hors de portée. Les autres espèces, plume ou poil, attendent généralement pour se lever qu'on leur marche sur la patte. Quand on met le feu à un buisson dans lequel on suppose quelque mauvaise bête, hyène, chacal ou chat-tigre, il est rare que l'animal se décide à partir avant d'avoir subi quelque avarie dans sa fourrure. J'ai vu fréquemment le sanglier affecter le même stoïcisme. Ce sang-froid remarquable du sanglier africain, en présence de l'incendie qui le menace et le déborde, a sa cause dans les habitudes agronomiques du pays. L'Arabe ne connaît encore d'autre procédé de défrichement que l'incendie ; il brûle périodiquement les hautes herbes, les buissons et les roseaux de la plaine dans tous les lieux qu'il destine à ses prochaines cultures, et la flamme promenée par le siroco ne s'arrête que là où elle ne rencontre plus rien à dévorer. Naturellement le gibier indigène a fini par se blaser à l'endroit de ce spectacle trop souvent répété, et de là cette indifférence en face du péril et ce mépris du feu que nous trouvons sublime chez Mucius Scévola.

Je plains de tout mon cœur les pauvres veneurs de France qui n'ont pas chassé le sanglier à l'allumette chimique. Je retournerais en Afrique, rien que pour me redonner cette jouissance. J'ai fait assister de mes amis à ces chasses royales, qui n'ont contre elles que d'être trop amusantes et pas assez dramatiques ; ils en sont revenus enthousiastes. C'est moins noble, moins savant, moins méritoire à coup sûr, au point de vue de l'art, qu'un hallali de Compiègne ou de Fontainebleau ; mais ces flammes noirâtres que le vent rabat vers la terre, et qui taillent en courant des fournaises dans l'épaisseur des buissons, qui rejaillissent tout à coup dans les airs en gerbes éblouissantes, le sifflement des feuilles vertes, le jeu des flammèches emportées dans l'espace, la détonation des roseaux qui simulent de loin les feux de file d'un bataillon d'infanterie, les aboiements des chiens animés par la présence des maîtres et qui entendent le fourré s'agiter devant eux ; enfin, pour le bouquet, le débûcher de la compagnie et la décharge générale des armes à bout portant ; tout cela constitue un ensemble de tapage, de mouvement, d'émotions saisissantes, plus échevelé, plus poétique que tout ce qu'on m'a jamais fait voir dans nos forêts peignées et tirées au cordeau. Ajoutez à cela les chances de l'imprévu, les hasards du chacal, du chat-tigre, de l'hyène, du porc-épic. Mais la paix est venue qui a détruit tout cela. J'ai acquis la certitude douloureuse que le sanglier et la perdrix n'existaient presque plus que de nom dans la mémoire des hommes, des rives du Massafran à celles de l'Aratch.

Il est encore en Algérie une chasse au sanglier pleine de charmes, et qui rappelle quelque peu les courses de taureaux de Séville. Le chasseur s'amuse, à l'instar du banderillo, à planter un certain nombre de petites lances ornées de banderoles dans le cou de l'animal. Le cavalier arabe, qui est le premier de tous les cavaliers du monde, déploie une admirable adresse dans ce genre de *fantasia*. Le cavalier arabe chasse tout et prend tout à cheval, excepté la gazelle.

Les cheiks et les familles nobles avaient seuls autrefois le privilége de chasser le sanglier avec de grands lévriers jaunes qui le forcent promptement et le coiffent.

Cette espèce de chien est encore assez rare et très-considérée en Afrique.

Le préjugé religieux a longtemps protégé le sanglier d'Algérie. Avant 1830, l'indigène ne le chassait jamais que pour en faire curée à ses chiens. Mais depuis l'avénement de la cuisine française en Afrique, et depuis que le sanglier peut se vendre, les choses ont changé de face; l'Arabe a déclaré au sanglier une guerre d'extermination. Je proclame, envers et contre tous, le sanglier et le porc-épic d'Algérie deux excellents gibiers.

Le lion, qui doit être connaisseur en pareille matière, ayant assez souvent occasion de choisir, me paraît partager cette opinion. On m'a mené une fois sur la contrescarpe d'un fort de cactus solidement bastionné, dans lequel résidait, m'avait-on dit, un de ces rois chevelus du désert. Pour des motifs de discrétion qu'il est inutile de confier au lecteur, je ne jugeai pas à propos de pousser ma reconnaissance plus avant; mais j'en vis assez pour me convaincre que le maître de céans devait nourrir pour la chair du sanglier une affection profonde. Les abords de la place étaient complétement tapissés d'ossements appartenant à des individus de cette espèce.

Dans l'une de nos premières expéditions dans la province de Constantine, un officier très-distingué de l'armée d'Afrique avait été posté en embuscade, avec sa compagnie, au gué d'une petite rivière voisine du camp de Dréan. C'était par une de ces nuits si calmes et si sereines particulières aux climats méridionaux, où les moindres sons vous arrivent, où vous pouvez lire et écrire avec autant de facilité à minuit qu'un Anglais de Londres à midi. Chaque soldat était aux écoutes. Tout à coup un frôlement de feuillage, promptement suivi du bruit de la chute d'un corps pesant dans l'eau, attira l'attention générale. C'était un sanglier de forte taille, qui fuyait rapidement droit devant lui et venait de se précipiter dans la rivière, espérant y trouver son salut. Un nouveau déplacement qui s'opéra soudain dans les hautes herbes annonçait que la pauvre bête était poursuivie par un animal terrible.

En effet, un lion énorme avait été porté jusqu'auprès du poste par quelques bonds prodigieux. Arrivé sur le bord de la rivière, il aperçoit sa proie, mesure son effort, s'élance, tombe sur elle, l'étrangle de quelques coups de dents, puis l'abandonne et retourne tranquillement sur ses pas, comme s'il ne s'était agi que de laver une offense. Nos soldats, témoins de ce drame, n'auraient pas mieux demandé que d'intervenir en faveur du plus faible dans cette lutte par trop inégale ; mais la prudence de leur chef s'y opposa, une fusillade à cette heure de la nuit et dans ce poste avancé ne pouvant manquer de donner l'éveil aux Arabes.

On dit aussi que la panthère ne se fait pas faute d'un quartier de sanglier, lorsque l'occasion de s'en procurer à bon marché se présente.

Le sanglier d'Algérie, moins fort quoique aussi bien armé que celui de France, a le caractère infiniment plus doux. Mais cette douceur ne va pas jusqu'à la débonnaireté. Les défenses du sanglier d'Afrique décousent les hommes et les chiens comme celles du sanglier de France. Même pour le chasseur chargé par l'animal, il y a plus de danger en Afrique que chez nous; car, en Afrique, il n'y a point de tronc d'arbre pour vous abriter lorsque vous en êtes réduit à la défensive, et, dans ce cas, il ne vous reste guère d'autre procédé à employer que le procédé de M. de Montcrocq. M. de Montcrocq, un des derniers de nos grands veneurs français, l'illustre complice de M. de Brosse, était en 1835 lieutenant de louveterie de Saône-et-Loire. C'était un faiseur de bois et un tireur hors ligne, qui ne chassait jamais que la bête nuisible, et dont le plus grand bonheur était de se faire charger par le sanglier aux abois, pour avoir l'agrément de tirer l'animal en tête et de lui loger une balle entre les deux yeux. Comme nous n'avions pas assez de chiens, quand nous chassions ensemble, pour nous en laisser éventrer quelques couples par chasse, ainsi que peuvent faire nos premiers maîtres d'équipages, nous n'hésitions jamais à servir d'une once de plomb une bête dangereuse. La première fois que j'eus l'honneur de chasser avec M. de Montcrocq, je lui vis tirer à une cinquantaine de pas un sanglier franchissant un fourré de houx, de genêts et de buis. L'animal était resté sur le coup. Comme le piqueur cherchait la place de la blessure et ne la trouvait pas : « Regardez du côté de l'œil gauche, cria de loin le meurtrier, c'est par là que j'ai visé. » La balle était entrée dans l'œil, ce qui était cause que l'on n'avait pu découvrir le trou du projectile à la première inspection.

J'ai chassé le sanglier à tir et à courre, à la neige, à l'affût, à la fourchette, à la lance, à l'allumette chimique... mais la plus divertissante de toutes ces chasses est sans contredit la chasse à l'hameçon.

LE CERF.

Je suis le cerf à cause de ma teste,
Par les Grecs fuz *ceratum* surnommé.
En beauté i'excede toute beste
Dont à bon droit ils m'ont ainsi nommé.
Pour le plaisir des rois je suis donné :
De iour en iour veneurs me pourchassent
Par les forêts. Je suis abandonné
A tous les chiens qui sans cesse me chassent.

Toute la destinée du cerf est écrite en ces vers. Victime réservée aux honneurs de la tuerie royale pour la beauté de son corps, éternel objet de l'ardente convoitise de la meute pour l'excellence de sa chair..... Un dix-cors ravagé par de profonds chagrins, et désireux de verser ses peines dans le sein d'un homme pieux, n'emprunterait pas à la poésie un langage plus touchant, plus naïf, que celui que lui prête Du Fouilloux.

Noble et douce nature, créature victime, encore une bête du bon Dieu !

Car il y a les bêtes du bon Dieu, je vous l'ai dit cent fois, comme il y a les bêtes du diable. Les hirondelles et les bergeronnettes sont des oiseaux du bon Dieu ; le hibou et le vautour sont des oiseaux du diable. Le renard, emblème du procureur, et le bouc, emblème de luxure, relèvent de Satan ; le bœuf et la brebis, emblèmes du travailleur exploité, relèvent du bon Dieu.

Il y a aussi le double dogme du bon et du mauvais principe.

Il y a les apôtres du bon Dieu, les socialistes qui réclament le droit de vivre pour tous et qui écrivent que le bonheur est la destinée de l'homme ; et les apôtres de Satan, les Scribes de Juda, qui disent que la misère est le lot fatal des masses, et qui, après avoir fait semblant d'abolir l'héritage et de chercher la femme libre, ont vendu pour un peu d'or leur plume et leur conscience aux juifs. Infamie sur les apostats!

La plupart des animaux du bon Dieu adorent la mélodie pastorale.

Aristote a connu la passion du cerf pour les chants mélancoliques et tendres ; il affirme qu'on peut prendre cet animal à deux, au moyen de la flûte. Pendant que l'un des deux compagnons tient l'animal charmé par l'attrait de ses mélodies, l'autre s'approche en tapinois de la victime et lui plonge son poignard dans le sein. Du Fouilloux, qui a pratiqué le cerf plus particulièrement qu'Aristote, est à peu près d'accord avec le grand naturaliste de Stagyre quant à la mélomanie du noble quadrupède ; mais si le cerf comme le bœuf aime les pipeaux rustiques, comme lui aussi il a peur du clairon belliqueux.

Il n'y a qu'à consulter les légendes historiques et religieuses de tous les peuples pour reconnaître que le cerf est un des instruments dont Dieu aime à se servir pour faire part aux mortels de ses desseins sur eux. Ce fut un cerf blessé du mont Ida qui donna à l'homme la première leçon de thérapeutique et lui fournit la recette du dictame.

Tous les auteurs anciens et un grand nombre d'auteurs modernes qui ont traité du cerf ont parlé longuement de ses guerres avec les serpents. L'analogie dit bien en effet qu'il doit y avoir antipathie entre le noble quadrupède qui symbolise la loyauté, et le reptile venimeux qui symbolise la perfidie; mais il ne m'est pas prouvé pour cela que le cerf ait avalé toutes les couleuvres qu'on lui prête. Je sais des chiens, il est vrai, qui tuent les vipères pour le plaisir de les tuer, et uniquement parce qu'ils ont la conscience de rendre service à l'homme en détruisant des bêtes malfaisantes; mais le chien est un chien, le chien est le sergent de ville de l'homme, et le cerf n'a pas été créé pour servir de doublure au chien. Le vrai destructeur des reptiles parmi les quadrupèdes, c'est le pécari au cuir épais, à l'estomac complaisant; c'est, parmi les oiseaux, le kamichi, le secrétaire, le cariama, la cigogne et le héron. Mais le cerf avait, dès le principe, la réputation de savant dans les choses de la médecine; on lui était déjà redevable de la découverte du dictame, natif du mont Ida; on a été naturellement amené à lui attribuer une foule d'autres inventions merveilleuses. Ainsi, le cerf ne se contente pas de *déchirer* le serpent qu'il rencontre sur sa voie et de l'avaler par la queue, suivant une coutume invariable; il va le provoquer jusque dans le fond de ses plus noires cavernes; il se rit du nombre de ses ennemis, et n'a pas peur de se laisser envelopper par eux; car sa mère lui a confié le secret d'un spécifique infaillible contre le venin de leurs morsures. Ce secret consiste tout bonnement à descendre dans le premier ruisseau venu, où il y ait des écrevisses, et à se gargariser la bouche avec un demi-cent de ces crustacés, mais *sans boire*. Cette dernière considération est de rigueur; *sans boire;* si le cerf boit, il est perdu. On peut se conduire avec les auteurs anciens d'une manière convenable, sans se rendre garant de l'infaillibilité de tous leurs spécifiques. Je ne garantis pas l'infaillibilité du spécifique ci-dessus.

On sait encore que, dans l'ancienne médecine, la poudre de corne de cerf et celle de l'*os de son cœur* passaient pour les *alexipharmaques* (fortifiants) par excellence. La corne de cerf est la panacée universelle qui guérit tous les maux passés, présents, futurs, nouveaux; c'est elle qui soulage la femme enceinte, qui détruit les vers chez l'enfant, qui rajeunit le vieillard. Malheureusement le cerf a la malhonnêteté d'enterrer ses bois, et de vouloir priver l'espèce humaine d'un remède dont elle a tant besoin, ce qui force celle-ci de faire la guerre au cerf. Je m'empresse de protester contre cette accusation ridicule de rouerie adressée à une bête loyale qui en est complétement incapable. Le cerf n'enterre pas ses bois, qui s'enterrent tout seuls, quoi qu'en disent Aristote et sa docte cabale, et Théophraste et Pline.

La biche possède aussi de merveilleux remèdes pour une foule de maladies; elle pénètre très-avant dans les secrets de Lucine et connaît des cailloux qui ont la propriété de faire accoucher sans douleur. La médecine arabe, qui serait au désespoir de se laisser distancer par la grecque ou par la latine sur le terrain des secrets merveilleux, affirme de son côté que la peau et les *fumées* de la gazelle, calcinées et réduites en poudre, et mêlées à très-faible dose dans la nourriture de l'enfant, lui donnent de la mémoire, de l'esprit et un doux caractère. Elle ajoute (la médecine arabe) que le meilleur moyen de guérir les femmes de la démangeaison du babil est de leur faire manger de temps à autre une langue de gazelle séchée au four.

Qui ne se rappelle avoir lu avec amour, dans les *Métamorphoses* d'Ovide, l'histoire touchante du jeune Cyparisse, si inconsolable de la mort de son cerf chéri, et qu'Apollon, touché de sa souffrance, change en cyprès, image des douleurs éternelles ?

La foi catholique a pris aussi sa part du cerf et s'en est largement servie pour illustrer ses légendes. Le grand saint Hubert, patron des chasseurs, a dû sa conversion à un cerf.

Saint Hubert était un gentilhomme austrasien (lorrain) qui s'abandonnait à sa passion pour la chasse avec une fougue qui lui faisait complétement oublier le salut de son âme. Le bon Dieu, qui avait des desseins sur lui, et qui le destinait à être un jour le porte-enseigne vénéré de la corporation des chasseurs, lui fit faire, un beau matin ou un beau soir, la rencontre d'un cerf qui portait un saint-sacrement sur son chef en guise d'andouillers. La légende rapporte que les flammes qui jaillissaient de cet appareil lumineux étaient si éblouissantes, que les chiens qui chassaient l'animal en prirent peur et renoncèrent à courre le cerf pour le reste de leur vie. Leur maître fit mieux ; averti par cette manifestation éclatante que le Seigneur n'approuvait que médiocrement ses occupations habituelles, il dit adieu à ses chiens et se retira au fond d'un ermitage, où il édifia ses frères en Jésus par la pratique de toutes les vertus chrétiennes, partageant désormais son temps entre la pipée, la prière et la préparation de ses remèdes secrets contre la rage.

Ou je me trompe fort, ou il doit y avoir un peu de cerf dans la biographie de saint Eustache et dans celle de saint Germain l'Auxerrois, et aussi dans celle de saint Norbert, fondateur des Prémontrés. « Je te l'ai *de près montré* (l'animal de chasse). »

Qui nourrit le fils de Geneviève de Brabant du lait de ses mamelles? Une biche..... Qui fut dans le désert la consolatrice et l'amie de cette femme innocente, malheureuse et persécutée par un tyran barbare, soupçonneux et peu délicat? Une biche. Il y a dans le poëme de Jocelyn une biche qui a certainement plus de sentiments humains dans le cœur que cet odieux évêque de Grenoble, lequel, ne trouvant pas que son propre martyre lui garantisse suffisamment sa place au paradis, force deux jouvenceaux qui s'adorent à s'immoler et à se damner pour lui en cette vie et dans l'autre. Comme tous ces mauvais prêtres ont calomnié le Christ!

Je n'en finirais jamais si je voulais citer tous les exemples qui prouvent que l'humanité, dans ses afflictions, a toujours trouvé refuge et reconfort près de la biche et de sa famille. Toutes les histoires un peu poétiques en sont pleines.

Oh! oui, le contrat d'alliance et d'amitié entre l'homme et le cerf a été signé, il y a bien longtemps. Phèdre en parle dans ses fables; mais si le cerf l'a toujours scrupuleusement respecté, il faut bien reconnaître que l'homme y a donné de fiers coups de canif. Combien de fois n'ai-je pas vu un malheureux cerf malmené, à bout de jambes et de ruses, chercher un refuge dans la demeure de l'homme, et celui-ci lui plonger son couteau dans la gorge, le dépouiller et le saler après! Ainsi, l'Anglais victorieux reconnut un jour la confiance du vaincu de Waterloo qui lui demandait un asile, l'enchaîna, le garrotta, et le clouant sur un roc désert, au sein de l'Atlantique, l'y fit périr de consomption et d'ennui.

Mais puisque le cerf, me dira-t-on, avait été doué du

triste don des larmes par le suprême ordonnateur des choses, apparemment que c'était pour s'en servir. Cette réflexion est juste.

Le cerf symbolise en effet l'homme juste, le travailleur persécuté par l'égoïsme des grands seigneurs et livré à l'exploitation de tous les agents parasites de l'administration civilisée (chiens courants).

Et ce travailleur-là n'est pas un travailleur ordinaire, un simple manœuvre possédant ses bras pour tout capital, comme disait le grand ministre Turgot, l'ami du peuple et du malheureux Louis XVI, ce pauvre roi dont la civilisation fit un martyr et dont l'Harmonie eût fait un si glorieux président de la série des ingénieurs mécaniciens.

Le cerf travaille de tête. C'est un de ces poursuivants acharnés de la science, pour lesquels la science n'a que des épines et qui périssent d'une manière misérable, comme Salomon de Caus, pour avoir devancé les idées de leur siècle.

Que d'obstacles à surmonter pour l'inventeur avant d'avoir parfait son œuvre! Après les douleurs de l'enfantement, que de douleurs pour faire accepter sa découverte, pour pouvoir la développer en son plein! Que de souffrances dévorées dans la solitude! Las! l'inventeur aussi fut doué du triste don des larmes... Et un autre emblème du savant persécuté, la couronne impériale, porte trois larmes congelées au fond de son calice!

Le cerf n'apporte en naissant que les rudiments de sa parure de tête, dont le développement parfait et régulier représente la série industrielle ornée de son pivot, le merrain. De même que le cerveau de l'inventeur s'enrichit chaque année d'une acquisition nouvelle, ainsi la tête du cerf doit s'accroître, avec l'âge, de quelque nouvel andouiller.

Le jeune cerf porte le nom de *faon* pendant les six premiers mois de sa vie, au bout desquels il prend le nom de *hère* ou haire, qu'il conserve pendant le même espace de temps, c'est-à-dire jusqu'à sa première tête. De un an à deux ans, c'est un *daguet*. Ses bois, pointus, droits et unis comme une corne de gazelle, ressemblent en effet à une double dague, et s'appellent ainsi. De deux ans à trois ans le cerf est dit à sa *deuxième tête;* à sa deuxième tête le cerf a pris son premier andouiller. De trois ans à quatre ans, *troisième tête :* le chevillure s'étage au-dessus du premier andouiller. De quatre à cinq ans, *quatrième tête :* apparition du sur-andouiller, l'empaumure se dessine. De cinq à six ans, *dix cors jeunement :* la tête est complète désormais, et ne fera plus que croître en grosseur, sauf les *bizarderies* de l'empaumure. De six à sept ans, *dix cors*. Plus tard, *grand vieux dix cors, grand vieux cerf.*

Or, chacune de ces métamorphoses a été pour la malheureuse bête une crise douloureuse. Elle a été obligée aussi de se retirer dans la solitude et loin de tous les regards pour mûrir en paix son travail (refaire sa tête); mais à peine a-t-elle reparu dans la lice, fière du nouveau perfectionnement de son procédé, qu'elle se trouve soudain le point de mire des traits acérés de l'envie, des attaques de la concurrence, de la cupidité du fisc, je veux dire des chasseurs. Car le cerf qui a perdu son bois en mars l'a refait en juin, et c'est l'époque où le *gagnage* est friand et où commence la venaison du cerf. Tayaut! Tayaut! écoutez le cri de guerre des veneurs et le bruit étourdissant des fanfares qui sonnent la *royale;* c'est un dix cors qui fuit devant la meute; pour lui vient de s'ouvrir l'ère des persécutions.

Car, voyez le malheur...! A mesure que son cerveau

s'enrichit, que son noble front s'illustre, dans la même proportion s'accroît le nombre de ses persécuteurs. Tant qu'il n'était que daguet, jeune et léger de bagage scientifique, c'est à peine si les veneurs daignaient s'occuper de lui. Son obscurité lui tenait lieu de sauvegarde, et puis le poids de l'existence est si facile à porter au matin de la vie, et ses jarrets étaient si vigoureux, si souples! Attendons qu'il profite, disaient-ils, qu'il soit devenu gras et lourd; pour aujourd'hui le jeu n'en vaut pas la chandelle.

Or, voici que le daguet est devenu dix cors, que l'embonpoint et la pesanteur lui sont arrivés avec l'âge. En avant! piqueurs et limiers, plus de repos à la bête; son bois au râtelier, sa chair à la curée!

C'est pour en venir là que le noble animal a refait tous les ans sa tête, dont le poids a fini par alourdir sa marche. Travail infructueux comme celui de l'inventeur obligé de recommencer tous les ans sa besogne, sans pouvoir parvenir à dompter la misère où le retient invinciblement l'oppression du capital oisif, l'oppression de la caste privilégiée... Travailleurs, caste maudite, il est écrit dans la Bible et dans l'Évangile d'Albion, commenté par saint Jean-Baptiste Say et par saint Malthus, que vous périrez à la peine; que le produit de vos sueurs appartient de droit à vos maîtres. Courbez vos fronts sous la loi du plus fort, subissez l'arrêt du destin...

Alors les victimes, découragées par l'inutilité de leurs efforts, se résignent ou vont demander à l'ivresse l'oubli momentané de leurs maux (le cerf, le daim et le chevreuil se livrent à la passion du brou). Alors les apôtres de la fausse morale, souteneurs-nés des privilèges des classes fainéantes, et les valets de plume de la boutique, messieurs les économistes, prennent texte de l'abrutissement où ces excès de jeunes pousses ont plongé les victimes, pour tonner contre l'immoralité native des classes laborieuses. Alors M. le préfet de l'Oise range par arrêté le cerf et le chevreuil dans la catégorie des animaux nuisibles ! ! !

Mon Dieu, oui, parce que de pauvres bêtes, à qui si peu de jouissances sont accordées en ce monde en retour de tant de misères; parce que le cerf, le daim et le chevreuil semblent se jeter avec avidité au printemps sur les pousses des jeunes chênes, qui leur procurent une ivresse passagère, une minute d'abandon, d'insoucieuse gaieté, trop souvent expiée par un châtiment terrible; pour cette seule faiblesse, hélas! de cupides propriétaires de forêts, d'insensibles administrateurs, qui sablent à discrétion le bordeaux et le champagne dans leurs orgies quotidiennes, ont déclaré les trois innocentes espèces dûment atteintes et convaincues du vice originel d'ivrognerie. Ainsi disent les ministres puritains d'Albion, parlant des prolétaires irlandais et saxons, méprisable canaille imbue de tous les vices!

Parce que le cerf, aigri par les chagrins sans nombre dont il est assailli, recherche avec fureur les distractions d'amour, les mêmes l'ont accusé de luxure et d'impudicité. Comme si la privation et la misère n'étaient pas les légitimes excuses de tous les excès des sens! Comme s'il était possible au pauvre monde d'apporter de la mesure dans la jouissance du seul bien que le riche ne lui ait pas encore interdit! Ah! la morale vous est facile à vous, riches impotents blasés sur les jouissances d'amour, qui pouvez acheter à prix d'or les caresses et la chair de la fille du peuple, sauf à l'abandonner après votre caprice passé; mais faites boire le cerf à votre auge et constituez-lui un harem, vous verrez qu'il ne vous scandalisera plus de ses débordements. Eh! parbleu, ne s'enivre pas, on le sait, qui peut boire à sa soif le vin des meilleurs crus.

On n'a peut-être que ce défaut à reprocher au cerf, la violence de ses passions amoureuses. Le cerf n'a pas assez médité, j'en conviens, la leçon de discrétion infligée par la chaste Diane au chasseur Actéon; mais je me demande qui est parfait en ce monde. Samson, Hercule et M. de Turenne étaient de nobles héros, et l'amour aussi les perdit. L'amour est la passion des grands cœurs.

L'espèce du cerf est répandue par tout le globe. Le Jardin des Plantes de Paris en possède aujourd'hui une dizaine d'espèces vivantes, dont la plus semblable à la nôtre est celle du Malabar. Presque toutes ces espèces se reproduisent en captivité, et peuvent être considérées comme acclimatées en France. Elles feront quelque jour la gloire de nos forêts repeuplées. Et l'honneur d'avoir doté leur patrie de ces nouvelles richesses reviendra principalement à MM. Isidore Geoffroy Saint-Hilaire et Florent Prevost.

J'ai dit que les savants des académies avaient eu tort dans le temps de chercher querelle à Virgile, pour avoir affirmé l'existence du cerf africain. Il paraît que ces messieurs tenaient énormément à ce que la terre d'Afrique ne nourrît que des antilopes et des gazelles, et que les lauriers de notre dernière conquête les ont contrariés beaucoup. Le cerf d'Algérie est de nos jours connu comme le loup blanc.

J'ai dit les mœurs du cerf. Sa vie n'est qu'une longue série d'amertumes. C'est l'orgueil des forêts, le gibier royal par excellence; mais sa beauté le tue.

Le cerf a pour ennemis tous les carnassiers du globe, les canins et les félins notamment. Dans la Perse et dans l'Inde, on le chasse au guépard, charmante espèce de tigre qui se dresse comme un lévrier. Je ne sache pas qu'on le chasse nulle part à l'oiseau, à l'instar de la gazelle. Pline affirme néanmoins que de son temps les aigles faisaient beaucoup de chagrin aux cerfs, commençant par leur troubler la vue avec la poussière de leurs ailes, puis leur crevant les yeux. Le gypaète des Pyrénées et des Alpes a été accusé aussi de faire usage d'un procédé identique pour détruire le Chamois et l'Isard. Ici je ne m'inscrirai pas en faux contre le témoignage de Pline, quoiqu'il se soit passé du temps de cet écrivain une foule de choses d'histoire naturelle qu'on n'a pas observées depuis. J'ai vu des pies et des corneilles poursuivre des levrauts dans nos champs et leur crever les yeux. Le faucon blanc de Perse, qui n'est pas plus gros qu'un pigeon, attaque la gazelle, et je ne vois pas pourquoi l'aigle et le gypaète ne s'en prendraient pas au cerf ou au chamois dans un besoin urgent.

Dans les forêts du Nord, où le cerf disparaît pour faire place à l'élan et au renne, les principaux ennemis de ces deux races sont le loup, le glouton et le chat cervier; le loup qui chasse à forcer comme le chien, le glouton et le chat cervier qui préfèrent l'affût et s'embusquent dans les branches touffues des sapins, pour de là se laisser choir sur la proie qu'ils guettent au passage. L'ours a toujours été plus friand de fraises et de miel que de chair : le cerf et ses congénères ont eu rarement à se plaindre de lui.

D'innombrables troupeaux de cerfs émaillaient le sol des prairies et des forêts de l'Amérique du Nord, avant que la fée de l'industrie y eût transformé d'un coup de sa baguette le désert et la solitude en cités populeuses, et n'eût planté les assises des ports aux plages limoneuses où dormaient naguère au soleil les caïmans musqués. Le cerf (daim de Cooper) constituait alors en grande partie la richesse sociale et le capital des Peaux rouges, de la rive gauche du Mississipi jusqu'à l'Atlantique, comme le bison celui des Peaux rouges de l'Ouest, de la rive droite du fleuve jusqu'aux Montagnes Rocheuses. C'était pour eux, ou pour elles, la manne du désert, leur unique ressource contre la faim, supplice normal de la sauvagerie. L'Européen civilisé, cet être que saisit le besoin de gaspillage et de destruction, à la vue des richesses naturelles, n'eut garde, comme on pense bien, de ménager celle-ci. Il vint des exterminateurs de partout pour faire la guerre aux daims et aux bisons, et ces espèces n'eussent pas duré un siècle, si l'esprit de conservation inhérent à la propriété, n'eût fini par insuffler une idée raisonnable dans le cerveau des Yankees. Donc ces destructeurs acharnés s'aperçurent un jour qu'ils n'étaient pas les seuls à vouloir la fin de leur fauve, et que le loup et le couguar (panthère grise d'Amérique) leur faisaient dans ce but une rude concurrence. Alors ils déclarèrent une guerre à mort, guerre de concurrence à ceux-ci, et la bataille dure encore et si bien que le daim, comme le pigeon de la fable, a profité largement du conflit des voleurs, c'est-à-dire que l'espèce commence à se repeupler depuis aux prairies et aux forêts de la North-Amérique ; et que le cerf américain, toujours ami de l'homme, toujours confiant dans sa générosité, vit aujourd'hui dans la conviction intime que l'homme n'a été poussé à sévir contre le couguar que par le seul désir de l'obliger, lui cerf. Pourquoi chercherais-je à détruire ces illusions candides?

Le cerf méritait surtout d'être honoré en France, *France, nourrice de toute noblesse et fontaine des sciences et des arts*, a dit Jacques Du Fouilloux, le plus grand des écrivains du cerf que je connaisse, et dont j'engage tous mes lecteurs, je ne dis pas toutes mes lectrices, à lire le célèbre traité de *Vénerie*. Aussi le cerf a-t-il joué un rôle immense dans l'histoire des plaisirs des rois de France, princes qui chassaient de race, et qui n'ont pas dédaigné de consacrer leurs veilles à l'étude de la chasse à courre. Le cerf de France a, comme vigueur et comme beauté de formes, une supériorité marquée sur tous ceux de l'Europe. Mais s'il a eu quelques beaux jours sous l'ancienne monarchie, qu'il est tombé bas avec elle! qu'il a expié chèrement ses amitiés royales! En 89, comme depuis en 1830 et en 1848, ce fut, hélas! la première victime innocente sur laquelle le courroux du peuple s'abaissa. *Quidquid delirant reges, plectuntur cervi*, aurait dû dire le poëte, au lieu de *Achivi*, car il est certain que le peuple a moins à pâtir des révolutions que le cerf.

Pourquoi cela cependant, si le noble animal symbolise l'inventeur?

Eh! mon Dieu, pour une raison bien simple; parce que toutes les révolutions françaises où le cerf a pâti ont été escamotées par l'aristocratie du capital au grand détriment des travailleurs, et que mieux vaut pour l'homme de génie, le Molière, le Riquet, le Perrault, le Monge, le Laplace, mieux vaut l'amitié de Louis XIV, de Colbert ou de Napoléon, que la protection de la charte de 1830 ou de la constitution de 1848, sous le régime de laquelle les Sully et les Colbert ont nom Cunin-Gridaine, Fulchiron, Aliboron, Duchâtel, Guizot, Thiers. Le grand roi, le souverain absolu, peut n'aimer que modérément le progrès; mais par fierté, par amour de la gloire, il se croit tenu d'encourager la science et les beaux-arts; il dote de riches pensions le poëte et l'artiste; il les réserve pour les plaisirs intellectuels de sa cour. Le plus noble et le plus généreux des Mécènes de cette époque fut le tzar Nicolas; et le judicieux autocrate ne se bornait pas à enrichir et à honorer les talents par sa munificence; en même temps qu'il rémunérait le travail utile, il proscrivait l'industrie parasite; il condamnait le *juif*, le *juif brocanteur... au travail!* C'est triste à confesser pour un écrivain démocrate, mais c'est vrai, les Monarchies citoyennes et les Républiques modérées ont les instincts artistiques moins développés que les monarchies absolues des Haraoun-al-Raschild, des Soliman, des Louis XIV et des Nicolas.

Le cerf a recours aux mêmes ruses que le lièvre pour dépister les chiens; il rebat comme lui ses voies le long des routes. Le lièvre forcé se juchera sur la tête d'un saule, se nichera dans un four à chaux abandonné; l'histoire de la chasse du cerf abonde en hallalis dramatiques, dont la scène se passe sur les toits de maisons. Seulement, le cerf fait entrer plus volontiers que le lièvre la traversée des étangs et des fleuves dans ses combinaisons. Le cerf a été réputé de tout temps fort nageur; les anciens lui faisaient faire trente lieues à la nage d'une seule traite, de Chypre au continent. L'auteur grec, on le sait, est un conteur agréable, qui pêche quelquefois par luxe d'imagination. J'aime mieux ce défaut que le défaut contraire. Le cerf use aussi plus fréquemment du change que le lièvre. Touchant instinct de la solidarité! Presque tous les animaux persécutés par les chiens ont recours à la tactique du change. Le cerf et le chevreuil ont dans la tête la liste de tous les individus de leur espèce qui séjournent dans leur voisinage; ils savent l'âge, le buisson, le gîte de chacun. A défaut du cerf ou de harde de biches, le cerf donnera change sur le chevreuil, et réciproquement.

Voyez pourtant comme la chasse deviendrait difficile et pénible pour le chien et pour l'homme, si toutes ces bêtes savaient s'associer dans l'intérêt de leur mutuelle défense. Et les pauvres travailleurs, hélas! eux aussi forceraient bientôt messieurs du capital à compter avec eux, s'ils savaient se servir du principe sauveur de l'association, ce levier puissant de progrès avec lequel le travail soulèvera le monde un jour. Aussi les veneurs et les capitalistes, qui savent de quels revers les menace l'union des travailleurs et des bêtes de chasse, redoublent-ils incessamment d'efforts pour apporter des entraves à la conclusion de tout traité de solidarité entre leurs victimes. Le banquier a ses journaux et ses économistes pour prêcher la concurrence anarchique sous le nom de liberté commerciale; le veneur a ses limiers pour débrouiller le change et pour remettre sur la voie de la bête de chasse la meute dévoyée.

Malheureusement le change, cette large voie de salut pour le cerf, lui devient tous les jours de plus en plus difficile, par suite de la rareté de plus en plus grande de l'espèce; et d'un autre côté, prendre parti à travers nos champs si pleins de monde, nos guérets toujours retournés, c'est pour lui s'exposer à des dangers mortels, aux coups de l'assassin. A quoi se décider alors, en cette triste occurrence! Mon Dieu, à mourir et à vendre chèrement sa vie, après avoir vainement essayé de la défendre pendant une heure ou deux par des moyens indignes et des fuites sans gloire.

Je ne sais pas de spectacle plus beau que celui du débûcher d'un dix-cors, dans toute la plénitude de sa vigueur, emportant après lui, à travers les bruyères, les fossés, les obstacles, l'ouragan furieux de la meute mugissante, qui s'enivre de l'écho de ses propres clameurs, et vous enivre, vous, spectateurs et chasseurs, et vous entraîne à sa suite dans sa course effrénée. Rien de joli, de majestueux, d'élégant comme le noble animal qui bondit d'assurance, la poitrine en avant, la tête gracieusement inclinée sur l'arrière. Qui pourrait l'arrêter dans sa fuite rapide, la bête aux jarrets d'acier qui rase les buissons comme fait l'hirondelle! Qui pourrait l'arrêter? l'inquiétude, hélas! le son retentissant des fanfares, la vue de tout ce monde et les échos de la montagne, qui lui rapportent à chaque demi-heure les hurlements de rage de nouveaux ennemis; car des relais de chiens frais et âpres à la curée ont été disposés sur sa route de distance en distance, et son moral se trouble à mesure que les voix de la meute altérée se doublent et se rapprochent. Ah! que si l'idée lui venait d'emprunter au loup sa tactique, de courir droit devant lui, tout droit, toujours tout droit, à travers champs et fleuves... comme il aurait bientôt laissé loin derrière lui, dépaysé, dispersé et perdu le gros des escadrons ennemis! Ainsi faisait un cerf de la forêt de Chantilly, qui tirait droit à la forêt d'Ardenne aux premières voix des chiens, ne s'arrêtant qu'à trente-cinq lieues du lancer, et qui fut pris pourtant par le prince de Condé, mais que le prince de Condé seul pouvait prendre. Hélas! tous n'ont pas l'énergie de persévérance, la vigueur de jarret de l'illustre cerf de la forêt d'Ardenne. Épuisée, essoufflée, notre bête sur ses fins, tête basse, dos arqué, langue pendante, s'achemine lentement vers le prochain étang, dans l'espoir qu'un long bain réparera ses forces. Vain et fragile espoir! l'onde inhospitalière mouille à peine son corps, que ses membres saisis se roidissent et se tendent. L'animal veut gagner le large, ses jarrets indociles refusent d'obéir; et pourtant il faut fuir, car voilà que le premier peloton de la meute implacable a pris l'eau après lui et nage dans son sillage. Écoutez les fanfares qui sonnent le *bat l'eau*, puis l'hallali sur pied. Admirez un instant, sur la surface polie de l'onde, cette large tête noire historiée de ramures, autour de laquelle se meuvent, avec une activité de fourmi et un tapage infernal, ces cent têtes de chiens ; le cercle se rétrécit, les points isolés se rapprochent, se confondent ; tous ces museaux altérés gagnent, gagnent ; le silence se fait, le sifflement des narines succède aux hurlements ! Allons, l'heure est venue, il faut périr, l'homme ainsi l'a voulu ; et les yeux du noble animal s'emplissent d'amères larmes. Puis tout à coup l'éclair de la vengeance illumine sa pensée : plus d'indignes pleurs, guerre pour guerre... et avisant le tertre voisin, il s'y installe par un suprême effort, et de ses pieds et de sa tête, brisant, chargeant, perçant tout ce qui s'offre à ses coups, il s'enivre de carnage à son tour, et tombe sur un sommier de cadavres ennemis !

Histoire des travailleurs qui portent sur leur drapeau la devise terrible : *Vivre en travaillant ou mourir en combattant !*

LE DAIM.

Le daim est de moins noble extraction et de moins haute taille que le cerf. Son corps est plus ramassé, sa venaison plus succulente, ses jambes moins rapides. Des trois espèces de fauves, celle-là était la plus difficile à sauver ; aussi ne figure-t-elle plus que pour mémoire sur la liste des bêtes de France. Il s'en trouve encore quelques-uns dans la forêt de Compiègne, dans celle de Rambouillet et dans quelques autres établissements particuliers, mais je doute que sur toute la superficie du territoire national on compte cinq cents daims. Les chiens anglais en ont pour une heure à forcer le daim. Ce courre est loin d'offrir les mêmes émotions et les mêmes péripéties que celui du cerf. Le daim s'éloigne peu du canton où il vit, et ses ruses se démêlent sans peine ; elles se bornent à donner le change et à prendre l'eau le plus souvent possible. Il y a un proverbe de vénerie qui dit : *au sanglier la haire, au cerf la bière*, pour exprimer que les andouillers du dix-cors font des blessures plus mortelles que les défenses du solitaire ; mais le daim n'a que bien rarement illustré son trépas par l'énergie de son désespoir, et l'histoire parle peu de la puissance de ses armes. Le daim est un travailleur de trop bonne composition et qui ne se révolte pas assez contre la barbarie de ses persécuteurs; c'est du sang irlandais ou du sang de Saxon qui coule dans ses veines. Je ne lui pardonne pas de livrer ainsi sans combat sa venaison succulente à tous les agents parasites de la propriété et de l'administration (chiens courants). Je lui pardonne moins encore d'enrichir si généreusement de sa peau la garde-robe du gendarme, pierre angulaire de la société actuelle. La lâcheté des victimes est la meilleure justification des bourreaux.

LE CHEVREUIL.

Le plus joli, le plus rapide et le plus délicat de tous nos coureurs. Le chevreuil est plus vite que le cerf, plus fin de venaison que le daim, aussi rusé que le lièvre; il possède une vertu de plus que tous ces animaux : le sang-froid dans le péril. Il a le doux regard de la gazelle, l'élégance de sa taille et sa légèreté. Il ne lui a manqué pour être chanté par les poëtes comme la gazelle que d'avoir un nom aussi doux. Cette question de nom propre a dans l'histoire une portée immense; le vulgaire ne le sait pas assez. Je ne prendrais pas feu si facilement à la moindre balourdise de la science officielle, si je ne savais tout le mal qu'elle a fait à la vraie science et toutes les entraves qu'elle a semées sur la route du progrès, en déshonorant les noms propres. La langue est le plus important et le plus efficace de tous les instruments de progrès. Partant, une nomenclature barbare qui s'oppose au perfectionnement du langage est un sabot qui enraye indéfiniment le char de l'idée et le retient dans l'ornière de la routine. Un malheur immense pour la poésie et pour l'art, c'est que les hommes d'esprit aient si facilement abandonné aux hommes de science le droit de baptiser les créatures du bon Dieu; c'est que tous les vrais poëtes n'aient pas protesté encore contre les dangers de cette usurpation. Les nomenclateurs officiels, en accaparant ce droit de baptiser les êtres, ont déjà réussi à bannir de la conversation honnête le nom des plus jolis oiseaux et des plus jolies fleurs. Or, de quel bois faire flèche pour piquer l'attention d'un auditoire féminin, quand il ne sera plus permis d'appeler à son aide l'histoire des oiseaux et des fleurs? Je connais une multitude d'arbustes et d'arbrisseaux charmants récemment importés des extrémités du globe, des arbres dont chaque fleur vaut un poëme, et qui ne peuvent trouver place dans aucun hexamètre, grâce à la barbarie de leur dénomination. Essayez donc de me glisser un *Mesembrianthemum* ou une *Boussingaultia capensis* dans une strophe d'Alfred de Musset! Je vous jure que si les poëtes et les enfants n'avaient pas pris les devants sur la science pour donner un nom à la rose, les amours de Bulbul, la rose serait encore aujourd'hui à chanter. Ceci n'est point de l'exagération, c'est de l'histoire.

. . . .

Le chevreuil est l'emblème des plus pures affections familiales. Le brocard aime sa compagne et défend avec énergie son bonheur conjugal, mais sa chair ne s'enflamme pas de ses luttes amoureuses, comme la chair du daim et du cerf. Jamais l'amour ne prend chez lui comme chez le bouc l'odeur de la luxure et de l'immondicité. Ensuite le dévouement qu'il a pour sa famille ne le rend pas égoïste pour ceux de sa race. Aucune bête de nos forêts n'entend mieux que le chevreuil le principe de charité et de solidarité. Le chevreuil persécuté par les chiens n'a pas besoin, comme le cerf ou le daim, d'employer la violence pour faire bondir le change ; le change vient de lui-même s'offrir pour concourir au salut de la bête poursuivie ; et c'est merveille de voir comme tous ces charmants coureurs s'entendent pour créer des embarras à la meute. Imitez avec un appeau le cri de détresse du faon, et toutes les chevrettes accourront pour lui prêter assistance ; et j'ai vu des assassins sans entrailles exploiter odieusement cet instinct de charité maternelle. Malheur, trois fois malheur, hélas ! à qui écoute la voix de charité dans les sociétés maudites ! Je chassais autrefois six mois de l'an dans une forêt de l'État trop peuplée de chevreuils ; il n'était pas un de mes coups de fusil heureux qui ne me coûtât un remords. Ce remords hypocrite allait jusqu'à la douleur, quand ma balle s'égarant frappait une chevrette dont je n'avais pu distinguer la tête ni l'allure à travers le fourré. Je vois venir le jour où la crainte de la méprise me fera respecter systématiquement le brocard.

Toute bête qui se marie et qui a charge de famille est forcée, par ce fait même, de travailler perpétuellement à agrandir la sphère de ses instincts conservateurs. Le brocard, sur qui pèse la responsabilité du salut d'une famille, apporte donc encore plus de science et de combinaison dans ses plans stratégiques que le cerf et le daim. Aussi chasse-t-on assez rarement le chevreuil à courre, et le veneur a-t-il l'habitude de recourir pour le détruire à l'aide du fusil. Le chevreuil est après le loup la bête de nos forêts qui se force le moins; et ce n'est pas seulement la vigueur de son jarret qui le préserve si fréquemment du sort du cerf et du lièvre, c'est plutôt le sang-froid qu'il déploie dans la lutte, et la sage distribution qu'il fait de ses moyens. Le cerf et le lièvre aussi sont doués d'un jarret vigoureux, et ce n'est pas l'esprit de ruse qui leur manque; mais le cerf et le lièvre sont malheureusement sujets à perdre la tête dans un moment critique. Pour fuir la meute qui le talonne et dont les clameurs l'épouvantent, le cerf, comme le lièvre, dépensera quelquefois, dans un quart d'heure de course désordonnée, une somme de vigueur considérable, laquelle, mieux répartie, lui eût permis de tenir une heure ou deux heures de plus sans fatigue. Et pour n'avoir pas assez ménagé ses poumons, pour avoir voulu mettre trop vite un trop grand intervalle entre lui et le péril, le fugitif est bientôt contraint d'arrêter court, car le souffle lui manque avant même que ses jambes faiblissent. Or, pendant ce repos forcé, la meute distancée regagne le terrain qu'elle avait perdu; alors le cerf relancé redemande vainement à ses jarrets l'élasticité qu'ils n'ont plus. C'est presque toujours l'essoufflement qui tue le cerf et le lièvre, et beaucoup échapperaient au sort fatal, n'était la peur qui les pousse si fréquemment à prendre un parti désespéré. Le chevreuil obéit moins à ce mauvais maître; le péril ne l'émeut pas; il joue devant les chiens, il broutera volontiers à dix pas du basset qui le chasse; il s'arrête à chaque pas, ayant bien soin de se couvrir de l'épaisseur d'une cépée, d'un grand arbre. Il écoute de toutes ses oreilles avant de franchir le sentier et la route où il suppose des tireurs embusqués, traverse d'un bond le périlleux passage ou revient sur les chiens, comme, dans les battues, il rebrousse sur les rabatteurs. Le moment venu de prendre un grand parti, il n'hésite plus, prend sur les chiens une énorme avance, fait une lieue en quelques minutes, et profite de l'intervalle de temps que la meute doit mettre à le rejoindre pour exécuter un stratagème médité de longue main. C'est un grand chemin frayé, un ruisseau qu'il remontera et descendra par deux fois, et d'où il s'échappèra par un bond de côté prodigieux. S'il a beaucoup de temps devant lui, il multipliera la ruse, et la compliquera de détails infinis. Bien habiles seront le piqueur et les chiens qui parviendront à déjouer ces manœuvres. J'ai vu forcer le chevreuil après quatre ou cinq heures de chasse et même moins dans des forêts où le fauve était rare, mais dans celles où il abonde et où le change est facile, le courre de cet animal présente, je le répète, presque autant de difficultés que le courre du vieux loup. Par malheur, ce sang-froid que le chevreuil affecte en face du péril, et qui le sauve dans la chasse à courre, lui est mortel dans la chasse au fusil. Comme il joue devant les chiens, rien n'est plus facile que de le tuer au lancer, ou de le tirer sous bois en suivant la chasse. Un simple basset à jambes torses, aidé d'un bon tireur, porterait bas à lui tout seul plus de chevreuils en quinze jours qu'une meute de cent anglais en toute une saison.

Le chevreuil est le dernier honneur des forêts de la France. Lui mort, la vénerie française n'aura plus à inscrire dans ses fastes que des prises de lièvre, et le chevreuil est déjà inconnu de fait dans près de cinquante départements de France. Ce qui est cause que messieurs les préfets l'ont rangé dans la catégorie des animaux nuisibles. Je suis fâché de vous en avertir, messieurs les administrateurs, mais voici un arrêté qui pèsera un jour sur vos nuits comme un cauchemar satanique, et dont vous répondrez devant Dieu.

Il est vrai que le chevreuil et le cerf ne sont pas en parfaite odeur de sainteté près de la secte libérale, et je sais que de fougueux amants de la liberté ont accusé maintes fois les deux nobles espèces de tendances absolutistes, comme le pigeon ramier. L'accusation tombe à faux. Le cerf, le chevreuil, le ramier et toutes les créatures d'élite n'aspirent, comme la femme, qu'à un seul idéal, au règne d'harmonie, au règne des affections libres et pures. Si d'ici là, et parmi les sociétés limbiques, le cerf et le chevreuil ont l'air de préférer l'une à l'autre, la barbarie à la civilisation, par exemple; si l'autocratie pure leur va mieux que le gouvernement de l'épicerie, c'est que de plusieurs maux ils ont choisi le moindre. Le sort du gibier royal étant incomparablement plus doux sous le régime de la monarchie absolue que sous celui de la république, il est tout naturel que le gibier royal vote plus volontiers pour la première forme politique que pour la seconde. D'un autre côté, s'il est vrai que le régime de la culotte de peau soit un régime de corruption, de vénalité et de mensonge où l'argent fait la loi, il est très-rationnel encore que des bêtes de haut titre, qui symbolisent le juste persécuté et qu'on chasse d'asile en asile, n'éprouvent qu'une médiocre sympathie pour ce système impur où les *permissions de défricher* s'achètent pour un pot-de-vin. Honte aux gouvernements des pots-de-vin et des défrichements ! disent le chevreuil et le cerf dans leur indignation légitime. Et parce que le peuple français a eu jusqu'ici la sottise de confondre le charlatanisme libéral avec la liberté ; et parce que M. Guizot, l'historien anglais, lui a fait accroire que l'avénement du boutiquier au pouvoir était le dernier mot du progrès politique, le peuple français en est venu à considérer le chevreuil et le cerf, qui méprisent le bourgeois, comme ennemis de la liberté. Immense et double erreur, et dont la France a porté bien longtemps la peine !

Je veux qu'avant dix ans tous les hommes intelligents de mon pays rendent hommage à la sagacité du cerf et du chevreuil, que leur droiture d'esprit sauvegarde des roueries et des piéges du libéralisme, et que d'iceux nous partagions tous l'antipathie profonde pour la boutique et les défrichements.

LES RUMINANTS DES GLACIERS.

BOUQUETIN. — CHAMOIS. — ISARD. — MOUFLON.

Le Créateur n'a déshérité aucune terre de parure et de vie. Au-dessus des régions où l'air respirable manque à l'homme, planent encore l'Aigle et le Gypaète, et bondissent les Chamois. Bien loin, sous le ciel crépusculaire des pôles, par delà les confins des régions de lumière et les glaces éternelles, gisent perdues d'immenses terres, au sein des mers solides. Là, parmi les steppes neigeuses du Spitzberg et de la Nouvelle-Zemble, errent de nombreux troupeaux de rennes qui paissent le lichen sous les ossuaires d'ivoire, riches débris du règne animal gigantesque qui peuplait ces parages avant le dernier cataclysme. Sur l'aire du glaçon voyageur que l'explosion du froid a détaché du flanc de la montagne navigue l'ours blanc et dorment en paix les morses, amphibies monstrueux à la figure humaine, aux défenses d'éléphant. Et le pinson des neiges, qui voudrait accompagner le soleil jusqu'au bout de sa course et doubler le pôle avec lui, fait redire son air de bravoure aux sourds échos de la morne solitude, et marie ses chants d'allégresse aux sinistres houloulements de l'harfang et aux bramements des rennes, seules voix de ces plages désolées. Entre temps, le manchot géant, debout sur l'arête des banquises de la mer antarctique, semble la sentinelle qui veille sur les remparts d'une citadelle de glace, ou l'orateur qui pérore au milieu d'une docte assemblée.

C'est ici que brille dans tout son éclat la providentielle

sagesse, si souvent et tout à l'heure encore invoquée dans ce livre. Pour que nulle part la dépopulation absolue ne se fît, Dieu a proportionné chez ses créatures l'amour du sol natal aux rigueurs du climat. Ainsi, tandis que le Renne, le Lapon, le Chien de Sibérie ne peuvent vivre hors de la région des frimas, les habitants des zones fortunées quittent leur patrie sans regret. Ainsi, parmi ces légions d'ilotes, que les bourreaux des sociétés barbares recrutent chaque année pour forger leurs armées permanentes, garantie de leur tyrannie, celles où le mal du pays fait le plus de victimes sont les légions tirées des contrées les plus pauvres, des montagnes surtout.

L'amour du sol natal chez l'habitant des terres désolées, homme ou bête, confirme cette théorie consolante : que le suprême Ordonnateur des choses a proportionné l'effroi de la mort et l'amour de l'existence chez l'homme aux misères de sa vie. J'ai dit avec raison, plus loin (article *Chauve-Souris*), qu'il fallait absolument que le vivant des sociétés limbiques fût cloué à ses maux par une puissance invincible, pour que le désir ne lui vînt pas de briser l'écrou qui le rivait à la souffrance temporaire. En effet, que Dieu eût commis l'imprudence de révéler à l'homme des sociétés maudites (civilisation, barbarie) la connaissance de ses destinées ultérieures et les jouissances sans fin de la vie aromale, vie *normale* de l'espèce, l'homme n'eût plus aspiré désormais qu'à cette vie supérieure, et le sentiment de ses devoirs eût été impuissant à lutter dans son cœur contre les tentations incessantes du suicide, et il y a longtemps que ce monde ne serait plus habité. Mais vienne l'ère d'harmonie où l'universalisation de la félicité convertira cette terre en une vallée de délices, où nul motif ne poussera plus le malheureux mortel à s'affranchir des tourments de la vie, où la révélation enfin n'aura plus de périls, Dieu ne l'ajournera plus.

Sur les crêtes les plus inaccessibles des Pyrénées et des Alpes françaises subsistent encore, à cette heure, quelques rares débris de deux ou trois familles de ruminants sauteurs, le Bouquetin, le Chamois, l'Isard. Le Mouflon est exclusif aux plus hautes montagnes de l'intérieur de la Corse. Une élasticité de muscles sans pareille distingue ces inoffensifs quadrupèdes, qui franchissent les abîmes avec la légèreté de l'oiseau. On ne les chasse pas comme le lièvre, le cerf et le chevreuil. On les affûte, c'est-à-dire qu'on se poste sur leur passage présumé pour les tuer; l'affût est un assassinat. Là où ne travaillent pas le chien ni l'oiseau de concert avec l'homme, il n'y a pas de chasse, puisque chasser veut dire poursuivre. Or, le chien de l'abîme manque comme le chien de pêche à la série des canins, et l'homme n'a pas su encore dresser l'oiseau de proie pour la chasse au chamois, comme il a fait pour la gazelle. Je n'ai point de récit à faire de ces tueries sans gloire où l'adresse du tireur est tout.

Toutes ces races symbolisent les populations indomptées qui, préférant la misère à la servitude, sont venues de tout temps demander aux crêtes inaccessibles des monts perdus dans la région des tempêtes un abri pour leurs libertés. Le chamois ou le bouquetin des glaciers nous représentent l'Helvétien du Rutli, le Klephte, le Monténégrin, l'Albanais de Scanderberg, l'Araucanien des Andes Chiliennes, le Druse du Liban, le Kabyle du Djurjura, le Tcherchesse du Caucase. Le chamois a pour tout bien, comme le Klephte, l'air du ciel; l'eau des glaces, un bon jarret d'acier trempé par les frimas, et puis... la liberté sur la montagne. Il semble que le bélier sauvage, le muffolo ne puisse avoir d'autre patrie que la Corse, l'île insoumise qui ne peut engendrer des esclaves.

Rares et dispersés par le globe, vivent ces nobles débris des fortes races humaines, comme ceux des ruminants de l'abîme ; car il y a coalition entre tous les despotes pour anéantir jusqu'aux derniers vestiges de l'indépendance des vaincus, pour effacer jusqu'aux noms des peuples libres, cauchemars de la tyrannie. La Suisse indépendante, et se gouvernant à sa guise, scandalise l'Autriche absolutiste, qui craint pour ses royaumes volés la contagion de l'exemple ; et souvent tous les mauvais vouloirs des gouvernements de l'Europe se coalisent pour prêter assistance à l'absolutisme autrichien. Il n'est pas jusqu'aux apostats de nos révolutions à nous qui n'aient sollicité à diverses époques le honteux honneur d'être admis parmi les conjurés de la Sainte-Alliance des bourreaux.

Ainsi se conduisent les chasseurs et les riches désœuvrés de tout le continent à l'égard du chamois, du bouquetin, de l'isard. L'Anglais de l'Australie et l'Espagnol d'Haïti n'appliquent pas la politique d'extermination à une race indigène avec plus de fureur que le chasseur des Pyrénées et des Alpes aux ruminants des glaciers.

LE BOUQUETIN. — LE CHAMOIS. — L'ISARD.

Le Bouquetin qu'a chanté Phœbus, Gaston Phœbus, comte de Foix, contemporain de Duguesclin et le plus grand veneur du XIVe siècle, a déjà disparu des Alpes depuis cent ans et plus, parce que la pittoresque Helvétie est mieux sur le chemin des riches désœuvrés de l'Europe que la chaîne qui sépare l'Espagne de la France. Le bouquetin était déjà sur le point de passer à l'état de mythe dans les cantons boisés de Glaris et des Grisons vers le commencement du XVIIe siècle. Il existe un édit de ce temps, de 1613, je crois, qui interdit chez les Grisons la chasse au bouquetin, sous peine de cinquante écus d'amende. L'interdiction trop tardive, hélas! n'a pu reculer le dernier jour de l'espèce. Le bouquetin de l'Helvétie n'est plus, et l'époque n'est pas loin où celui des Pyrénées aura disparu de nos glaciers du Midi, comme l'autre a disparu de nos glaciers de l'Est. Voici, en effet, que l'Anglais exterminateur a déjà fondé sur le revers des Pyrénées françaises ses désastreuses colonies d'émigrants, et rien ne subsiste longtemps, et rien ne repousse plus, chamois, perdreaux ni truites, où l'Anglais a passé.

Peut-être retrouverons-nous quelque jour le bouquetin sur un roc escarpé de la Crète ou de la Mingrélie, oublié de l'Anglais. L'expérience a démontré, du reste, que la chèvre domestique, abandonnée à elle-même dans une île déserte, ne tarde pas à reprendre l'allure du bouquetin, souche primitive de la race.

Le bouquetin diffère essentiellement du chamois par la taille et par la coiffure. Il égale le daim en grosseur. Ses cornes immenses, courbées et rabattues sur l'arrière comme les cornes du bouc domestique, sont historiées de bossages ou de nœuds réguliers dont le nombre indique l'âge de l'animal. Le front de la femelle en est également armé. Le chamois et l'isard, qui ne sont qu'une seule et même espèce, à quelque différence de taille près, portent au contraire la corne courte et droite comme l'antilope; seulement, cette corne verticale se recourbe à son extrémité en un gracieux crochet, ce qui la rend éminemment propre à l'office de tire-bottes. Je ne sais pas bien à quelle espèce de chèvres de rocher (*rupicapra*) Oppien attribue la singulière habitude de respirer par les cornes, contrairement à l'opinion de Pline, qui soutient mordicus que la respiration de ces bêtes se fait par les oreilles... Je crois que le bouquetin et le chamois respirent par les narines, comme une foule d'autres animaux.

Gaston Phœbus, qui vivait au pied des Pyrénées, parle des périls de la chasse au bouquetin, lequel se retourne quelquefois sur le chasseur et n'hésite pas à pousser celui-ci dans l'abîme, quand il n'y a pas de place pour deux sur la rampe escarpée du roc. Les chasseurs d'à présent révoquent en doute ces traits de fierté et d'audace du bouquetin d'autrefois, insinuant traîtreusement par là que Phœbus a hâblé. Ils oublient que Phœbus écrivait à une époque où le fusil à percussion n'était pas inventé encore, et que les bêtes sauvages étaient loin de porter en ce temps-là à l'homme le respect qu'elles lui témoignent depuis cette dernière invention.

Le bouquetin, le chamois, l'isard paissent en troupes plus ou moins nombreuses les prairies parfumées qu'arrosent les eaux bleues des glaciers. Pour éviter toute surprise, ils ont soin de poster des sentinelles tout autour de leur campement temporaire; au moindre coup de sifflet d'alarme, toute la bande se précipite avec la rapidité de l'avalanche vers l'issue indiquée, et regagne à bonds prodigieux l'asile du précipice. Tel, sur les bords fleuris du Kara-Koïssou, aux champs de Circassie, un essaim de jeunes vierges aux cheveux d'or enchante la vallée de ses joyeux ébats, quand tonne tout à coup le canon d'alarme de la haute citadelle, qui annonce l'arrivée du Russe et force les brebis fugitives à rentrer au bercail.

La femelle du bouquetin, du chamois, de l'isard, porte cinq à six mois comme la chèvre, et met bas au printemps un ou deux petits, les plus gracieuses et les plus charmantes des créatures enfantines, plus innocentes que des agneaux, plus joueuses que de jeunes chats, tendres nourrissons, hélas! que l'amour de leur pauvre mère ne réussit pas toujours à sauver de la serre formidable de l'aigle ou du vautour. On lira dans un autre volume, à l'article *Aigle* ou *Gypaète* (vautour des agneaux), que Pline n'avait pas tout à fait tort d'accuser certains aigles de crever les yeux aux cerfs pour en avoir raison.

LE MOUFLON.

Le mouflon de Corse, moins léger que le chamois, a de plus que l'habitant des glaciers le dôme et l'abri des forêts. J'ai entendu parler au Jardin-des-Plantes de l'humeur indisciplinable et farouche du mouflon, qu'ils comparaient au zèbre pour l'inflexibilité du caractère. Dans son pays natal, au contraire, on vante sa douceur ; et ses compatriotes affirment que le mouflon pris jeune s'apprivoise aussi facilement et suit son maître avec la même docilité que le caniche. Le mouflon produit en captivité, signe certain de sa tendance à se rallier de nouveau à l'homme, avec lequel il a déjà conclu un traité d'union dans les temps.

On me demande encore, à ce propos, pourquoi ces traités, si communs dans les époques antérieures, sont si rares aujourd'hui. Je ne puis faire à cette question que mon éternelle réponse, et répéter à l'occasion du mouflon ce que j'ai dit à l'endroit du zèbre. Il n'est pas d'animal, ai-je dit, qui n'aime l'homme en secret et qui, bien confessé, ne finisse par avouer que sa plus ardente ambition est de servir son souverain légitime et d'avoir un emploi de lui. Malheureusement l'attitude hostile qu'a prise l'homme vis-à-vis de toutes les bêtes ne permet plus guère à celles-ci les tendres épanchements. Dans le principe des choses, aux jours heureux de l'ère paradisiaque, et alors qu'aucun être n'éprouvait le désir immodéré de se nourrir du sang ou de la chair d'autrui, la confiance de la bête en l'homme était d'ordre naturel. L'animal n'avait pas de raisons encore pour dissimuler ses penchants, et le pinceau des peintres, comme la lyre des poëtes, a dû se plaire à retracer les images naïves de la concorde édifiante qui fut entre l'homme et la bête en ces temps éloignés de nous. Mais le maître a brisé bien des fois depuis les liens de l'entente cordiale ; il a donné force coups de couteau dans le contrat ; il a provoqué de sanguinaires représailles ; tant et si bien que la défiance et le ressentiment ont fini par entrer dans l'esprit des victimes et par y destituer l'affection et la sympathie. Beaucoup d'écrivains sont d'avis même que la paix est désormais impossible entre les deux parties, depuis que de part et d'autre tant de sang a coulé. Je partagerais cette opinion, n'était que la bête, la bête la plus amie de la vengeance et du carnage, a toujours su distinguer entre l'homme et la femme, et n'a que rarement enveloppé celle-ci dans ses haines homicides. A tort ou à raison, la bête a encore foi dans la charité de la femme, et peut-être que cette confiance ne sera pas trompée, et que la femme ici encore sera l'arche d'alliance entre les deux règnes. Je l'espère pour nous tous ; je ne vois même plus de difficultés à la chose, après l'apprivoisement des ramiers des Tuileries, cette démonstration si puissante du charme de séduction de la beauté parisienne. On parle du caractère récalcitrant du zèbre, du mouflon, du buffle d'Asie... mais on ne réfléchit pas, je me tue à le répéter, que ces espèces vivent au milieu d'atroces populations humaines, hideuses de figure et de mœurs, et dont le plus grand bonheur est de se faire la guerre et de s'entre-dévorer. Sont-ce là, de bonne foi, des spectacles bien faits pour édifier les bêtes sur la supériorité de l'intelligence humaine, et l'anthropophagie est-elle le sacré caractère dont Dieu a marqué l'homme, pour que toute créature le reconnaisse pour son maître à ce signe? L'histoire a-t-elle un seul exemple à citer que jamais zèbre ou buffle dénaturé ait échangé son père ou sa mère, ou son fils, contre une gourde d'eau-de-vie... pour que l'homme, coupable de ces crimes, soit en droit d'accuser ces quadrupèdes de désobéissance criminelle aux lois de Dieu! Commençons par agir en rois, avant d'exiger qu'on nous respecte à ce titre, et, quand nous dépassons la brute en nos fureurs, ne trouvons pas étrange que la brute, plus sensée que nous, nous méprise et répudie notre joug. Le mouflon a, comme le zèbre, le droit de s'insurger contre la tyrannie du civilisé; mais de ses répulsions légitimes contre les humains des sociétés limbiques, je me garde bien de préjuger de ses dispositions futures pour les humains de l'ère d'harmonie. Le zèbre, l'hémione, le quagga et le daw, porteurs nés de la cavalerie enfantine, ne peuvent être requis de droit pour le service de l'homme, qu'après l'émancipation préalable de l'enfant et de la femme. Attendons, pour juger de la douceur ou de l'indomptabilité de leur caractère, que cette émancipation préalable ait eu lieu. Tout le monde sait parfaitement aujourd'hui que si la femme n'eût pas régné en maîtresse absolue sous les ombrages du jardin d'amour de Paris, jamais le farouche ramier des bois n'eût songé à déserter le refuge des forêts solitaires, pour fixer ses pénates aux dômes parfumés des tilleuls et des marronniers des Tuileries.

Ce qui est vrai du mouflon l'est également du bouquetin, du chamois, de la perdrix et du canard sauvage. Toutes ces espèces-là sont demeurées dans l'amour de l'homme, tant que l'homme n'a pas abusé de leur noble confiance. Elles se sont retirées de lui à mesure des progrès de sa méchanceté sanguinaire. Elles lui reviendront avec l'adoucissement de ses mœurs et le règne de la femme. En bonne administration aujourd'hui et dans la prévision de ce futur retour, le meurtre du bouquetin, du chamois, du mouflon, devrait être interdit sous les peines les plus sévères; car la triple espèce va périr, si la génération actuelle ne s'arrête dans ses voies d'extermination. Or, le bouquetin, le mouflon, le chamois, sont les troupeaux de la région des nuages, sont la parure et la vie des glaciers et de l'abîme que ne peut féconder la main de l'homme, et les générations actuelles n'ont pas le droit d'anéantir, au détriment des générations futures, le fonds d'une propriété dont Dieu ne leur avait accordé que l'usufruit!

Le mouflon de Corse se retrouve en Sardaigne, en Crète, en Candie, et même en Espagne dans les hautes sierras de l'Andalousie. J'espère encore qu'il habite le Caucase, où l'on a revu de l'Aurochs. L'Algérie et le Maroc en nourrissent une seconde espèce, dite le mouflon à manchettes, qui ne porte déjà plus sur sa face le type moutonnien, mais qui se rapproche du Bubale, un autre ruminant de l'Atlas, d'une laideur remarquable, qui marque la transition entre les antilopes d'Afrique et nos ruminants domestiques.

LE LIÈVRE.

C'est le type de l'espèce victime. Le lièvre a pour ennemis tous les animaux carnassiers des forêts et de l'air, plus l'homme. Il n'y a pas jusqu'à la belette et au lapin qui ne lui déclarent la guerre. C'est l'emblème des races inférieures réduites à l'ilotisme et condamnées par le droit du plus fort à servir aux vainqueurs l'impôt du plaisir et du sang. Dieu a donné à la malheureuse créature, pour la préserver des chances innombrables de destruction qui la menaçaient, la fécondité d'abord, triste privilége de la misère, puis la vitesse pour fuir et la ruse pour dépister ses persécuteurs. Le lièvre est bien armé, comme le rat et l'écureuil, de puissantes incisives dont il pourrait tirer parti contre ses bourreaux, mais la démoralisation, conséquence forcée d'une trop longue servitude, lui a ôté jusqu'à la conscience de ses moyens. Il ne se sert de ses armes naturelles que contre les siens, à l'instar de l'esclave, et ne demande son salut qu'à la fuite.

Le lièvre est taillé pour la course ; son nom latin *lepus* n'est que la contraction des deux mots *levis pes*. La longueur démesurée de ses pattes de derrière en fait deux ressorts puissants qui se détendent à volonté et communiquent à ses mouvements de progression une impulsion énergique. Cette disposition particulière de l'arrière-train du lièvre lui permet également de gravir les collines avec la même rapidité que les surfaces horizontales, privilége dont il use pour gagner l'avance sur les chiens, sur le lévrier surtout, le seul de ses ennemis à quatre pattes qui l'emporte sur lui par la vélocité. Par la même raison, la descente lui est défavorable. L'homme n'a pas encore réussi à imaginer un système de véhicule à l'imitation de la charpente du lièvre, c'est-à-dire apte à transformer la montée en plan horizontal, par la hausse proportionnelle de l'arrière-train.

Le lièvre pèche par la vue. Ce défaut, qui implique contradiction avec la rapidité des allures, est pour la malheureuse bête la source de misères infinies. Il est doué, en revanche, d'une finesse d'ouïe extrême, comme l'annoncent ses oreilles longues, effilées, mobiles, et qui semblent remplacer chez lui la queue dans l'office de gouvernail. C'est un animal de sang chaud et de tempérament ardent.

L'amour hélas! est la seule jouissance légitime qui ne soit pas interdite au pauvre, puisqu'elle ne coûte rien. La femelle du lièvre, la hase, fait dans nos climats une quinzaine de petits chaque année, une portée chaque mois, de février à la Toussaint. Le mâle les tue quelquefois, mais en domesticité plutôt qu'à l'état libre; car il faut de graves motifs, comme la privation absolue de la société des femelles, pour le pousser à ces extrémités. La femelle elle-même, placée dans les mêmes circonstances, ne respecte pas plus le sentiment familial; mais ni l'un ni l'autre, selon moi, ne mangent leurs petits; ils se contentent de leur broyer la tête d'un coup de dent. La servitude est comme la faim une mauvaise conseillère.

Bien que l'espèce soit répandue à profusion sur toute la surface de l'ancien et du nouveau continent, bien qu'elle s'accommode de toutes les zones, sa vraie patrie est le steppe, la plaine incommensurable et aride où croissent le serpolet, la lavande, les labiées odorantes. Le lièvre ne boit pas; il aime le grand air, l'espace nu, d'où l'ennemi s'entend de loin, et où il y a moyen de fuir. Il périt de marasme et de consomption dans nos parcs trop ombreux, pour peu surtout que le lapin y abonde. On n'a jamais pu en conserver à Vincennes. C'est un des animaux les plus difficiles à acclimater et à retenir en un pays qui ne lui convient pas. M. Viardot raconte une mystification très-plaisante dont furent victimes, il y a quelques années, d'illustres chasseurs de Saint-Pétersbourg, qui avaient fait venir à grands frais, de Moscou, un troupeau de lièvres de quatre cents têtes. A peine les pauvres bêtes furent-elles arrivées à leur destination, que leurs propriétaires convoquèrent, pour les occire, le ban et l'arrière-ban des chasseurs indigènes. La Russie ne connaît guère d'autre procédé de chasse que la battue; trois cents rabatteurs et quatre-vingts tireurs se trouvèrent donc réunis sur le champ de bataille. L'attaque s'engage vivement de la part des traqueurs, mais les fusils restent muets; la seconde, la troisième battue ont le même succès que la première. Stupéfaction universelle! Bref, un seul coup de fusil est tiré à la dernière enceinte, et tiré sur un lièvre impotent, un malheureux lièvre du pays qui n'avait pu décamper avec les autres... Car voici le mot de l'énigme:

Les lièvres de Moscou, à peine descendus du véhicule qui les avait apportés, s'étaient remis en route pour leur contrée natale, et la description par eux faite de cette contrée plantureuse aux lièvres de Saint-Pétersbourg avait déterminé ces derniers à quitter leur triste patrie.

Le lièvre ne se réfugierait aux forêts que pendant les rudes gelées de l'hiver, si les persécutions de l'homme ne lui faisaient une nécessité permanente de l'abri du fourré; car le fourré est une demeure peu tranquille et peu sûre pour l'animal craintif qui entend des ennemis partout, pour qui le moindre bruissement du vent à travers la feuillée est un sujet d'alarme et qui a le droit de croire une bête assassine postée en embuscade derrière chaque buisson. Quand la feuille tombe au bois, après les premières gelées d'octobre, tous les lièvres abandonnent le fourré pour la plaine. Les chasseurs le savent bien, et c'est une belle époque pour la chasse en plaine au chien d'arrêt.

Le lièvre affectionne les céréales pour demeure et pour nourriture. La tige verte du froment, celle de l'orge et l'avoine en grain sont pour lui des mets particulièrement savoureux. On a vu quelquefois cette passion pour la tige des céréales dégénérer en manie désastreuse. Dans beaucoup de contrées de la Russie, en Crimée, en Ukraine, les grands propriétaires ont un serviteur spécial préposé à la destruction des lièvres.

Dans certains pays de plaine rase, le lièvre se terre comme le lapin. Le loup agit de même dans les steppes de Tartarie. J'ai vu tuer dans ma vie, en France, deux lièvres *au furet*.

La chasse du lièvre au chien courant est la plus amusante et la plus intéressante de toutes les chasses à courre, et c'est heureux; car c'est, avec celle du chevreuil, la seule qui nous reste en France, aujourd'hui que le cerf, le daim, le loup et le sanglier y sont presque partout détruits, et que les rares survivants de ces espèces sont dévolus aux plaisirs des rois de la finance. Je ne sais pas de jouissance comparable à la chasse du lièvre en montagne, par une belle journée d'octobre, ni de concert préférable à l'unisson de douze voix de hurleurs *de pied*, capables de forcer leur lièvre en deux ou trois heures. Oh! comme de tous les paradis de ma connaissance je choisirais, si j'avais à choisir, celui des Peaux Rouges des grands lacs, ces forêts du grand Manitou, où les élus sont conviés à des hallalis éternels!

On appelle chiens *de pied* des chiens de vitesse égale qui chassent en escadron serré sans jamais se désunir.

Le grand roi Louis XIV avait une meute pour lièvre, et il avait raison. C'était un prince qui savait apprécier le mérite, et qui n'eût pas confié la direction de l'agriculture à un fabricant de drap noir pour culottes, comme son petit-neveu Louis-Philippe.

La chasse du lièvre est celle de la petite propriété; c'est la plus importante, par conséquent, dans un pays comme le nôtre, qui renferme onze millions de parcelles sur une superficie totale de cinquante-deux millions d'hectares. On me pardonnera pour cette cause la longueur des développements que je veux donner au sujet.

La piste du lièvre est une piste délicate comme celle du

chevreuil, et qui ne convient que médiocrement au goût des chiens gâtés à chasser la bête puante. Il en est de ceux-ci comme des buveurs d'absinthe, dont le palais, brûlé par l'alcool, est devenu insensible au fin bouquet du clos Vougeot et du Haut-Brion. Tout chien qui a eu le malheur de chasser avec succès le renard est sujet à prendre le change du lièvre sur l'animal immonde. D'où ce premier principe : voulez-vous avoir une bonne meute pour lièvre, qu'elle ne chasse jamais le renard. Je ne permets à l'équipage pour le lièvre d'autre distraction que celle du chevreuil, et encore est-ce là une tolérance blâmable que les grands chasseurs de lièvres, comme M. de Pommery, ne m'accorderaient pas. Mais entendons-nous avant de passer outre. Nos douze hurleurs, bassets, bigles ou lorrains, qui sont parfaitement suffisants pour forcer le lièvre de *meute à mort,* en moins de trois heures, ne sont plus de taille à mener de la sorte le chevreuil à ses fins. Il n'est donné qu'à l'Anglais et au Vendéen *croisé* de forcer le chevreuil de meute à mort en deux heures; même ces résultats ne sont guère possibles qu'à la condition d'avoir quatre-vingts à cent chiens. Communément, la chasse à courre du chevreuil exige l'emploi des relais comme celle du sanglier et du cerf. Ainsi, quand je permets d'attaquer le chevreuil avec l'équipage du lièvre, il est sous-entendu que les tireurs auront le droit de faire usage du fusil : sinon, non.

En raison de la délicatesse du sentiment de la bête, il faut, pour ainsi dire, pour bien chasser le lièvre, un temps et un pays façonnés tout exprès. Les chaleurs de l'été ôtent le nez aux chiens, le vent du midi aussi ; les gelées un peu fortes empoisonnent la terre; la pluie noie le fumet; les herbes fortes et le fumier l'absorbent ; la terre détrempée *botte*: c'est-à-dire que la patte du lièvre, étant garnie de poils, emporte après elle la boue imprégnée de sa piste, et dérobe sa passée aux chiens. La vraie saison de la chasse au lièvre court de l'équinoxe de septembre au 20 novembre, saute les gelées et reprend de février en avril, mais les hases sont pleines dès les premiers jours de février et veulent être respectées. Le bon vent pour la chasse au lièvre est le vent d'est, ni trop frais ni trop sec; le bon terrain la bruyère et les *friches,* un sol siliceux, consistant, et où l'eau ne séjourne pas. Les terres argileuses, celles surtout qu'on appelle *terres blanches*, les vignes fortement fumées et détrempées sont le désespoir du chasseur et des chiens. Quand vous voudrez acheter une meute pour lièvre, essayez-la, si faire se peut, dans les terres blanches et dans les vignes, et ne lésinez pas sur le prix, si elle se tire honorablement de l'épreuve; mais ne vous engouez pas trop vite pour la conduite la plus brillante à travers les bruyères, les chaumes, les buissons.

A toutes ces difficultés provenant de l'atmosphère et de la nature du sol, ajoutez la multiplicité des ruses de l'animal, et vous comprendrez la raison de la haute estime en laquelle l'amateur tient la chasse du lièvre. Le parfait chien de lièvre est, à mon sens, égal en valeur au meilleur chien de loup, l'espèce la plus prisée. Il ne faut au chien de loup que du sang, du jarret et du cœur; il fau au chien de lièvre un peu de génie avec ça, plus l'amour de la chose, la passion artistique. On ne sait pas ce que dépense de combinaisons ingénieuses et de savants calculs un chien de lièvre occupé à deviner une ruse inédite J'ai été pendant deux ans en Bourgogne à la tête de six chiens courants qui ne chassaient que le lièvre, qui m'en forçaient neuf sur dix en trois ou quatre heures, par tous les vents du monde, et que je respectais trop pour les aider de mon fusil. Tout au plus me permettais-je de leur apporter le concours de mon expérience pour relever le défaut. C'étaient des hurleurs de petite taille, fins et déliés, et payant fort peu de mine, de vrais trésors cependant pour le jarret, le flair et la ténacité. Pourquoi Dieu, qui n'a donné qu'une seule amitié à l'homme, le chien de chasse, n'a-t-il pas égalisé la durée de leurs deux existences, pour qu'on pût renfermer les deux amis à la fin de leur carrière dans le même tombeau?

Une personne fort sensée, devant qui j'exprimais un jour ce regret douloureux m'objecta que si le chien vivait quatre-vingts ans comme l'homme, s'il avait pour développer son intelligence le même temps que nous, ce serait peut-être lui qui nous tiendrait en laisse... C'est très-possible ; alors ce que Dieu a fait est bien fait.

Le chapitre des ruses du lièvre ne se terminerait pas si l'on avait la prétention de les y faire entrer toutes ; car ces ruses varient nécessairement avec le territoire, le climat et la disposition des lieux. Le moindre accident de terrain, une mine toute fraîche, un éboulement de la veille, un arbre abattu par la cognée ou renversé par l'ouragan, tout est matière à stratagème pour le lièvre, tout phénomène nouveau lui suggère une idée. Il n'a pas étudié le Code civil, mais nul légiste ne connaît mieux que lui les entraves qu'apporte à la liberté illimitée du droit de chasse le droit de la propriété individuelle. Il spécule sur ces entraves. Il sait l'inviolabilité du domicile du citoyen sous le régime constitutionnel ; il en réclame le bénéfice pour lui, toutes les fois que l'occasion s'en présente. Il ne craint pas d'invoquer le droit d'asile du potager ou du parterre, quand la meute le serre de trop près. J'ai connu un lièvre de Bresse dont le bonheur était de s'épanouir et de s'étirer au soleil, au pied d'un jeune épicéa isolé au milieu d'une verte pelouse, comme pour tenter la sensibilité du chasseur. J'ai donné une fois dans le piége. La pelouse n'était séparée que par un fossé en ruines d'une forêt de dahlias, de rosiers et de chrysanthèmes remplissant la presque totalité d'un parterre situé au-devant d'une riche demeure, alors inhabitée par ses maîtres et confiée à la garde de quelques serviteurs hors d'âge. La pelouse semblait de loin prolonger le parterre, et l'épicéa faisait point de vue. Il fallait que l'animal fût parfaitement au courant de tous ces détails pour affecter la tranquillité d'âme avec laquelle il attendit l'attaque de mes chiens. J'ai observé par deux fois sa tactique. Il ne se levait du gîte qu'après un long rapprocher, et lorsque le chien de tête n'était plus qu'à deux pas de lui, afin d'entraîner tous les chiens sur sa voie par un *à vue* furieux. Alors notre bête endiablée traversait légèrement le vieux fossé, pénétrait sous les voûtes sacrées des dahlias, y décrivait plusieurs circuits, gagnait le perron de la demeure, puis, doucement, s'insinuait dans l'étroit soupirail de la cave au fond de laquelle il allait chercher un asile sous des fûts de tonneaux. Et alors les chiens de faire vacarme au milieu du parterre et de saccager les plates-bandes, et tous les gardiens du poste d'accourir, armés de faux et de fourches, de jurer, de tempêter et d'arrêter les chiens; bref, de me forcer à une capitulation déraisonnable en espèces pour me tirer de là. Ce ne fut pas moi qui payai les dahlias cassés la seconde fois, mais un ami trop jeune, qui avait le tort de ne pas croire aux perfidies du lièvre et qui exigeait une leçon. J'eus grand soin de lui présenter le lièvre de l'épicéa comme une rencontre de hasard, non comme une connaissance de huit jours.

Le lièvre d'Afrique, que j'ai beaucoup pratiqué, et qui habite une terre de barbares où le sol n'est pas approprié, c'est-à-dire où le droit de propriété n'existe pas, le lièvre d'Afrique n'a point de ces finesses qui sentent leur Bas-Normand. C'est un lapin pour l'innocence.

Le lièvre civilisé sait encore, sur le bout des ongles, la flore et la géologie du canton qu'il habite, et quelle herbe forte brûle le nez des chiens, et quel terrain conserve le moins la piste. Il tire de ces études un immense parti. Il est certain aussi que les lièvres se communiquent entre eux les diverses notions qu'ils ont acquises, comme font les vieux loups qui apprennent à leurs jeunes élèves combien il est dangereux de badiner avec les armes à feu. J'ai vu dans le même mois dix lièvres du même canton recourir au même stratagème. Et il n'y avait pas à dire que ce fût un moyen classique à l'usage de tous les lièvres tant soit peu lettrés de France et de Navarre. Le stratagème était local et exigeait une connaissance approfondie de l'état des lieux. C'était une étroite zone de terre blanche, la seule qui existât dans le pays, qu'il fallait venir prendre, à travers mille obstacles, au bas d'une montée rapide, à une lieue quelquefois du lancer. Puis, la bête gravissait jusqu'au faîte la zone empoisonnée, multipliant, dans son ascension rapide, les bonds et les écarts pour dérober sa voie. Parvenue enfin au sommet de la colline où se trouvait une ancienne marnière, tapissée dans sa partie inférieure de quelques touffes de genèvriers, elle ajustait les buissons, et, du haut de la muraille verticale, piquait au fond du gouffre une tête désespérée. La ruse nous était si connue que nous assignions d'habitude le poste de la marnière aux novices de notre escorte, aux élèves en vacances, qui nous suivaient pour faire leurs premières armes. Nous en ont-ils manqué ! Mais ils m'ont fourni l'occasion de remarquer qu'un lièvre bien actionné à sa ruse ne se dérangeait pas de sa besogne pour un coup de fusil de collégien.

Rien de plus commun encore dans les pays plats et arrosés que ce fameux *défaut du saule* qui revient si souvent dans les histoires de chasses merveilleuses. La Bresse, dont j'ai parlé plus haut, est une contrée dans ce style, plate et entrecoupée d'une multitude de fossés et de ruisseaux dont les bords sont plantés de saules et de peupliers que l'indigène a coutume d'étêter. Quelques-uns de ces saules se donnent, comme on sait, des attitudes penchées, des poses mélancoliques. Dans ce cas-là, on a l'habitude de s'en servir comme de ponts naturels pour traverser les rigoles. Or, il arrive fréquemment que le lièvre, malmené par les chiens et ne sachant plus où donner de la tête, s'en vient demander un asile au tronc vermoulu de ces arbres. On le voit entrer dans l'eau d'abord, la battre quelque temps, puis s'élancer d'un seul bond et sans toucher le sol sur la crête branchue du saule, où il se tient désormais immobile et se laisserait prendre à la main. Le stratagème est si usé, je le répète, que lorsque le défaut a lieu en un de ces parages aquatiques, chiens et chasseurs, pour le relever, s'occupent incontinent de l'inspection des saules et mettent le nez en l'air, au lieu de regarder à leurs pieds.

J'ai sur la conscience plus d'un assassinat de lièvre perché, mais de lapin surtout. Le lapin des îles de la Loire, de la Garonne et du Rhône n'a pas d'autre refuge que les têtes des saules lors des inondations. Il trouve même dans cette retraite confortable la table et le couvert, car l'écorce du saule est une nourriture qui lui convient parfaitement.

Mais de toutes les roueries du lièvre, apocryphes ou vraies, la plus spirituelle, à coup sûr, est celle du panier de chasse. Dans une contrée de France qu'on nomme la Gascogne, vivait, je ne sais plus quand, un vieux lièvre dont l'astuce dépassait de plusieurs coudées celle d'Ulysse et du fourbe Sinon. On eût pu faire un gros volume avec le simple catalogue des ruses inédites qu'il avait imaginées pour dépister meutes et veneurs. Un jour que le matois compère arpentait les guérets, promenant à sa suite une quinzaine de chiens, il rencontre sur sa route un baudet qui chemine lentement vers la ville, le dos chargé d'une riche cargaison de gibier, lièvres, lapins, canards. L'idée lui vient soudain de prendre place parmi ces cadavres; bien avisé sera celui qui viendra le chercher en pareille compagnie. Il saute dans un des paniers, s'y blottit parmi les fourrures et attend avec calme la suite des événements. La meute, arrivée sur le lieu du défaut, s'emporte après la bourrique. Le propriétaire accourt pour défendre son bien, et fustige d'importance les harpaillons indignes qui prennent change sur le mort. Surviennent les piqueurs, qui partagent la fureur du marchand de gibier et doublent la correction, dont se gaudit le perfide auteur de la mystification au fond de son doux véhicule. Enfin on commande le retour et le ralliement, au bruit d'un sifflement de fouets formidable et universel. Ce commandement est l'arrêt de mise en liberté du reclus, qui l'attendait sans souffler mot dans sa retraite. Aussitôt qu'il a compris que le péril est passé, il saute légèrement à terre, remerciant de son hospitalité involontaire notre négociant stupéfié, qui s'imagine déjà que la résurrection s'est mise parmi ses morts, et qui ne commence à découvrir un coin de la vérité qu'après avoir revisé ses comptes et reconnu qu'aucune pièce ne manquait à l'appel.

Toutes ces ruses, hélas! n'empêchent pas que l'existence du lièvre ne soit une série perpétuelle d'angoisses et de terreurs. Il n'y a qu'un seul être ici-bas, l'épouse criminelle et charmante, dont le sort soit plus digne de pitié. *Vita leporis,* c'était pour les anciens l'expression de la suprême misère.

Le lièvre sait si bien que le moindre laisser-aller dans sa conduite peut l'exposer aux conséquences les plus fâcheuses, qu'il n'est pas un des actes de son existence quotidienne qu'il ne calcule et ne pèse. S'il a vu le jour dans les forêts, s'il fait du buisson sa demeure habituelle, il aura grand soin de ne se tailler qu'une seule voie pour la rentrée et la sortie, de manière à tenir dans le pays aussi peu de place que possible. De peur que le moindre brin de bruyère, que l'épine n'arrache un poil de sa fourrure et ne trahisse ainsi la route de son gîte, il débarrasse soigneusement cette route de toute plante qui la barre ; il la tond et la peigne comme avec des ciseaux ; ainsi fait-il pour les tranchées qu'il se creuse à travers les orges et les blés. Hélas ! cet excès de précaution est précisément ce qui le perd. L'homme, reconnaissant à ces signes, à ces brins d'herbes coupés la passée habituelle du lièvre, y vient tendre son collet perfide, et le renard, le plus terrible des ennemis du lièvre après l'homme, le renard s'embusque dans le voisinage pour appréhender le pauvre animal au corps au moment où il débûchera, mené par un autre renard.

Qui n'a pas observé du haut d'une éminence toutes les manœuvres du lièvre fuyant devant les chiens par la plaine peut se faire une idée de ce travail en suivant ses pas sur la neige. Une des circonstances qui frapperont le plus l'observateur sera certainement l'accroissement subit de dimension des bonds de l'animal au moment où il se rapproche du gîte. Ce qui se lit sur la neige en hiver est la révélation exacte du travail quotidien du lièvre. La rentrée au gîte est constamment précédée de ces bonds prodigieux, terminés invariablement par un dernier saut de côté qui l'amène en la place dont il a fait choix pour le jour. Ces bonds énormes et ces écarts expliquent les difficultés du rapprocher du lièvre, et pourquoi les chiens sifflent si longtemps d'impatience autour de l'animal sans pouvoir le lancer.

Le lièvre de ce pays se lance habituellement au bois ; suivez-le à partir du lancer. Le voici qui débûche en plaine pour faire sa première randonnée. La randonnée est une espèce de demi-circonférence d'un kilomètre de rayon, plus ou moins, que l'animal décrit autour du point de départ. On a vu plus d'une fois, par la gelée, de vieux bouquins échappés à plus d'une affaire dessiner devant eux des pointes de cinq à six kilomètres, et dépister chiens et maîtres par ces allures incomprises ; mais le fait est peu commun. Dans cette première randonnée, le lièvre n'a pas même songé à tirer parti de ses ressources ; le danger ne presse pas. Il n'a besoin que d'une chose essentielle : connaître le caractère et les jambes de ses ennemis, afin de proportionner sa défense à leurs moyens d'attaque. Vous voyez bien qu'il s'arrête tous les cent pas dans la plaine, les oreilles redressées et tournées vers l'arrière, pour calculer la rapidité de la meute et la férocité de ses intentions d'après le rapprochement des voix et le timbre des gosiers. S'il n'a affaire qu'aux jambes torses des bassets, il témoigne son mépris pour cette race de tortues en folâtrant devant eux, ou bien en se rasant dans le premier sillon venu, sans même se donner la peine de regagner le lancer. Une multitude innombrable de lièvres, et des lièvres les plus rusés ont été et sont tous les jours victimes de leur mépris pour le basset à jambes torses. J'aime autant le basset pour chasser au fusil que la plus magnifique race de Vendée. Le chasseur profite de l'insouciance du lièvre qui s'amuse devant le basset pour le massacrer indignement. Le basset ménage l'homme; c'est la meute du chasseur peu opulent.

Si la poursuite est plus rapide, les voix plus accentuées, la question change de face. Ce n'est plus le moment de s'arrêter paisiblement à cinquante pas des chiens et de filer au petit trot devant eux pour déployer ses grâces. Avec ceux-ci, il n'y a pas de temps à perdre en vaines fanfaronnades; il s'agit de déployer ses talents au plus vite, et surtout de ménager ses moyens. Le plan du lièvre est déjà arrêté dans sa tête.

Il profitera de cinq cents mètres d'avance qu'il a sur les chiens pour jouer son premier tour. De l'autre côté du petit bois où il a été lancé, et où il est revenu, se trouve un chemin de grande communication, fréquenté à certains jours de la semaine comme une route royale. C'est le cas d'y passer au-devant de tout ce monde qui s'en vient du marché, et qui effacera notre pied et emportera notre piste. Le lièvre le traverse; il s'y promène quelques minutes, recherchant les veines de poussière; il revient sur ses voies pour mieux celer sa route; il sort enfin du chemin par un bond de côté, bien au-dessous de l'endroit où il y est entré. La meute a déjà des hiéroglyphes à deviner pour un bon quart d'heure. Le lièvre profitera de ce temps d'arrêt pour reprendre haleine, et se placera à distance pour juger de l'effet de son premier moyen.

Il eût peut-être réussi le moyen; mais, hélas! des langues indiscrètes ont révélé la tactique du fugitif et le lieu où il s'est recelé. D'ailleurs un chien de tête, un griffon de Vendée, n'a pas donné dans tous ces subterfuges d'allées et de venues, et n'a pas quitté la vraie voie une seule seconde, et voilà que toute la meute s'est ralliée sur lui; il faut fuir, fuir à travers la plaine. Heureusement que ce nuage de poussière qui s'élève là-bas annonce la présence d'un troupeau de moutons. C'est encore le cas de mêler sa voie à celle de toutes ces bêtes et de se glisser au milieu d'elles pour échapper ensuite inaperçu à la faveur du tumulte, et gagner le coteau voisin. Aussitôt dit, aussitôt fait; par malheur, tout berger est quelque peu braconnier, et tout chien de mouton quelque peu chien de lièvre; notre bête a été aperçue par le berger et par ses chiens, et voyez-vous, il y a, dans la voix du chien qui donne, un accent qui ne permet pas de se tromper sur le sens de ses paroles, et que tout chien comprend. La mèche est éventée une seconde fois.

Du Fouilloux raconte avoir *suivi et pris dans une bergerie* un lièvre qu'il n'avait pu chasser du milieu d'un troupeau.

Cependant le lièvre a conservé son avance; il a déjà gagné le coteau, que les chiens en sont encore à se débrouiller du troupeau. Ce coteau est planté de vignes. Les vignes sont parfaitement fumées et plantées en *hautains* (espèce d'espalier en plein vent). Ces chiens de Vendée, si rustiques et si persévérants, ont l'avantage d'une haute taille. On leur fera payer ici ce triste avantage un peu cher. Le lièvre a grand soin de prendre tous les hautains en travers et de se glisser sous les coulées les plus basses des treillis. Les chiens de Vendée s'assoupliront l'échine à imiter ce manége, mais plus d'un hurlera de rage et d'impuissance avant d'avoir atteint la dernière barrière. Si le lièvre avait bien su, il n'aurait pas bougé de cette position formidable, et son avenir était assuré; il s'est contenté de donner du *fil à retordre* (c'est le mot propre) à ses ennemis dans la passe maudite; il a eu tort. Pendant que nos braves Vendéens maugréent contre le treillage qui leur barre la voie et se frayent un passage à la force des mâchoires, le lièvre, tapi depuis un quart d'heure sous le vent, au milieu du grand bois qui couronne la colline, rumine de nouvelles ruses. Alerte! alerte! et sur pied au plus vite ; voici la voix infernale du griffon qui se rapproche de plus en plus, et qui retentit déjà sous les voûtes de la forêt. Mais si on lui faisait faire, à ce dépisteur incommode, une promenade accidentée et énervante à travers les fondrières, les houx et les épines dont cette crête est semée? Sans doute, mais le satané griffon a deviné la pensée de l'ennemi, et, appelant à son aide son expérience de limier, un office qu'il remplit quelquefois, il tourne l'enceinte des fondrières pour s'enquérir d'abord si le lièvre y est resté, et il se rencontre nez à nez avec celui-ci au moment où il débusque de la dernière fosse. Désappointé si brusquement dans ses espérances légitimes de répit, notre lièvre commence à s'inquiéter sérieusement, et, dans le trouble de ses idées, demande d'abord son salut à la course. Inutiles efforts : les jarrets du griffon et ceux de ses acolytes semblent redoubler de vigueur et d'élasticité, à mesure que les siens se détendent. Voilà déjà plus d'une heure, sans interruption, que dure cette course échevelée; il faut se reposer pourtant, sinon périr, car la meute gagne, gagne ; encore cinq minutes et c'est fait... Dans cette perplexité affreuse, notre lièvre se souvient avoir vu dans ces lieux, le matin même, un de ses compagnons de misère se retirer en un buisson qu'il connaît. L'égoïsme est de toutes les conditions, de la pauvreté comme de la richesse, de la faiblesse comme de la force : notre bête aux abois tente un dernier défaut, rebat de nouveau ses voies, tournaille, et finit par se précipiter au milieu du buisson habité, par un bond démesuré, dans lequel il épuise ce qui lui reste de force. La meute arrive sur ces entrefaites, met le nez au buisson ; le lièvre frais s'en échappe, le lièvre de chasse se tient coi. La meute, emportée par la vue de la nouvelle bête, éclate en hurlements victorieux. Le péril est passé cette fois, et notre adroit compère s'applaudit déjà en silence du succès de sa ruse. Amère illusion trop promptement déçue ! Une voix, une seule voix fait défaut au concert triomphant de la meute, mais c'est celle du griffon. L'intelligent enfant de la Vendée n'a pas pris longtemps le change ; il a bientôt reconnu l'imposture ; la piste d'un lièvre chassé depuis deux heures n'a pas le fumet aussi prononcé que celle d'un lièvre frais ; il y a de la gabegie là-dessous... et aussitôt le griffon de reprendre son contre-pied et de revenir à la première voie. La voilà ! il la tient. La meute, bien *créancée*, se rallie au rappel de son chef ; la fin du drame n'est plus qu'un *à vue* continuel, qu'un long et cruel hallali !

Mais tous les chiens ne sont pas des griffons de Vendée, taillés sur le patron de celui que je viens de décrire, et les trois quarts des lièvres échapperaient à la meute, n'était que le lièvre tient à mourir au lieu qui l'a vu naître, et s'éloigne peu de son canton, ce qui permet au chasseur d'observer de loin ses manœuvres et de venir en aide à la sagacité des chiens, pour les remettre sur la voie et relever leurs défauts ; et voilà pourquoi tant de lièvres très-rusés se font tuer et prendre même avec de mauvais chiens.

La chasse du lièvre au chien d'arrêt en plaine, au mois de septembre, ne vaut pas l'honneur d'une mention spéciale ; ce n'est pas chasser que de tirer un lièvre qu'un chien vous montre, et qui vous part dans les jambes. La chasse d'hiver en plaine exige plus de science et d'adresse ; c'est un grand talent déjà que de savoir approcher le lièvre et de le voir au gîte. La chasse à la neige, en vieille lune surtout, est une véritable boucherie ; la loi aurait dû l'interdire, au lieu de laisser ce soin à l'arbitraire des préfets. La battue devrait être également prohibée en plaine, comme aux bois, excepté pour les animaux nuisibles, car ce n'est plus de la chasse, mais bien du massacre et de la destruction.

On sait que les lièvres du Mont-Cenis sont blancs l'hiver; ceux de la Norwége aussi. C'est une prévoyance admirable de la nature qui a voulu que le pauvre animal changeât de robe avec les saisons comme la terre, et que sa couleur se confondît toujours avec celle du sol, pour tromper l'œil de ses nombreux ennemis. J'ai cependant rencontré quelquefois des lièvres blancs comme des perdreaux blancs dans mes chasses des environs de Paris. J'ai vu aussi un lièvre noir, il y a quelques années, à l'étalage du magasin de la rue Montesquieu. Bien qu'il provînt de la banlieue parisienne, le chef de l'établissement de comestibles avait cru devoir le baptiser *lièvre d'Afrique*, s'imaginant probablement que tous les animaux de cette contrée devaient porter la livrée de l'homme de l'équateur. J'ai connu également une colonie de lapins noirs dans le bois de Meudon.

La taille du lièvre s'accroît à mesure qu'il monte vers le nord, *et vice versâ*. Le lièvre d'Algérie est à peine moitié de celui de France. Le plus petit de tous est le lièvre d'Égypte, remarquable par le développement prodigieux de ses oreilles. Les plus gros lièvres des quatre-vingt-six départements français, mais non les meilleurs, nous viennent de la Flandre et de l'Alsace, les pays les plus riches et les mieux cultivés du royaume. Le lièvre de la forêt est généralement plus fort que celui de la plaine.

Le lièvre mérite d'occuper une place honorable dans les fastes de la gastrosophie; j'ignore pour quelle cause Moïse en a prohibé la chair et l'a déclarée impure. Les

Romains, qui étaient de gros mangeurs, étaient loin de partager la répugnance des Juifs pour le civet, si j'en juge du moins par ces vers de Martial :

Inter aves turdus...
Inter quadrupedes, gloria prima lepus[1].

Les dames romaines, qui étaient de grandes coquettes, estimaient de leur côté le sang du lièvre comme le plus précieux de tous les cosmétiques pour la peau du visage et pour celle des mains.

Voulez-vous savoir pourquoi la rencontre d'un lièvre qui traverse votre chemin a la réputation d'être un mauvais présage? Écoutez :

Il était une fois un général lacédémonien, nommé Lysander, qui faisait le siége de Corinthe. Ce général aperçut un jour un lièvre qui flânait sur les glacis de la citadelle, devant les lignes des assiégés. « Très-bien ! s'écria aussitôt cet homme de guerre, très-fort sur les rébus, voilà une ville qui ne doit pas tarder à être rasée, puisque les animaux des champs, qui chérissent la solitude, viennent déjà retenir leur logement dans la place. » Or, l'histoire rapporte que cette explication déplorable d'un phénomène insignifiant produisit sur le moral des soldats lacédémoniens un effet si prodigieux qu'ils demandèrent l'assaut à l'instant même, *où* ils se conduisirent comme des lions et ceignirent leurs fronts des lauriers de la victoire.

Je n'ai jamais partagé les appréhensions du vulgaire à l'endroit de la rencontre du lièvre, et ne la redoute aucunement.

Un chef de cabinet ministériel d'autrefois, personnage

[1] La première gloire parmi les oiseaux est à la grive; parmi les quadrupèdes, au lièvre.

éminemment habile à *développer le côté inutile des questions*, et que cette spécialité avait naturellement appelé à jouer un grand rôle sous le gouvernement constitutionnel, me pria un jour de lui procurer la distraction d'une chasse au lièvre. Je l'emmène chez un ami des champs. A ma demande, on découple deux bassets novices dans un bosquet attenant à l'habitation, petit parc de réserve. Part un levraut qui vient se poser en *chandelier*, au beau milieu d'une avenue, à dix pas du personnage en question. Celui-ci fait feu de ses deux coups sur la malheureuse bête, à qui la peur donne des ailes et qui vient me passer à vingt-cinq pas. Je l'assassine, et comme j'ai affaire à des chiens qui débutent, je coupe prestement les oreilles au levraut et les partage aux deux bassets pour les affriander. Survient à l'instant même le premier tireur, qui réclame l'honneur de l'assassinat. — Il était blessé à mort, s'écrie-t-il du plus loin qu'il m'aperçoit; c'était inutile de le tirer, les chiens allaient le prendre. — En êtes-vous bien sûr? lui répondis-je. Il s'approche, et avisant le lièvre dont la coiffure est à bas. Ma foi non, dit-il, *ce n'est pas le même; le mien avait des oreilles longues comme ça !!* Et dressant vers le ciel l'index de sa main droite, il m'indiquait d'une manière énergique la prodigieuse dimension des oreilles de *son* lièvre.

Or, il s'est trouvé une fois un ministre constitutionnel et soi-disant chasseur pour me faire de cet homme-là le préfet d'un département très-boisé..... Et les insensés se demandent pourquoi leur monarchie a péri !!

LE LAPIN DE GARENNE.

J'ai dit à l'article furet que le lapin primitif, le lapin de garenne, souche du lapin de choux, nous était venu d'Espagne à la suite des Maures, en société de son ennemi intime. Des savants ont écrit que le lapin avait baptisé l'Espagne, comme le coq l'ancienne Gaule. (Espagne, Hispania, du nom carthaginois *spanim*, qui veut dire lapin). C'est un grand honneur pour les bêtes.

Quoi qu'il en soit, le lapin a beaucoup voyagé depuis la conquête de l'Espagne par les Carthaginois, et il a fondé à l'étranger de puissantes colonies, s'acclimatant facilement partout, mais se conduisant mieux néanmoins dans ses contrées natales du Midi que dans celles du Nord. C'est après le rat de Montfaucon le plus fécond de tous les quadrupèdes ; même sa fécondité est telle que la loi protectrice de la propriété a dû intervenir en tout pays civilisé pour prévenir et réprimer ses excès. Bon an mal an, les tribunaux de France ont à prononcer contre le lapin des condamnations à des cent mille francs de dommages et intérêts et plus; car ce gibier, dont il ne faut pas médire, est devenu pour une foule de localités importantes un des principaux éléments de l'alimentation publique. Je ne connais pas de meilleur moyen d'utiliser nos dunes de l'Océan et de la Manche et d'en tirer des revenus de mille écus, que de les convertir en garennes. Le lapin de dune peut figurer avec honneur sur les meilleures tables, sous l'espèce du rôti aussi bien que sous celle de la gibelotte, et il ne manque à sa chair comme à celle du pigeon que d'être rare, pour être appréciée à sa juste valeur.

La chasse du lapin peut avoir son utilité ; par exemple, pour récréer les enfants et pour tenir lieu d'une autre chasse et aussi comme école de tir ; car le tir du lapin sous bois est un des exercices qui exigent le plus de prestesse, de coup d'œil et d'habitude de la part du tireur. Néanmoins, je ne ferai pas à l'inoffensif quadrupède l'honneur de lui consacrer une place bien étendue en ce livre, n'ayant jamais pu m'habituer, malgré tous mes efforts et ma bonne volonté, à considérer le lapin comme bête de chasse. On tire le lapin, on ne le chasse pas. On le tire devant le basset qui le mène, ou devant le furet qui le fait sortir de son terrier; on le prend vivant, si mieux l'on aime, avec des bourses, petits filets qu'on tend à la gueule des terriers, soit en dedans, soit en dehors, suivant qu'on emploie pour le pousser le chien ou le furet. Quand le chasseur se borne à tirer le lapin au sortir du terrier d'où l'expulse le furet, on dit qu'il chasse au furet *à blanc*. La chasse au lapin, je le répète, est une amusette très-licite et qui peut avoir des jouissances infinies pour le tireur habile, mais ce n'est pas une chasse.

J'ai connu en Champagne un garde qui *pipait* le lapin, au moyen d'un appeau, comme le rouge-gorge, et qui le faisait sortir du terrier plus vite que le furet. L'art de *piper* le lapin a été très-anciennement pratiqué en Espagne, où le verbe *chillar* a été inventé pour spécifier ce procédé. Il n'était pas non plus inconnu en Provence.

Le lecteur n'est pas sans avoir entendu parler d'une assez comique aventure arrivée à un professeur de mathématiques, porteur de lunettes vertes, mais dévoré nonobstant d'une passion désordonnée pour la chasse au lapin. C'était dans une battue au mois d'octobre, à l'époque où la feuillée est encore épaisse et le tiré difficile. On traquait une garenne où le furet avait passé d'abord; la fusillade ne discontinuait pas, le plomb pleuvait comme grêle sur les pauvres lapins. A la troisième ou quatrième enceinte, notre homme aux lunettes vertes est posté au *crochet* (angle de l'enceinte où l'on a vue sur deux routes). Une bête grise lui passe à portée; il la tire. La battue terminée, le maître de la chasse s'approche du Leibnitz. — Eh bien! c'est vous qui venez de tirer, combien de morts?—Dame!

je ne pourrais pas vous dire, car je ne sais pas même sur quelle bête j'ai tiré. — Ça passait donc bien vite? — Dix mètres à la seconde. — C'est égal, *faut* toujours aller voir. Et le chasseur pénètre dans le fourré, à la hauteur de la bête tirée.

Il n'a pas fait quatre pas dans l'enceinte, qu'il rencontre un lapin. — Victoire! Le trop heureux mathématicien se précipite pour jouir de la vue de *son* gibier, et recevoir les félicitations de l'assistance. — Il me semblait bien aussi, fait-il en se donnant un certain air subtil, que j'avais mis au bout. — Tiens, tiens, mais ce n'est pas possible, en voilà deux, maintenant! Deux d'un seul coup, mais c'est superbe! Ah çà! dites donc, l'Hypothénuse [1], c'est affaire à vous de dépeupler les garennes; savez-vous que si vous continuiez longtemps de ce train-là, il vous faudrait une bourrique pour vous seul? Après ça, quand on a *quat'z yeux* [2]... — Il me semblait bien aussi, objecte finement l'interpellé, que c'était plus gros qu'un lapin ordinaire; mais ça passait si vite, que je n'ai pu distinguer. — A propos de bourrique, hasarde timidement une voix de l'assemblée, il paraît que la nôtre est restée en arrière...

Un effroyable cri sorti du *fond du clos*,
Des airs, en ce moment, a troublé le repos...

La plaisanterie s'arrête; personne ne fuit pourtant, tout le monde au contraire pousse au monstre, au milieu des éclats d'une hilarité invincible, car la vérité commence à se faire jour. Deux lapins d'un seul coup!... dites donc dix lapins, vingt lapins, trente lapins!... les rochers en sont teints, les ronces dégouttantes... la route en est semée,

[1] Plaisanterie de campagne.
[2] *Id.*

comme de mies de pain celle du Petit-Poucet. Quel est donc ce mystère?

Le mystère, vous l'avez deviné. La bête grise, c'était l'infortunée bourrique, la bourrique de bât qui suivait tranquillement la battue pour ramasser les morts, et qui, ayant commis l'imprudence de prendre quelques minutes d'avance, s'était offerte inopinément aux traits du chasseur à lunettes qui avait fait feu dessus. A la douleur cuisante que lui avait causée le coup tiré à bout portant, elle avait fui à travers bois, en ruant des quatre jambes, et elle avait semé tous ses trésors sur son passage, à force de sauts de mouton et d'écarts désespérés.

Le savant fut plus longtemps malade de sa maladresse que l'âne; mais ni l'un ni l'autre, depuis ce jour, n'a voulu entendre reparler de la chasse au lapin.

L'ÉCUREUIL.

Saltimbanque politique de l'école libérale, tournant perpétuellement dans un cercle vicieux. — Joli, vif, sémillant, souple, adroit, habile aux tours de passe-passe parlementaires; inquiet, ambitieux, actif, capable des efforts les plus énergiques et des palinodies les plus honteuses pour s'élever aux plus hautes.... dignités de l'État; — soigneux de ses intérêts personnels et de ceux de sa famille, bon fils, bon époux et bon père, dotant généreusement les siens de préfectures et de recettes générales.

L'Écureuil possède sur les arbres les plus élevés du canton qu'il habite une foule de résidences bien étoffées, bien chaudes et tournées chacune vers un point différent de l'horizon, de manière à pouvoir offrir au propriétaire un abri assuré contre la tempête politique, de quelque côté que le vent souffle, du Roi ou de la Ligue.

L'écureuil affectionne particulièrement la faîne et la noisette, deux fruits qui donnent l'huile, emblème de lumière et de richesse ; deux fruits qui proviennent du coudrier et du hêtre, arbres symboliques de l'industrie utile[1]. Ce qui signifie que les ambitieux de cette catégorie doivent leur élévation à leurs talents et à leur industrie, et qu'ils sont fils de leurs œuvres.

Il n'est pas rare de voir cette classe d'ambitieux, quand l'âge de la retraite a sonné, abandonner tout à fait les affaires et se retirer dans quelque villa délicieuse, pour jouir de la fortune qu'ils ont su amasser, et méditer à loisir sur Horace, Jomini ou Tacite. Par allusion à cette habitude, l'écureuil renonce à la gymnastique quand arrive la saison d'hiver, et se retire dans le creux d'un vieux chêne pour jouir dans une douce quiétude de la fortune (monceau de noisettes et de faînes) qu'il a su amasser.

La France ne possède qu'une seule espèce d'écureuil. L'écureuil volant (polatouche) appartient au nouveau monde et à l'Australie. J'ai possédé à Paris un couple de polatouches de la Virginie. C'étaient deux charmants quadrupèdes, très-friands de cette espèce de plat de dessert qu'on appelle des *quatre mendiants*, et qui n'oubliaient jamais de prélever sur le service de chaque jour une certaine quantité d'amandes et d'avelines qu'ils allaient déposer aussitôt derrière une vieille tapisserie à ramages, au fond de laquelle ils avaient pratiqué une ouverture et élu domicile pour l'hiver.

1 C'est avec du bois de hêtre qu'on fait les bêches, les râteaux, la boissellerie, les auges d'étable. Le coudre, bois du noisetier, fournit des cercles pour les barils et les futailles, et remplace avec avantage l'osier, comme matière première de l'industrie du vannier.

La chasse à l'écureuil n'est pas une chasse sérieuse, c'est une chasse d'enfant, un divertissement plein de charmes. Elle se pratique l'hiver, quand les feuilles des arbres sont tombées et ne protégent plus la demeure du gentil animal contre les recherches de ses ennemis. Il suffit de cogner un peu fort au tronc de l'arbre sur lequel est bâti l'édifice aérien, pour en faire déloger le locataire, qui s'élance aussitôt vers les branches les plus élevées du voisinage, où sa robe rouge devient un excellent point de mire. Il m'est arrivé quelquefois de faire partir des martres en cherchant des écureuils.

On chasse encore l'écureuil avec des roquets, qui indiquent par leurs jappements et leurs tentatives d'escalade l'arbre où la bête s'est logée. Les anciennes forêts royales de Fontainebleau, de Villers-Cotterets, de Compiègne, étaient éminemment fécondes en écureuils.

L'écureuil est un rongeur presque innocent et qui ne détruit que rarement les nids d'oiseaux. Sa chair n'est pas à dédaigner.

La chasse de l'écureuil noir *à balle franche* est un des divertissements favoris des chasseurs de l'Amérique du Nord.

LE CASTOR.

J'ai dit avec quelle barbarie imprévoyante le chasseur européen avait traité la pauvre bête, et comme quoi la misère et la persécution avaient fini par abrutir cette intelligence suranimale. Dieu avait pourvu le castor d'une magnifique truelle (queue écaillée), d'une double scie (paire de dents incisives); il l'avait doué de mains comme l'homme (pattes de devant), le tout pour en faire un ingénieur des ponts et chaussées de première classe. L'homme, jaloux de tant d'avantages et avide de la fourrure de la bête, s'est jeté à la traverse des projets de Dieu : il a ruiné de fond en comble l'édifice de la grandeur du castor.

Le castor de France habite les rives du Rhône, celles du Gardon et de quelques autres affluents du grand fleuve. Il emploie à masquer sa retraite et à se défendre de la méchanceté de l'homme le peu de génie que le chagrin lui a laissé. Son terrier, qu'il construit sous la berge de la rivière, représente assez exactement une maison à trois étages, avec cave et grenier. La porte principale de l'établissement se trouve placée sous l'eau ; le propriétaire l'a disposée ainsi pour que ses voisins, dont il se défie, ne le puissent voir rentrer. L'issue supérieure par laquelle l'habitation prend l'air est bâtie en forme de cheminée; elle est interdite à la circulation et s'ouvre sous quelque roche, quelquefois dans le tronc d'un vieux saule. Les trois étages communiquent entre eux par un escalier creusé dans le sol et tapissé de feuillages ; l'appartement du milieu, celui qui sert de salon et de chambre à coucher, est mieux meublé que les autres ; il est parqueté de menus branchages; le lit est confortable. La chambre la plus basse sert de salle à manger ; la plus élevée se change en salon quand l'inondation force le maître du logis à déserter les étages inférieurs.

Quelquefois, hélas ! l'habitation tout entière est noyée ou bouleversée par le fléau. Alors, l'infortuné castor, forcé de déguerpir, va demander un asile aux piles de bois marchand que le fleuve furibond n'a pas encore dérobées à ses rives. Dépaysé, démoralisé, flottant parfois à l'aventure sur un mince radeau, il ne tarde pas à oublier les principes de la prudence. De nombreux ennemis sont à sa poursuite ; il est surpris et mis à mort.

Quel mal faisait donc le castor pendant sa vie pour inspirer tant de haines ardentes?—Il ne faisait de mal à personne, il vivait de l'écorce et des bourgeons des osiers et des saules de la rive. Pourquoi le tuer alors?—Pour *pouvoir se vanter* d'avoir tué un castor... Noble gloire, vraiment!

Je n'avais commis aucune imprudence en avançant *à priori* dans la première édition de ce livre que l'isolement et la misère étaient les seules causes de l'engourdissement intellectuel du castor de France, et qu'il suffirait peut-être d'une circonstance heureuse pour réveiller ses facultés endormies. Un fait que j'ignorais et qui s'est passé au Jardin des Plantes de Paris, dans un de ces derniers hivers, confirme mes prévisions.

Cet établissement possédait un pauvre castor du Rhône, indolent et pacifique comme tous les représentants des nobles races déchues. On le nourrissait de carottes et on lui servait pour entremets des ramilles de saule. Chaque soir, quand était venu l'hiver, on avait l'habitude de palissader d'une cloison de sapin le devant de sa loge, pour le préserver de l'humidité et du froid de la nuit. Or, un soir que la douceur de la température promettait une nuit sereine, et que le gardien avait négligé de dresser la cloison, le temps changea tout à coup, et un ouragan survint qui remplit l'intérieur de la loge d'une épaisse couche de neige. Le gardien, réveillé aux premières lueurs du jour, n'a rien de plus pressé que de courir à la loge du malheureux amphibie. Mais le spectacle dont il est témoin dissipe bientôt ses craintes. La bête industrieuse a réparé la négligence de l'homme. Elle a rassemblé les ramilles, les a *débitées* en longueur, pour en augmenter le nombre, puis les faisant passer à travers les grilles de sa loge, elle en a construit une claie. Enfin elle a bouché les principaux interstices avec les pompons des carottes et elle a cimenté le tout avec de la neige qu'elle a battue et pétrie de sa queue, de manière à opposer à la furie de l'ouragan un obstacle invincible. Et il y a des gens qui prétendent que les bêtes ne raisonnent pas !

Le castor du Rhône a été très-commun dans toute l'Europe autrefois. Il a baptisé la rivière de Bièvre, près Paris, et se retrouve aujourd'hui dans tous les grands fleuves du Nord. C'est une bête qui pèse quarante livres, qui s'attache à ses amis comme un chien, et n'apporte pas moins d'agréments que celui-ci dans la société.

Le Rhône, depuis vingt ans, a bien des fois dévasté ses rivages, rompu ses digues et fait couler des pleurs. Or, on ne m'ôtera pas de l'idée que la vengeance du castor n'ait été pour quelque chose dans ces gémissements; et, dans chacune de ces digues rompues par la violence des eaux, j'ai cru voir la justice de Dieu, armée des incisives et de la main du castor.

LA MARMOTTE.

Habitante des hautes montagnes des Alpes, gagne-petit du Savoyard. A l'instar des *Dormeurs*, la marmotte s'endort à l'automne pour se réveiller au printemps. Elle perd son poil par le travail, par allusion à la misère du pauvre Savoyard dont l'industrie pénible a pour premier effet de râper les vêtements. C'est elle qui a appris au ramoneur à grimper entre deux parois de rocher ou de cheminée, et elle exhale une odeur désagréable qui n'est pas sans analogie avec celle de la suie.

C'est l'emblème du pauvre montagnard qui s'engourdit dans sa misère et se résigne patiemment au travail le plus ingrat pour la récréation des oisifs.

La marmotte ne fait de mal à personne. Elle dort pendant une moitié de l'année et vit frugalement pendant l'autre. Son sifflet aigu et perçant est une des rares voix des solitudes alpestres. L'industrie et l'art de guérir doivent avoir un jour à compter avec elle. Ne la détruisons pas.

CHÉIROPTÈRES (*chauves-souris*).

J'ai déjà dit qu'il n'était pas de série animale qui eût eu moins de chances pour ses dénominations que celle des mammifères volants;—que le peuple l'avait baptisée d'abord du nom générique de chauve-souris, nom absurde, vu que l'animal fabuleux qu'il s'agissait de désigner n'est ni *souris* ni *chauve;*—que la science n'avait pas mieux réussi avec sa dernière étiquette de chéiroptères (*mains ailées*), attendu que les organes de locomotion de la bête en question ne sont ni des *mains* ni des *ailes*. *Vespertilions, Anthropomorphes* n'en disent ni plus ni moins.

J'ai dit que puisque la science officielle désirait à toute force honorer cette anomalie d'un nom grec ou latin, elle devait lui fabriquer un substantif composé qui répondît à l'indication naturelle, quelque chose comme *oiseau-mamelle*, par exemple : *oiseau à poil*, *quadrupède volant*, *mammiptère*.

Prenons, si vous voulez, le *mammiptère*, et convenons, du reste, que de toutes les bizarreries de la création dernière, la.... chauve-souris..... était sans contredit la plus difficile à nommer; et que j'aurais eu peur d'effrayer mes jeunes lectrices en lui restituant son vrai nom.

Car la chauve-souris est un emblème de mort.

Et un seul nom lui convenait, celui d'*Épouvantail* ou

de *Satanite*, que certains zoologistes *passionnels* ont donné à l'alcyon des tempêtes.

Les personnes peu habiles dans l'art de deviner les rébus de la nature, et qui savent quelle peine on a souvent à faire parler les muets, me croiront sur parole, quand je leur aurai affirmé qu'il m'a fallu dix années de relations suivies avec la chauve-souris, et des efforts inouïs de persévérance et d'importunité pour l'amener à desserrer les dents, et à me faire l'aveu de toutes ses turpitudes. Il est vrai qu'elle m'en a dit long. Et je ne sais véritablement pas, vu la nature de ces confidences, si je ne ferais pas mieux de les garder pour moi que d'en faire part au public. Je sens la chair de poule me venir à la seule idée des conséquences fâcheuses que pourrait avoir mon indiscrétion avec des personnes faibles.

La question de la chauve-souris est une question de l'autre monde, une question qui sent le fagot...

Tout est mystère, imposture et ténèbres dans cette série de *transition*, dans tous ces moules d'*ambigus*, marqués au coin de l'anormal, du hideux et du fantastique.

Est-ce le noir esprit de l'abîme, le porte-drapeau de Satan, le fantôme décharné et livide que la peur de l'enfer fait apparaître au chevet du moribond, le spectre au rire affreux qui se lève des tombeaux avec le crépuscule et y rentre avec l'aube, le squelette à la faux, planant dans les régions de l'Érèbe d'un vol silencieux? C'est tout cela à la fois et quelque chose encore.

C'est l'image de la mort dans les sociétés limbiques, l'image de la transition douloureuse, le cauchemar des imaginations terrifiées.

La chauve-souris habite les sombres caveaux comme les spectres, les sombres caveaux et les troncs d'arbres morts, les noires cavernes et les crevasses des vieux murs, qu'elle quitte aussi à l'heure douteuse qui précède la nuit. Suspendue pendant le jour à la voûte des grottes sépulcrales, elle imite la complète immobilité du trépassé dans son cercueil. Les membranes velues qui la soutiennent dans l'air ont servi de patron à toutes les tentures mortuaires qui décorent les salles des tombeaux.

Mi-oiseau, mi-quadrupède, c'est bien la transition d'une vie *inférieure* à une vie *supérieure*. Mais à quelle espèce de vie supérieure? *That is the question*. Écoutez patiemment, et l'on vous dira tout.

La chauve-souris est une des rares espèces qui jouissent du singulier privilége d'inspirer à première vue des antipathies mortelles, et de faire tomber en pâmoison les personnes nerveuses. Elle partage cette triste faculté avec le crapaud, emblème du mendiant; l'araignée, emblème du boutiquier; la vipère, emblème de perfidie. Or, remarquez bien cette circonstance : la chauve-souris est une bête *innocente!!!* Là est le mot de l'énigme.

La chauve-souris est une bête innocente, plus qu'innocente, utile, et qui continue le service de l'hirondelle, interrompu par la nuit. La chauve-souris fait la guerre à tous les insectes et à toutes les vermines nocturnes qui affligent l'humanité et ses arbres à fruit.

—Ah çà! mais puisque cette créature hideuse, qui jouit de la suprême laideur et de la suprême faculté de répulsion, n'est qu'un animal innocent, utile même, cette peur qu'on nous faisait de la mort, de cette transition si inquiétante, n'était donc qu'une atroce plaisanterie?

—Une atroce plaisanterie, c'est vous qui venez de le dire; une mystification indigne et infiniment trop prolongée,—à l'aide de laquelle de misérables imposteurs ont odieusement exploité l'humanité crédule, profitant de son ignorance pour l'effrayer, pour frapper son esprit de l'idée du Dieu méchant, pour enseigner le dogme des peines éternelles, pour pratiquer le *vol au Purgatoire.* Heureusement que tout se découvre avec le jour (analogie). La chauve-souris, que les fourbes obscurants avaient associée à leurs complots ténébreux, ne les aurait pas trahis, qu'un autre de leurs complices aurait vendu la mèche.

La chauve-souris est une chimère, un être monstrueux, *impossible,* ne symbolisant que des chimères, un farfadet nocturne représentant exclusivement les fantômes des imaginations malades, les enfantements des cerveaux calcinés par l'ascétisme, le jeûne et les méditations solitaires. La chauve-souris est l'imposture faite bête, comme M. de Talleyrand, évêque d'Autun, était le mensonge fait homme.

Le caractère d'universelle anomalie et de monstruosité qui s'observe dans la conformation de la chauve-souris, ces interversions bizarres de sens qui permettent à la vilaine bête d'entendre avec le nez, de voir avec les oreilles, s'expliquent par la subversion d'idées, par les déréglements intellectuels que ce moule fantastique est chargé de symboliser. Une preuve que la chauve-souris, du reste, n'a jamais représenté qu'une fausse mort, c'est que la vraie mort est camarde, tandis que la chauve-souris a des nez exagérés, qui lui descendent quelquefois jusque sur la poitrine, en manière de trompe d'éléphant.

La chauve-souris avoue ingénument, du reste, sa complicité dans l'œuvre de l'obscurantisme; elle a été durant soixante siècles l'auxiliaire la plus dévouée de la superstition, par la raison toute simple que ses sympathies naturelles sont pour les amis des ténèbres, et que la lumière l'offusque, et qu'elle ne peut pas voir une bougie allumée sans éprouver le besoin de souffler dessus. J'avouerai à mon tour qu'il me serait impossible de faire à la pauvre bête un crime de ces sympathies. Qui se ressemble s'assemble. La chauve-souris ne fait que se traîner durant le jour; elle ne vole ni ne marche; des soldats de cette espèce ne peuvent pas servir dans le régiment du progrès.

Et puis, c'est qu'il y a véritablement pour l'obscurantisme systématique de la chauve-souris, comme pour celui de l'ours, qui ne se pose pas non plus comme un ami trop fougueux des lumières, il y a une circonstance atténuante d'une gravité extrême.

Il faut que j'apprenne à tous ceux qui l'ignorent que l'enfance des globes est le bon temps pour les chauves-souris, comme l'enfance des hommes est le bon temps pour les loups-garoux et les croquemitaines. La chauve-souris occupe dans l'échelle de l'animalité d'un monde un degré d'autant plus élevé que ce monde est plus voisin de son éclosion à la vie animale.

Or, elle régnait dans le monde qui précéda celui-ci; l'histoire antédiluvienne rapporte même que c'était un des moules les plus achevés de l'animalité d'alors. Du haut rang qu'elle occupait en ces temps éloignés, la chauve-souris a encore conservé une marque glorieuse. Elle porte la mamelle à la même place que le sphinx; ce qui lui a fait attribuer la qualification d'*anthropomorphe*, c'est-à-dire de bâtie à l'*image de l'homme*. Une religion anthropomorphique est une religion construite de mains d'homme, et dont le Dieu naturellement ressemble à celui qui l'a fait.

Il paraît donc prouvé qu'aux beaux jours de cette création n° 2 (l'avant-dernière), le domaine de l'air appartenait en toute souveraineté à deux ou trois chauves-souris gigantesques, espèces de navires aériens dont les voiles membraneuses mesuraient dix et douze mètres d'envergure. Et ces chauves-souris fort modèle, que les savants d'aujourd'hui appellent *ptérodactyles*, pour ne pas répéter le mot *chéiroptères*, qui veut dire absolument la même chose, se partageaient avec l'ours les bénéfices d'une tyrannie sans contrôle. Je me suis laissé dire qu'il y avait de ces oiseaux à poil, de ces hideux vampires, qui ne se gênaient pas pour tirer à un pauvre mégathérium ou à un pauvre dinothérium endormi une palette de sang d'un demi-hectolitre. Si l'on en croit les récits de nos navigateurs, ces habitudes de sucer le sang aux gens pendant leur sommeil se seraient soigneusement transmises des ptérodactyles de jadis aux chéiroptères d'aujourd'hui.

Je ne suis pas l'apologiste des tyrans ni des vampires; mais je suis indulgent pour les pouvoirs déchus; je n'exige pas de ceux qui ont tout perdu dans une révolution qu'ils soient affectionnés de cœur au nouvel ordre de choses. Dans tous les temps et sur tous les globes, les prétendants, c'est-à-dire les déchus (l'Ours et la Chauve-Souris), ont donné la main aux obscurants, tranchons le mot, aux jésuites; de tout temps, les prétendants et les prêtres se sont coalisés pour entraver le progrès. L'intérêt des déchus dans la coalition est bien clair; avant d'imprimer au char une marche rétrograde, il faut commencer par lui faire faire halte.

Je sais bien que c'est la chauve-souris qui a le plus contribué à incruster dans l'imagination des crédules mortels les mythes plus ou moins fabuleux de l'hippogriffe, du griffon, du dragon, de la chimère; que c'est elle en un mot qui a servi de modèle à tous les oiseaux à quatre pattes et à mâchoires, à qui le monde ancien avait l'habitude de confier la garde de ses trésors. Le Rock de la légende arabe n'est pas un aigle, mais une vraie chauve-souris. Un oiseau qui n'est que ça, un oiseau si grand fût-il, qui n'aurait que deux pattes et des plumes, ne réussirait jamais à inspirer la même terreur que la plus innocente chauve-souris. Le physique de l'emploi d'épouvantail exige impérieusement la réunion des griffes, des ailes et des mâchoires. Le diable de la légende catholique, apostolique et romaine, le diable chrétien, celui qui a tant tripoté avec les âmes et fait donner par testament tant de bonnes terres aux prêtres, le diable chrétien n'est lui-même qu'une contrefaçon très-heureuse de la chauve-souris, sur le front de laquelle on a vissé les deux cornes du satyre antique, pour dissimuler le plagiat. Le diable qui traverse la toile de l'Opéra, dans le troisième acte de *Robert*, a des ailes membraneuses et des orteils ornés de griffes comme une vraie chauve-souris. Toutes les évocations de sorciers dans les drames infernaux ont pour premier résultat de faire apparaître sur la scène d'affreux ptérodactyles qui ouvrent leurs ailes en musique. Toutes les figures des principaux personnages de la grande épopée de Callot, la *Tentation de saint Antoine*, sont copiées d'originaux qu'on peut admirer au cabinet d'histoire naturelle, dans la galerie des tableaux de famille de la chauve-souris. Prenez au peintre ses coiffures de démons les plus aventureuses, ses oreilles les plus excentriques et ses nez les plus épanouis, et j'affirme que le *rhinolophe*, l'*oreillard* et le *rat volant* trouveront encore moyen de faire crier à la timidité du copiste. La tradition du vampire qui sort de son tombeau la nuit pour sucer le sang des jeunes filles est une tradition de chauve-souris. Le tricorne du jésuite, la cagoule du moine sont des pièces de l'uniforme de la chauve-souris.

Je sais tous les crimes de la chauve-souris, et je les lui pardonne ; faute avouée est à moitié pardonnée.

Je les lui pardonne, par ce motif religieux que la crainte

de la mort est une des conditions fatales de l'existence dans les sociétés limbiques, et que Dieu a dû proportionner cette terreur de la mort aux misères de la vie. La superstition qui va finir a eu sa nécessité comme le mal. Si nous n'avions pas peur de mourir, nous voudrions tous nous en aller de cette terre quand nous n'aimerions plus.

Mais de même que les premiers rayons du soleil, foyer de lumière et d'amour, chassent de l'atmosphère revivifiée les esprits des ténèbres, le hibou et la chauve-souris... ainsi la fausse morale et la superstition, l'idée du Dieu méchant, la crainte et l'imposture, s'enfuiront du cerveau de l'homme avec les premières lueurs de l'aurore d'harmonie, et le cauchemar affreux de l'enfer cessera de peser sur nos rêves !

Insensés qui vous plaignez que Dieu ait refusé à notre âge la révélation des choses de l'autre vie... on voit bien que vous ne savez pas ce qu'il en coûte à ceux qui ont connaissance des délices de la vie aromale de rester ici-bas !

La chauve-souris, qui a tant perdu à la création dernière, est destinée à disparaître complétement au début de la prochaine. (Création n° 4.)

LES CÉTACES.

Au premier rang des bêtes à conserver devait figurer la majestueuse et importante série des Cétacés, suivie de celle des Phoques. Mais parce que j'avais accepté la nomenclature officielle, j'ai cru devoir accepter aussi la distribution hiérarchique orthodoxe, et j'ai fait venir les Baleines, les Dauphins et les Phoques à la fin de ce chapitre, parce que Cuvier les avait mis à la queue de sa classification.

L'homme ne s'est encore occupé jusqu'ici des géants de la mer, des immenses cétacés, que pour leur percer le flanc et y puiser des tonnes d'huile. C'est un tort et un crime; car l'homme ne sait pas tout le parti qu'il eût pu tirer du concours de ces locomotives naturelles avec un peu de patience et une éducation appropriée au caractère et aux allures de ces monstres. Et quand je me mets à songer qu'il ne faut pas plus de quinze jours à la baleine franche ou au cachalot pour faire le tour du monde, je ne puis m'empêcher de regretter que l'ambition de rallier un pareil auxiliaire ne soit pas encore venue à l'homme. Quelle conquête, cependant, que celle d'un remorqueur qui file soixante-quinze nœuds à l'heure (vingt-cinq lieues)! et qu'est-ce que la vapeur auprès de ça? Convenons que les savants, qui dépensent tant de génie et de pièces de cinq francs pour obtenir une race de mulots sans oreilles ni queue, pourraient parfaitement employer leurs veilles d'une façon plus profitable pour la science et pour l'humanité !

Il y avait surtout deux races de mammifères aquatiques que Dieu semblait avoir marquées d'un signe particulier pour que l'homme les reconnût comme ses auxiliaires et s'appropriât leur puissance : c'étaient le lamantin et le phoque, deux espèces d'une douceur et d'une intelligence remarquables, toutes deux douées de la voix et facilement domesticables. Le lamantin avait reçu pour mission de paître et de détruire les herbes sous-marines qui croissent à l'embouchure des grands fleuves de l'Amérique équatoriale, l'Orénoque, l'Amazone, etc., et d'empêcher ces végétations vénéneuses d'envahir les mers adjacentes. Et aussi longtemps que la pauvre bête put remplir sa fonction hygiénique providentielle, le fléau de la fièvre jaune, du *vomito negro,* fut inconnu, même de nom, dans les parages du golfe mexicain. Mais il arriva qu'un jour le commerce européen décréta l'extermination du cétacé herbivore, sous prétexte que sa chair fournissait de l'huile. Alors le fléau naquit et se développa au fur et à mesure de la tuerie, et il est aujourd'hui plus que jamais en voie de progression. Il tient cernées d'un cordon contagieux les plus belles demeures que la nature ait jamais faites à l'homme sur terre ; il règne paisiblement de l'embouchure de la Plata à celle du Mississipi, dévaste périodiquement la Nouvelle-Orléans et Rio-Janeiro, et fait de temps à autre quelque courte apparition en Europe, comme pour prendre date de possession à l'instar du choléra, et préparer peu à peu les esprits à son établissement définitif.

La fièvre jaune est le résultat de l'empoisonnement de l'air et des eaux par les herbes marines putréfiées que le lamantin ne paît plus, comme le choléra provient des exhalaisons pestilentielles des cadavres humains que le fanatisme local précipite dans le Gange, et que les crocodiles du fleuve oublient quelquefois de croquer.

Je crois qu'il serait facile encore de limiter le fléau de la fièvre jaune jusqu'à un certain point, et de faire suppléer le lamantin par les tortues de mer, qui sont d'innocentes bêtes, vivant aussi d'herbes marines et habitant les mêmes parages. Mais la première mesure à prendre pour en arriver là serait de supprimer la soupe à la tortue. Or, le moyen, je vous prie, de faire entendre raison sur ce chapitre au bourgeois de New-York, de Londres ou d'Amsterdam, qui raffole de ce potage! Le moyen d'obtenir qu'il renonce à cette odieuse ratatouille dans un intérêt d'humanité supérieur! Et pourquoi, après tout, cet Apicius de taverne s'inquiéterait-il outre mesure du prix que ses jouissances de table coûtent aux populations d'un autre monde? Pourquoi se condamnerait-il au sacrifice, lui d'abord, lui plutôt qu'un autre, quand il est reconnu que le premier mets venu peut fournir ample matière à des sensibleries analogues? Le sucre, par exemple, peut être qualifié sans métaphore de *sang de nègre*. Or qui de nous, qui des plus philanthropes, a jamais renoncé à sucrer son café de sucre des Antilles pour ne pas boire du sang de nègre?

Mais le fléau causé par la disparition successive du lamantin et de la tortue n'est qu'un bobo sans conséquence, en regard de celui que la disparition des phoques et des baleines réserve à nos neveux. Car le jour approche rapidement, je vous le dis, où va se faire sentir l'absence de ces grands estomacs que Dieu avait chargés d'écumer la face des mers ;... où les océans encombrés de poulpes, de méduses, de calmars et de tous ces tas d'infamies semblables à des cadavres que voiturent leurs flots, deviendront tout à coup le foyer d'une putréfaction animale universelle, dont les résultats épouvantables sont plus faciles à imaginer qu'à peindre !!... heureusement que nous n'y serons plus !

Alors, quand le vent de mer fauchera les populations des empires comme l'incendie fauche l'herbe jaune des prés, le moment sera venu pour les sages de remettre sur le tapis la question du lamantin et la question du phoque, agitées jadis par les fous. Alors quelque hardi penseur se lèvera pour flétrir la sottise des gouvernements d'autrefois qui, trouvant que le mal ne marchait pas assez vite, encourageaient par des primes la pêche de la baleine.

L'indifférence des modernes à l'endroit de la conquête du cétacé me semble d'autant plus coupable qu'il paraît presque démontré, par une myriade de preuves tirées de la mythologie grecque, que l'antiquité a connu le secret de la domestication du dauphin. Virgile, Ovide, Orphée, Homère, Hésiode, toutes les autorités les plus respectables des vieux temps s'accordent en effet sur l'existence des troupeaux de Neptune, qu'ils font même garder par le devin Protée, un prestidigitateur de première force, qui ne fait pas mentir le proverbe que tous les bergers sont sorciers. Or, de quels monstres marins devaient se composer ces troupeaux authentiques, sinon des variétés de cétacés et de phoques les plus connues dans les parages de l'Archipel, et notamment du dauphin macrocéphale, dont le pinceau des peintres et le ciseau des sculpteurs nous ont transmis les traits légèrement embellis. Je le demande à toutes mes lectrices de bonne foi, est-il supposable que tous ces historiens, que ces analogistes subtils, ces gens de tant de sens, de sagesse et d'esprit, eussent associé le dauphin à leurs fêtes, à leurs jeux, à leurs arts, voire à l'illustration de leurs gloires nationales, s'ils n'avaient jamais eu à se louer de ses rapports avec lui ? On ne se jette pas ainsi à la tête des bêtes sans avoir une raison. Je ne saurais, pour mon compte, exiger de preuve plus magnifique de l'amabilité du dauphin et de son goût passionné pour la musique que cette histoire touchante du sauvetage d'Arion, exécuté par un de ces intelligents souffleurs, à la vue de tout un peuple rassemblé sur la plage... Pline le naturaliste, qui n'était pas un poëte, puisqu'il n'écrivait pas en vers, Pline, qui était payé par son gouvernement pour étudier les bêtes, corrobore de son témoignage de savant officiel l'opinion des Grecs sur les mœurs sociables du dauphin : « Non-seulement, écrit-il, le dauphin est ami de l'homme et de la musique, comme le lézard, mais il aime à choisir parmi les noms qu'on lui offre, et le sobriquet qu'il préfère est celui de *Simon*, parce que... il est camard. » Le même a constaté que ce cétacé gastrosophe nourrissait une passion profonde pour le vrai biscuit de Reims saturé de vieux bordeaux. Ce goût certainement est d'une honnête bête.

La mer est généralement peu profonde sur les côtes de France qui se prolongent sous les eaux comme une plaine unie. La Méditerranée recule journellement devant les envahissements de la terre ferme et perd tous les deux ou trois siècles un port comme Aigues-Mortes ou Fréjus. La Manche et l'Océan couvrent si peu leurs plages, que le moindre retrait du flot suffit pour mettre à nu d'immenses grèves, et pour vider jusqu'à la lie tous les bassins des ports où les navires mouillent à sec sur leur quille envasée. Ainsi du moins se passent les choses vers les parages de la Flandre, de la Picardie, de la Saintonge et de la Gascogne. Seule la côte de Bretagne dresse de temps en temps contre les flots de l'Atlantique sa muraille de falaises. Cette attitude est cause que les ports et les havres sont plus nombreux, plus profonds et plus sûrs sur cette côte qu'ailleurs, malgré la hauteur des marées et la violence des vents d'ouest qui tiennent en perpétuel émoi les vagues armoricaines, malgré les dires menteurs de la légende locale qui s'est complu à baptiser de noms sinistres les principales passes de la presqu'île : Mer Terrible, Baie des Trépassés, etc., etc.

L'Armorique est la première terre d'Europe qui soit sortie des flots au temps de l'émersion continentale. Elle faisait corps avec la Grande-Bretagne et l'Irlande. La Mer du Nord occupait alors la Hollande, la Belgique, la Prusse, etc.

Ce manque de profondeur des eaux, qui explique trop bien la rareté de nos ports océaniques et les désastres de nos flottes en temps de guerre, rend compte également de la perte d'une foule de gros poissons qui ne se défient pas assez de leur premier mouvement de gourmandise, lorsqu'ils rasent nos côtes en poursuivant le maquereau, le hareng ou la sardine, et qui s'en viennent donner du nez au beau milieu de nos grèves, où les cloue le reflux perfide, pour que l'homme ait le temps de les démolir à coups de hache. C'est parce que ce malheur arrive fréquemment aux dauphins et quelquefois aux baleines, que j'ai cru devoir ouvrir un chapitre spécial à ces bêtes dans l'histoire des mammifères qui foulent le sol français. Et comme l'occasion était belle de compléter ce supplément par une monographie du phoque qui n'est pas totalement étranger non plus au sol de ma patrie, je l'ai saisie avec empressement. Pourquoi n'avouerais-je pas encore, à ma louange, que le désir de venir en aide à la nomenclature officielle, qui s'est épouvantablement fourvoyée en cette grosse question de la baleine, a été pour beaucoup dans ma détermination. Puisque l'analogie passionnelle prescrit la charité comme le plus saint des devoirs, pourquoi me défendrais-je d'avoir obéi à sa voix?

La Baleine est la plus magnifique expression de la puissance créatrice de la Terre. Elle mesure cent pieds de long et pèse 70,000 kilogrammes, le poids d'un obélisque ou de quinze éléphants. Elle vivrait plusieurs siècles si l'homme la laissait vivre... Quand je vois une toute petite planète comme la Terre, un chétif embryon de Cardinale, se manifester par des verbes de ce poids et de ce volume, mon imagination épouvantée refuse d'aborder le calcul des dimensions proportionnelles des moules analogues en des mondes quatorze cents fois aussi gros que le nôtre. Et même la difficulté que j'éprouve à me représenter d'ici, d'une manière satisfaisante, la baleine franche de Jupiter, est une des raisons qui me font le plus vivement soupirer après la découverte du procédé de télégraphie interplaténaire qui doit nous mettre en rapport avec ces êtres-là... Mais encore conviendrait-il, hélas! d'être un peu mieux renseignés que nous ne le sommes sur l'histoire des baleines d'ici-bas, avant d'attaquer l'étude des baleines de là-haut; car il faut bien le confesser avec douleur, cette gloire de nos océans qui ferait trébucher un obélisque, et dont les mâchoires inférieures serviraient volontiers d'arcs-boutants à des murs de cathédrales, ce moule géant de la dernière création, la baleine est de toutes les bêtes de ce globe la plus inconnue du savant.

Oui, voilà des milliers d'années que l'homme fait à cette bête une guerre acharnée, que l'art et l'industrie exploitent fructueusement ses fanons et sa chair. Les armateurs d'Europe et des États-Unis expédient chaque année cent navires au pôle nord, autant au pôle sud ou ailleurs, vers les mers du milieu, pour la pêche de la baleine. Il y a parmi nous de simples harponneurs qui se piquent d'avoir assassiné trois et quatre cents baleines dans le cours de leur vie. Le gouvernement français dépense annuellement des sommes folles à encourager, on ne sait pas trop pourquoi, l'extermination d'une espèce qui ne lui a jamais fait aucun mal. Le gouvernement français loge, nourrit et entretient fastueusement à ses frais une série spéciale de savants qui n'ont absolument rien à faire qu'à étudier les mœurs des animaux et à nous édifier sur icelles. Et depuis tant de siècles, et à travers tant de sang répandu, tant de millions déboursés, la science n'a pu réunir encore les éléments d'une monographie acceptable de la série des souffleurs! En conscience, ce n'est pas assez.

Je demande la liberté de gémir sur ce résultat négatif, en compagnie de tous ceux qui s'intéressent à l'honneur de la science contemporaine.

Il y a quelques années que le Jardin des Plantes, cédant à la tentation déplorable de faire parler de lui, imagina d'expédier un de ses plus gros savants au roi de Prusse pour lui emprunter des ablettes. Le but de l'expédition était frivole, par la raison qu'un pays sage a toujours assez des ablettes que lui a départies la nature et se garde bien d'envier celles de son voisin. Elle échoua, comme on sait, par le fait de l'impéritie du savant qui la dirigeait et qui oublia naturellement de renouveler l'eau de ses poissons pendant la traversée. Or, je tiens que le Jardin des Plantes eût pu facilement trouver un emploi plus judicieux et plus utile de la somme de 6,000 francs que lui coûta cette folle équipée, comme par exemple d'en faire un prix pour l'auteur du meilleur mémoire sur la Baleine, sauf à faire venir plus tard des ablettes de Berlin par le chemin de fer.

Le besoin d'une histoire complète de la Baleine se fait d'autant plus vivement sentir en ce moment que les armements redoublent de tous côtés, et que la malheureuse race menace de disparaître du globe avant d'avoir trouvé un historien parmi les hommes, au milieu de tant de bourreaux. Ainsi, hélas ! a naguère fait le Dronte, qui était cependant un oiseau de fort tonnage, et très-commun encore dans l'Ile de France du temps de Louis XIV. Ils l'ont anéanti depuis, mais si totalement, mais si vite, qu'il ne reste plus aujourd'hui dans le monde entier qu'une seule patte de ce volatile, et que l'oiseau, dont la cendre est refroidie à peine, est déjà passé dans la science à l'état de problème insoluble et fournit chaque année matière à une foule de notices et de dissertations non moins volumineuses qu'obscures, sur la question de savoir si le défunt était de son vivant Vautour, Pigeon ou Dinde. Et, terrifié par cet exemple, et poursuivi par ce songe, je lève mes mains suppliantes vers les Académies, afin qu'il n'en soit pas dans deux cents ans d'hui pour la Baleine comme il en est de nos jours pour le Dronte. J'adjure tous les corps savants des deux mondes de s'émouvoir de mes alarmes et finalement de s'entendre pour sauver l'honneur de la science contemporaine, pour qu'il ne soit pas dit, à notre honte, qu'une bête de cent pieds de long, du calibre de quarante, ait pu glisser inaperçue à travers les lunettes de tant d'observateurs.

Un des moyens d'éviter ce malheur, et le plus sûr peut-être en même temps que le plus simple, serait de faire tirer au daguerréotype le portrait des diverses espèces de cétacés qui arpentent la plaine liquide. C'est le procédé qu'on emploie généralement aujourd'hui pour obtenir l'effigie des monuments célèbres, et l'histoire nous apprend que ce procédé réunit une masse d'avantages, tels que rapidité, fidélité, bon marché. Or, comme un extérieur ou un intérieur de baleine n'est pas plus difficile à fixer sur une plaque métallique qu'un portail de cathédrale ou un visage humain, on ne voit pas *à priori* quel obstacle s'opposerait à ce qu'on appliquât aux baleines la méthode usitée pour les édifices, et comme dix dessins réussis suffiraient amplement pour donner la figure exacte de chaque espèce, il est plus que probable que la science se trouverait nantie, dès la première campagne, de la plupart des pièces qui lui font faute à cette heure pour ordonner sa série des mammifères pélagiens. La grande affaire se réduirait donc, dès aujourd'hui, à faire monter une demi-douzaine de jeunes daguerréotypeurs, frais et dispos, à bord d'un pareil nombre de navires baleiniers, avec mission de portraiturer chaque prise avant dépècement d'icelle. J'estime même qu'il suffirait d'en souffler un mot à l'oreille des armateurs et de leur offrir une très-légère prime pour les engager à se charger de la besogne ; car les seuls renseignements un peu exacts qu'on ait obtenus jusqu'ici sur l'histoire de la baleine, proviennent de cette source. Je regrette que l'administration qui préside aux destinées du Muséum d'histoire naturelle, n'ait pas songé encore à appliquer le daguerréotype ou la photographie à la solution du problème qui m'intrigue, pour une infinité de raisons, et d'abord parce qu'il est puéril de se plaindre des accidents que l'on peut éviter, et ensuite parce qu'il me peine étrangement d'entendre à tout bout de champ des esprits éminents comme les frères Cuvier, les Blainville, les Boitard, se plaindre de l'excessive difficulté de se procurer des sujets d'étude, à propos d'une espèce dont il se tue, bon an mal an, quelques milliers d'individus. Dites, si vous voulez, mes maîtres, pour l'excuse de votre compagnie, que les cerveaux les mieux organisés ne peuvent songer à tout, et que c'est pour cela qu'elle n'a pas songé au daguerréotype ; je vous écouterai tant que vous parlerez ainsi ; mais, de grâce, cessez d'affirmer que si la baleine et le cachalot ne sont pas mieux connus, la faute en est à eux seuls..... Et quand les pauvres bêtes poussent quelquefois le respect de vos loisirs jusqu'à s'échouer sous vos fenêtres, à portée de vos besicles, ne les accusez plus de mettre du mauvais vouloir à se laisser étudier, et ne leur reprochez plus de demeurer trop loin et dans des mers trop froides, ou encore d'être trop grosses pour tenir dans vos cabinets. Elles vivent où elles peuvent, les malheureuses créatures... Si elles cherchent un refuge au sein des mers solides, c'est que les murailles de glaces sont les seules qui puissent les protéger encore contre la barbarie des hommes et leur permettre de respirer en paix. Ensuite, vous savez bien qu'on ne se fait pas soi-même et que personne, par conséquent, n'est fautif de sa taille.

La vérité est que tout le mal de la situation est du fait des savants bien posés, qui ont préféré l'humiliation de ne pas savoir à l'ennui de se déranger pour apprendre, et qui ont mieux aimé raisonner de travers pendant cent cinquante ans sur la mauvaise figure de baleine de Martens, que de remuer les doigts et de faire un signe pour en avoir de meilleures.

Tous les âges, du reste, semblent s'être donné le mot pour embrouiller cette question de la baleine, et aucun n'a fait effort pour la tirer au clair. Il n'est pas jusqu'au nom de l'animal qui n'ait fourni son petit contingent de controverses. Les savants le font venir du phénicien *baal nun*, qui voudrait dire *roi des poissons*. Je me défie volontiers des étymologies provenant des langues judaïque et punique, idiomes du Philistin et du Juif, pour avoir reconnu que les chroniques de la contrée aride qu'habitaient ces deux peuples avaient très-rarement servi la vérité.

C'est ainsi que le prophète Jonas, qui eut l'incroyable chance de passer trois jours et trois nuits dans le ventre d'une baleine et d'en sortir sain et sauf, eût pu mieux que personne, s'il eût voulu, nous révéler de curieux détails intimes sur les mœurs de l'espèce et sur sa structure; mais il ne le voulut pas, et alors il a fallu faire rentrer son aventure dans la catégorie des miracles vulgaires, qui sont généralement plus disposés à confondre l'orgueil de la raison humaine qu'à donner une explication satisfaisante des choses. Et comme il n'est pas de miracle de la légende biblique qui n'ait servi de prétexte à des tas de pieux volumes, il est arrivé qu'on a devisé aussi copieusement sur le poisson qui n'avait pas digéré l'homme de Dieu, que sur celui dont le fiel avait rendu si merveilleusement la vue au bonhomme Tobie. (Deux poissons comme on n'en voit guère!) Si bien qu'il existe aujourd'hui dans la science trois opinions parfaitement tranchées, et non moins fondées l'une que l'autre, sur l'espèce aquatique à laquelle devait appartenir le monstre qui fut assez délicat pour garder un prophète soixante douze heures dans ses entrailles sans le détériorer, et ensuite pour le rendre au jour.

La première version fait honneur de cette conduite à la baleine franche, par la raison que cette espèce, étant dépourvue de dents, était la seule qui pût avaler un prophète sans le mâcher. La seconde, considérant que l'ouverture de l'œsophage était trop étroite chez la baleine pour livrer passage à un homme, a mis hardiment le fait sur le dos du requin, comme si le plus ou le moins de dilatabilité de l'œsophage pouvait être un cas d'empêchement dans une question de miracle. La troisième enfin est celle qui appartient exclusivement aux commentateurs modernes, et qui essaye de concilier les deux opinions précédentes, en faisant jouer le principal personnage du drame au cachalot macrocéphale. J'en pourrais faire valoir une quatrième, mais qui serait trop savante, en faveur du crocodile, en m'appuyant pour cela de la tradition hébraïque, qui se sert bien plus volontiers dans ses récits habituels du dragon qu'elle connaît, que de la baleine qu'elle ignore; et en prouvant que le signalement qu'elle donne du dragon s'adapte beaucoup mieux au crocodile qu'à tout autre croqueur d'hommes habitant le sein de l'onde, et que la présence de ce reptile amphibie dans les eaux de l'Euphrate ou du Tigre, que fréquentait Jonas, s'explique pour le moins aussi bien que celle de la baleine, du requin ou du cachalot; mais j'en fais grâce à mes lecteurs, conjecturant qu'il a déjà été versé assez de flots d'encre dans cette question, pour lui donner une teinte d'obscurité satisfaisante. Davantage ne ferai-je pas état de l'opinion des impies qui tranchent le débat entre la baleine et le requin, par une question préalable insolente, et débutent par révoquer en doute l'authenticité du fait même de la déglutition et de l'évacuation miraculeuses.

Si la Bible, puits de vérité, a répandu si peu de jour sur la question qui nous occupe, il va sans dire que ce n'est pas de la mythologie grecque, boîte à malice et à mensonges, que s'échappera la lumière. J'ai essayé de classer la bête qui fut cause du malheur d'Hippolyte, en me guidant sur le récit de Théramène, mais j'ai dû renoncer à la tâche à raison de sa difficulté, et j'avoue ingénument que je ne voudrais pas me charger de loger à leur véritable place tous ces autres monstres marins qui auraient croqué Andromède, Angélique et Olympe, si tant de preux et vaillants chevaliers ne s'étaient mis si heureusement en travers de leur appétit. J'ai bien lu que Pline et l'Arioste étaient d'accord pour attribuer le monstre d'Andromède et celui d'Olympe au sous-groupe des *Orques,* lequel fait aujourd'hui partie de la famille des baleines; mais cet accord fortuit de deux esprits éminents sur un nom plutôt que sur un genre n'implique aucunement que dans leur opinion la baleine fût un poisson avide de la chair des jeunes vierges. Il est à remarquer ensuite que les savants, qui ne sont jamais jeunes, sont généralement portés, par ce vice de l'âge, à se méprendre sur le caractère de ces expositions qui représentent des vierges de seize ans clouées à des rochers par des mains inhumaines, et attendant la mort dans des attitudes de désolation adorables, parées pour tout vêtement de leurs cheveux et de leur innocence. Les savants s'obstinent à voir dans ces spectacles une idée fixe d'indisposer le public contre le monstre marin; mais ils sont dans l'erreur, car ces spectacles n'ont d'autre but que d'attendrir tous les cœurs et d'attacher tous les regards à la contemplation des formes féminines, et je sais par les artistes mêmes qui se plaisent le plus à reproduire cette scène, et qui la réussissent le mieux, que, pour eux, la question d'art tient bien plus de place dans cette affaire que celle de la zoologie. Le monstre n'est là que pour repoussoir, et puis quand on calcule combien peu, en définitive, ces Orques et ces Chimères ont mangé jusqu'ici des belles filles que les poëtes et les peintres se plaisent à leur servir, on est presque aussi tenté de les plaindre que de les maudire. Aristote, du reste, qui était plus près que nous de la mort d'Hippolyte et du sauvetage d'Andromède, ne fait pas même mention de ces événements dans son *Traité des bêtes*. Cependant Aristote a connu la baleine, qu'il nomme Mystikitos, et qu'il caractérise parfaitement en disant qu'elle a l'intérieur de la bouche comme garni de soies de porc. Mais il n'en sait pas davantage, par malheur, et la science et les universités de Paris, d'Édimbourg et de Pise s'arrêtent au même cran, jusqu'à la fin du siècle de Louis XIV.

Pline se borne, selon son habitude, à répéter ce qu'a dit Aristote. Élien affirme que de son temps (IIIe siècle) la pêche de la baleine se faisait vers les parages de Cythère; mais qui pourrait distinguer le phoque et le dauphin de la baleine à travers les définitions d'Élien?

L'obscurité persiste donc pendant toute la durée de l'âge moderne sur la question cétacéenne, bien que la pêche à la baleine soit pratiquée en Europe, depuis un temps immémorial, par les Basques et les Norwégiens; bien que les baleines soient encore fort répandues, vers l'an 1000, sur les côtes d'Angleterre, de France et de Portugal, et se passent fréquemment le caprice de s'y échouer vers l'embouchure des fleuves. La version du navigateur renchérit, en fait de merveilleux, sur celle du poëte. Si l'Arioste fait entrer le preux Roland avec sa barque dans la gueule de l'orque de Protée, et lui suggère un procédé ingénieux pour empêcher les deux mâchoires du monstre de se rejoindre, il faut que pareille aventure arrive à un marin. Le héros de l'histoire authentique est le navigateur Sibbald qui, regagnant une fois la terre sur le tard, entre sans s'en douter, avec son canot et ses hommes, dans le gosier d'une baleine qui s'était imprudemment endormie sur la grève, la bouche grande ouverte.

La découverte du nouveau monde, qui imprima à la navigation maritime une impulsion vigoureuse, ne profita que faiblement à l'histoire des cétacés. On apprit seulement, vers ce temps-là, que dans une contrée riveraine du golfe du Mexique, qui s'appelait la Floride, et dans laquelle coulait la fontaine de Jouvence, les naturels pratiquaient un curieux procédé de pêche à la baleine. Ce procédé consistait, de la part du pêcheur, à surprendre la bête endormie sur les flots, à nager doucement jusqu'à elle, à lui grimper sur le nez tout doucement pour ne pas la réveiller, et puis à lui enfoncer inopinément, à coups de maillet, une forte cheville dans chaque narine, ce qui l'empêchait de respirer et la faisait bientôt mourir dans les convulsions d'une agonie atroce. Il fallait être deux pour la chose. Si les pêcheurs européens qui chassaient la baleine dans les mers glaciales n'ont pas adopté le procédé de la cheville préférablement à celui du harpon, leur mauvais vouloir s'explique par l'horreur du bain froid.

La conquête de l'Océan Pacifique n'a servi qu'à faire ajouter à la collection, déjà passablement nombreuse des légendes de la mer, la légende du *Cachalot blanc,* un monstre d'une dimension extracétacéenne, qui s'amuse à se couvrir d'algues et de fucus pour jouer le rôle d'île flottante, laisse les chaloupes des baleiniers s'amarrer à ses flancs, l'équipage allumer du feu et faire la cuisine sur son dos; puis, au moment où tout le monde se livre à la joie du festin, pique au fond de l'abîme une tête infernale, entraînant après lui canots et canotiers, et faisant de ceux-ci d'effroyables repas. Le lieutenant de vaisseau de Flotte savait de la même bête mille traits encore plus noirs, et considérait le stratagème qui précède comme la plus innocente de ses espiègleries.

L'histoire en était là sur le chapitre de la baleine, quand un chirurgien de Hambourg, Frédéric Martens, eut, en 1671, l'excellente idée de dessiner d'après nature une baleine franche des mers du Nord. Cette copie peu exacte, mais qui donnait cependant une idée quelconque de l'animal, est à peu près la seule figure qu'on ait connue dans les musées d'Europe jusqu'au commencement de ce siècle, époque vers laquelle l'Anglais Scoresby, célèbre pêcheur de baleines, plein de zèle pour la science, donna sur l'histoire générale des baleines du Nord des détails circonstanciés et authentiques, qui ont servi à redresser la plupart des erreurs courantes, et permis à Georges Cuvier d'apporter un peu d'ordre et de lumière dans ce chaos.

Georges Cuvier est, en effet, le premier qui ait compris la distribution des cétacés et trouvé la clef de la série. Seulement, il a commis ici, comme dans son histoire des oiseaux, une faute énorme. Il a fait de cette famille des cétacés la huitième et dernière de ses mammifères, tandis que la mammiférie pélagienne forme, au contraire, le premier terme naturel de la mammiférie, qui a pris naissance au sein des eaux comme tous les ordres imaginables. Or, cette erreur fondamentale vicie totalement la conception de l'illustre maître, et empêche sa nomenclature de se tenir sur ses pieds. Le travail de Cuvier, irréprochable dans tout ce qui est détail, aurait besoin, pour devenir une œuvre monumentale à conserver, qu'une main amie et courageuse y changeât presque tous les noms et commençât par renverser l'édifice de fond en comble en transportant au faîte ce qui est à la base, et réciproquement. Hors de là, point de salut ; hors de là, impossibilité d'accord avec les lois de la nature ; car la nature procède du simple au composé, et la mammiférie ne débute pas par l'homme pour finir par le cétacé, pas plus que le règne des oiseaux ne débute par le faucon pour aboutir au manchot palmipède. C'est le contraire qui est vrai, et j'admire qu'une vérité aussi simple ne crève pas tous les yeux.

J'ai passé sous silence les recherches des Linnæus, des Buffon et des Lacépède, antérieures à celles de Cuvier, à raison de leur peu d'importance spéciale. Linnæus a eu le tort immense de se croire obligé de donner le nom de cétacé aux divers membres de la famille des poissons à mamelle, par respect pour la mémoire d'Aristote, qui avait appelé la baleine mystikitos. J'admirerais sans réserve cette déférence des modernes pour les anciens comme partant d'un bon principe, si ce substantif générique eût été mieux choisi. Je la blâme, parce que le mot de cétacé joint à son insignifiance absolue, et à son défaut de ressemblance avec son radical *kiti* (κῆθη), l'extrême désavantage de fournir en notre langue un prétexte fécond aux plus détestables calembours. Quand Jocrisse entreprend le récit de ses aventures maritimes, il ne manque pas de débuter par la rencontre d'un énorme *ça suffit*, pour dire *c'est assez*.

Le travail de Buffon sur la baleine n'a pas été sérieux. L'éloquent écrivain a eu dans cette question deux grands torts : le premier, de n'avoir pas considéré le caractère de la mamelle comme suffisant pour séparer catégoriquement deux ordres, et d'avoir par conséquent confondu les cétacés avec les poissons, à l'instar d'Aristote ; le second, d'avoir essayé de faire entrer de force la baleine dans l'ordre des quadrupèdes, entreprise téméraire à laquelle il a fini par renoncer, mais trop tard, convenant de bonne grâce que la prétention d'admettre la baleine, qui n'a que deux nageoires, au rang des bêtes à quatre pattes était exorbitante. L'illustre continuateur de Buffon a creusé plus avant la question que son devancier, c'est justice à lui rendre ; mais il faut croire que ses tentatives courageuses n'ont pas eu plein succès, puisque Georges Cuvier, qui arriva après lui, écrit en propres termes :

« On voit à quel point les notions que nous possédons sur les diverses baleines sont encore incomplètes et confuses. Aussi je suis bien loin de prétendre que leurs espèces se réduisent à celles dont je viens de donner les caractères. On a observé ces animaux avec trop de légèreté, pour croire qu'ils aient tous été décrits. Nous ne savons pas si les baleines que les Russes et les Américains pêchent dans le nord de la mer Pacifique sont les mêmes que celles de l'Atlantique. M. le comte de Lacépède a rédigé, d'après des dessins faits au Japon, les descriptions de plusieurs baleines, qui, si les dessins sont fidèles, forment probablement des espèces distinctes des nôtres, surtout par les taches de leur peau. Tout ce que je voudrais obtenir par cette exposition de mes doutes serait donc qu'au lieu de donner comme certaines des définitions qui ne le sont point, et d'enregistrer comme connues dans le *Systema naturæ* des espèces peut-être imaginaires, ce qui laisse croire aux navigateurs qu'il ne leur reste rien à faire pour la science, on les prévînt, au contraire, que la science a besoin encore de toute leur attention, et que même ce que l'on possède sur ce sujet ne pourra mériter le nom de science que par les observations qu'on attend de leur part. »

Et plus loin, après avoir reconnu, par l'observation des squelettes, l'existence de trois espèces distinctes dans nos mers :

« Voilà tout ce que je crois qu'un naturaliste puisse affirmer aujourd'hui, à moins de vouloir employer encore cette méthode si féconde en erreurs, de s'en rapporter à des témoignages sans précision et rendus en l'absence de toute comparaison.

« Ce n'est que lorsqu'on aura des figures faites géométriquement et avec le détail nécessaire des têtes de ces animaux que l'on possède dans les divers musées, ou que l'on pourra se procurer dans la suite, et lorsqu'on aura pu comparer ces figures, qu'il sera permis de prononcer sur le nombre des espèces existantes et sur leurs caractères. »

Les tristes lignes qu'on vient de lire sont extraites des *Annales des sciences naturelles*, volume II, page 27 ; elles portent la date de 1824.

Ainsi, à cette époque si rapprochée de nous, personne n'avait encore, au dire de Cuvier, le droit de prononcer sur le nombre des espèces de baleines et sur leurs caractères !

La solution du problème a-t-elle fait un pas depuis 1824? Les instructions de Cuvier ont-elles été suivies? Je l'ignore ; mais je sais que Frédéric Cuvier, qui survécut de six années à son frère, et mourut en 1838, directeur en chef de la ménagerie au Jardin des Plantes, essaya vainement de construire une histoire de la baleine à l'aide des matériaux dont il pouvait disposer. Et voici ce qu'on lit à l'article *Baleine*, dans le plus récent de tous les dictionnaires d'histoire naturelle, dont la publication n'a été achevée qu'en 1850.

« Frédéric Cuvier lui-même, dans son histoire naturelle des cétacés, des *suites à Buffon*, n'a pas jeté un grand jour sur ce sujet, et sa critique ne nous paraît pas toujours bien fondée. Cependant, nous nous emparerons du peu de lumières qu'il a répandues sur cette branche difficile de l'histoire naturelle. » Cet article est signé d'un des noms les plus éminents de la science.

Je présume que l'exposé qui précède a dit suffisamment l'état de la question, et que le moment est venu pour moi de tenir la promesse que j'ai faite à la nomenclature de la tirer de peine. J'y procède sans plus tarder, laissant comme de juste aux savants de cabinet le soin de spécifier et de définir les diverses espèces de cétacés qui peuplent les mers du globe, et me bornant à l'œuvre capitale de la classification, c'est-à-dire à l'indication des termes généraux de la série.

Il est reçu dans la science, et il a été prouvé dans l'introduction de ce livre que l'eau est le premier milieu habitable. L'Ordre ou le règne des Mammifères débute donc au sein des eaux par la série des poissons à mamelles. Cette série se divise immédiatement en deux groupes principaux : Piscivores, Herbivores, et les individus qui font partie du premier de ces groupes sont les plus gros et les moins achevés de tous les moules de l'ordre et les plus voisins des poissons.

Mais il convient d'exposer les caractères généraux d'une Série avant d'analyser les caractères spéciaux de ses Groupes. Voyons donc d'abord en quoi les cétacés se distinguent des poissons proprement dits.

Les cétacés se distinguent des poissons au physique, en ce qu'ils sont mammifères, et par conséquent vivipares; en ce qu'ils allaitent leurs petits et se chargent de leur éducation; en ce qu'ils respirent, comme nous, par de véritables poumons, et non par des branchies comme les poissons, ce qui est cause qu'ils sont obligés de remonter de temps en temps à la surface de l'eau pour respirer, à l'instar de l'hippopotame. Ils ont le corps couvert d'un cuir sous-tendu d'une épaisse couche de lard, les paupières garnies de cils et les lèvres ornées de poils. Les organes de locomotion des cétacés sont limités aux deux membres antérieurs, qui leur servent de bras pour porter leurs petits en même temps que de nageoires. Les membres postérieurs figurant les pieds font totalement défaut. La queue est horizontale, comme chez les oiseaux, au lieu d'être verticale, comme chez les poissons. Enfin, le poisson est muet et le cétacé a une voix, puisqu'il a des poumons. Il souffle quand il ne gémit pas.

Ces différences organiques me paraissent si tranchées, que je me crois volontiers dispensé d'en signaler d'autres. La distinction au moral est encore plus frappante. Il suffit en effet d'écrire que les cétacés allaitent leurs petits pour creuser d'un seul trait de plume un abîme entre les deux ordres, attendu qu'il n'y a réellement pas de comparaison à établir entre la baleine, qui chérit son nourrisson de toutes les puissances de son être, le porte sous son aisselle pour le préserver de la fatigue, l'entoure d'affection et de soins, le défend avec rage, —et la carpe stupide qui pond n'importe où, sans savoir, ou le brochet sans entrailles qui pousse l'indifférence pour sa progéniture jusqu'à la dévorer. La tendresse maternelle est un sentiment sublime qui confère immédiatement aux espèces un titre supérieur, comme l'or le reflet et l'éclat aux métaux ternes et impurs auxquels on l'a uni. J'ai le droit de m'étonner qu'un génie poétique et lumineux comme celui de M. de Buffon n'ait pas été frappé par la puissance de cette considération.

Le genre de nourriture que j'ai pris pour premier caractère séparatif entre les deux principaux groupes de cétacés, afin de ne pas sortir d'un système précédemment esquissé, n'était pas le seul à choisir comme type générique. Il en est un autre si saillant et si spécial à la tribu des piscivores, qu'il est totalement impossible de n'en pas tenir compte dans une nomenclature rationnelle, et que sa singularité même force d'adopter pour caractère divisionnaire normal de la série. Je veux parler de la propriété étrange dont jouissent les cétacés piscivores de faire jaillir de leurs narines une colonne liquide qui leur donne de loin l'apparence de jets d'eau ambulants.

Les narines de ces cétacés s'appellent les évents. Ces évents peuvent être comparés à un double tuyau de pompe aspirante et foulante; ils sont percés dans l'épaisseur des os de la tête et partent de la voûte palatine pour aboutir au sommet du crâne, de manière à pouvoir rester en communication avec l'atmosphère pendant que le reste du corps de l'animal est dans l'eau. Ces évents sont donc premièrement les organes de la respiration chez les cétacés piscivores, et ils servent de plus à rejeter au dehors les torrents d'eau salée qui s'engouffrent dans leur vaste bouche quand ils l'ouvrent pour happer leur proie. Ils sont aussi les exutoires des mucosités qui embarrassent les voies digestives; et l'organe de l'odorat qui existe chez quelques espèces est situé dans leur intérieur. Chacun de ces tuyaux de pompe est garni d'une soupape fermant de haut en bas pour empêcher l'eau de s'introduire par cette issue dans la gorge lorsque l'animal plonge. Le jeu de ces évents correspond à la déglutition, et l'on a remarqué, pour la baleine franche, qu'il était plus fréquent par les gros temps que par les temps calmes. Or, cette observation nous donne la solution d'un problème gastrosophique du plus haut intérêt et relatif au homard. Toutes les personnes qui s'occupent de gastrosophie savent que ce dernier crustacé, ainsi que les langoustes et les crevettes, ses plus proches parentes, marquent par leur embonpoint ou leur maigreur les différentes phases de la lune, se trouvant dans leur plein avec elle, déclinant avec son déclin. Voici l'explication de cette concordance mystérieuse :

Puisque la projection de la colonne liquide, qui est l'accompagnement obligé de la déglutition chez la baleine, est suractivée par l'agitation des flots, c'est la preuve que cette agitation fait venir à la surface en plus grand nombre les méduses et les mollusques dont la baleine fait sa pâture. Et comme l'agitation de la mer n'est jamais plus forte que vers l'époque de la pleine lune, cette phase, qui coïncide avec les plus hautes marées, doit coïncider également avec les jours de bombance du homard et de ses congénères, comme la phase du déclin avec le temps de jeûne.

L'orifice des évents, situé, comme il a été dit, à la cime du crâne, est double ou simple, suivant les espèces; la projection de la colonne liquide est accompagnée d'un bruit de soufflet de forge retentissant, qui a fait donner à tous les membres de la famille, depuis la baleine jusqu'au marsouin, le nom générique de *Souffleurs*. C'est un des noms les plus expressifs et des plus heureux de la langue zoologique vulgaire. On va voir que ce nom si bien trouvé contenait en lui seul tous les éléments d'une excellente classification de la série pour laquelle, au surplus, la nature a été si prodigue de types séparatifs, qu'on a véritablement peine à comprendre le désordre et la confusion où la plupart des savants l'ont laissée. Georges Cuvier lui-même, qui a vu beaucoup plus clair que tous ses collaborateurs dans le chaos, ne s'est pas assez inspiré des indications de la qualification populaire.

Cuvier a bien divisé les poissons à mamelles en deux groupes principaux, celui des *herbivores* et celui des *cétacés* proprement dits, qu'il a répartis en six genres; mais il n'a fait qu'entrer dans la bonne voie, il ne l'a pas suivie jusqu'au bout. *Herbivore* et *cétacé* n'ont jamais été et ne seront jamais les termes d'une même série, s'expliquant et se faisant valoir l'un l'autre par leur opposition. Cétacé, encore une fois, ne rime à rien, et comme les noms sont tout dans une nomenclature, il a suffi de cétacé pour empêcher celle-ci d'aboutir. Comme il était pourtant facile de faire mieux!

D'abord, vous deviez dire cétacés *herbivores*, cétacés *piscivores* ou *omnivores*, et non pas simplement *herbivores* et *cétacés;* mais comme le bien ne suffit pas là où l'on peut le mieux, il ne fallait pas vous contenter de diviser la série en ces deux groupes primordiaux, mettant à gauche ceux qui paissent l'herbe, à droite ceux qui paissent le hareng. L'observation vous faisait encore le devoir de distinguer les cétacés muets, qui vivent recueillis parmi les forêts sous-marines, des tapageurs qui remplissent l'espace de bruit et de fumée, et veulent absolument qu'on les regarde quand ils passent. Enfin, puisque vous aviez remarqué que ceux-ci avaient reçu le don des narines jaillissantes qui manquaient à ceux-là, vous étiez tenu de signaler d'une façon pittoresque cette différence caractéristique des deux groupes, en fabriquant pour la circonstance un de ces jolis noms grecs ou latins, comme vous les saviez faire, et qui eût voulu dire en somme : *Éventeurs* et *non-Éventeurs.*

Cette division primordiale opérée, la seconde coulait de source. Laissant d'abord les non-Éventeurs de côté pour les reprendre plus tard, vous procédiez à la distribution du groupe des Éventeurs, lequel se partage de lui-même en deux sous-groupes admirablement indiqués par la nature qui leur a écrit leur nom sur le bout du nez en caractères gros et lisibles : Éventeurs *à double jet*, Éventeurs *à jet simple.* A coup sûr, la nomenclature qui ne se contenterait pas d'une séparation aussi nette et aussi facile à suivre ne serait pas raisonnable.

Dans le premier de ces deux sous-groupes se rangeait la puissante tribu des Baleines, facilement reconnaissable au double évent d'abord, et ensuite aux fanons que les individus de cette famille portent au lieu et place des dents, dont leurs mâchoires sont complétement dépourvues. Ce sous-groupe des *Édentés* ou des *porte-fanons* se fût composé de deux ou trois genres tout au plus : baleines à deux ou à trois nageoires, ou à gorge sillonnée.

Le sous-groupe des éventeurs à jet simple appelait à lui tout le reste de l'ordre des souffleurs, dont les genres nombreux s'étagent et se classifient d'eux-mêmes dans un ordre naturel admirable, d'après le nombre et la disposition des dents dont tous les genres, sans exception, sont armés, depuis le Narwal, qui n'a qu'une dent, jusqu'au Dauphin des poëtes, qui en a cent quatre-vingt-huit.

1° Éventeurs à jet simple, *mono*... n'importe quoi, n'ayant de dents qu'à la mâchoire supérieure : Narwal et Anarnak, pour commencer par les espèces qui n'en ont qu'une ou deux;

2° *Idem*, n'ayant de dents qu'à la mâchoire inférieure, une foule de cachalots;

3° *Idem*, les deux mâchoires admirablement garnies de dents, où l'on retrouve avec plaisir les Orques des poëtes, les Dauphins, les Marsouins.

Rien n'empêchait de créer un quatrième genre, un genre ambigu pour les Hyperoodons, qui ne sont pas plus difficiles à loger que les autres, pour avoir le palais ferré de molaires ou d'incisives.

Et la chose était faite.

C'est-à-dire que cette série des cétacés, qui a donné tant de tablature à tous les savants, y compris Georges Cuvier, Buffon et Linnæus, est la plus accommodante et la plus classifiable de toutes les séries... Si accommodante en effet, que l'analogie ne juge pas même nécessaire de pousser plus loin ce travail d'élagage et d'élucidation; et que, satisfaite d'avoir indiqué tout ce qui restait à faire, elle se retire du concours, laissant généreusement aux professeurs de zoologie patentés l'honneur d'achever l'œuvre et de mettre les points sur les i. La seule grâce que je leur demande pour prix de ce service est de me forger des noms euphoniques qui puissent entrer dans un vers sans blesser leurs voisins.

Il est certain que rien ne me forçait d'écrire un seul mot de la page qui précède, ni de tracer aussi complaisamment les voies et moyens de la classification des cétacés, et que j'aurais pu très-facilement, d'après mon propre programme, ne m'occuper que des seules espèces de cette série qui fréquentent les côtes de France; mais à Dieu ne plaise que jamais je me repente d'avoir tendu la main à qui avait besoin de moi!

. . . .

Ces espèces, qui échouent quelquefois sur nos côtes, sont très-peu nombreuses et rentrent toutes dans la catégorie des souffleurs. Dans le nombre sont deux ou trois baleines et cinq ou six dauphins.

Le groupe des cétacés herbivores ou non-souffleurs est totalement étranger aux mers européennes. Il ne comprend, du reste, que trois genres : Lamantin, Dugong et Steller. Le premier habite de préférence l'embouchure des grands fleuves de l'Amérique méridionale, qu'il remonte rarement plus haut que l'eau salée. Le Dugong parait exclusif aux côtes de l'Afrique et de l'Inde, et le Steller à celles du Japon et du Kamschatka. Je puis, sans entreprendre la monographie de ce groupe qui ne me regarde pas, dire que la taille du Lamantin et de ses congénères atteint facilement quatre à cinq mètres, et leur poids mille kilogrammes; que leur chair est bonne à manger, puisqu'ils sont herbivores; que leur naturel pacifique les dispose à entrer en relations amicales avec l'homme; que le dévouement des mâles pour les femelles et celui des mères pour leurs petits, qu'elles portent sous l'aisselle, vont jusqu'à l'héroïsme; enfin, que ces nobles espèces remplissent ici-bas une mission providentielle d'édilité publique, en travaillant à détruire ces masses d'herbes marines, dont la putréfaction vénéneuse engendre les fièvres jaunes et rend inhabitables les plus belles contrées de la terre; ce qui est cause que l'homme, s'il était raisonnable, se garderait bien de les tuer.

Les cachalots sont à peu près exclusifs aux mers équatoriales, sans être totalement étrangers néanmoins à l'océan d'Europe. Les plus gros et les plus redoutables habitent le Pacifique. Les cachalots rivalisent de volume et de poids avec la baleine franche. La tête d'un bon cachalot mâle fournit facilement soixante barils d'huile et vingt-quatre de blanc de baleine[1]. Le cachalot est le seul cétacé qui fournisse ce dernier article au commerce, aussi bien que l'ambre gris, qui paraît être une sécrétion morbide de l'animal. On rencontrait autrefois ces monstres en grand nombre vers la côte occidentale de l'Amérique méridionale, du Chili à la Californie, et surtout aux environs des îles Gallapagos, qu'on s'accorde à leur assigner comme rendez-vous d'amour. Les côtes de la Nouvelle-Zélande sont aujourd'hui les cantons favoris des pêcheurs. Les cachalots sont porteurs d'une tête énorme, qui fait la moitié de leur corps; ils n'ont pas de fanons, mais leur mâchoire inférieure est garnie en revanche d'une double rangée d'énormes dents coniques, de la dimension et de la forme d'une toupie, et d'une physionomie peu rassurante. Leur front est percé de deux évents, mais dont un seul fonctionne. Ils ont le naturel féroce et querelleur, et avalent avec aisance des requins de douze pieds de long. On dit que la pêche de ce cétacé présente plus de périls que celle de la baleine, parce que le cachalot ne se borne pas

[1] Baril, quintal métrique ou dixième partie du tonneau, qui est de 1,000 kilogrammes.

toujours comme celle-ci à jongler avec le canot qu'elle a lancé en l'air, mais s'avise quelquefois aussi de harponner un harponneur et de le digérer. Le cachalot à grosse tête ou macrocéphale est le vrai tyran des mers, et la frayeur qu'il inspire à tous les poissons, pendant sa vie, est si grande, qu'ils n'osent pas même s'approcher de lui après sa mort. Je ne résiste pas au désir de citer quelques passages d'un article sur le cachalot, que j'ai lu dans le *Dictionnaire des sciences naturelles*, où il m'a fait venir la chair de poule :

« Cet ennemi audacieux de tout ce qui respire au sein de l'élément fluide ne repousse pas seulement une attaque, mais encore il brise avec une sorte de fureur tout ce qui semble lui résister ; il combat avec intrépidité, ensanglante les parages de toutes les mers et poursuit avec un acharnement opiniâtre les victimes qu'il a désignées pour le sacrifice qu'il destine à sa rage !!! C'est au milieu de leurs combats que la douleur de leurs blessures, la contrainte, le danger ou la fureur arrachent à plusieurs d'entre eux des cris particuliers, des mugissements profonds ou des sifflements quelquefois si aigus qu'ils attirent de toute part autour d'eux une foule de leurs congénères, qui, en continuant le combat avec l'ardeur d'une nouvelle audace, font couler le sang à grands flots et *teignent en rouge les eaux de la mer, souvent à la distance de plusieurs lieues !!!* » Signé : S. Gérardin.

Après ce tableau éloquent, je ne vois plus que le Kraken de la légende scandinave et le Leviathan de l'Écriture sainte qui soient de férocité et de taille à lutter contre les cachalots du *Dictionnaire des sciences naturelles*. Le monstre d'Hippolyte avait bien des écailles jaunissantes et des cornes menaçantes ; il empestait les airs et faisait peur aux flots, mais personne n'a dit de lui qu'il eût pu teindre en rouge plusieurs lieues d'eau salée.

Le Narwal, au dire de plusieurs, serait un autre échantillon de cétacé farouche et batailleur, qui ferait à la baleine franche une guerre acharnée, on ne sait pas trop pourquoi, puisqu'il n'en mange pas. C'est une espèce rare et qui ne s'aventure guère en deçà du 80e degré de latitude nord, mais chez laquelle le froid des contrées qu'elle habite n'a pas éteint le feu des passions, si j'en crois encore le témoignage de l'écrivain coloriste que je viens de citer. Le narwal, qu'on appelle aussi la licorne marine, est une bête moins forte que la baleine franche, et qui pèse rarement au delà de 20,000 kilogrammes. Elle pourrait porter deux dents à la mâchoire supérieure, mais le plus habituellement elle se contente d'une seule, qui peut compter, il est vrai, pour plusieurs, et qu'elle s'installe triomphalement au bout du museau en manière d'espadon ou de colichemarde. Cette colichemarde d'ivoire n'a pas moins de douze à quinze pieds de long chez l'adulte; elle est cannelée dans toute sa longueur et décrit une spirale élégante en forme de pas de vis. L'ivoire de la défense de la licorne passe pour être plus dur et beaucoup moins altérable que celui de la dent de l'éléphant; on en fait de très-jolies cannes. M. S. Gérardin affirme que cette arme offensive et défensive « doit faire des blessures cruelles et profondes, *surtout* lorsqu'elle est mise en mouvement par un narwal en furie. » Je n'ai aucun motif de refuser de m'unir à cette opinion sage, honnête et modérée, surtout après avoir lu qu'un narwal, qui avait envie d'expérimenter la puissance de son instrument, perça un jour de part en part le bordage d'un baleinier anglais doublé et chevillé en cuivre.

Parmi les cétacés à double évent qui se rencontrent parfois dans les mers de France sont la Baleine franche et le Rorqual.

La Baleine franche. La baleine franche semble être le moule le plus primitif de la série. C'est le plus puissant de tous les animaux du globe, bien que sa longueur soit moindre que celle du rorqual et de certains cachalots. Scoresby, qui en a pris plusieurs centaines dans sa vie, affirme n'en avoir jamais rencontré dont la taille dépassât soixante-quatre pieds de long. Seulement une baleine de cette dimension pèse 50,000 kilogrammes.

La baleine franche n'a que deux nageoires pectorales ; l'envergure de sa queue ou de sa nageoire caudale, qui est horizontale comme celle de tous les cétacés, mesure près de trois mètres. Elle n'a pas de cou et se meut tout d'une pièce.

La baleine franche porte un an et plus; la taille du baleineau naissant est de douze à quatorze pieds. La mère chérit son nourrisson de l'affection la plus tendre; elle le porte sous son aisselle dans son bas âge, et le défend avec courage et discernement contre tous les périls qui le menacent. Le baleinier inhumain, qui sait toute la puissance de cet amour maternel, l'exploite indignement. Il commence par attaquer le baleineau, et force ainsi la pauvre mère à s'offrir à ses coups pour sauver sa progéniture. Il a été écrit que l'affection des mères pour leurs enfants révélait presque toujours celle du père pour la mère. L'histoire des amours des baleines appuie vigoureusement cette touchante théorie.

La baleine franche a les mâchoires complétement dépourvues de dents. La nature a remplacé cet organe par un réseau de sept cents lames transverses d'une substance analogue à celle de la corne, et qui tombent de la mâchoire supérieure pour s'emboîter dans l'inférieure, laissant entre elles des vides comme les volettes d'une jalousie. Ces lames transversales, à forme de tranchet, s'effilent à leur extrémité et se garnissent d'une houppe de soies frisées et rudes. Ce sont, à proprement parler, les mailles d'un filet destiné à retenir à l'intérieur le menu fretin de poissons et de mollusques dont l'animal fait sa pâture, tout en laissant fuir l'eau.

La bouche de la baleine franche empaillée a beaucoup de rapport avec une tente. L'entrée en est assez vaste pour donner une certaine couleur de vraisemblance aux contes de Roland et de Sibbald, attendu qu'un canot pourrait, à la rigueur, se loger sous cette cale, et que les hommes de l'équipage s'y pourraient tenir debout sans offenser la voûte du palais. Les os de la mâchoire inférieure de cette espèce atteignent des proportions colossales, comme on peut en juger par les échantillons qui décorent l'entrée du muséum d'anatomie comparée au Jardin des Plantes. Le vulgaire confond à tort ces os avec les côtes, à raison de leur courbure et de l'absence complète des alvéoles dentaires. Les Esquimaux du Groënland et des autres terres polaires les emploient comme pièces pivotales de charpente dans la construction de leurs huttes.

Cette bouche énorme occupe presque le tiers de la longueur du corps; mais il s'en faut que la largeur de l'œsophage réponde à ces dimensions effrayantes. L'ouverture de ce canal est même si étroite, qu'elle ne peut livrer passage qu'aux poissons et aux mollusques du plus petit calibre. Cette circonstance singulière de l'étranglement de l'œsophage fixe naturellement la patrie de la baleine franche aux lieux où abondent ces dernières espèces. Cette patrie est l'Océan boréal, et particulièrement cet espace compris entre l'Islande, le Spitzberg et la Nouvelle-Zemble, où se rencontrent les mers *vertes*. Les baleiniers donnent ce nom à de certaines zones liquides de ces parages, dont les eaux sont teintes en vert et presque converties en purée par l'agglomération d'une quantité incroyable de méduses minuscules, qui y forment de véritables bancs et servent de fond de nourriture à une masse non moins innombrable de clios, crustacés lilliputiens dont raffole la baleine, et qu'elle absorbe par couches épaisses, où s'entassent pêle-mêle mollusques, petits poissons, crustacés et le reste.

L'existence immémoriale de ces bancs de méduses dans les eaux de l'Océan glacial réfute complétement l'opinion vulgaire, d'après laquelle la baleine franche aurait jadis habité de préférence les mers méridionales de l'Europe, et n'aurait reculé postérieurement vers les mers hyperboréennes que comme forcée et contrainte. Une version plus digne de foi est celle qui fait émigrer la baleine franche dans nos mers, à la poursuite des harengs, des maquereaux, des sardines dont les bancs désertent chaque année, à une époque fixe, l'Océan polaire, pour se répandre dans l'Atlantique et les mers circonvoisines. Cette époque de migration du hareng, qui n'a pas varié depuis des siècles, coïncide, en effet, avec celle que tous les historiens du temps passé assignent à l'apparition normale de la baleine franche sur les côtes de Gascogne, et qui était le semestre compris entre l'équinoxe de mars et celui de septembre. Il est probable que lorsque la baleine eût reconnu par expérience le péril de ces expéditions lointaines, elle y renonça peu à peu, se fit plus casanière et se cantonna de jour en jour plus obstinément dans ses glaces, où le baleinier de la Biscaye finit par venir à elle quand elle eut cessé de venir à lui. Seulement, comme la passion des voyages est une de celles qui s'éteignent le plus difficilement au cœur des habitants de l'onde, il arrive quelquefois encore qu'une baleine inexperte et jeune en veut faire à sa tête et entreprend son tour de

France, où elle manque rarement de périr victime de sa curiosité. On peut se convaincre, par vingt observations modernes, que toutes les baleines franches qui échouent sur nos côtes appartiennent au jeune âge.

L'histoire fait foi, du reste, que les parages du cap Nord ont été, de tout temps, le théâtre de la pêche à la baleine, qu'exploitaient concurremment les Basques et les Norwégiens dès les premiers siècles de l'ère chrétienne. Le navigateur Other, qui entreprit au IXe siècle le périple de la Scandinavie, affirme que de son temps les plus belles captures se faisaient déjà dans la mer d'Islande, et rapporte à l'appui de son opinion un exemple de pêche miraculeuse opérée par lui-même, la prise de soixante baleines en deux jours. Vers cette époque, les Norwégiens se vantaient de connaître vingt-trois espèces de cétacés.

Des mêmes témoignages historiques, il ressort que les baleines, expulsées de la baie de Gascogne par la guerre à outrance que leur avaient déclarée les riverains de ces plages inhospitalières, cherchèrent d'abord un asile vers les côtes du Portugal, avant de prendre leur grand parti pour les mers de l'Islande. Si l'on rapproche de ces diverses données de l'histoire, et de la circonstance des mers *vertes*, ces deux autres considérations importantes que la température du sang de la baleine dépasse de huit à dix degrés celle du sang de l'homme, et que toutes les parties de son corps se trouvent isolées du contact de l'eau par une épaisse couche de lard, on sera amené à conclure que la nature n'a pu armer ainsi l'énorme cétacé contre le froid que parce qu'elle le destinait de toute éternité à vivre au sein des glaces.

Les auteurs ne sont pas d'accord sur la rapidité de locomotion de la baleine; les uns lui accordent la faculté de parcourir en quinze jours le périmètre du globe terrestre, qui est de trente-six mille kilomètres, ce qui donnerait une moyenne de cent kilomètres ou vingt-cinq lieues à l'heure, vitesse ordinaire d'un ramier. Scoresby réduit ce parcours à seize kilomètres, bien qu'il constate que la baleine, piquée du harpon, plonge avec une telle vélocité, qu'il arrive souvent qu'elle se brise les os du crâne contre les rochers du fond. Or, il me semble difficile de concilier ces brisements de crânes, épais comme des murailles, avec la lenteur du train de poste, et la vue seule de cette nageoire caudale de neuf pieds d'envergure me pousse à taxer de tiédeur les chiffres du baleinier anglais.

La baleine, ainsi qu'il appert des accidents fréquents qui lui arrivent à la tête, a été mal partagée du côté de la vue. Son œil n'est guère plus grand que celui du bœuf, et il a été placé, en outre, d'une façon ridicule. L'inexpérience de la nature créatrice se reconnaît à ces signes. Il aurait fallu, pour bien faire, que la baleine, qui est forcée de se laisser voir et entendre de si loin, fût au moins pourvue de la faculté de pressentir, par l'ouïe et par la vue, l'approche de son ennemi. On lui a bien accordé l'odorat comme fiche de consolation ; mais il est évident que cette indemnité ne suffit pas, puisque la baleine franche en est presque à ses fins au moment où j'écris.

La pêche de la baleine franche est le principal objet des expéditions maritimes du pôle nord. C'est la plus lucrative, à ce qu'il paraît, et la moins périlleuse de toutes les spéculations du même genre. La baleine franche est une bête inoffensive et stupide qui, d'habitude, ne vend pas sa vie cher. Scoresby, dans le cours de ses expéditions fructueuses, ne cite qu'un seul exemple d'un canot lancé en l'air avec son équipage par une baleine blessée, et encore la plupart des matelots en furent-ils quittes pour un bain d'eau glacée.

Il faut soixante baleines pour le chargement complet d'un navire baleinier, et les blessées qui meurent ne comptent pas.

L'huile n'est pas le seul produit qu'on retire de la baleine : tout le monde sait les appropriations nombreuses que ses fanons ont trouvées dans les arts, à raison de leur souplesse et de leur flexibilité. La baleine occupe une place éminente dans l'histoire des artifices de la coquetterie féminine, où elle a tenu longtemps, et tient encore avec honneur l'emploi des grandes utilités. Elle a fait des panaches pour le casque des preux, avant de servir de matière première à l'industrie des armuriers modernes et des fabricants de parapluies. Jean-Jacques a dit sa gloire dans une page immortelle; elle est pour moitié dans la grâce, la tournure et les charmes d'une foule de beautés.

J'ai lu ou entendu dire quelque part que les rats d'eau du Nord avaient trouvé moyen de s'introduire dans la cuirasse de lard de la baleine, d'y percer des galeries, d'y élever en paix leurs familles, d'y mener enfin joyeuse vie ; mais j'ai, comme tous les sceptiques, l'habitude de ne jamais croire qu'à la moitié des contes qu'on me fait.

La baleine franche rencontre des ennemis plus dangereux que les rongeurs dans le sein de sa propre famille, et notamment dans la personne de l'Épaulard, espèce de dauphin féroce et gigantesque, qui l'attaque avec rage, la force d'ouvrir la bouche, et profite de cette imprudence pour se précipiter sur sa langue et la dévorer à belles dents. On dit qu'en ces moments d'angoisse l'infortunée victime pousse des mugissements à faire trembler le rivage, lesquels mugissements s'échappent par ses évents et non pas par sa bouche. Il paraît même que tous les cétacés à narines jaillissantes, se servent exclusivement de cet organe pour exprimer les passions qui les animent. Au dire des baleiniers du Pacifique, le sifflet du cachalot macrocéphale imiterait à s'y méprendre celui de la locomotive. Les Esquimaux, qui sont des hommes de création primitive, partagent l'opinion de l'Epaulard, quant à la délicatesse de la langue de la baleine franche, qu'ils mangent au naturel, toute crue et sans assaisonnement; mais cette préférence raisonnée ne les empêche pas de faire leurs délices de toutes les autres parties du corps de l'animal. Les mêmes boivent avec amour l'huile de baleine, que leurs poëtes appellent le nectar, et ne comprennent pas le singulier goût des Européens pour le bordeaux et le champagne.

Les savants et les baleiniers ont cru longtemps à l'existence d'une baleine qu'ils disaient exclusive au cap Nord, et que, pour cette raison, ils appelaient *Nord-Caper*. Ils disaient que cette baleine était plus svelte de corsage, plus rapide et plus aventureuse que la première, qu'elle avait pour poste d'observation la pointe septentrionale du continent d'Europe, d'où elle épiait le passage des harengs; qu'elle suivait ceux-ci dans nos mers, où elle les acculait dans les impasses de nos baies; enfin, qu'elle se précipitait sur les fuyards avec une impétuosité si terrible, qu'elle s'engravait et s'envasait du coup. De plus récentes observations de Scoresby, analysées et approuvées par Georges Cuvier, donnent tout lieu de croire que le Nord-Caper n'est pas autre que la baleine franche.

Le Rorqual. La seconde baleine à fanons qui fréquente nos mers s'appelle le Rorqual ou la Jubarte. Le rorqual est le plus long de tous les cétacés; cependant il est loin d'égaler la baleine franche et le cachalot macrocéphale en poids et en grosseur. Sa patrie la plus chère est aujourd'hui le Nord, mais il a vécu longtemps dans les eaux tièdes de la Méditerranée, depuis les colonnes d'Hercule jusqu'aux lieux où fut Tyr. Il s'est échoué longtemps d'une façon régulière sur les côtes basses de la Provence; et même ce manége a duré jusqu'à la fin du dernier siècle, heureuse époque où la mer Bleue du Midi était encore un lac français, poétisé par la piraterie barbaresque. Il paraît avoir déserté ces doux lieux pour toujours depuis le tapage infernal d'Aboukir et de Trafalgar. C'est le rorqual que les Phéniciens ont pêché, qu'Aristote et Pline ont connu; c'est l'ex-Gibbar des Basques, et la Jubarte des musées d'aujourd'hui. Jubarte vient de Gibbar, comme Gibbar de *Gibbo,* qui veut dire bossu. C'est même probablement encore sur le dos de cette espèce que le Juif menteur a bâti sa fable du Léviathan.

Le rorqual jouit de deux évents et porte des fanons comme la baleine franche; et la manière de vivre de ces deux grands débris est à peu près la même; seulement le rorqual préfère l'anchois à la sardine et le jeune thon au hareng, ce qui explique sa prédilection d'autrefois pour les eaux de la Provence, de l'Italie et de la Grèce. Les fanons de cette espèce sont plus courts aussi que ceux de la baleine franche, et sa tête moins longue, proportionnellement à son corps; mais un autre caractère plus saisissant sépare la baleine du cap Nord de celle du cap Matapan. Celle-ci porte sur le dos une sorte de troisième nageoire qui manque à celle-là, et qui lui a fait donner par les Basques son sobriquet de Bossue. Cette différence de conformation dorsale n'a pas du reste échappé aux yeux clairvoyants de la science moderne, qui a pris occasion de l'accident pour créer en faveur du rorqual et des autres, le sous-genre des baleinoptères, mot à mot, baleines *ailées.* Je crois véritablement que cette science moderne me fera mourir de chagrin avec sa manie détestable d'attacher ses *ptères* partout; aux jambes et aux bras des quadrupèdes qui volent, aussi bien qu'à l'épine dorsale des puissants cétacés qui ne peuvent quitter le sein de l'onde; Chéiroptère, Baleinoptère, Lépidoptère, etc. Je proteste à haute voix, pour que tout le monde m'entende contre l'abus de cette terminale vicieuse. Je déclare souverainement absurde l'habitude de rapprocher d'aussi près, par la similitude des noms, des espèces aussi éloignées les unes des autres, au physique et au moral, qu'une Baleine, un Papillon et une Chauve-Souris. Je demande à tous les esprits sérieux de s'unir avec moi pour mettre un terme à cette mystification indigne que la science se plaît à faire subir à la jeunesse candide, laquelle, dans sa foi pleine et aveugle en ceux qui parlent grec, s'imagine naïvement que les dénominations parentes par le son n'ont pu être inventées par eux que pour qualifier des espèces contiguës, et, par suite de cette illusion dangereuse, se trouve trop souvent entraînée à confondre les trois ordres ci-dessus. Passe encore d'appeler des ailes les membranes des chauves-souris, voire celles des poissons volants, à qui ces organes mal nommés procurent au moins le privilége de se soutenir dans les airs; mais décorer du même titre la bosse d'un cétacé qui pèse trente mille kilogrammes, mais apparier par la même terminale le nom scientifique du papillon et celui de la baleine, pour induire en erreur l'innocence du jeune âge... c'est là, je ne puis m'en taire, un abus d'autorité qui me révolte, et qu'aucune considération humaine ne me ferait excuser. L'honnête homme n'a qu'une parole en zoologie comme ailleurs. Or, dès qu'on était convenu que cette terminale *ptère* voulait dire *aile*, la probité toute seule, à défaut de la logique, interdisait de s'en servir pour désigner d'autres bêtes que celles que la nature a pourvues de la faculté de voler.

J'attendrai philosophiquement que les savants de cabinet et les baleiniers se soient mis d'accord sur le chiffre exact des membres de la famille des baleines pour compléter cette notice.

Je ne décrirai pas la pêche à la baleine, non pas seulement parce que les détails de cette boucherie sont partout, même dans les almanachs, mais parce que ces détails m'écœurent. On cherche une baleine, on la voit; on y va, on lui fiche dans le flanc, avec la main ou avec le fusil, un lourd et court javelot qui s'appelle un harpon, et dont la pointe est faite en fer de flèche pour qu'elle ne sorte pas de la plaie. A ce harpon est attachée une corde sans fin, qui se déroule sous le tirage de la baleine comme celle du moulinet de nos pêcheurs à la ligne sous les efforts de la carpe. La bête piquée plonge, perd son sang, s'affaiblit et meurt; morte, on monte sur son dos pour la tailler sur place en quartiers volumineux qui se hissent à bord, se débitent plus menu, se fourrent dans la chaudière, finalement font de l'huile... Une huile fétide et odieuse, qui n'a que son bas prix pour elle, et qui peut être remplacée avantageusement partout par la première venue, par l'huile de schiste notamment, une huile minérale dont l'exploitation ne coûtera la vie à personne, et dont les mines de l'Autunois ne tarderont pas à doter la France. Mais qui remplacera la baleine, comme on remplacera son huile, quand la noble espèce ne sera plus!

Quand elle ne sera plus! Sera-t-il dit, ô mon Dieu! qu'aucun homme d'État de nos jours ne comprendra l'épouvantable portée de ces cinq mots! Qu'aucune force humaine n'arrêtera à temps ce commerce insensé qui se rue en ce moment à l'extermination de l'espèce, poussé, encouragé au mal par l'appât tentateur de la prime criminelle offerte par les gouvernements! Que, parmi tous ces tueurs et tous ces fauteurs de carnage, pas un ne sera tenté de jeter les yeux sur les premières pages de l'histoire du Futur, pour y lire :—Que la date de l'infection universelle des mers, qui détruisit en ce temps-là les deux tiers de l'espèce humaine, coïncida avec celle de la disparition des baleines;—que cette grande mortalité provint de la putréfaction d'immenses bancs de méduses vertes, qui ne rencontrant plus d'obstacles à leur multiplication, depuis la fin du XIXe siècle avaient envahi toutes les mers!

Et parce que je suis seul à voir toutes ces choses et à assister en esprit à ces vastes funérailles, moi qui n'ai pas même l'espoir de retarder d'un seul jour par mes prédictions l'explosion de la catastrophe, il faut que seul aussi je porte le poids des torts de mon espèce. Ma situation est celle du chasseur de rivière, qui voit son épagneul chéri parti à l'eau pour lui rapporter un canard, tenter de vains efforts pour franchir la ceinture de glace qui lui barre le retour, et qui assiste à tous les détails de l'agonie de la malheureuse bête sans pouvoir lui tendre la main. Or, quiconque ne fut pas spectateur jusqu'au bout de ce drame déchirant ignore ce que c'est que souffrir, et ne saurait se faire une idée du supplice atroce que j'endure au spectacle de la barbarie et de l'imprévoyance de mes contemporains. Bienheureux les pauvres d'esprit et aussi les pauvres de cœur, qui, loin d'éprouver le besoin de compatir aux misères du Futur, réussissent à s'étourdir sur celles du présent!

HYPEROODON. Je ne connais pas d'exemple de cachalot macrocéphale ou autre échoué sur nos plages; mais M. de Lacépède a parlé d'un jeune hyperoodon qui se laissa prendre en 1788 dans les eaux de Honfleur, et qui, ayant appelé sa mère à son secours, la fit capturer également. M. Doumet eut aussi la chance de rencontrer, en 1842, un troisième individu de cette espèce, qui vint périr sur des rochèrs voisins du port de Bastia, dans l'île de Corse, à la suite d'un combat terrible avec quelque monstre inconnu. Voilà donc les seules visites bien constatées que nous ait faites cette espèce, qui paraît constituer son genre à elle seule : l'Éventeur à jet simple, qui n'a que deux dents recourbées et sises à la mâchoire inférieure, pour faire pendant à l'Anarnack qui les porte à la supérieure. L'Hyperoodon, observé près de Bastia, mesurait 5 mètres 8 centimètres de l'extrémité du museau à celle de la queue; son poids fut évalué à 1,200 kilogrammes.

Genre Dauphin. Ce genre renferme à lui seul une quinzaine d'espèces qui sillonnent toutes les mers, et dont quelques espèces pénètrent même dans les eaux des fleuves, dans celles de Calcutta-sur-Gange comme de Paris-sur-Seine. Il y a de grands et de petits dauphins ; il y en a de bons et de méchants, comme dans toutes les grosses familles. Les principaux caractères du genre sont d'avoir les deux mâchoires garnies de dents vigoureuses, dont le nombre est variable, la fente de l'évent linéaire en forme de croissant, la nageoire dorsale triangularie, la caudale fourchue, ou, pour mieux dire, divisée en deux lobes. Le genre se fractionne de lui-même en deux sous-genres, le premier, dit des museaux pointus ou des dauphins à bec ; le second, des museaux camards ou des marsouins. Tous les dauphins sont piscivores; mais plusieurs pourraient manger l'homme. Heureusement que les espèces qui se montrent le plus habituellement dans nos mers, et qui sont au nombre de six ou sept, ont l'humeur généralement folâtre, et que leur mission semble être d'égayer la scène des flots.

Les dauphins des bonnes espèces témoignent généralement d'une certaine propension vers l'homme. Un de leurs passe-temps favoris est la chasse au poisson volant, dont ils aiment à donner le spectacle aux navigateurs, et dans laquelle ils déploient une puissance de moyens natatoires et une précision de coup d'œil réellement prodigieuses. Les poissons volants sont des bêtes grosses comme des maquereaux, et qui volent à la façon des sauterelles dont les ailes semblent montées par un ressort de montre. Or, on voit de ces dauphins qui, après avoir calculé que la portée de l'essor d'un poisson volant le ferait passer par-dessus le pont du navire, prennent leurs mesures en conséquence, plongent sous le bâtiment et reparaissent de l'autre côté, juste à la place et à la seconde précises pour recevoir dans la bouche le trigle à bout de voies. (*Trigle* est le nom latin du poisson volant; j'ignore si on dit *le* ou *la*.)

D'autres fois, ces souffleurs, heureux de vivre, feront semblant de vouloir lutter de vitesse avec le navire, lui rendant généreusement une avance de deux à trois nœuds, qu'ils se gardent bien de rattraper trop vite de peur d'humilier leurs rivaux, et jouant à saute-mouton tout le long du chemin pour prolonger la lutte. Et s'il arrive alors qu'un commandant trop susceptible, et qui ne sait pas supporter philosophiquement une défaite, essaye de prouver aux vainqueurs, par un argument péremptoire, que les balles du fusil de l'homme franchissent l'espace plus vite encore que les nageoires du dauphin, les jeux cessent soudain, et la troupe effrayée s'enfuit, la mort dans l'âme, maugréant contre la perfidie de cette espèce humaine insociable, qui ne peut seulement pas rire une heure ou deux sans se fâcher.

Quand la syzygie de l'équinoxe gonfle le sein des ondes et remplit les terres d'attente, et que le monde ébranlé menace ruine, le dauphin seul, immuable en sa jovialité, prend ses airs les plus gais pour la fête qui s'apprête... Semblable à la Gymnasienne intrépide qui se plaint que l'escarpolette la plus vertigineuse ne va jamais assez haut, l'ardent souffleur maudit aussi l'odieuse loi de Newton qui l'enchaîne à la cime des vagues, s'enivre de l'accélération de mouvement des éléments convulsés, se monte au diapason de la tourmente, bondit par-dessus les abîmes, et, dans son délire titanesque, dit à la montagne écumeuse qui pousse vers le ciel : *Allons-y*... Et l'homme, voyant cela, finit par se rassénérer à la placidité de la bête, et apprend d'elle à braver les menaces des flots.

Bien des navires ont péri depuis l'origine de la navigation maritime jusqu'à nos jours ; mais je ne sache pas que jamais naufrage ait fourni à l'histoire le plus petit prétexte d'accuser le dauphin d'un acte d'agression contre nous, tandis qu'il est encore beaucoup de bonnes âmes, moi du nombre, qui croient naïvement à la véracité du récit d'Arion, et ne voient pas pourquoi les dauphins de ce temps-là n'auraient pas aussi bien prêté leur dos pour passer l'eau à des écoliers en retard. Le dauphin fut toujours contre les illettrés, ainsi qu'il en donna une si verte preuve à ce singe ignorant qui prenait le Pirée pour un homme, et disait le connaître. Il a droit, à ce titre, à l'estime fraternelle de tous les gens de plume, et je lui accorde la mienne. N'y eût-il de prouvé, d'ailleurs, dans l'histoire du dauphin, que sa passion enthousiaste pour la musique instrumentale, que je ne lui demanderais pas une seconde garantie de l'innocence de ses mœurs. Le nom de dauphin, qui doit venir du grec *adelphos* (frère), atteste, dans tous les cas, la bonne opinion que le monde antique eut de lui, et il est plus que probable que si l'âge moderne n'eût pas pleinement acquiescé au jugement des aïeux à l'égard de la bête, elle n'eût pas aussi longtemps baptisé la noble terre des Allobroges et les fils aînés des rois de France.

LE DAUPHIN PROPREMENT DIT. Le Dauphin de la légende hellénique, le dauphin populaire est toujours un de ceux qui fréquentent le plus assidûment nos côtes. Il est demeuré, depuis des siècles, fidèle aux flots harmonieux de la mer d'Ionie et de la mer Tyrrhénienne, qu'il sillonne en tous sens de ses troupes nombreuses, et où il continue de donner le spectacle intéressant de ses évolutions aux approches des gros temps. C'est un souffleur qui appartient à la catégorie des dauphins à bec ou des jolis dauphins, et dont la longueur ne dépasse pas trois mètres. Sa bouche, longue et étroite comme le bec de certains oiseaux, est armée de deux riches mâchoires, garnies de quatre-vingt-quatorze dents chacune. La couleur de son cuir, noire sur le dos, passe au gris-perle et parfois au blanc pur sur les flancs et sous le ventre. Sa taille élégante et bien prise répond, à première vue, à l'idée que l'homme peut se faire de la beauté d'un souffleur; ce qui s'exprime beaucoup mieux par la locution populaire : *il est bien dans ce qu'il est.*

Cette espèce paraît plus répandue dans la Méditerranée que dans l'océan Atlantique ; elle échoue rarement sur nos plages, étant doublement protégée contre ce genre de sinistre par la modération de sa taille et l'absence presque complète de flux et de reflux dans la mer du Midi, son principal séjour. Les savants lui ont donné le nom de *Delphinus Delphis,* comme qui dirait Dauphin de la Dauphinière. A tant faire que de ne pas lui retirer son nom historique pour lui en donner un meilleur, j'aurais mieux aimé lui conserver celui de Dauphin d'Arion.

Le Nésarnak (*Delphinus tursio*). Commun, à ce que rapportent Cuvier et l'*Encyclopédie moderne*, sur les côtes de Normandie. C'est le second des dauphins à tête de brochet qu'on rencontre dans nos mers. Je sais peu de choses sur l'histoire particulière de cette espèce, ce qui pourrait bien provenir de ce que les savants officiels n'en savent rien du tout.

Le sous-genre des dauphins à museau camard (*Simidelphes*) renferme une demi-douzaine d'espèces, dont quatre pour le moins bien connues dans nos mers. Je ne leur donnerai pas, comme Cuvier, le nom générique de marsouin, dérivé de l'allemand *meerschwein*, qui veut dire cochon de mer, attendu que ce nom est absurde... attendu qu'une bête dont le museau se prolonge en groin comme le porc ne peut pas être pris décemment pour l'enseigne d'une série quelconque de bêtes à nez camard.

L'Épaulard. J'ai déjà dit deux mots de ce souffleur à l'article Baleine. Il appartient à la série des dauphins à museau camard. C'est le plus grand et le plus féroce de tous. Sa taille se rapproche de celle du narwal; sa voracité est extrême, la capacité de son estomac formidable, la force de ses mâchoires et sa rapidité à l'avenant. Sa patrie est la mer d'Islande; mais il en descend chaque année, à la suite des poissons voyageurs, d'où vient qu'il s'égare sur nos côtes. Le cabinet du Muséum de Paris possède un magnifique échantillon de cette espèce, qui fut recueilli vers l'embouchure de la Loire, où il s'était imprudemment engagé dans la vase, il y a plusieurs lustres. L'épaulard, pour beaucoup de savants, est la même bête que l'orque de Protée, et porte par conséquent le nom d'Orca dans un grand nombre de nomenclatures. Je demande qu'on fonde ces deux noms dans un troisième, qui signifierait quelque chose, qui voudrait dire, par exemple, le dauphin géant ou le dauphin féroce.

Le Dauphin globiceps (mot à mot *tête ronde*). Taille de vingt pieds de long, six de circonférence, pesant cinq mille livres. Une troupe de soixante-dix individus de cette espèce échoua un beau matin, en janvier 1812, sur la côte de Paimpol, bourg voisin de Saint-Brieuc. Ils poussaient de grands cris plaintifs par leurs évents, et cherchaient visiblement à se défendre les uns et les autres. Tous furent démolis à coups de hache et convertis en huile; on oublia d'en conserver un ou deux pour le Muséum national.

Le Dauphin gris. On ramasse quelquefois encore sur les côtes de Vendée et de Bretagne un souffleur d'une espèce voisine de la précédente par la conformation de la tête, mais moins grande de moitié. Les savants l'ont nommé le *Delphinus griseus*, en attendant qu'ils écrivent son histoire.

Le Marsouin. Le Marsouin vulgaire est le plus commun et le plus petit des dauphins. Sa taille est de cinq pieds au plus; la courbure de sa nageoire dorsale donne à son corps la forme d'un arc, et cette nageoire apparaît presque toujours à la surface des eaux. Le marsouin est un des plus rapides nageurs que l'on connaisse; il voyage en troupes nombreuses et vogue volontiers de conserve avec les navires. Ses mœurs sont innocentes comme celles du dauphin, et sa chair immangeable. Quelques marins néanmoins boivent son sang, qui a le singulier privilége d'être considéré à la fois comme un tonique puissant et un rafraîchissant énergique. Les femelles des marsouins, comme celles de tous les autres cétacés, même des herbivores, ont l'habitude de porter leur petit sous le bras dans son bas âge, et de veiller à son éducation avec une tendresse extrême. Les mâles entourent leurs femelles de toutes sortes d'égards et semblent susceptibles d'un attachement durable.

La guerre à outrance que les armateurs anglais, américains et français font depuis trente ans à la baleine, a sauvé jusqu'ici ces espèces inférieures; mais la tranquillité dans laquelle on les laisse encore ne sera pas de longue durée. Elle finira lorsque la pêche à la baleine aura cessé de couvrir ses frais, c'est-à-dire demain ou après.

Les mammifères pélagiens (cétacés), qui n'ont que deux membres à l'avant, transitent vers la mammiférie terrienne par les Morses et les Phoques.

LES PHOQUES.

Les Morses et les Phoques occupent le second gradin de la Mammiférie pélagienne, dont les Cétacés sont la première expression. Les cétacés tiennent plus du poisson que du quadrupède. Les morses et les phoques tiennent plus du quadrupède que du poisson.

Ils ont quatre nageoires au lieu de deux, et ces nageoires sont attachées par paires, une à l'avant, l'autre à l'arrière, et elles sont composées de véritables doigts armés d'ongles.

Ces animaux sont en outre couverts, depuis les pieds jusqu'à la tête, d'une robe fourrée et lustrée. Enfin ils peuvent vivre à terre aussi bien que dans l'eau, ce qui est le trait caractéristique de l'ambiguïté.

Les morses et les phoques sont donc de véritables amphibies, qui auraient dû prendre leur nom scientifique de ce caractère, et dont, par conséquent, l'étiquette actuelle est absurde.

Il est intéressant d'observer, à l'occasion de cette série nouvelle, avec quel art infini la nature procède dans la gradation de ses types, et quelle crainte surtout elle a de tout saut brusque, même dans ses débuts.

Nous avons vu, au précédent chapitre, qu'aucun cétacé *piscivore*, ni baleine ni dauphin, ne pouvait toucher le sol sans courir danger de mort. Le péril disparaît déjà en partie pour le cétacé *herbivore*, Steller ou Lamantin, à qui la progression n'est pas complétement interdite sur le sol où il est quelquefois forcé de venir paître. Les morses et les phoques, pour être incomparablement plus ingambes que ceux-ci, qui se *traînent*, ne peuvent cependant encore ni *marcher* ni *courir*. Ils sautent, mais d'une façon pénible et difficile, non des pieds de derrière comme tous les quadrupèdes, mais de l'avant, mais de la poitrine, et leur allure ne peut mieux se comparer qu'à celle de ces clowns désossés qui exécutent des courses à cloche-pied sur les mains. L'étrangeté de ce mode de locomotion provient de ce que les morses et les phoques sont bien de véritables quadrupèdes, mais des quadrupèdes estropiés, ou plutôt infirmes de naissance.

Ils ont bien, en effet, quatre jambes, mais de ces quatre membres les extrémités seules sont sorties du corps; tout le reste est demeuré comme emprisonné et cousu dans le sac du sternum ou de l'abdomen; et c'est même tout au plus si les pieds de derrière passent. Pour surcroît de malheur, la nature leur a ganté ces pieds et ces mains de moufles si démesurément larges, que l'action individuelle de ces doigts s'en trouve paralysée complétement. Il est vrai que l'ampleur exagérée de la mitaine restitue à la *nageoire* en puissance ce qu'elle fait perdre en dextérité à la *patte;* et qu'il résulte de là que les morses et les phoques, qui font d'assez mauvais marcheurs, sont en revanche d'excellents nageurs. C'est une compensation qui leur était bien due, et dont ces deux espèces sentent d'autant mieux tout le prix, qu'elles sont exclusivement piscivores et n'ont besoin d'aller à terre que pour aimer, bâiller, jouer et dormir.

La plupart de ces animaux ont la tête ronde par défaut d'oreilles externes, le museau carré et garni de superbes moustaches, les yeux grands, la physionomie douce, intelligente et quasi-humaine. Les vertèbres de leur cou sont douées d'une flexibilité extrême, avantage qui manque aux baleines et à presque tous les poissons. Leur corps arrondi et renflé vers le milieu se termine en cône comme celui des dauphins. Leur queue, coupée en tronçon et remarquable par son exiguïté anormale, semble se confondre avec les pieds, qui sont situés à l'extrémité du corps et quasi-contigus. Une épaisse couche de lard, trop riche en huile pour le malheur des pauvres bêtes, leur ceint le corps comme aux cétacés et leur sert de bouclier contre le froid. La nature, du reste, pour les prémunir contre le péril de réfrigération par contact, a fait couler dans leurs veines un sang vivace et copieux, chauffé à une température beaucoup plus haute que celui des espèces appartenant aux latitudes raisonnables. Tous ces animaux ont la vie dure, à moins qu'on ne les frappe sur le nez.

Les Morses, qui viennent, dans la série des mammifères, immédiatement après les cétacés, sont des bêtes puissantes et majestueuses qui atteignent facilement une taille de douze pieds et un poids de six cents kilogrammes. Ils sont totalement étrangers à nos mers et n'habitent que les régions voisines du pôle Arctique, principalement au nord du continent d'Asie. Tous les îlots de l'océan Glacial en étaient encore peuplés il y a deux cents ans, et la confiance de ces animaux dans l'homme était extrême ; mais depuis le jour où le démon du commerce apprit aux marchands de l'Europe le profit qu'on pouvait tirer de leurs dents et de leur chair, la population des morses a bien diminué. On a dirigé contre eux des expéditions meurtrières ; on les a traqués d'île en île, de glaçon en glaçon ; bref, on a réussi à changer leurs dispositions amicales pour l'homme en amères pensées de haine et de vengeance. Il n'est pas de morse aujourd'hui qui n'entre en fureur à la vue de l'homme, et ne soit disposé à se ruer sur lui ; mais la nature n'a pas armé la malheureuse espèce pour soutenir avantageusement la lutte contre un ennemi si terrible, et son courage n'a guère abouti jusqu'ici qu'à multiplier de son côté le nombre des victimes. Enfin, quelques rares survivants de la noble famille ont profité des leçons du malheur, et de guerre lasse, sont partis pour chercher de l'autre côté du pôle, et par delà les Cordillères de glace, un refuge inaccessible à la cupidité des humains. Puisse Dieu leur venir en aide !

Un jour que des navigateurs d'Albion flânaient vers les parages de la mer de Baffin, par le travers du 75e degré de latitude nord, au commencement du dernier siècle, ils avisèrent un si grand nombre de morses endormis sur les bords d'une île, que la fantaisie leur prit naturellement d'en faire un opulent massacre au profit de la science, afin de savoir au juste ce qu'il était humainement possible à une quantité donnée de matelots anglais d'assommer de morses en un jour. Ils opérèrent si habilement et si consciencieusement que, le soir, le chiffre des morts s'élevait à plus de huit cents !! Tous les jours on envoie au bagne de malheureux notaires qui n'ont pas fait pis que cela.

Je n'ai accordé place dans le présent chapitre à ces détails concernant les morses, que pour faciliter aux jeunes naturalistes l'étude de l'agencement de la série universelle. J'étais bien obligé de traverser le pont de la tribu intermédiaire entre les cétacés et les phoques pour passer de l'histoire des premiers à celle des seconds. Or, j'ai gardé avec préméditation pour la fin le signalement des deux caractères génériques appartenant en propre aux morses, qui démontrent le plus ostensiblement la proche parenté de cette tribu avec celle des baleines :

Les morses ont des narines quasi-jaillissantes, et ils portent à la mâchoire supérieure deux défenses (énormes canines) recourbées en dessous, à la façon de l'anarnak, caractères remarquables qui ne se retrouvent pas chez les phoques.

Mais voici maintenant que l'esprit d'analogie me pousse encore, malgré moi, à propos de ces défenses, à vouloir établir de nouveaux liens de parenté entre des espèces hétéroclites et réputées jusqu'ici étrangères l'une à l'autre. Laissons divaguer à son aise l'esprit d'analogie qui n'en finit jamais; c'est le meilleur moyen d'en être plus tôt quitte.

L'éléphant, qui occupe dans son ordre le même rang que la baleine dans le sien, relativement au poids et au volume, et qui porte des défenses, n'est pas sans avoir avec les cétacés de nombreux rapports d'inélégante massivité de formes. Sa robe n'est guère plus velue que celle du cétacé; l'œil n'est guère plus grand, le moulage des membres plus achevé dans une espèce que dans l'autre. Le lamantin et la baleine emportent leur petit sous leurs aisselles pour le préserver de la fatigue et le dérober à la vue de ses ennemis. Ainsi fait l'éléphante, qui cache son éléphanteau entre ses jambes pour l'abriter derrière le rempart de son corps, et qui, au moyen d'un vigoureux nœud de trompe, le soutient dans ses premiers pas et l'entraîne parfois dans une course rapide. J'ai cependant eu pour amis des chasseurs de haut titre qui avaient tué des femelles d'éléphant dans cette situation intéressante, et qui me racontaient de sang-froid qu'il arrivait presque toujours, en pareil cas, que le pauvre orphelin, se voyant tout à coup privé de sa nourrice et de sa protectrice naturelle, se donnait à l'assassin de sa mère et le suivait chez lui.

La trompe de l'éléphant est un évent véritable, puisque l'animal s'en sert pour absorber des quantités d'eau immenses, qu'il s'amuse ensuite à faire jaillir en l'air pour qu'elle lui retombe sur le dos. Il se procure par le même procédé d'agréables douches de sable. L'éléphant étant le seul quadrupède qui jouisse du privilége d'imiter les fontaines jaillissantes, il est bien de l'employer en fonte à ce genre de décoration publique; car l'art, pour être tenu de faire mieux que la Nature, ne doit pas cependant s'écarter de ses lois.

L'hippopotame, qui porte ses défenses à la mâchoire inférieure comme l'hyperoodon, et dont la chair est bardée de lard[1] comme celle des cétacés, l'hippopotame, qui passe tous ses jours au fond de l'eau, comme le lamantin, et n'en sort que la nuit pour paître, l'hippopotame, quand il est forcé de remonter à la surface des eaux pour prendre l'air, charge son petit sur son dos. Le sanglier, le babiroussa, toutes les bêtes à défenses et à lard sont essentiellement amies de l'eau. Mais ne poussons pas plus loin ces excursions dans le domaine de la fameuse *Théorie des*

[1] La graisse la plus délicate et la plus exquise de toutes les graisses du monde, au dire de Delegorgue, celle de la caille y comprise.

ressemblances, et laissons à M. da Gama Machado, notre maître, ce qui est à M. da Gama Machado.

Les phoques constituent l'une des plus nombreuses et des plus intéressantes familles de la mammiférie. On en connaît une vingtaine d'espèces qui sont répandues sur le rivage de toutes les mers, et habitent même quelques grands lacs de l'intérieur du continent d'Asie.

Cependant leurs séjours de prédilection sont aux alentours de l'un et l'autre pôle, et pour eux comme pour les morses, le plus doux oreiller est celui du glaçon. Les plus grandes espèces connues appartiennent aux terres antarctiques. Il y a des individus de certaines familles (le lion et l'éléphant marins) qui ont vingt-cinq pieds de long, et dont un seul fournit jusqu'à sept cents kilogrammes d'huile.

Tous les naturalistes sont d'accord pour reconnaître que l'histoire de ce groupe intéressant est une de celles où il leur reste le plus à apprendre. Ils ont tort de parler ainsi; car on sait réellement de ces bêtes beaucoup plus qu'un savant ordinaire n'a besoin d'en savoir; et, par exemple, leurs diverses patries, leurs habitudes, leurs amours, leurs combats, leurs plaisirs et leurs peines, et l'usage auquel peuvent servir leur dépouille et leur huile. Je connais même peu d'oiseaux de France dont la monographie ait été aussi bien faite que celle de la plupart des phoques. Quand on ne serait pas fixé encore sur le chiffre exact des espèces, et quand on aurait, par hasard, confondu ou séparé mal à propos deux genres très-voisins, je ne verrais pas là de motifs suffisants pour faire crier à l'ignorance universelle des savants; il est bien de mettre de la mesure en tout, même dans la modestie. J'en sais plus, pour mon compte, sur les malheureuses bêtes que je n'en voudrais savoir; et quand je songe aux nombreuses causes d'erreurs qui entourent cette question du phoque, quand je réfléchis que cette famille est la même qui composa jadis le personnel des troupeaux de Neptune, et qui fournit dans l'âge moderne le moule de ces mystérieuses sirènes que les navigateurs hollandais retrouvèrent un jour à l'autre bout du monde, je ne m'étonne plus que d'une chose : c'est que cette question ait pu résister à l'action combinée de tant d'éléments de confusion, et se dégager aussi lumineusement qu'elle l'a fait du réseau de ténèbres dont la poésie antique et la fable moderne l'avaient enveloppée.

Le fait est que l'histoire anatomique et physiologique du phoque a été parfaitement étudiée, et que c'est la classification seule qui cloche. Or, je vais bâcler en deux lignes la classification que ces pauvres savants disent si épineuse, et essayer charitablement de leur apprendre leur métier.

Je supprime d'abord le nom de phoque comme j'ai supprimé le nom de morse, attendu que ces deux étiquettes sont absurdes. Elles sont absurdes au premier chef, parce qu'elles ne renferment aucune allusion au moral ou au physique des animaux qu'elles désignent. Je les remplace par un vrai nom de série, ayant une valeur scientifique et qui veuille dire *Amphibies piscivores*.

Je fais, de plus, cadeau au groupe d'un nom supplémentaire pittoresque, que je tire de l'absence des oreilles externes, accident de physionomie fort rare chez les quadrupèdes.

Autre particularité excentrique : Ces bêtes aiment à avaler des cailloux. Qui empêche de les traiter de *lapidivores*, à ce propos?

Observant ensuite que les morses portent à la mâchoire supérieure une paire de défenses majestueuses que la nature a refusées aux phoques, tout exprès pour établir une ligne de démarcation entre les deux branches de la série, j'entre dans les vues de la nature et je mets ce caractère entre eux. Le plus gros du travail est fait.

Car il ne me reste plus qu'à procéder à la sériation des genres et des variétés, l'opération la plus facile du monde et qui va toute seule, puisque nous avons les phoques à *museau carré*, les phoques à *trompe*, à *crinière*, etc., les phoques qui ne mangent que du poisson, les autres qui ne digèrent que des sèches, etc. ; les phoques du pôle arctique et du pôle antarctique, de la Méditerranée, de la Manche, de l'Adriatique ou du lac Baïkal, etc... et voilà une besogne terminée à la satisfaction unanime... La classification des phoques me rappelle, par sa difficulté, celle des canards, où il n'y a qu'à écrire canard de Barbarie, de Caroline, de Chine.

Ainsi, ce travail si épineux et si hérissé d'obstacles, à ce qu'on dit dans les livres, marche au commandement comme une table à roulettes vigoureusement chauffée par six couples d'adultes.

Je sais bien que cette méthode a contre elle sa simplicité même. Mieux vaut encore cependant, à mon sens, laisser dire la nature et écrire humblement sous sa dictée, comme je fais, que d'aller chercher dans le dictionnaire, comme font les savants, les alliances les plus monstrueuses et les plus désobligeantes de noms de bêtes, pour en affubler une tribu qui méritait plus d'égards. Je ne vois, moi, dans la question qui nous occupe, qu'un problème insoluble, et qui consiste à expliquer comment des bêtes qui se ressemblent toutes peuvent ressembler en même temps à un éléphant et à un lièvre, espèces fort disparates, ou à un veau et à un loup, à un lion, à un ours, etc. Or, tout le monde sait parfaitement que ce n'est pas la nature, mais la science qui nous l'a proposée, cette énigme de sphinx, en faisant de la série des phoques une autre arche de Noé, où l'on a fait entrer de force et tenir pour la seconde fois côte à côte tous les moules de la création.

« Ils ont semé les soulèvements, dit l'Écriture, et ils s'étonnent de récolter des tempêtes ! » Ainsi dirai-je des savants : Ils ont semé l'anarchie, et ils s'étonnent de récolter le chaos !

Mais la presse parisienne, qui travaille dans le vieux, s'obstine en ses admirations pour le gâchis barbare ; et, parce que l'idée bouffonne ne m'est jamais venue, à moi, analogiste, d'attribuer le nom de *lièvre* à une bête sans *oreilles*, pas plus que de faire fraterniser à la même table le Lion, l'Ours et le Veau, le *Journal des Débats* m'outrage et m'appelle *homme d'esprit*... ; toujours pour flatter les puissants.

Cependant les phoques n'ont rien du lièvre, de l'éléphant ni du veau, qui, tous trois, sont porteurs d'oreilles très-visibles et préfèrent la verdure au poisson et sont dentés en conséquence. C'est donc à tort qu'on a mariné ces trois noms de pythagoriciens pour les attribuer à une secte qui ne vit que de chair. Les phoques sont conformés d'estomac et de mâchoires comme la loutre et les autres carnassiers. Ils ont l'intestin court et la bouche garnie d'une double rangée de molaires, de canines et d'incisives, formant un ratelier superbe de trente à quarante pièces.

Les trous auditifs et les narines de ces bêtes ont la singulière propriété de se fermer au moyen d'une soupape ingénieuse quand elles plongent ; ce qui autorise à croire que la nature avait prédestiné ces espèces à la domestication, en fournissant à l'homme un moyen sûr et facile de les empêcher de plonger.

Deux espèces seulement sont connues sur nos côtes,

mais toutes deux fort rares et charmantes. La première, qu'on appelle improprement le veau marin, appartient à la mer du Nord. C'est l'espèce minuscule, de deux ou trois pieds de long, jaunâtre et mouchetée, qu'on nourrit au Jardin des Plantes, en compagnie des pélicans, des harles et des canards. Elle nous arrive habituellement des parages voisins de l'embouchure de la Somme. L'autre, spéciale à la Méditerranée, et presque exclusive à l'Adriatique, a reçu le nom de phoque *moine,* à raison d'un capuchon noir qui lui couvre toute la tête et le dessus des épaules. Elle est plus longue du double que l'espèce précédente, et son pelage d'une teinte sombre n'offre aucune moucheture. Toutes deux vivent parfaitement en domesticité.

Cette série intéressante avait été donnée à l'homme pour remplacer le chien de pêche qui lui manque, et en même temps pour balayer les mers de toutes les immondices animales capables d'altérer la pureté de leurs ondes; mais le mortel des sociétés limbiques, agissant, comme toujours, au rebours des intentions de Dieu, a voué le phoque infortuné à la destruction. Le sauvage des terres antarctiques, la brute de Tasmanie, lui plonge dans la gorge une perche enflammée, et le fait périr par le feu. L'Esquimau, le sauvage du Nord, boit son sang, mange sa chair, et fait de sa peau des pirogues. Le civilisé d'Europe, d'Amérique et d'Asie, toujours altéré d'huile, poursuit la bête sur toutes les plages, et invente chaque jour pour elle quelque nouveau procédé de destruction plus parfait que celui de la veille. Alors il est probable qu'avant un demi-siècle la race entière aura disparu de ce monde. Ainsi la noble confiance qu'avaient mise en nous ces naïfs alliés naturels n'aura servi qu'à hâter leur ruine. J'entends, à cette phrase, mes lectrices, même les plus indulgentes, dire tout bas que je me répète... comme si je ne m'étais pas aperçu de ce malheur bien longtemps avant elles! comme si j'étais le maître de transformer en actes méritoires les sottises et les barbaries de mes semblables, à seule fin de varier mes images et mon style!

Les phoques sont des animaux doués d'une intelligence supérieure et d'une physionomie charmante; la douceur de leur caractère se lit dans leurs grands yeux expressifs et voilés. Ils ressemblent beaucoup, par les traits généraux du visage, à la loutre, qui est aussi une espèce amphibie, et l'espèce la plus voisine d'eux en remontant du côté de l'homme.

Les phoques consacrent une grande partie de leur existence au sommeil, ce qui est encore un des indices les plus certains d'une conscience calme et pure. Libres, ils pratiquent entre eux tous les devoirs de la solidarité fraternelle et font preuve d'un esprit de sociabilité extrême; les mâles sont pleins de déférence pour les femelles et de tendresse pour les petits. Captifs, ils s'attachent promptement à la personne qui les soigne et aux chiens qu'on leur donne pour compagnons de servitude, s'endormant avec confiance dans les bras de ceux-ci au bout de quelques jours, supportant leurs espiègleries sans murmure, les provoquant au badinage par de douces caresses, et allant même jusqu'à se plaindre quand leurs camarades jouent sans eux.

Le phoque aboie comme un jeune chien ou comme une jeune loutre, mais il a plus souvent recours, pour exprimer ses désirs, au langage des yeux qu'à celui de la voix. Friand et délicat sur le choix de sa nourriture, comme toutes les bêtes d'esprit, il a ses préférences pour telle ou telle chair de poisson dont il ne démord pas, et il repousse toute autre. De deux phoques qui vivaient à la ménagerie du Jardin des Plantes, il y a une vingtaine d'années, et qui appartenaient à la même famille, l'un avait voué un culte exclusif au hareng, et l'autre à la limande. Or, la limande ayant manqué à Paris pendant huit jours de suite, pour cause de tempête équinoxiale, ce dernier aima mieux se laisser mourir de faim que d'adopter, même temporairement, un nouveau régime diététique; mais le premier, plus philosophe, se rabattit sur le hareng salé, et s'en trouva fort bien. On a remarqué que certains phoques avaient l'habitude de vider leur poisson avant de l'avaler, tandis que d'autres négligeaient complétement cette opération préalable. Cette diversité de goût et de façon d'agir n'a rien qui doive surprendre, puisqu'elle se retrouve chez les hommes, notamment en matière de grives et de canards sauvages. J'étais pour le premier système dès ma première enfance, et n'ai pas changé depuis.

Les phoques du Jardin des Plantes ont toujours eu le privilége d'intéresser la foule, et ils comptent parmi les hôtes les plus populaires de ce lieu. Ils accourent à votre voix pour peu qu'ils vous connaissent, et vous donnent la main quand vous les en priez. Leurs gardiens les chérissent et pleurent leur trépas.

Comment ne pas regretter que les hommes, qui ont su de si bonne heure tirer parti des talents naturels du chien et du cheval, n'aient pas mieux utilisé jusqu'à ce jour les éminentes facultés du phoque, qui n'a encore appris de son contact avec la civilisation moderne qu'à dire *papa, maman?*

Les phoques sont, après les baleines, les plus zélés conservateurs de la salubrité des ondes; ce qui nous explique pourquoi les Grecs en avaient fait des troupeaux à Neptune, et pourquoi ce dieu intelligent, qui savait que sa gloire périrait avec eux, s'en montrait si jaloux.

LA LOUTRE.

Ce quadrupède carnivore a le sol pour demeure, pour élément normal; mais une série n'est complète qu'autant qu'elle se rattache aux séries voisines par ses extrémités ou moules ambigus. La série des chasseurs carnivores, conformément à cette loi d'harmonie, a donc jeté un de ses ailerons dans le domaine des eaux par la loutre.

La loutre est un carnassier piscivore, c'est-à-dire un quadrupède qui préfère la chair du brochet et de la carpe à celle du mouton et du lièvre. Les savants officiels, qui se croiraient damnés de laisser échapper l'occasion d'une balourdise, ont cru devoir appliquer le titre d'*amphibie* à l'animal qui vit sur la terre et dans l'eau. Cependant ce mot d'amphibie, qui signifie littéralement une double existence, *amphi*, deux, *bios*, vie, n'est pas plus caractéristique de la vie sous-marine que de la vie atmosphérique. Condillac engageait les savants à refaire leur entendement dans leur intérêt personnel, je les conjure de refaire leur langage scientifique dans l'intérêt de la science. Mais va pour amphibie, puisque ce mot d'amphibie, dans le langage du peuple, veut dire un animal qui vit presque constamment dans l'eau.

Je suis disposé à user de grande indulgence envers les civilisés; d'abord parce qu'ils sont victimes de leur propre ignorance; ensuite parce que Dieu leur a infligé le banquier et la misère en punition de leur aveuglement; mais une sottise que j'ai peine à comprendre, c'est leur indifférence stupide à l'égard de la loutre. Ils se plaignent de l'absence du chien de pêche..., on leur donne la loutre pour les consoler de ce malheur, et, au lieu de se faire de ce charmant animal un auxiliaire pour la chasse aux poissons, ils s'en font un ennemi redoutable, ils mettent sa tête à prix. C'est à désespérer du salut de l'humanité, quand on considère de sang-froid cette inintelligence profonde des volontés du Créateur.

Encore si la loutre avait refusé une seule fois de prêter son concours à l'homme quand on l'en a requise; mais c'est qu'au contraire, elle est heureuse de mettre toutes ses brillantes facultés pour la pêche au service de l'homme. Prenez une jeune loutre, une loutre à la mamelle, soyez aimable et caressant pour elle, comme vous l'êtes pour vos chiens, et, au bout de deux ou trois mois, elle vous chérira de la même affection que l'épagneul; elle vous accompagnera partout, elle gémira de votre absence, elle saluera votre retour de trépignements d'allégresse, et quand vous l'aurez tenue quelque temps au régime exclusif de la viande de boucherie, quand vous lui aurez fait comprendre la supériorité de cet aliment sur le poisson, elle n'en voudra plus d'autre. Vous la prierez d'aller vous chercher dans le vivier ou dans la rivière voisine un poisson respectable; elle s'y précipitera tête baissée et vous rapportera au bout de quelques minutes la pièce demandée. Vous aurez soin seulement de tenir en réserve pour chacune de ces occasions, et pour stimuler son ardeur, une légère tranche de gigot dont vous lui ferez cadeau, au moment où elle déposera son butin à vos pieds. Ce n'est pas plus difficile. J'ai vu autrefois, à Verdun-sur-Meuse, une loutre ainsi dressée, qui faisait le bonheur de son maître et l'admiration de tous les amateurs.

Tout le monde connaît l'histoire intéressante de la loutre du roi de Pologne, Casimir, dont l'adresse merveilleuse excita longtemps l'envie de tous les barbets de la cour, et qu'un soldat de malheur assassina un jour pour faire de sa peau un manchon à sa payse. Son maître la pleura.

Les Chinois, que nous traitons de magots et qui nous renvoient avec raison l'épithète de barbares, les Chinois, qui sont des gens bien autrement avancés que nous dans l'art de tirer parti des bêtes, ont complétement domestiqué la loutre depuis des siècles. Dans ce pays-là, tout illustre pêcheur possède un équipage de loutres et de cormorans pour la pêche. Ces loutres sont dressées à chasser de compagnie, à attaquer, à poursuivre, à happer le poisson. C'est un peu plus poétique que la pêche à la ligne avec des asticots. Et, à ce propos, je me permettrai de demander aux civilisés d'Europe sur quoi se fonde cette prétention de supériorité d'intelligence qu'ils affichent vis-à-vis des civilisés de la Chine ; car il me semble, à moi, que l'art d'instruire les bêtes est infiniment supérieure à celui de massacrer les hommes... et que jusqu'à ce jour, il n'y a eu de bien constaté par l'histoire des démêlés des Européens avec les Chinois que la supériorité des premiers dans l'art de bombarder les villes et d'empoisonner les peuples. Mais, brisons là, pour ne pas nous exposer au dangereux courroux des apologistes de la tuerie guerrière et de l'héroïsme forcé à vingt-cinq centimes par jour ; et n'ayons pas l'air de prendre parti pour un peuple que nous traitons ailleurs avec la plus profonde irrévérence, et contre lequel il nous est arrivé plus d'une fois de prêcher une croisade universelle dans l'intérêt de l'humanité.

Les remarquables exemples que la loutre a donnés de son intelligence et de sa docilité, toutes les fois qu'on a essayé de mettre ses qualités à l'épreuve, n'ont donc pas réussi encore à ouvrir les yeux à ces pauvres pêcheurs de

France, d'Angleterre et d'Allemagne; et ils ont déclaré à la loutre une guerre à outrance, au lieu de chercher à utiliser ses aptitudes supérieures. Alors la loutre, exaspérée et forcée d'user de représailles, a juré de son côté haine à l'homme, et son bonheur le plus vif est de dépeupler les étangs et les rivières. On en a vu qui, dans le seul désir de faire monter jusqu'au rouge blanc la fureur jalouse du pêcheur à la ligne, s'amusaient à joncher chaque nuit les emplacements que celui-ci affectionnait de débris de barbillons et de carpes gigantesques.

Une des plus vives jouissances du braconnier est de braconner à la barbe du gendarme et de l'ordre public, lorsqu'il est protégé contre eux par une barrière quelconque, une rivière, par exemple. La loutre, à qui il est souvent arrivé d'être témoin de ce manége, est heureuse de l'imiter. Comme elle sait, à quelques millimètres près, la portée d'un fusil de chasse, elle s'amuse à poser sur le rivage, à une distance respectable du tireur; elle déjeune familièrement devant lui, se roule sur le sable, batifole. Il y en a qui font semblant de s'endormir au bruit de la mousqueterie.

On a dû reconnaître dans les lignes qui précèdent l'emblème du Martial des *Mystères de Paris*. La loutre symbolise le farouche amant de la Louve, une nature généreuse, mais sauvage et ennemie du travail répugnant des cités; un homme primitif qui ne peut se résoudre à faire à la société civilisée le sacrifice de ses droits naturels de chasse et de pêche, et que la société civilisée condamne à se faire braconnier, ravageur de forêts et de rivières, au lieu de laisser libre essor à ses attractions invincibles, en lui confiant un emploi de garde-chasse ou de piqueur. Un brillant avenir attend la loutre dans la période d'harmonie, plus voisine de nous qu'on ne pense.

La véritable chasse de la loutre est l'affût; on a vu cependant des chiens qui la chassaient. On la prend aussi sans beaucoup de peine au piége, à raison de cette fatale habitude qu'elle a prise de déposer sa carte de visite, qu'on appelle ses épreintes, sur chacune des pierres blanches du canton qu'elle habite. Elle met bas cinq ou six petits au printemps. Ces petits se rendent à l'eau comme les jeunes canards, aussitôt qu'ils ont la force de marcher. Elle a pour domicile un terrier qu'elle creuse sous les berges ombragées, sous les rochers des rives, sous les racines des vieux arbres. La loutre plonge dans la neige comme dans l'eau, lorsque les chiens la poursuivent et que la rivière, son refuge naturel, est gelée par quelque rude hiver. Cette succession rapide d'apparitions et de disparitions subites est assurément le plus curieux de tous les manéges de chasse qu'il m'ait été donné d'observer dans ma vie.

Des voyageurs qui ont pêché en Chine rapportent avoir vu vendre couramment, au prix de mille francs, de bonnes loutres bien dressées. Je me demande comment l'idée ne nous est pas encore venue à nous autres, braconniers et pêcheurs, de monter une institution primaire pour l'éducation des loutres, comme on en a monté dans les Pyrénées pour les ours. La prime nous paraît pourtant assez avantageuse pour tenter les curieux.

On trouve dans tous les traités de vénerie écrits en français, en allemand, en espagnol, des détails circonstanciés sur la chasse de la loutre aux chiens courants. Je n'ai jamais bien compris qu'on pût chasser avec des chiens, qui ne quittent pas la terre, une bête qui ne quitte pas les eaux. Tout au plus une chasse de cette espèce peut-elle s'exécuter à travers de maigres ruisseaux, où la loutre ne trouve pas moyen de se soustraire à l'œil du chasseur en plongeant. La loutre ne se chasse guère, je le répète; on l'affûte, on la prend au piége. Les statistiques de la louveterie française affirment qu'il se tue ou qu'il se prend quatre mille loutres en France, bon an mal an. Toute cette destruction s'opère par les procédés que je viens de dire, et le chien joue à peine le rôle d'auxiliaire en cette destruction.

La loutre était faite pour chasser au poisson, de compte à demi avec l'homme, et non pour être chassée. Jusqu'à quand l'homme aveugle cessera-t-il de traiter ses alliés naturels en ennemis?

LE LOUP.

Ma conscience me commandait depuis longtemps d'essayer de réhabiliter le loup dans l'opinion publique. J'aborde aujourd'hui l'entreprise... une entreprise ardue, immense, impopulaire! Mais quelle grande vérité, quelle vérité nouvelle fut jamais populaire! L'unité de Dieu, l'égalité des hommes, l'existence du nouveau monde, l'attraction passionnelle, toutes ces découvertes sublimes n'ont-elles pas valu à chacun de leurs auteurs la ciguë, le gibet, les sarcasmes ou les persécutions de leur siècle? Instruit du sort que la petitesse et la jalousie des hommes réservent aux *apporteurs* de toute parole nouvelle, je l'attends sans frémir... en appelant d'avance de la sentence de mon époque au tribunal de la postérité!

Le loup est l'emblème du bandit des sociétés limbiques (Civilisation, Barbarie); c'est le fléau de la propriété. A ces titres, il y a antipathie naturelle entre lui et le chien, sergent de ville de l'homme et ami de la propriété. Maintenant, qu'est-ce qu'un bandit?

Un bandit est un être richement organisé, que ses concitoyens ont mis au *ban* de leur société pour une raison quelconque, ou qui s'y est mis de lui-même par haine des institutions de cette société.

Le bandit, le brigand, c'est le *Max* de Schiller, le *Lara* de Byron, l'*Hernani* de Victor Hugo, le *Sbogar* de Nodier, le *Robin Hood* de Walter Scott; c'est le flibustier des îles de la Tortue, l'Arabe de l'Atlas, le chef de la guérilla espagnole, le contrebandier, le braconnier... C'est le plus souvent une nature généreuse que le spectacle de l'iniquité révolte, qui étouffe dans l'air corrompu des cités; c'est quelquefois un dialecticien de l'école naturelle qui vient, au nom de Dieu, demander compte aux oppresseurs de leurs lois inhumaines. Ou bien c'est encore un guerrier de la race vaincue qui proteste, les armes à la main, contre le droit brutal de la conquête.

Le bandit est, comme le braconnier, le héros de toutes les légendes populaires, et les poëtes, ces merveilleux avocats des causes justes, ont dû aller chercher de tout temps l'inspiration aux sources de la légende où est écrite la protestation du droit contre la force, et ils ont brodé avec amour l'histoire du bandit national des perles de leurs chants.

Le lecteur va se trouver en droit de m'accuser de redite dans le cours de cet article; mais je le prie d'avance de vouloir bien remarquer que c'est la nature qui se répète et non pas moi, et que je suis bien forcé de dire ce qu'elle veut que je dise, moi qui écris sous sa dictée. D'ailleurs, puisque les emblèmes du mal sont en dominance dans les sociétés maudites, on ne doit pas être surpris d'entendre une foule de bêtes tenir un langage identique. Ce n'est pas de ma faute si le loup professe, en matière politique, les mêmes opinions que le mouflon et le zèbre.

Rémus et Romulus, qui fondèrent la cité éternelle,

furent deux chefs de bandits *élevés par une louve!...* et les civilisés subissent encore la loi des enfants de la louve!

La vile multitude, la masse qui s'agenouille devant le succès et ne tient compte que des faits, a établi entre le héros des champs de bataille et le héros de la grande route une distinction ridicule que n'admet pas le sage. La justice du vulgaire, dont la balance est boiteuse, a évalué la gloire à la mesure du sang versé. Il salue du nom de conquérant les bourreaux de nations qui font la plus large curée de cadavres aux hyènes et aux vautours, comme qui dirait les Alexandre, les Napoléon, les Djingis, et il flétrit de l'ignoble épithète de bandits, d'assassins les chefs de horde qui travaillent sur une moins grande échelle. Or, je prie qu'on me dise quelle différence existe, au point de vue de la vérité absolue, entre le conquérant qui promène sa furie sur toute la surface du globe pour distribuer des empires à tous ceux de sa race, et le flibustier, le contrebandier, le corsaire, qui opèrent en petit, poussés par le même mobile. Dès que chacun a versé le plus de sang qu'il a pu, dès que chacun a réalisé dans sa sphère la plus haute somme de mal dont il était capable, je tiens que chacun des deux doit obtenir, dans l'estime des hommes, la même part de gloire ou d'infamie. Civilisés stupides, qui glorifiez les tueurs d'hommes en gros et qui flétrissez les tueurs d'hommes en détail, que vous méritez bien le mépris que les despotes font de vous!

Je le répète, le loup c'est le bandit, c'est le contrebandier, c'est le Saxon qui n'accepte pas la souveraineté du Normand, l'Arabe qui ne veut pas du protectorat de la France. C'est une espèce ambitieuse et ardente qui n'a pu se plier, comme le chien, aux lois iniques de l'homme des sociétés limbiques. Sa devise est celle-ci : *Periculosam libertatem malo quam tutam servitutem*[1].

Le loup est l'ennemi de la société civilisée et de la société barbare, parce que ces sociétés-là sont ennemies de la loi de Dieu. Il est l'ennemi de la propriété, parce que le système actuel de la propriété, qui ne reconnaît pas même à tous les membres de la société le droit de *vivre,* lequel droit prime cependant de cent coudées celui de posséder, est en complet désaccord avec la volonté de Dieu... Les économistes les plus inintelligents jetteraient certainement les hauts cris si on venait leur dire qu'un banquier juif quelconque s'est fait concéder par le gouvernement le monopole de la vente de l'air respirable ou de l'eau, surtout si ledit banquier israélite avait oublié de leur accorder une petite participation dans le bénéfice de l'affaire. Eh bien ! je déplorerais la pauvreté de l'intellect de ces mêmes économistes, s'ils ne comprenaient pas, *à priori,* que l'accaparement de la terre par quelques individus et *le droit d'abuser de la propriété* sont tout aussi dangereux pour la société que le serait l'accaparement de l'air ou de l'eau. En Arabie, c'est l'eau qu'on accapare et non pas le sol... qu'on abandonne au premier occupant... ; et les procureurs du roi de ce pays-là ne considèrent comme écrivains factieux que ceux qui protestent contre l'accaparement des eaux. Quand nous aurons le monopole de l'air, il viendra un journal de juif qui traitera de *cerveaux détraqués* les écrivains qui réclameront pour chaque membre de la société un minimum d'oxygène, et qui les dénoncera au ministère public, sous prétexte d'immoralité et de provocation à la haine contre une classe de citoyens.

[1] J'aime mieux une liberté dangereuse qu'une tranquille servitude.

Voilà donc en partie les raisons de l'inimitié profonde qui a existé jusqu'à ce jour entre le loup et le civilisé. J'ose me flatter que M. de Buffon ne les a pas même entrevues du coin de l'œil, ce qui ne m'étonne nullement de la part d'un savant simpliste.

Ainsi le loup a juré de rester rebelle à l'homme, tant que l'homme restera lui-même rebelle à la loi d'harmonie et d'équité qui est la loi de Dieu. Il ne proteste pas contre la supériorité naturelle de l'homme, ni contre son droit de royauté légitime, mais seulement contre les abus que fait l'homme de son autorité et de ses droits. C'est un sujet révolté qui ne veut transiger avec le pouvoir qu'à de certaines conditions, et qui exige sa charte, et qui proclamera que l'insurrection est le plus saint des devoirs jusqu'à ce qu'on ait fait droit à ses réclamations. Je n'ai pas de raisons pour désapprouver cette conduite.

La répugnance du loup pour le civilisé repose sur les mêmes motifs que celle de l'hémione, du zèbre et d'une foule d'autres quadrupèdes et bipèdes intelligents qui, voyant la manière dont les civilisés se déchirent entre eux, et considérant les mauvais traitements que les barbares font subir aux pauvres animaux qui se sont ralliés à l'homme, se tiennent à distance de lui, et le regardent comme l'ennemi commun.

La main sur la conscience, a-t-on le droit d'exiger qu'une louve sensée, qui n'a jamais abandonné ses louveteaux sur la voie publique, qu'un loup qui n'a jamais goûté à la chair de son semblable, acceptent la supériorité d'une société humaine où il y a des mères qui tuent leurs enfants, des enfants qui tuent leurs mères, et où les premiers de l'État sont les individus qui ont fait égorger le plus d'hommes en leur vie. Si nous voulons que les bêtes viennent à nous, je le répète pour la vingtième fois, et ce ne sera pas la dernière, il faut que nous commencions par leur donner l'exemple de la justice, et par étaler sous leurs yeux le spectacle contagieux de notre bonheur. Il faut que nous réformions notre milieu social, dont l'odeur et l'aspect soulèvent de dégoût tous les cœurs généreux; que nous fassions pour le loup des bois, pour le castor des lacs, pour le zèbre des déserts ce que nous avons fait pour les ramiers des Tuileries; en un mot, que nous délections leurs regards par l'exposition permanente de scènes sympathiques qui captivent leur imagination et leurs sens.

Mais le civilisé orgueilleux, qui se mire dans son ignominie comme le hibou dans sa progéniture, le civilisé orgueilleux, semblable en cela à tous les pouvoirs établis, a trouvé plus facile de faire calomnier les loups, les demandeurs de réformes, que de se corriger. Il a rejeté la scission du loup sur les *passions mauvaises* d'icelui, sur ses instincts vicieux qu'il a déclarés incorrigibles; il a *ameuté* contre lui tous les scribes ignorants, tous les conteurs de fables, toutes les bonnes d'enfants. Il a créé, pour le détruire, une institution spéciale, une race de chiens idem. Il a fini par mettre lâchement à prix la tête du *factieux*. Le législateur d'Athènes a payé d'un talent les oreilles du louveteau, et de deux talents celles du loup adulte. Celui d'Albion a fait grâce au sorcier de la peine capitale, à la condition qu'il emploierait toutes les ressources de son art à détruire les loups. Si bien que, après l'écrivain socialiste, je ne sache pas de créature au monde qui ait été plus odieusement vilipendée et calomniée que le loup.

Les fermiers généraux des chemins de fer, les accapareurs des emprunts nationaux, les loups cerviers de la Bourse lui ont reproché sa voracité; les inventeurs d'engins de destruction, son humeur sanguinaire; les hommes de loi, sa fourberie; le peuple, les accès de rage auxquels *il* est sujet (*il* se rapporte à loup). Le moraliste a tiré du nom du loup le mot de *lupanar,* pour soulever contre le loup le mépris des honnêtes gens et des cœurs délicats.

Mais avant de prononcer l'anathème contre l'infortuné quadrupède, l'homme s'est-il occupé du moins de faire le triage de ses qualités et de ses vices? L'a-t-il sevré dès l'âge le plus tendre, pour l'empêcher de sucer les mauvais principes avec le lait de sa mère? L'a-t-il placé, en un mot, dans un milieu convenable où ses aptitudes naturelles eussent pu se développer vers le bien? Oh! non pas, s'il vous plaît; le moraliste ignare et paresseux n'admet pas cette méthode d'investigation scientifique. Son ignorance s'accommode mieux de la théorie de la perversité native qui le dispense, lui moraliste, d'inventer un système d'éducation susceptible de favoriser le développement des aptitudes honorables de chaque individu et de chaque espèce. Et comment ces moralistes sycophantes auraient-ils fait pour le loup ce qu'ils n'ont pas fait pour l'homme?

Les législateurs civilisés n'écrivent-ils pas tous les jours que l'homme est né méchant, et que la société ne tiendrait pas sans le bourreau? Le gendarme et la potence ne sont-ils pas les attributs parlants de la société actuelle? Que j'aime ce mot charmant du voyageur européen qui, abordant sur une plage inconnue et apercevant une potence, tombe à genoux pour remercier le ciel d'avoir conduit ses pas sur une terre *civilisée !*

Allez, marchez, civilisés aveugles, ministres fainéants... Bordez vos capitales d'une ceinture de bastilles; appelez-y des armées pour tenir garnison; doublez, triplez l'effectif de vos sbires, élargissez le ventre de vos maisons de force, comprimez, réprimez... mais quoi que vous fassiez pour endiguer le torrent du mal, tous vos efforts ne contiendront pas sa furie; car sa source est dans la misère et dans le travail répugnant, et ce torrent dont les eaux montent, montent sans cesse, ne s'arrêtera pas que sa source ne soit tarie.

Entendez-vous, débitants de palabres, qui tonnez si éloquemment à la tribune contre les passions mauvaises, —l'origine des troubles de la société n'est pas où vous voulez bien dire. Les troubles de la société ont leur cause dans l'oppression du travail par le capital parasite, et dans le travail répugnant. Oui, monsieur Guizot le puritain, oui, dans le travail répugnant, en dépit de ce qui est écrit dans votre *Histoire de la civilisation*, où vous avez osé affirmer que le régime constitutionnel, c'est-à-dire l'avénement des épiciers au pouvoir était le dernier mot de l'esprit humain, en matière de constitution gouvernementale. Comme je me réjouis d'avance de vous voir rire avec nous autres de cette opinion saugrenue et libérale, la première fois que nous nous rencontrerons dans la vie aromale, dans cinquante ans d'ici[1]!

Le loup de la fable, séduit par les paroles captieuses du chien, est sur le point de se rallier à l'homme, quand il aperçoit sur le cou pelé de l'animal domestique la marque du carcan :

—Vous ne courez donc pas
Où vous voulez?—Pas toujours, mais qu'importe!
—Il importe si bien, que de tous vos repas
Je ne veux en aucune sorte,
Et ne voudrais pas même à ce prix un trésor...
Cela dit, maître loup s'enfuit et court encor.

[1] Il est inutile de rappeler que tout ceci était écrit et publié avant 1848.

S'enfuit et court encore... Pourquoi cela? parce que l'asservissement du travailleur dégoûte du travail les natures généreuses.

Le loup ne refuse pas le travail par amour du *far niente;* c'est le plus infatigable et le plus actif de tous les quadrupèdes; il refuse le travail par horreur de l'iniquité qui préside à la répartition des produits du travail. Un rédacteur du *Journal des Débats* peut trouver très-légitime qu'un juif stupide gagne deux millions en quelques heures à agioter sur des promesses d'actions de chemins de fer,—pendant que le malheureux prolétaire des champs, qui supporte le poids du jour et de la chaleur, épuise sa santé et ses forces sans pouvoir parvenir à gagner le misérable morceau de pain noir qu'espère sa famille. Mais le loup, qui n'a jamais été subventionné pour défendre l'esclavage ni les agioteurs, le loup s'est toujours refusé à ces lâches concessions.

Un ex-magistrat député, que ses votes législatifs avaient fait procureur général sous la monarchie citoyenne, mais qui avait eu néanmoins le tort grave de prendre le *Malherbe* d'Henri IV pour le *Malesherbes* de Louis XVI, reprochait publiquement à l'assassin de Nangis l'indignité de sa conduite.—Que voulez-vous, répondit le coupable, *la faim met le loup hors du bois.—Le loup peut travailler,* riposta l'accusateur public avec plus d'éloquence que de bonheur.

—Eh! mon Dieu, non, monsieur le procureur général, le loup ne peut pas travailler à tourner la roue d'un cloutier comme un caniche. Cette destinée n'est pas dans ses attractions; et si vous voulez fausser sa nature sauvage, elle se révoltera, se tordra, vous mordra. Mais faites-lui le travail attrayant, c'est-à-dire concordant avec ses aptitudes, et il ne tuera plus.

Qui pousse le loup hors du bois? C'est la faim. Qui lui brûle le sang, qui dévore ses os, qui lui donne la rage? La faim, toujours la faim. Les chiens des zones heureuses, où la terre fournit à tous les appétits, ne connaissent pas la rage. La rage est le privilége exclusif des contrées déshéritées du soleil[1]. La rage, c'est le désespoir de la faim, exalté jusqu'au paroxysme. Le loup enragé qui se jette sur l'homme et sur tous les animaux qu'il rencontre, c'est Lacenaire, c'est Poulmann (l'assassin de Nangis), des natures sauvages et orageuses que le carcan de la misère a froissées plus douloureusement que d'autres, des monstres qui tuent pour tuer, pour se venger, pour rendre, avant de mourir, à une société sans entrailles, une petite part des maux qu'elle leur a fait souffrir.

L'horreur des surfaces brillantes et polies qui caractérise la rage, c'est l'horreur du luxe et de la richesse, dont l'insolent étalage aux montres des changeurs redouble les tortures de l'indigent affamé?

La rage est la plus épouvantable de toutes les maladies qui puissent affliger l'espèce humaine; car elle change l'homme en brute et le fait périr dans d'atroces convulsions, que ne lui ôtent pas même la conscience de sa position désespérée. Cela veut dire que la société égoïste qui laisse périr de faim un seul de ses membres est une société criminelle et maudite, et que Dieu proportionne la grandeur du châtiment à la grandeur du crime. La misère et l'oppression changent aussi les opprimés en brutes et leur donnent du goût pour le sang et le meurtre, et leur font déchirer le cœur du maréchal d'Ancre à belles dents.

[1] Il y a eu des cas de rage en Algérie depuis l'introduction du chien français.

Il n'y a pas de remède contre la rage, disait-on autrefois. Cela voulait dire qu'il n'y a pas de moyens curatifs contre les maux qu'engendre la misère, et que toute tentative de répression de ces maux est inutile et absurde. Cela veut dire que la misère est une de ces maladies qui se *préviennent*, mais qui ne se *répriment* pas. Combien de fois, mon Dieu! nous faudra-t-il donc répéter des vérités si simples à ces civilisés?

L'Irlande, l'Irlande avec ses six millions d'affamés...., savez-vous quel mal la travaille? C'est la rage? la vraie rage, la maladie sans remède, la maladie aux contagions mortelles. Oh! malheur à toi! Albion, et à tous les bourreaux d'Erin! car c'est à toi et à tes lords qu'en ont la vengeance et la haine des fils désespérés d'Erin... ces hommes que ta cupidité insatiable et ton orgueil inhumain transformeront en loups, et en loups enragés!

Civilisés de bonne foi, voulez-vous deux preuves foudroyantes de l'impuissance de vos machines législatives, compressives et répressives, voire de l'impuissance des billevesées économiques et narcotiques de M. le baron Dupin, le même qui enseignait le mépris des richesses aux ouvriers de Paris à mille francs le cachet? Écoutez :

Un préfet de police, qui devait avoir d'excellents renseignements sur la chose, a fixé à QUARANTE MILLE le nombre des malfaiteurs que renferme en ses murs la seule ville de Paris. Or, répondez : depuis que M. Gisquet a publié ces révélations, le nombre de ces quarante mille scissionnaires, incessamment conjurés contre votre ordre social, a-t-il augmenté ou décru? Il a augmenté, vous le savez bien tous, et augmenté en dépit de l'accroissement de l'effectif de vos municipaux et de vos sergents de ville, et si bien augmenté qu'il a fallu élargir l'enceinte de la cour d'assises de la Seine pour faire place à tous les bandits que les balayeurs de la voie publique ramassent journellement sur le pavé de Paris. Et les juges de la capitale n'ont plus suffi à juger les *filous*, les *grinches* et les *escarpes*, dont les bandes innombrables se succèdent sans interruption sur la sellette du crime. Et le mal en est arrivé à ce point, que le plus fougueux admirateur de votre prétendu ordre social n'oserait pas se hasarder aujourd'hui à sortir de sa demeure, sur le tard, sans escorte ou sans arme. Et les législateurs de cette société modèle, qu'avaient illustrée déjà les découvertes de l'acétate de morphine, de l'acide prussique et du masque de poix, seront obligés de prononcer, avant peu, l'interdiction absolue de la vente de l'arsenic, par le motif qu'il est devenu urgent de protéger l'existence des époux ennuyeux et des pères trop tenaces à la vie, contre les abus scandaleux que font de cette poudre de succession les épouses incomprises et les fils pressés de jouir.

Vous voyez donc bien, civilisés absurdes, que la rage est une maladie qui vient de la misère du travailleur, et qu'il n'y a pas d'autre remède contre la rage que d'augmenter les profits du travailleur, en réduisant d'autant ceux de l'improductif.

On dit qu'un heureux voyageur, le docteur Rochet d'Héricourt, a eu l'incroyable chance de rencontrer en Abyssinie le spécifique de la rage et qu'il l'a rapporté en France. L'affection bien connue que je porte à la race canine ne me permet pas d'être jaloux du bonheur et de la gloire d'autrui. Il reste à découvrir le spécifique de l'épilepsie, de la phthisie et de la goutte, plus de mobiles honorables, par conséquent, qu'il n'en faut pour stimuler l'ambition d'un homme simple. Seulement, j'ai besoin d'affirmer que la découverte du remède contre la rage était fatalement réservée à l'époque qui doit voir écraser l'infâme et se clore l'ère du paupérisme, par le triomphe définitif du principe de solidarité.

Maintenant suivez-moi en Angleterre, patrie du représentatif et de l'économisme. Ils ont exterminé le loup en Angleterre ; là le résultat est acquis.

Or, croyez-vous que, les loups détruits, la part de mouton soit devenue là-bas plus forte pour chacun ? Hélas ! pas le moins du monde.

On lit, en effet, dans les rapports officiels du gouvernement du pays que les travailleurs d'Albion sont atteints, pendant trois ou quatre mois de l'année, d'une maladie singulière... *une maladie dont les symptômes disparaissent aussitôt que l'on donne à manger aux malades !* On dit que dans le seul hiver de 1846 à 1847, il est mort par la faim près de deux millions d'Irlandais. Que vous semble de l'efficacité de l'extermination des loups ?

Et non-seulement l'extermination des loups n'a pas fait la part de mouton plus forte pour le peuple, mais je vais prouver que la prospérité des moutons est devenue une des causes les plus affreuses de la détresse du travailleur britannique.

Un jour donc que le duc de Sutherland avait lu avec fruit le livre d'un économiste français, nommé Jean-Baptiste Say, dans lequel livre il est écrit que toute la science de l'économie politique consiste à faire rendre le plus fort revenu possible à un capital donné, le plus fort *revenu net*, l'idée vint *subito* à ce digne et saint homme d'appliquer cette théorie charitable à ses domaines d'Écosse. Et comme ses intendants lui eurent prouvé que les moutons, qui dépensent beaucoup moins que les hommes en frais de nourriture et de logement, rapportent beaucoup plus, *en revenu net*, Sa Seigneurie fit abattre ses métairies et transformer ses champs en pâturages, et les malheureux cultivateurs, qui avaient trouvé jusque-là sur ses terres à s'occuper et à vivre, en furent inhumainement chassés, et sont allés depuis grossir le nombre des vagabonds et des meurt-de-faim des cités.

C'est-à-dire que l'invasion de tous les loups de la Russie et de la Suède n'aurait pas fait subir à la population rurale de la Grande-Bretagne la centième partie des malheurs que l'invasion des moutons a déchaînés sur elle !

Et l'on voudrait m'interdire à moi, homme de sens, le droit de rire jusqu'aux larmes ou de m'indigner jusqu'à la fureur des folies de cette société stupide qui a trouvé moyen de rendre la race des moutons plus meurtrière à l'homme que la race des loups ! et les délateurs gagés de la juiverie prétendraient me fermer la bouche à l'endroit des abus du droit de propriété, et m'empêcher de dire l'aristocratie anglaise coupable du crime de lèse-humanité pour avoir sacrifié l'espèce humaine à l'espèce ovine ! Non pas, morbleu ! non pas, misérables valets de juifs, vous ne me ferez pas taire que vous ne m'ayez coupé le poing et arraché la langue ! Midas de la finance et de l'Économisme, j'ai vu vos oreilles d'âne, et je vous les allongerai si fort que tout le monde les verra !

Après avoir considéré la question du loup dans ses rapports avec la politique sociale, il me reste à la traiter plus particulièrement au point de vue de la chasse, c'est-à-dire au point de vue des démêlés quotidiens de l'animal avec l'espèce humaine d'aujourd'hui.

Le loup est le plus roué et le plus audacieux de tous les ennemis de l'homme. Vivant côte à côte avec lui, il s'est instruit de sa tactique ; il a étudié ses manœuvres ; il a appris à son école le grand art de la guerre. Le lion et le tigre, confiants dans la puissance de leurs ongles et de leurs canines, attendent fièrement que l'homme les provoque, ou bien se précipitent sur lui de prime saut quand la faim les talonne. Le loup ne veut pas faire aussi bon marché de sa vie. La prudence et la circonspection président à chacun de ses actes, soit qu'il attaque, soit qu'il ait à se défendre; il ne se pardonnerait pas d'omettre le moindre élément de succès dans la lutte désespérée qu'il soutient contre l'homme.

Le loup l'emporte sur le chien par la finesse de l'ouïe, de l'odorat, de la vue, par la vigueur des muscles, par la puissance de la mâchoire, par la mémoire des lieux, par le talent de l'observation, par le génie de la combinaison stratégique. Le chien n'a jamais prétendu lui contester cette supériorité; car il ne se décide qu'avec peine à attaquer le loup, et le plus terrible chien de loup renonce promptement à cette chasse déplaisante pour le moindre coup de dent. Le loup et le chien, qui appartiennent à la même famille, sentent vaguement qu'ils sont faits pour s'estimer et se comprendre, et que les dissentiments politiques qui les divisent aujourd'hui ne seront pas éternels. Le loup ne poursuit dans le chien que le compagnon inséparable du civilisé et la sentinelle vigilante de la propriété insociétaire ; il n'a jamais cherché noise au renard, qui le respecte de son côté et se garde bien de chasser sur ses terres. S'il se décide à emporter un chien pour sa consommation personnelle, c'est que les temps sont durs; et puis il a contre le chien tant de motifs légitimes de rancune! J'ai vu quelquefois trois ou quatre grands loups se récrier et s'unir pour mettre à mort un chien de berger, un chien de garde qui les gênait par sa surveillance incommode, et, après l'avoir déchiré, semer ses membres, ses intestins et sa tête par les carrefours les plus fréquentés du pays, pour servir d'exemple aux mutins. Il était visible que ce n'était pas la faim, mais un simple désir de vengeance qui les avait poussés à cet assassinat, puisqu'ils avaient laissé intactes toutes les parties du corps de la victime. J'ai dans mes souvenirs de deuil deux morts de chiens d'arrêt, exécutées de cette façon cruelle, et dont un seul fut vengé.

On voit parfois aussi des braconniers aux abois s'associer et s'entendre pour en finir avec un garde-forestier ou un garde-pêche trop sévère, et plus d'un douanier vigilant a été payé de son zèle par la balle d'un contrebandier.

Des observateurs dignes de foi m'ont affirmé avoir connu des chiens qui avaient profité de la trop grande liberté où les laissaient leurs maîtres, pour contracter alliance avec des loups du voisinage, et chasser de compte à demi avec eux. J'ai quelquefois aussi entendu dire par des jugements de police correctionnelle, que des douaniers s'étaient associés avec des contrebandiers pour partager les profits de la fraude. L'histoire des bêtes est une traduction littérale de l'histoire de l'homme, et qui est placée en regard de son texte dans le même volume. Si la page de la brute est un peu moins rouge de folie et de sang que celle de l'homme, cela provient peut-être de ce que les brutes ignorent encore l'héritage et le mariage d'argent, et n'attendent pas après la mort de leurs parents pour vivre.

Le loup, reconnaissant envers la nature, a grand soin de cultiver les brillantes qualités qu'il a reçues d'elle. La louve, modèle de tendresse maternelle, apprend à ses petits, dès l'âge le plus tendre, à détester l'espèce humaine et à se défier de ses piéges. Elle leur dit la portée et la détonation de l'arme à feu. Elle leur recommande surtout de respecter les oies et les agneaux du voisinage, afin de ne pas trahir, par une démarche inconsidérée, le secret de leur domicile.

Elle-même va leur chercher au loin, à deux ou trois lieues quelquefois, la nourriture de chaque jour, un quartier de cheval mort, un mouton, une chèvre. Quelquefois elle se fait accompagner dans ses expéditions de nuit et de jour par un vieux loup dont elle réclame l'aide, moyennant promesse de partage dans le butin. Les loups, comme les bandits et les corsaires, observent entre eux les lois de la discipline et de la stricte équité. Ils sont esclaves de leur parole. On n'a jamais vu de querelles ni de procès éclater dans une société de loups en commandite, à l'occasion de la répartition des dividendes. Néanmoins, le vieux loup commence généralement par se servir.

La louve apprend encore à ses louveteaux à *emboîter* le pas, c'est-à-dire à marcher à la file les uns des autres, du même train, et à placer dextrement leurs pattes dans l'empreinte de la patte de celui qui va devant. J'ai rencontré un jour, dans le rude hiver de 1829 à 1830, six grands loups qui traversaient ainsi la Loire à pied sec, les uns derrière les autres et le pas dans le pas. Vous auriez juré, à examiner leur trace sur la neige, qu'il n'était passé qu'un seul loup. Les chasseurs expérimentés et les piqueurs ne se trompent pas à ces apparences. Ils scrutent attentivement l'empreinte, et ils finissent par y reconnaître le nombre exact des bêtes qui sont sur pied. Vous lirez dans une foule d'auteurs plus ou moins dignes de foi que les loups observent la même tactique quand ils ont à passer une rivière ou un fleuve, et qu'ils nagent tous à la suite les uns des autres, en se tenant par la queue. J'avouerai n'avoir pas été témoin oculaire du fait, ce qui n'est pas une raison pour que je le déclare controuvé.

Il n'est personne qui n'ait entendu plus ou moins parler du loup blanc ; il n'est pas de pays de loups où l'on ne connaisse le loup noir. Le loup noir, qui fut très-commun jadis dans le nord de la France, en Normandie et en Picardie notamment, n'est pas même une variété de l'espèce, et sa couleur n'est qu'un accident. Toutes espèces grises sont sujettes à virer au blanc et au noir, par la raison fort naturelle que le blanc et le noir sont les éléments du gris. Mais qu'on ne s'y trompe pas, la tendance d'une espèce quelconque à changer de couleur est une démonstration de sa domesticabilité.

La louve met bas au mois d'avril; elle porte soixante jours, comme la chienne. La portée est quelquefois de dix petits, plus communément de cinq. Elle choisit pour demeure les hautes bruyères, les houx, les fourrés épineux de la forêt. Les petits conservent le nom de *louveteaux* aussi longtemps qu'ils ont besoin pour vivre de l'assistance de leur mère. On les appelle *louvarts* quand ils ont atteint l'âge de quatre à cinq mois, c'est-à-dire quand ils sont en état de gagner leur vie. Mais la mère ne les abandonne pas encore; elle ne se résigne à se séparer d'eux et à les lancer dans le monde qu'autant que leur éducation est parfaitement achevée et qu'elle les suppose lestés d'assez d'expérience pour pouvoir se tirer sans trop de peine des passes épineuses dont la carrière de tous les loups est semée. C'est merveille de voir comme dès la fin d'août, à l'époque où commencent les tribulations des louvarts, ces jeunes animaux font déjà preuve d'intelligence, de savoir et de vigueur. J'ai vu des portées de louvarts se faire battre six heures de suite dans la même enceinte, sans qu'il en débuchât un seul, bien que les chiens donnassent presque continuellement à vue. C'était un change perpétuel. Celui-ci avait-il couru une demi-heure et se sentait-il épuisé, que celui-là accourait aussitôt pour s'offrir volontairement au change et laisser à son frère le temps de réparer ses forces; et chacun d'arriver à son tour pour subir la corvée redoutable, pendant que la pauvre mère, éperdue, coupait et recoupait incessamment la chasse, essayant d'attirer la meute sur sa voie et de l'entraîner tout entière, par une pointe habile, bien loin du théâtre du combat. Il n'est guère de loups de France qui ne doivent la conservation de leur existence à quelqu'un de ces actes admirables de charité fraternelle et maternelle. Par malheur, quand le laisser-courre prend l'allure que je viens de décrire, rien n'est plus facile que d'avoir raison du louvart par les armes. Il suffit pour cela de pénétrer sous le buisson et de suivre les chiens; la pauvre bête, n'ayant pour champ de manœuvre qu'un espace fort restreint, est condamnée à passer tôt ou tard au bout du canon du tireur qui s'est posté sous bois. J'ai été témoin plus d'une fois dans ma vie d'assassinats de ce genre. Encore, si je m'étais toujours borné au rôle de spectateur inoffensif!

La chasse du louvart est la plus animée peut-être de toutes les chasses à courre, la meute chassant presque toujours à vue. La chasse du grand loup est, au contraire, la plus pénible et la plus difficile de toutes. Mais n'anticipons pas sur les événements; continuons notre étude.

Les gouvernements, qui ne savent d'autre moyen de remédier aux crimes engendrés par le paupérisme que de doubler l'effectif de leurs gendarmes, et qui n'ont pas su ouvrir un essor utile aux brillantes facultés du loup, pas plus qu'à celles des Mandrins et des Lacenaires, ayant donc été forcés de mettre les oreilles du louveteau à prix, beaucoup de gens dans les campagnes ont été alléchés par la prime et se sont adonnés à la destruction de l'espèce. On reconnaît facilement la présence d'une portée de louveteaux dans le voisinage, aux ossements de mouton qui tapissent le sol des clairières, où la jeune famille vient prendre ses ébats la nuit, au sortir de son fort; mais l'enlèvement de la portée ne laisse pas quelquefois que d'être une opération dangereuse.

La mère n'est jamais bien loin de ses petits, et elle n'est pas d'humeur à se laisser priver de sa progéniture sans la défendre. Cependant, en ces sortes de conflits, l'amour maternel l'emporte encore chez la louve sur le désir de la vengeance. On a cent exemples de louves qui, au lieu de se précipiter sur le ravisseur et de lui sauter à la gorge, n'ont songé qu'à reprendre leurs petits, et à les reprendre les uns après les autres, emportant le premier dans leur gueule et allant le cacher bien loin dans la forêt, puis revenant à la charge pour continuer la même manœuvre jusqu'à restitution complète de la part du larron. Or, les destructeurs de louveteaux, qui sont au courant des procédés de ces pauvres mères, savent mettre à profit la durée des intervalles qui s'écoulent entre chaque voyage, et, moyennant un léger sacrifice, ils finissent toujours par sauver la majeure partie de leur butin. C'est par le même moyen, rapporte la légende du Bengale, que les dénicheurs de tigres réussissent à se procurer de jeunes individus de cette famille et à échapper à la dent meurtrière de la tigresse. Ici, par exemple, le ravisseur a grand soin d'éviter la rencontre de la mère, qui ne serait pas d'aussi bonne composition que la louve, et sa tactique consiste à semer les nouveau-nés sur sa route, afin d'occuper la mère pendant l'espace de temps qui lui est nécessaire pour gagner un lieu de sûreté. La perte de ses enfants a souvent produit sur la louve les mêmes effets que la prolongation indéfinie d'un jeûne trop rigoureux. On en a vu tomber dans de violents accès de rage à la suite de ce coup cruel. Mais les civilisés ne veulent pas même tenir compte à la pauvre bête de l'excuse du désespoir.

Comme tous les animaux doués d'un odorat subtil, comme le chien, comme le renard, le loup n'attaque jamais sa proie qu'en se glissant sous le vent, pour que les émanations de son corps et le bruit de sa marche n'arrivent pas jusqu'à elle. Je ne sais quel auteur a écrit que le loup, en quête de victime, avait soin de s'humecter la patte avec la langue pour assourdir son pas.

La saison de l'année où le loup est le plus redoutable est celle des brouillards, qui font du jour la nuit, et permettent à l'audacieux de se glisser, sans être aperçu, jusque dans les basses-cours et dans les bergeries de la ferme. Les assassins et les escrocs de la capitale considèrent aussi les jours d'épais brouillards comme jours de bonnes fortunes. Le lendemain de ces jours-là, les dalles de la Morgue offrent d'habitude une plus riche collection de cadavres que la veille, ce qui force les journaux, organes de la prospérité croissante, à signaler une recrudescence déplorable dans la monomanie du suicide. Je ne sais pas pourquoi quelques auteurs ont rangé le loup et le renard dans une certaine classe de canins nocturnes, sous prétexte que ces bêtes-là ne chassent que de nuit. Le loup et le renard chassent parfaitement de jour quand ils peuvent.

Le loup a mis de temps immémorial en pratique le principe de l'association, secret de toute puissance. C'est lui qui a inventé la chasse à courre et le procédé des relais. Il n'est pas de quadrupède capable de lutter avec lui pour la vigueur du jarret. Les loups de l'Amérique du Nord vivent presque exclusivement de la chair des daims, qu'ils forcent en quelques heures. Qu'un sanglier, un cerf ou un chevreuil ait été blessé par un coup de feu dans nos forêts, il ne tarde pas à devenir la proie du loup. En

Lorraine, pays de grandes forêts, où le sanglier est encore commun et où l'on en fait une grande destruction par la neige, il arrive fréquemment que les chasseurs sont obligés d'abandonner une bête blessée que la nuit ne leur permet pas de suivre au sang ; le lendemain matin, quand ils reviennent sur les lieux pour reprendre leur tâche, ils trouvent le plus souvent la besogne faite et la bête aux trois quarts dévorée. Les loups de Lorraine m'ont paru singulièrement friands de la chair du sanglier. Il est rare de n'en pas rencontrer quelques-uns en embuscade dans le voisinage de la bauge où la laie abrite ses marcassins. Aussi la laie a-t-elle grand soin, comme on a vu, d'établir autour de sa demeure un cordon respectable de bêtes de compagnie. Je sais une ville de la Meuse où trois loups vinrent flâner une nuit jusqu'à la porte de la maison d'un chasseur, chez lequel avait été déposé un sanglier tué le jour même, et que l'on avait amené là en le traînant sur la neige, à défaut d'autre moyen de transport.

Le loup se prend rarement aux piéges, traquenards ou fosses à bascule. Quand il est pris au traquenard, il n'hésite pas à se couper la patte prisonnière. Il est à peu près impossible de l'empoisonner, car la bête soupçonneuse n'attaque guère que la charogne qui a été préalablement entamée par les chiens ; et semer des gobbes empoisonnées pour le loup, c'est encore s'exposer à faire périr plus de chiens que de loups. Offrez au loup, au milieu du bois, un cadavre de cheval, de vache, de brebis, il n'y touchera pas. Il sait mieux que vous le lieu désigné par l'autorité pour servir de Montfaucon à la localité, et il se doute que c'est à son intention que vous avez enfreint l'arrêté municipal en créant, de votre chef, une succursale au dépôt officiel de la voirie. Mais si vous voulez que le loup donne à cette charogne, faites-la traîner par le bois, par les champs, ramenez-la près de votre domaine, enfouissez-la à moitié dans une fosse de votre verger, de votre enclos; tâchez, en un mot, de convaincre le loup que vous tenez énormément à soustraire le cadavre en question à sa voracité, c'est le moyen presque infaillible de lui donner envie d'y goûter. Ce cheval, qu'il aurait laissé pourrir dans le bois sans même oser en approcher, il viendra le déterrer sans appréhension sous vos fenêtres, parce qu'il est bien persuadé qu'en le plaçant là vous ne songiez pas à lui. L'amorce sera plus puissante encore et le charme plus complet, si vous avez pris la précaution de faire mordre d'abord les chiens dessus. Disposez maintenant vos batteries, deux ou trois canons de fusil de fort calibre, chargés de chevrotines, convergeant dans la même direction, vers la place que devra occuper le loup en travail de déglutition, et à la hauteur de 60 à 70 centimètres; établissez une communication entre le cadavre enfoui et votre poignet, par le moyen d'une ficelle, et faites feu de toutes vos pièces à la fois, au moment où vous sentirez la secousse. Voilà le procédé le plus simple et le plus infaillible pour la destruction du loup. C'est aussi le procédé le plus usité en France. Il y a pourtant ici une précaution à prendre : le loup ne mâche pas comme le chien, il déchire sa proie et la boit pour ainsi dire; il se précipite avec fureur sur l'appât, tire à lui le morceau qu'il a mordu et l'emporte au galop à quinze pas de là, pour le dévorer en sûreté; et puis, c'est un nouveau voyage. Si donc vous étiez endormi à l'instant où la secousse de la ficelle vous a averti de la présence de l'ennemi, vous devez vous assurer que la bête est encore là, avant de presser votre triple détente; sans cette information préalable vous seriez exposé à frapper dans le vide.

L'extrême voracité du loup, qui symbolise les appétits

ardents des tempéraments de cours d'assises, n'a cependant pas la puissance de lui faire enfreindre les lois de la prudence. Il demeurera une semaine entière affamé plutôt que de toucher à la proie dont il se défie. Aussi, quand il a trouvé une belle occasion de satisfaire son appétit, répare-t-il admirablement le temps perdu. J'ai vu deux loups retirer à eux seuls, du fond d'une mare vaseuse et escarpée, le cadavre d'une jument énorme, qui pesait assurément plus de 350 kilogrammes, puis l'amener sur la berge et en manger la moitié en moins de deux ou trois heures. Comment des animaux qui ne pèsent pas plus de 50 kilogrammes chacun peuvent-ils absorber en quelques heures près de 200 kilogrammes de nourriture? L'explication du mystère est facile. Le loup a la faculté de rejeter par la gueule toute la nourriture qu'il a prise, et il en use pour prolonger indéfiniment ses repas. Pour le loup, ce qui est digéré n'est pas perdu, et il enfouit volontiers, en prévision des mauvais jours, ce qu'il a déjà mangé une fois. Ainsi faisaient les illustres gourmands de Rome, la sensuelle cité bâtie par les enfants de la louve. Les Russes, ces braves soldats qui mangent avec délices les chandelles qu'on leur confie pour un autre usage, les Russes et les Cosaques, émerveillés des prodiges de notre industrie culinaire, ont ressuscité, en 1814, le procédé du vomitoire. Un anglophobe, digne de foi, m'affirme que cette pratique ignoble, excusable seulement chez le loup, qui ne peut pas toujours compter sur la pitance du lendemain, ne manque pas de partisans de l'autre côté du détroit. Le peuple qui a inventé le rôti à l'étouffée, la soupe à la tortue et la blanquette de veau aux confitures, le peuple qui fait infuser dans le bordeaux du poivre et du gingembre est capable de tout.

La haine, qui rend impitoyable et aveugle, a été jusqu'à faire un crime au loup des moyens désespérés auxquels il a quelquefois recours pour tromper la faim cruelle. Comme on a vu que, dans ces jours de famine, le loup était réduit à manger de la terre, on en a conclu que, lorsqu'il s'*emplissait* de cette substance peu nutritive, ce n'était que dans le but d'accroître la pesanteur de son corps, afin d'avoir plus d'abatage pour écraser les grands animaux qu'il attaque, comme le bœuf et le cheval.

Et comme il n'attaque pas toujours le taureau par les cornes, on l'a, à ce propos, accusé de lâcheté. J'ai quelquefois entendu traiter de même les Kabyles et les Arabes d'Algérie d'assassins et de lâches, sous prétexte que ces barbares, qui n'ont ni canons ni tactique, s'embusquaient dans les ravins pour tirer sur nos troupes, au lieu de les attaquer de front. Qui n'a pas ouï parler de la poltronnerie du loup, une calomnie atroce?

Non, le loup n'est pas poltron; il n'aime pas à exposer inutilement sa vie, c'est vrai, mais c'est là de la sagesse et non de la couardise. Les contrebandiers et les corsaires ne sont pas des lâches parce qu'ils évitent d'en venir aux mains avec des ennemis trop supérieurs en nombre. Le courage, en pareil cas, serait duperie. Le loup ne s'est jamais donné pour aspirant à la succession d'Amadis de Gaule; ne lui demandons pas plus qu'il ne nous a promis.

Le vrai courage se caractérise par le sang-froid en présence du péril; or, je ne connais pas un animal qui montre plus de sang-froid dans le péril que le loup, et c'est précisément pour cela que la chasse du loup est si intéressante et si pénible.

Tous les ans, l'administration fait faire d'immenses battues pour la destruction des loups. Tous les tireurs, tous les paysans sont convoqués pour prendre part à l'opération, les uns pour garder les passages, les autres pour traquer la forêt. Pourquoi ces grandes battues, exécutées par un si grand concours de gens intéressés à l'extermination des loups ont-elles si rarement un résultat utile? C'est que le silence n'est pas la vertu des chasseurs de hasard, et que le silence dans la marche est la première condition de succès pour la chasse du loup. C'est que les loups, qui se tiennent constamment à l'écoute et qui ont eu vent ou bruit de la position des tireurs, n'ont garde de se diriger du côté du péril, et finissent par se dire : Voilà des gens qui ne crieraient pas si haut s'ils étaient armés, c'est donc de leur côté, du côté des rabatteurs, qu'est la voie de salut. Et, au lieu de fuir devant les rabatteurs, les loups rebroussent tranquillement sur eux, et la chasse est manquée.

Ainsi tombe d'elle-même cette accusation ridicule de poltronnerie dont l'ignorance a entaché longtemps la réputation du loup.

On m'objecte que les loups ne rebroussent pas systématiquement comme les sangliers et les brocarts, et que les battues réussissent presque toujours, au contraire, quand elles sont bien conduites. Cela est vrai, surtout pour les loups sans expérience, mais de ce que les loups sont sur pied à la première voix des rabatteurs, concluez à leur excessive défiance, non à leur poltronnerie.

J'ai presque honte de donner place, dans un écrit sérieux, à cette multitude de calomnies stupides que la malignité de l'espèce humaine a entassées sur le compte du loup. Que de chapitres, mon Dieu, à ajouter à l'histoire des erreurs de l'esprit humain, dans ce que les hommes ont écrit sur les bêtes!

Si je vous disais qu'ils ont osé affirmer que le loup, abusant du caractère étourdi et aventureux de la chèvre, abordait celle-ci une branche de saule à la gueule, et qu'il l'attirait, à l'aide de cet appât trompeur, jusqu'en un lieu solitaire où il la dévorait...

Et qu'il y avait en Algérie une espèce de loups qui guettaient les pêcheurs sur le bord de la mer et qui les obligeaient, sous peine de mort, à partager avec eux les produits de leur pêche. D'abord il n'y a jamais eu aucune espèce de loups en Algérie ; il y a eu des éléphants, mais ce n'est pas la même chose ; et ensuite les loups se soucient autant de poisson qu'un poisson d'une pomme. Ils ont aussi parlé d'une autre espèce de loups qui entraient en plein jour dans les villes sans se faire annoncer, et faisaient main basse sur tout le bétail qu'ils y rencontraient. J'ai déjà fait observer que ces habitudes familières rentraient plutôt dans les mœurs de l'hyène et du chacal que dans celles du loup. Je soupçonne l'hyène d'avoir fait beaucoup de tort au loup dans les saintes Écritures et dans l'histoire ancienne ; l'hyène, dont il a été écrit qu'elle imitait la voix du berger à s'y méprendre, et qu'elle appelait les chiens *par leurs noms* pour les dévorer.

J'en passe et des meilleures. La calomnie de l'homme a poursuivi le loup au delà du trépas. On a attribué à sa dépouille la propriété singulière de faire naître la vermine dans les peaux de brebis par le simple contact. On a dit qu'il était impossible de tirer un accord de deux cordes d'instrument faites d'intestins de loup et d'intestins de brebis ; enfin, ils auraient vu des tambours de peau de brebis éclater à distance par l'effet du son produit par un tambour de peau de loup.

Lactance, le pieux Lactance, a essayé de justifier l'étymologie du mot *lupanar*. L'auteur du *Traité de la véritable Sagesse* n'eût pas entrepris cette tâche, s'il eût été plus rempli de son sujet.

Les anciens attribuaient aux simples émanations du loup la vertu de faire avorter les juments et de rendre les génisses stériles. Dans les hiéroglyphes égyptiens, la stérilité est figurée par une jument qui foule aux pieds un loup.

Les prophètes de l'Écriture sainte comparent fréquemment le loup aux tyrans rapaces, aux rois de Syrie et de Babylone. L'analogie eût été plus exacte entre le loup et le rebelle qui brave la tyrannie.

Hélas! la simple histoire du loup, l'histoire naturelle du loup, était déjà bien assez chargée de crimes, sans qu'il fût nécessaire de la noircir encore de méfaits imaginaires. Le loup mange l'homme et les animaux chers à l'homme. Le grief suffisait, ce me semble, pour justifier la haine que l'homme lui a vouée.

Le loup mange l'homme, c'est vrai, mais qui est-ce qui a habitué le loup à se nourrir de chair humaine, sinon l'homme lui-même, l'homme qui convie depuis tant de siècles les animaux carnivores aux curées des batailles? Mais les loups ne se mangent pas[1], et ils auront toujours cet argument terrible à rejeter à l'homme qui tue son semblable et qui le mange. Je défie l'histoire de me citer un crime de bête dont l'homme ne lui ait pas d'abord donné l'exemple. L'homme invente, l'animal copie.

Consultons l'histoire des loups célèbres de France; elle fourmille de preuves à l'appui de cette haute vérité. Les chroniques du IXe siècle font mention d'une invasion épouvantable de loups enragés qui ravagèrent le pays en 878. Eh bien! rappelez-vous, c'était le temps où les

[1] Il serait plus exact de dire que les loups ne se tuent pas entre eux pour se manger, car on a plus d'un exemple de loups affamés qui, rencontrant le cadavre d'un camarade, lui ont donné leur estomac pour tombeau.

Normands couvraient la France de sang et de funérailles. L'histoire du loup Courtaut se rattache aux malheurs effroyables du règne de Charles VI, au temps où l'Anglais tenait Paris; celle de la bête du Gévaudan, qui fit périr tant de gens, à l'époque du funeste traité de 1763, qui consacra la ruine de notre puissance coloniale et le triomphe de l'Angleterre. Les loups qui envahirent la France en 1814 venaient de la Russie et de l'Allemagne, à la suite des armées que l'or de l'Angleterre avait coalisées contre nous. Je n'invente pas, je raconte; ce n'est pas de ma faute si les deux fléaux se tiennent, si les triomphes d'Albion ont toujours pour corollaire obligé un débordement de loups en France.

Ces derniers loups, les loups de Moscovie étaient les frères et les cousins de ceux qui, en 1812, dans un gouvernement de l'intérieur, attaquèrent un détachement de quatre-vingts soldats russes qui changeaient de cantonnement, les tuèrent et les mangèrent tous. Néanmoins, ces guerriers vendirent chèrement leur vie; car on trouva le lendemain plus de deux cents cadavres de loups sur le champ de bataille, au milieu des uniformes et des fusils brisés. Le fait est authentique. Un monument funéraire a été élevé sur le théâtre de la boucherie.

Et puis encore, quand bien même le loup mangerait l'homme, *de proprio motu*, qu'est-ce que cela prouverait contre l'éducabilité du loup et contre ses bons sentiments naturels? Le chien aussi mange l'homme, quand l'homme le dresse à l'anthropophagie. Il y en a même qui naissent avec un penchant très-prononcé pour la chair humaine, et qui aiment leur maître comme on aime un bifteck.

L'auteur de cette observation profonde, Alphonse Karr, eut un chien de Terre-Neuve qui le mangea une fois, sans motif, sans provocation aucune, par lubie, par désœuvrement. C'est lui-même, le mangé, qui raconte le fait.

Tous les jours on est exposé à rencontrer chez les banquiers des chiens de garde qui vous dévorent pour un oui ou pour un non, et qui seraient peut-être très-embarrassés de donner une explication satisfaisante de leur conduite. Il y a quelques années qu'une meute princière, qui prenait le frais sur le haut de la terrasse de Saint-Germain, avisa un charmant petit chien de la taille et de la couleur d'un lièvre qui folâtrait innocemment sur le pont du Pecq. Fondre sur la pauvre bête, la déchirer, la broyer, fut pour cette troupe sans entrailles l'affaire de deux minutes. Quelques-uns des coupables essayèrent de se justifier en affirmant qu'ils avaient été abusés par une ressemblance fâcheuse ; mais l'excuse ne fut pas admise, et l'équipage fut longtemps à se relever de cet échec moral. Un chien peut se tromper de l'œil comme tout le monde ; de l'odorat, jamais.

Le chien est sujet, comme le loup, à la rage ; le chien mord plus d'enfants et tue chaque année plus de moutons que le loup. M. le baron Dupin, qui était un homme très-précieux pour ces sortes de renseignements, a dû écrire un traité là-dessus. Le chien abandonné à lui-même n'est guère moins redoutable que le loup pour tout son voisinage. Or, tout cela empêche-t-il le chien d'être le plus précieux de tous les amis de l'homme et le premier élément du progrès de la société humaine? Non, sans doute; eh bien! alors, s'il ne s'agit plus entre le loup et le chien que d'une simple différence d'éducation, ne condamnez pas le loup avant de savoir ce qu'il y a au fond de son caractère de bon et de mauvais.

Ce n'est que tout récemment, et bien longtemps après avoir publié pour la première fois les lignes qui précèdent, que j'ai appris par l'histoire des chasses de Chantilly qu'un piqueur du prince de Condé avait dressé un loup à l'office de limier.

Un grand veneur de la Dordogne, M. P... d'Eaub..., eut en sa possession, dans ces dernières années, une louve noire, native de ce département, qu'il avait prise au liteau et fait élever dans la société de ses jeunes chiens en toute liberté. Il l'avait menée de très-bonne heure à la chasse avec son équipage, et ce noble exercice paraissait avoir le plus vif attrait pour elle. Son courre de prédilection était celui du lièvre, dans lequel elle déployait beaucoup de finesse et de ruse. Quant à ce qui était du loup, elle en marquait très-bien les plus vieilles voies, mieux que pas un limier; mais elle n'en faisait pas suite et se conduisait mollement sur l'animal debout. Elle ne dissimulait d'ailleurs en aucune circonstance sa répugnance extrême à s'adjoindre aux persécuteurs de ses frères malheureux. Une fois même, il lui arriva de quitter la partie et de planter là l'équipage, qui était en déplacement à trente lieues de chez elle, sur ce qu'elle apprit que l'expédition n'avait pas d'autre but qu'une grande chasse au loup. Et elle donna en cette occasion une belle preuve de l'esprit de conduite et de la vigueur de jarrets qui sont dans son espèce, faisant ces trente lieues, en quelques heures de nuit, pour regagner son domicile; traversant un pays inconnu et hostile, passant deux grands fleuves à la nage, la Garonne et la Dordogne, et soupant en route d'un mouton rencontré par hasard.

C'était une bête charmante, pleine d'entrain et de gaieté, et qui semblait se plaire beaucoup dans la société de ses camarades de chenil, envers lesquels elle était prodigue de caresses et de câlineries. Mais la plupart se souciaient peu de répondre à ces manifestations sympathiques. Quant à des avances plus sérieuses, un seul ne les repoussa pas, un vendéen de haute taille et de sang noble, supérieur, par son éducation, aux préjugés de caste. Et de cette mésalliance naquit une magnifique portée de louveteaux noirs pur sang, qui annoncèrent dès le plus bas âge des dispositions si peu sociables, que leur maître dut se résigner à les faire occire pour raison de sécurité publique. Il faut dire aussi que la mère, bien que soustraite de bonne heure aux influences pernicieuses des conseils et des exemples de la famille, n'en avait pas moins rapporté du liteau des principes déplorables en matière de droit de propriété, tant sont vivaces, hélas, les premières impressions de l'enfance. C'est ainsi que jamais ni remontrances amicales, ni fustigations énergiques ne parvinrent à triompher de la funeste passion de la bête pour la chair de la volaille et du mouton peu cuit, dont elle avait sucé l'amour avec le lait. Elle confessait naïvement, à qui voulait l'entendre, que sa passion pour le vol était plus forte qu'elle, ce qui fut peut-être cause que son propriétaire en fit don à quelqu'un demeurant loin de lui.

Les détails authentiques qu'on vient de lire sont extraits d'une lettre écrite de Bordeaux, à la date du 5 mars 1858, et adressée par un éminent veneur de la cité illustre à l'un de ses amis.

Mais toutes ces démonstrations de la possibilité du ralliement harmonique du loup à l'homme seraient parfaitement inutiles, s'il était prouvé que les fameux chiens de traîneau du pôle arctique sont des loups véritables. Et j'ai à citer beaucoup d'autorités considérables en faveur de cette opinion, qui est la mienne.

Ainsi le capitaine Ross, qui eut tant à se louer des bienfaits de l'espèce, écrit en propres termes « que leur tête est celle du loup, et leur queue celle du renard; ils ont aussi, ajoute-t-il, le hurlement du loup. » On sait que la queue fourrée du renard diffère peu de celle du loup, surtout dans les pays du Nord.

Le capitaine Parry corrobore ce témoignage, disant :

« Ils n'aboient pas, mais ils ont un long hurlement mélancolique comme les loups ; ils sont toujours à grogner et à se battre... Leur anatomie est exactement celle du loup. »

Le même voyageur manifeste sa surprise de voir la plupart de ses chiens déserter fréquemment le navire pour voisiner avec les loups des alentours et demeurer plusieurs jours absents. Il a observé également que la meilleure manière de diriger les attelages de ces bêtes, qui comptent quelquefois douze tireurs, était d'interpeller directement le chien de tête, et de faire appel par la parole à son courage et à son intelligence. Il réprouve l'usage du fouet, qui n'est bon qu'à mettre le désordre dans les rangs de l'équipage, parce que chaque bête qui se sent piquée ne manque pas d'attribuer le coup à sa voisine et riposte par un coup de dent. Or, je tiens de l'illustre dompteur de bêtes, Martin, qui était parvenu à dresser à la voiture un couple de loups de France, que ces animaux obéissent parfaitement à la parole de leur maître, mais ne peuvent entendre siffler le fouet sans éprouver le besoin de se colleter violemment. Il me semble difficile de ne pas trouver dans cette similitude de sensibilité entre le loup de France et le chien de poste du pôle arctique une nouvelle présomption en faveur de l'identité des deux espèces.

Enfin, cette opinion de l'identité du loup et du chien de poste du Nord était aussi celle de mon pauvre ami Louis Bellot, mort naguère, mort si jeune de son ardent amour du péril et de l'inconnu. Le lieutenant Bellot, qui avait vécu plusieurs années dans la société de ces bêtes, et qui en avait eu plus d'une à son service, m'a positivement affirmé que le type de cette espèce boréale se rapprochait de celui du loup à s'y confondre : même physionomie, même robe, même voix, mêmes allures, avec une tendance plus accentuée vers le cannibalisme (passion de la chair des siens). Même pour éclaircir la question, le voyageur avait parlé de me ramener un sujet à son prochain retour... On sait quelle catastrophe horrible emporta la promesse, et brisa dès le début une carrière qui s'annonçait si active, si belle. A l'âge où d'habitude les jeunes gens de nos écoles achèvent leur troisième, l'intrépide Bellot avait déjà reçu le baptême du sang sous les murs de Tamatave, là-bas vers le tropique du Capricorne, de l'autre côté de l'équateur. Et sa blessure heureuse, glorieusement récompensée, nous avait paru à tous, et à lui comme à nous, la marque visible de l'élection du sort qui le prédestinait à une haute fortune. Quel soldat, quel marin n'eût pas, en effet, envié pareille chance, d'avoir à 17 ans le corps percé d'une balle qui ne vous laisse d'autre trace de son passage qu'une croix sur la poitrine. Le présage fut trompeur, hélas! et la mort, qui avait laissé échapper sa proie sous les mangles de la zone torride, se hâta de la ressaisir sous les glaces du pôle.

Aucune fin prématurée n'a excité de regrets plus universels que celle de Louis Bellot, à qui la patrie du capitaine Franklin, reconnaissante, a érigé un monument funèbre parmi ceux de ses plus illustres morts. Le journal de voyage du jeune lieutenant de vaisseau a été publié depuis par les soins de sa famille. Le nom de l'auteur de l'*Esprit des bêtes* se trouve cité plus d'une fois dans cette œuvre, où j'ai vu que mon souvenir revenait de temps à autre à la pensée du voyageur, et que nos esprits étaient frères.

Je disais donc que si le chien des Esquimaux n'était qu'un simple loup, mon entreprise de la réhabilitation de l'espèce aurait grande chance d'être couronnée de succès.

Je sais des forestiers très-instruits et très-judicieux à qui l'on n'ôterait pas de la tête que c'est la ruine du loup qui a entraîné celle des forêts de la France. « Où est le temps, disent-ils, où la peur salutaire du loup retenait dans le devoir les enfants et les femmes, la vraie peste des forêts ! »

. . . .

Où le sang-froid, l'intelligence et la vigueur du loup brillent de tout leur éclat, c'est dans le laisser-courre, quand il a derrière les talons cent chiens qui le harcèlent. Posons d'abord, comme règle générale, qu'on ne force pas le grand loup, et qu'il faut de toute nécessité recourir à l'aide du fusil quand on veut en finir avec lui. Il y a des louvetiers qui ont chassé le loup pendant cinquante ans et qui avouent n'en avoir jamais pris un seul à la force des jarrets de leurs chiens. Bien entendu qu'il n'est pas question ici de lévriers. Le lévrier qu'on emploie encore à la chasse du loup, en Russie et en Pologne, a existé autrefois en France ; mais il y a bel âge que la race a disparu.

Chaque épisode de la chasse du loup présente sa difficulté spéciale. C'est déjà un travail épineux que de détourner l'animal, c'est-à-dire de reconnaître l'enceinte qu'il habite dans le moment actuel ; et, l'enceinte reconnue, reste à savoir s'il est au *liteau* ou sur pied. Le liteau est le gîte que le loup se taille dans le fourré, dans les hautes bruyères. Les endroits qu'il affectionne s'appellent ses *demeures*. Quand il n'a fait que se reposer en passant dans le taillis, on dit en parlant des endroits où il a laissé l'empreinte de son corps : Il a *flâtré* par là.

Le loup qui rentre fort tard au buisson est encore sur

pied la moitié du temps, quand le piqueur vient faire le bois. C'est là ce qui rend l'opération si difficile. L'animal a en effet un tact exquis pour reconnaître l'approche de l'ennemi. Vous avez vu tout à l'heure ce loup qui a laissé passer sans mot dire, et sans bouger de place, une armée de paysans et de paysannes se rendant au marché ; il a même eu l'imprudence de s'asseoir à cinquante pas de la bande et de la regarder défiler, sans s'inquiéter des criailleries des chiens. C'est qu'il savait parfaitement qu'il n'avait rien à redouter de cette plèbe inoffensive. Maintenant voici venir un piqueur accompagné d'un unique limier. Attention ! là est le péril. En effet, le limier a reconnu l'entrée du loup dans le buisson ; mais, dans son ardeur, il a laissé échapper un maigre sifflement de narines... ; or, en voilà assez pour que le loup, qui est à l'écoute à trois cents pas dans l'épaisseur du taillis, juge prudent de déguerpir et de s'enfuir à toutes jambes, à cinq ou six kilomètres de là. Encore une fois, je vous le répète, c'est là de la sagesse, et non de la couardise.

Mais enfin, voici le loup rembûché; le limier qui l'a reconnu est un chien discret et sage comme l'ennemi auquel il a affaire, et qui se contente de peser sur la laisse pour indiquer la rentrée. Les veneurs sont apostés autour de l'enceinte, les relais disposés au loin. On a été frapper à la brisée avec quatre chiens d'attaque ; les voici sur la voie : « Harlou, là, mes bellots ! » la bête part, la fanfare joyeuse a sonné le lancer. En avant, piqueurs et veneurs ! si vos chevaux ont du fond et vos chiens du jarret, on le saura bientôt.

La bête a débûché au petit trot pour ménager ses forces; elle pique droit devant elle; c'est un vieux loup vraiment... Vingt chiens de plus à la bête. Sonnez, sonnez, fanfares... ferme le *bien aller*.

Le loup ne s'émeut pas du bruit; il continue sa pointe. — Deux piqueurs pour gagner les devants et le faire rebrousser!—C'est très-bien, mais, par malheur, le loup a entendu le bruit et la direction de la cavalcade; un temps de triple galop à son tour, et les piqueurs arrivent juste pour voir détaler la bête au petit trot, avec une légère avance de deux ou trois cents pas; elle a modéré son allure aussitôt qu'elle a reconnu qu'il était inutile de se presser, et elle s'assied un moment pour observer les lieux et jouir à son tour du plaisir de se voir chasser

La meute fait toujours rage au loin : c'est une voie si facile à suivre que celle du loup, malgré sa froideur! Toujours tout droit, point de défauts à craindre, point de change à dépêtrer. Toujours tout droit, c'est bien dit; c'est la ligne la plus courte pour les loups et les chiens, mais pas pour les veneurs, les piqueurs, les tireurs, la seule espèce dont le loup ait souci. Toujours tout droit, et l'on est sûr de rencontrer bientôt des collines abruptes, des fondrières, des vignes, des prés marécageux, une rivière, deux rivières, deux obstacles que les loups traversent ou surmontent plus lestement que les chevaux. Toujours tout droit, et, au bout de deux heures de chasse, les chiens, dépaysés, ne savent déjà plus qui les mène, et les cavaliers dispersés en sont à demander aux passants leur chemin et la chasse. Toujours tout droit deux heures encore, et tous les veneurs sont distancés et leurs chevaux forcés, et il n'y a plus parmi les chiens que Ronflaut et Tapageaut qui tiennent... Alors le loup, pour s'amuser, leur fait tête et les charge, si bien que Ronflaut et Tapageaut, ne se sentant plus appuyés ni par la voix ni par la trompe, finissent par lâcher pied et par se résigner au retour, en maudissant la ligne droite et la bête endiablée. Encore une corvée comme celle-là, accompagnée d'un second coup de dent, et Ronflaut et Tapageaut sont capables de renoncer au loup pour le reste de leurs jours.

Les relais auraient bien donné si le loup avait passé de leur côté, mais il a passé ailleurs; et puis, comment placer des relais à six lieues?

Ce que tout le monde ne comprend pas, nos diplomates moins que personne, c'est que la ligne droite est le *nec plus ultrà* de l'habileté et de la rouerie en matière de chasse tout comme en matière de diplomatie. Si les diplomates de la France n'étaient pas ce qu'ils sont, s'ils s'avisaient un beau jour de jouer cartes sur table, et de dire de prime abord aux diplomates des gouvernements austro-russes : « Voici ce que veut notre pays, ni plus, ni moins, c'est à prendre ou à laisser, » vous verriez bientôt les rapports internationaux s'éclaircir et la mauvaise foi faire place à la franchise et à la loyauté dans les rapports des puissances. Mais les diplomates de tous les pays tiennent à passer pour des roués, pour des renards subtils; ils veulent jouer au plus fin, et c'est là ce qui les perd. Ce qui perd les cerfs et les lièvres, qui sont des animaux très-rusés, c'est aussi de vouloir jouer au plus fin; c'est parce que, au lieu de *dépayser* l'ennemi en prenant immédiatement un grand parti, ils s'obstinent à fouler les sentiers battus et à renouveler des manœuvres dont le secret finit par être dévoilé. Il n'en serait pas ainsi s'ils commençaient par isoler leurs agresseurs, comme fait le loup. J'ai cité l'histoire de cet illustre dix-cors de la forêt de Chantilly, qui prenait parti vers les Ardennes chaque fois qu'on le lançait (trente-cinq lieues d'une traite). Il existerait encore s'il n'avait pas eu affaire au feu prince de Condé, le dernier des grands veneurs de France, qui le fit prendre par ses relais à *vingt-cinq lieues* du lancer. Un ministre anglican de France avait écrit sur les panneaux de sa voiture la devise ci-après : *Linea recta brevissima.* C'était un puritain qui voulait se donner de petits airs de loup ; mais sa conduite dans l'affaire de Cracovie, dans celles des mariages espagnols, du Sunderbund, etc., a bien prouvé qu'il n'était qu'un renard ; or, jamais renard n'a tenu contre des chiens anglais ; et l'Anglais l'a battu, et le peuple de Paris l'a forcé d'entreprendre un long voyage au 24 février.

Tous les loups cependant ne se montrent pas d'aussi bonne composition pour le départ que celui dont je viens d'esquisser la tactique. Il y en a qui ne se décident à quitter le fort qu'après avoir mis hors de combat les plus intrépides chiens de tête. Les échos de la vallée de Cluny disent encore les prouesses mirifiques du célèbre limier *Brisefort* et la résistance acharnée du terrible loup *Cambronne*, un Achille et un Hector à quatre pattes, dont la lutte dura quatre ans entiers, et se termina par un traité de paix dont les annales de la vénerie française n'offrent peut-être pas deux exemples. Brisefort et les siens s'engageaient à respecter à l'avenir l'inviolabilité du domicile de Cambronne. Cambronne promettait en retour de respecter le bétail de la contrée. Une seule exception était faite en sa faveur pour la chèvre. L'histoire dit que le traité fut religieusement observé de part et d'autre pendant plusieurs années. Avant d'en arriver à faire reconnaître ses droits d'une manière aussi triomphante, Cambronne avait écharpé successivement dix meutes de saintongeois et de griffons de Vendée, recrutés et équipés à grands frais. Sa tactique consistait à attendre de pied ferme l'ennemi dans son fort, puis à se jeter sur les assaillants les plus impétueux et à leur briser une patte d'un coup de dent. Autant de chiens blessés, autant de chiens perdus pour la chasse du loup. La fin de ce héros fut digne de sa vie. Il se noya dans la Saône, non pas comme Ophélia, en cueillant des fleurs sur la rive, mais en essayant de lutter de vitesse avec un bateau à vapeur, dont la roue lui cassa les reins.

Il est d'observation que le loup, qui ne se fait pas faute d'emporter et de manger le chien courant qui chasse un lièvre, n'use presque jamais de ce procédé brutal à l'égard des chiens qui le chassent. Comme il sait, dans ce dernier cas, que c'est à lui qu'on en veut, et que le chef d'équipage ne peut être loin de sa meute, il ne se hasarde pas à perdre un temps précieux en dévorant un ennemi dont la mort serait promptement vengée. Quand il attaque le chien acharné à sa poursuite, c'est pour le dégoûter du métier et non pour le manger.

On ne chasse plus le loup en France; cela provient peut-être de ce qu'il n'y en a plus, ou du moins de ce qu'il n'y en a plus guère; car le morcellement de la propriété, l'accroissement désastreux de la population et le déboisement des forêts ont porté de rudes coups à l'espèce. On en rencontre bien encore de temps en temps dans les colonnes des journaux, à l'article *canards;* mais les veneurs qui cherchent ces animaux par les monts et les plaines, sur tous les points du territoire, sont moins heureux que les rapporteurs de *faits divers,* assis tranquillement auprès de leur foyer, au centre de Paris. Si l'espèce du loup n'a pas encore été complétement exterminée en France ainsi qu'en Angleterre, il faut en rendre grâce, comme je l'ai déjà écrit, à la tendre sollicitude des louvetiers, qui sauvent tous les ans quelques louveteaux de la proscription... poussés à cet acte charitable par cette réflexion judicieuse, que s'il n'y avait plus de loups, il n'y aurait plus besoin de louvetiers. Je suis tenté de supposer parfois que c'est une raison analogue qui pousse nos avocats représentants à nous bâcler de si méchantes lois.

M. de Brosse, député de Mâcon, mort du choléra en 1832, et M. de Montcroq, louvetier de Saône-et-Loire, dont j'ai déjà parlé, ont été probablement les derniers représentants de cette noble corporation de veneurs, qui portèrent si haut l'honneur de la louveterie française, n'attaquant jamais que l'animal nuisible, ne prenant jamais un plaisir dans lequel l'intérêt public ne fût pas pour moitié. Avec ces héritiers illustres des principes du comte de Montrevel et du curé de Chapaize se sont éteintes les grandes traditions de la chasse du loup. L'un d'eux a assez vécu pour assister à l'invasion déshonorante des *fox hunds* d'Angleterre et du discrédit des chiens courants de Vendée et de Saintonge. Puisse l'expression de ces regrets sympathiques, dictée par une pensée toute française, parvenir à l'adresse de l'illustre louvetier de Saône-et-Loire, et adoucir l'amertume de ses profonds regrets !

J'ai dit les mœurs du loup, son caractère, ses qualités, ses vices, sa tactique dans les combats, ses moyens d'attaque et de défense. Je n'ai pas eu la pensée de dissimuler ses méfaits ; j'en ai fait l'emblème du bandit. Seulement j'ai attribué ses vices à la misère et à l'influence délétère du milieu où il vit. Pourquoi ces circonstances atténuantes?

Parce que je ne suis pas un civilisé qui condamne une bête sans l'entendre, et que j'ai fait ce que les civilisés ont oublié de faire ; c'est-à-dire que j'ai élevé des loups, et que j'ai vécu dans leur intimité avant de les juger. Et quand j'assigne au loup de brillantes destinées futures, c'est que de profondes études m'ont donné la conscience de ses hautes aptitudes, c'est que je le sais susceptible d'attachement, de gratitude et de fidélité. Oui, je vous le répète pour la .....ième fois, le bandit que vous renfermez dans vos bagnes, le loup que vous avez voué à l'extermination, sont des natures exubérantes chez lesquelles déborde la séve, et dont l'essor vigoureux a été dévié vers le crime, par un milieu subversif et hostile à l'éclosion des riches facultés. Le jour où la société se décidera enfin à entrer dans la voie des destinées heureuses, le jour où l'humanité fera appel au dévouement de tous ses membres pour tenter la grande œuvre de la conquête de son globe, où elle associera pour la sainte croisade tous les efforts de ses capacités diverses, où elle aura besoin des plus hardis pionniers pour tarir le choléra et la fièvre jaune aux plages limoneuses, et d'auxiliaires redoutables pour purger les régions de l'équateur et des pôles des monstres qui les infestent...; alors vous verrez, vous, vous d'aujourd'hui, qui serez déjà peut-être revenus sur cette terre; vous verrez sur quelles têtes tomberont les couronnes décernées au travail utile par la reconnaissance des peuples; vous verrez de quelle classe d'individus, de quelle race d'animaux sortiront ces travailleurs d'élite et ces auxiliaires valeureux dont les efforts combinés auront triplé la dimension du domaine de l'homme et décuplé ses richesses. Ah! je vous le dis d'avance, ce n'est point aux lauréats Montyon, aux natures lymphatiques et *vertueuses* que sont réservées les palmes de la gloire dans les gigantesques conquêtes de l'avenir. Arrière les faux dogmes d'expiation et de renoncement, quand les jours de l'harmonie seront venus! Arrière les faux prophètes qui parleront d'un Dieu méchant et cruel, quand la munificence du globe, débordant de toutes parts pour la félicité de la créature, aura proclamé la clémence et la générosité du Créateur! Malheur alors aux Pharisiens et aux faux moralistes qui auront entravé la marche de l'humanité et prolongé son enfance, en clouant sur la croix les confidents de la pensée de Dieu! Le monde émancipé de la tyrannie de l'égoïsme et de la misère n'aura pas assez d'anathèmes et de sarcasmes contre eux ; tandis que la grande voix de l'universelle reconnaissance éclatera disant :

Gloire aux natures ardentes et vigoureuses dont les poignets d'acier ont frayé à nos générations la route de la terre promise!

Gloire aux enfants réhabilités de la louve, par qui Dieu fait fonder les cités éternelles!

CHAPITRE IV

Des Bêtes à détruire.

C'est toujours chose grave qu'un décret d'extermination contre quelques milliers d'espèces, contre quelques millions d'individus créés et mis au monde pour y vivre et y remplir une mission préparatoire quelconque. Aussi l'analogie passionnelle y a-t-elle regardé à deux fois avant de formuler la sentence terrible et ne s'est-elle décidée à cette mesure extrême que sous la pression impérieuse de la nécessité.

Car la question qui se posait ici pour l'homme était *d'être ou de n'être pas*. Or, une question ainsi posée laisse peu de latitude à l'option, et l'analogie a opté en faveur de l'espèce humaine.

Option d'autant plus judicieuse que la tuerie universelle est une loi de nature, loi imprescriptible et fatale, que chaque espèce a été créée pour vivre d'autres espèces et ne peut vivre qu'en tuant (*tuer*, du latin *tueri*, se défendre). Option d'autant plus judicieuse que l'homme est en état de légitime défense contre le lion, le tigre, les ours blancs et gris, les crocodiles et les requins qui le mangent, contre les vipères, les serpents à sonnettes, les moustiques, les punaises et toutes les autres vermines qui le rongent et vivent de lui.

L'extermination par l'homme des espèces rebelles à son autorité est même si légitime qu'elle constitue au matériel une des principales conditions du progrès. Ainsi la propreté est l'arrêt de mort de la vermine qui afflige l'Espagnol, le Russe, le Noir et le Sauvage; la santé est l'arrêt de mort ou l'arrêt de développement des myriades d'animalcules parasites qui vivent de nos maladies. Le mal a été créé pour forcer la créature intelligente à réagir contre lui, en réduisant indéfiniment sa sphère et en élargissant d'autant celle du bien. La destruction des bêtes nuisibles ou des éléments du mal est donc la part de collaboration dévolue par Dieu à l'homme dans l'œuvre du progrès commun qui est l'embellissement de ce globe.

Je n'insiste pas sur le sujet. L'analogie d'ailleurs ne tient pas assez au civilisé pour défendre sa cause d'office; et la facilité extrême avec laquelle elle a adopté les circonstances atténuantes en faveur du loup et de la loutre, deux espèces en état d'hostilité ouverte contre l'homme, prouve qu'on peut avoir pleine confiance en son amour de la justice et de la vérité.

Le chiffre des mammifères de France dont l'analogie passionnelle, d'accord avec l'intérêt public, demande l'extermination, s'élève à une trentaine environ. —Rat, loir, hamster, parmi les rongeurs; taupe, desman, musaraigne, hérisson, parmi les insectivores; chat, lynx, fouine, renard, blaireau et ours parmi les carnassiers.

LE RAT.

J'écrirais vingt volumes sur le rat, si on me laissait faire; car il n'est pas de sujet plus riche à traiter que le rat, celui de Paris surtout. Je parle du rat qui hante les égouts, non du rat de coulisse, une autre catégorie de rongeurs dont l'histoire a bien aussi son intérêt et ses charmes.

Le rat dit les invasions des Barbares, comme le cheval de bataille dit la grandeur et la décadence de l'aristocratie de sang.

Telle horde, tel rat : à chaque occupation de la superficie correspond une occupation du sous-sol. Il y a eu le rat des Goths, le rat des Vandales, le rat des Huns ! il y a le rat Normand (Anglais) et le rat Tartare (Moscovite). On pourrait compter les couches de Barbares qui se sont superposées l'une à l'autre sur notre sol par le nombre des variétés de rats que ce sol a successivement nourries. Voilà certes une donnée historique importante et nouvelle [1]. Je parierais cependant beaucoup de choses que c'est pour la première fois que l'Académie des inscriptions et belles-lettres est appelée à méditer sur ce rapprochement lumineux. Il y a longtemps que j'ai dit que l'histoire universelle était à refaire, à commencer par celle de Brutus, un aristocrate fieffé, un républicain formaliste qui prêtait son argent à 10 pour 100 par mois et dont M. de Voltaire et tant d'autres ont eu la naïveté de me faire un jacobin.

Je ne fouillerai pas dans les décombres du passé pour y chercher les traces du passage et de l'établissement des rats de la grande invasion dans les Gaules. J'aurai assez du témoignage des races contemporaines pour appuyer mon système.

Deux mots préalables seulement sur l'histoire du rat en général.

[1] J'ai dit au commencement de ce livre que cette même thèse avait été développée depuis par M. le docteur Lallemand, dans la *Revue indépendante* (avril 1847). Mon travail est antérieur de trois ans à celui de l'illustre académicien.

Et d'abord, le rat n'est pas le mari de la souris, ainsi qu'un préjugé populaire trop répandu l'avait fait généralement supposer jusqu'à ce jour. Le rat n'est pas plus le mari de la souris que le crapaud celui de la grenouille.

Tous les rats sont *ratophages*, c'est-à-dire qu'ils se mangent entre eux. Non-seulement les races voisines s'entre-dévorent, mais encore les individus de la même race. Les pères mangent leurs enfants au berceau pour les affranchir des douleurs de l'initiation à l'existence ; les enfants reconnaissants s'empressent à leur tour de débarrasser leurs parents un peu vieux du fardeau de la vie, comme faisaient les Massagètes, ces dignes ancêtres des Cosaques. C'est pour cela sans doute que j'ai lu dans le traité de la Morale en action, qu'on m'a donné pour prix, une foule d'exemples touchants de piété filiale, empruntés à l'histoire du rat et de la souris.

Tous les ans, à l'arrière-saison, à l'époque où les trésors de l'automne commencent à s'épuiser, de sanglantes guerres civiles dont le bruit n'arrive pas jusqu'à nous, éclatent dans les tribus obscures des campagnols, des lemmings, des hamsters, des musaraignes. Le hamster pénètre dans le silo du hamster voisin, le tue et le dévore, puis s'empare de ses provisions d'hiver. La fureur de destruction devient universelle. Le lapin n'essaye pas assez de se soustraire à cette accusation générale de cannibalisme qui pèse sur les espèces souterraines. Toutes imitent le procédé de la taupe, qui plonge avec bonheur son long museau pointu dans les entrailles de la taupe voisine qu'elle vient d'égorger, et boit avec délice le sang de sa victime. Il paraît certain que M. de Buffon et les autres nous en avaient conté sur les vertus filiales des rats ainsi que sur les mœurs patriarcales de la taupe.

Toutes les familles de rats, douées d'une fécondité prodigieuse, sont les emblèmes de ces populations misérables et prolifiques qui couvrent aujourd'hui le globe, et que la faim et la haine du travail poussent à se faire la guerre et à s'entre-dévorer. Elles disparaîtront un beau jour, en même temps que la guerre, la peste et la famine.

Le rat, comme le barbare, est un fléau que Dieu envoie aux nations civilisées pour les avertir et les punir de leurs égarements. Le rat a été chargé plus d'une fois de l'exécution des sentences divines ; aussi occupe-t-il à ce titre une place importante dans les fastes de l'humanité. C'est le mulot d'Égypte qui détruisit l'armée de Sennachérib ou d'un autre, en dévorant pendant la nuit toutes les cordes des arcs et toutes les courroies des boucliers assyriens. Pline a consacré un chapitre entier de son huitième livre à raconter les cités détruites par les ravages des bêtes. Le rat a joué, avant et depuis Pline, un rôle immense dans l'histoire de ces bouleversements. On sait le sort de cet archevêque de Mayence qui fut arraché de sa tour, traîné jusqu'au milieu du Rhin et noyé par une bande de rats suscités par Dieu même, et qui ne se retirèrent satisfaits, dit l'histoire calviniste, qu'après avoir fait disparaître à coup de dents, des tapisseries saintes, le nom et l'image de l'impie.

Ce vice de nature, qui porte le rat à tourner ses incisives contre son propre sang, est le correctif de cette perpétuelle fringale dont il est possédé. Le rat aurait déjà dévoré tous les habitants du globe sans la ratophagie. Et si le lord anglais et le boyard moscovite, je veux dire le rat normand et le rat tartare, au lieu de se jalouser, s'unissaient demain, par exemple, pour partager l'Orient !

Il y a des rats, comme les campagnols et les lemmings, qui quittent chaque année leur territoire pour aller butiner dans les contrées avoisinantes, et puis reviennent chez eux l'expédition terminée. Ainsi faisaient les Gaulois, nos barbares ancêtres ; ainsi opèrent encore de nos jours les pirates, les Arabes et toutes les populations nomades de l'Afrique et de l'Asie. Ces rats voyageurs sont suivis dans leurs émigrations par leurs ennemis habituels, quadrupèdes et volatiles, les renards, les belettes, les hiboux. Ainsi, les bancs de harengs et de maquereaux entraînent à leur suite la baleine et les squales. Ainsi le Visigoth et l'Ostrogoth précèdent le Franc, celui-ci l'Anglais et le Russe.

Il y en a d'autres qui, comme le rat brun et le surmulot, abandonnent leur patrie sans esprit de retour, et s'établissent à demeure sur le sol des pays conquis, comme le Normand dans la Grande-Bretagne, le Mongol dans la Chine. J'entendais dire dernièrement, par un diplomate à l'affût de toutes les nouvelles et très-bien informé, que l'avis officiel du retour du surmulot vers sa contrée natale venait de parvenir à l'ambassade de Russie.

J'arrive à l'histoire de la raterie française.

On compte en France cinq espèces de rats. La Souris domestique, le Campagnol, ou Rat des champs; le Rat brun, le Surmulot, ou Rat de Montfaucon; le Rat d'eau.

La souris de France est autochthone; on la retrouve du moins dans les habitations gauloises dès les âges les moins historiques. Cependant l'usage du chat qui remplace le furet, lequel date lui-même de l'invasion du lapin et de l'Arabe; l'usage du chat ne commence à être adopté en France que vers le commencement du XIe siècle. La souris est essentiellement sédentaire.

On n'en peut dire autant du campagnol ou du rat des champs, qui émigre chaque année par grandes masses du Nord vers le Midi, et qui sert de pâture aux loups, aux renards et aux fouines, ainsi qu'à une foule d'oiseaux de proie et d'échassiers murivores.

Les autorités abondent pour prouver la simultanéité de l'invasion du Normand et de celle du rat brun, du rat proprement dit. Le surmulot, le rat actuel de Paris, date d'hier en Europe, comme le Moscovite, d'*où* il nous est venu.

Le Normand, honorable souche de l'aristocratie anglaise d'aujourd'hui, est la horde qui a laissé dans le monde la plus effroyable réputation de barbarie. Le pirate normand a fait croire à l'existence de l'ogre. Longtemps après que les rois de France eurent acheté la paix de Rollon au prix de la riche Neustrie, le peuple, dans ses prières publiques, suppliait encore le bon Dieu de le délivrer du mal et du Normand. C'est encore aujourd'hui le refrain des prières publiques de l'Irlande et de toutes les contrées malheureuses où domine le Normand, je veux dire le Lord Anglais (ne pas confondre avec le prolétaire anglais que je porte dans mon cœur). L'Irlandais et le Saxon ne sont pas pour moi des Anglais.

C'est la terreur de la férocité normande qui força le peuple des campagnes en France à se réfugier sous la protection des comtes, et à bâtir pour ceux-ci des châteaux-forts où la tyrannie féodale s'installa et se casemata aussitôt pour un millier d'années. Ainsi, en ce temps-là, les pirates normands semaient déjà partout sur leur passage l'oppression, la misère et les ruines. J'entends le Portugal, l'Espagne, la Chine et l'Inde qui me crient que le sang de Rollon n'a pas dégénéré.

Les historiens de l'époque s'accordent à constater que la venue des Normands fut accompagnée et suivie d'une foule de calamités atmosphériques et zoologiques de tout genre. On peut consulter avec avantage, à ce sujet, Aldrovande, qui résume les travaux des écrivains antérieurs. Au milieu de ce déluge affreux d'insectes dévorants, de reptiles venimeux et de loups enragés qui fondent de tous côtés sur la France, apparaît pour la première fois le rat brun. Le rat brun, originaire de la presqu'île scandinave, a passé la Baltique sur les esquifs des pirates normands, et il s'est établi aux bouches de l'Elbe, du Weser et des fleuves du Nord. De là, il marche à la conquête du continent, faisant d'abord une guerre d'extermination aux mulots des champs et aux souris des villes, et s'avance peu à peu vers les contrées méridionales. On signale son apparition en France sous le règne de Louis VII, l'infortuné mari d'Éléonore d'Aquitaine, l'introductrice de l'Anglais.

A cette époque, disent certains chroniqueurs, une nouvelle espèce marronne envahit tout le territoire et détruisit complétement la race rouge ou *ombrée* qui, depuis les Normands, était en possession du sol, et vivait en bonne intelligence avec une dynastie moins nombreuse, mais plus fortement constituée, la race amphibie, vulgairement appelée de nos jours *Rat d'eau* ou *Rat de la Salpêtrière*, parce que l'emplacement sur lequel est bâti l'hospice de ce nom fut le berceau de la lignée du premier émigrant.

Il est plus que probable qu'il y a ici confusion dans l'histoire, et que cette espèce marronne est la même que la brune, à laquelle on l'accuse de s'être substituée.

Lors de l'affranchissement des communes, l'abbé Suger constata, dans les caveaux de Saint-Denis, la présence d'une troisième espèce de rats nommés Épagneuls, à cause des longs poils qui couvraient leur robe, et non *Espagnols*, ainsi qu'on les appela depuis par corruption.

Sous la Ligue et sous la Fronde, les guerres religieuses et les discordes civiles qui désolaient la France appelèrent sur son sol une troisième invasion de rats, toujours venant du Nord.

Cette troisième race, beaucoup plus nombreuse et plus forte que les précédentes, fut nommée la *Grise*, ou *Vulcain*. Après avoir détruit la race Épagneule, elle prit possession de ses États, et continua ses relations de bonne amitié avec la race amphibie, dont la parenté de couleur avec les nouveaux conquérants assura la durée de la bonne intelligence entre les deux espèces. Cette race grise a bien l'air de n'être que l'avant-garde de celle connue, de nos jours, sous le nom de rat de Montfaucon.

En tout cas, c'est le rat brun qui détermine l'épicier français à accepter les services du chat. Le rat brun réussit à s'implanter si profondément dans le sol, que c'est lui qui finit par recevoir le nom générique de l'espèce. Ce que le rat brun a détruit de richesses péniblement amassées par les travailleurs de France, pendant les six ou sept siècles que nous avons eu à le nourrir, ne se calcule pas. C'était aussi le temps où le travail du serf nourrissait la paresse et le faste du noble. Envahisseur, carnivore et pillard... tel fut le rat normand. La crainte de troubler l'entente cordiale qui existe entre le gouvernement anglais et le nôtre m'empêchera de pousser l'analogie jusqu'au bout.

Le rat normand a trouvé son maître, au siècle dernier, dans le rat moscovite ou tartare, autrement dit le surmulot, le rat de Montfaucon.

Un jour, en 1760 (il n'y a pas cent ans), la ville de Jaïk, en Sibérie, fut attaquée et prise d'assaut par une armée innombrable de rats. L'attaque avait eu lieu à quatre heures du soir; les vaincus accordèrent en toute souveraineté aux vainqueurs un quartier de la ville.

Ces nouveaux rats, inconnus à l'Europe, descendaient

des hauteurs de ce même plateau central d'Asie, d'où s'échappèrent dans les temps ces cavaliers huns et mongols qui, se répandant à droite et à gauche du soleil, prirent une fois l'Occident et Rome, une autre fois l'Orient, de Jérusalem à Pékin.

Le débouché ouvert par la conquête d'une ville, le flot de l'invasion ne cessa plus de couler. Bientôt il se transforma en torrent; le surmulot déborda sur l'Europe. Il a pénétré, en cinquante ans, au cœur de toutes les capitales; nul ne sait où s'arrêtera le cours de ses progrès souterrains. Paris tremble de fournir un nouveau chapitre à l'histoire des villes renversées de Pline. Le surmulot vient de signaler son apparition dans la Nouvelle-Zélande par la destruction du perroquet nocturne. Il a détruit le Diablotin aux Antilles. Le perroquet nocturne de la Nouvelle-Zélande et le diablotin de la Guadeloupe habitaient des terriers comme le Tadorne.

L'établissement du rat moscovite ou tartare en France eut pour préalable l'extermination complète du rat normand, parce qu'il y a antipathie mortelle entre le sang normand et le sang moscovite. Le rat brun orgueilleux, qui couvrait naguère encore le territoire français de ses colonies innombrables, n'existe plus aujourd'hui dans Paris qu'au cabinet d'histoire naturelle et dans la langue du pays!... A peine si quelques rares débris de la race ont réussi à se soustraire à la dent du vainqueur, en gagnant à la nage quelques misérables îlots de la côte inhospitalière de Bretagne, au pays *des Venètes* (Vannes). La *Venise* de l'Adriatique fut fondée aussi par des débris de populations cisalpines échappés au glaive d'Attila, et qui trouvèrent asile en ses lagunes!

L'extermination du rat normand par le rat moscovite en France est contemporaine de l'anéantissement des priviléges de l'aristocratie française et de l'avènement du sabre.

La puissance de destruction dont le rat tartare est armé, sa voracité effrayante, son courage indomptable rappellent complétement la manière des farouches cavaliers d'Attila et de Timour-Lenk, ces impitoyables exterminateurs qui s'amusaient à bâtir des pyramides vivantes où l'homme servait de pierre, et qui ne voulaient pas que l'herbe repoussât à la place où leurs chevaux avaient passé.

Le surmulot dévore le chien, le chat; il attaque l'enfant endormi, il est friand du cadavre de l'homme; il commence par lui manger les yeux comme au cheval. Sa dent est des plus venimeuses. Je sais dix cas d'amputations de jambe nécessitées par la morsure du rat d'égout.

Les abattoirs et les égouts de Paris nourrissent un nombre de surmulots inimaginable. On en a tué des vingt mille et des trente mille pendant plusieurs jours de suite à la voirie de Montfaucon, sans que le nombre en parût sensiblement diminué. On calcule qu'il leur est servi un tribut annuel de six millions de kilogrammes de viande, tant en chair de cheval qu'en autres matières animales putréfiées.

La question du rat de Montfaucon s'est élevée, dans ces derniers temps, à la hauteur d'une question sociale. On sait la célèbre délibération de ce conseil municipal de la banlieue qui, consulté un jour sur cette question terrible, décida que le meilleur moyen de venir à bout du rat était de le tuer; solution ingénieuse, mais qui avança peu les choses, attendu que l'assemblée oublia de s'entendre sur le moyen de destruction. Cependant la solution de la question ne saurait être ajournée plus longtemps, car il s'agit tout bonnement, dans cette affaire, pour les quartiers de l'est de la capitale, *d'être ou de n'être pas; c'est là toute la question.*

Considérez un peu ce rapprochement bizarre!

Les deux variétés de rats les plus féroces et les plus sanguinaires, celles qui ont pesé le plus lourdement sur le monde européen, nous sont venues précisément des mêmes lieux et en même temps que les deux nations qui sont demeurées les dernières barbares, la nation russe et la nation anglaise, vouées encore aujourd'hui au principe de guerre et de spoliation.

Or, la France est le tombeau de toutes les barbaries : elle verra s'éteindre avant peu la dynastie du rat moscovite, comme elle a vu s'éteindre la dynastie du rat normand. Le principe de l'autocratie ou du despotisme d'un seul n'est pas plus fait pour s'acclimater chez nous que celui de l'oligarchie. Il faut que le barbare s'incline devant le Dieu d'égalité et de paix, comme le Sicambre, ou qu'il périsse écrasé sous le marteau, comme le Hun et l'Arabe!

Mais le rat, emblème de misère, de meurtre et de rapine; le rat, emblème de la horde normande ou moscovite, ne peut disparaître du sol qu'après que la misère et le meurtre en auront été bannis d'abord, et que les gouvernements sages auront mis en pratique la théorie pacifique placée par moi dans la bouche du grand vainqueur d'Isly, et formulée jadis en un hardi toast, dans une assemblée solennelle :

A l'abolition de la guerre! à la transformation des armées destructives en armées productives [1] *!*

Paroles sublimes dans la bouche d'un guerrier.

[1] Prononcé par M. le maréchal Bugeaud dans le banquet phalanstérien du 7 avril 1840.

LE HAMSTER.

Le hamster, habitant de la vallée du Rhin et du versant oriental des Vosges, originaire du Nord, vit dans un terrier comme le lapin, mais il possède de plus que celui-ci l'instinct de la prévoyance. Le terrier du hamster est un riche magasin de comestibles. C'est le hamster qui a inventé le procédé du silo pour la conservation des grains. La nature, pour favoriser les tendances conservatrices du hamster, l'a doué de deux poches énormes ou abajoues, situées de chaque côté des mâchoires, appareil précieux dont l'animal se sert pour voiturer dans son fort les provisions qu'il récolte, c'est-à-dire la dîme qu'il prélève sur les moissons du laboureur.

Le ménage du hamster est l'image parfaite du ménage morcelé et de l'entente cordiale des époux civilisés. Le mâle et la femelle s'entendent d'abord admirablement pour piller le public en commun; le désaccord n'arrive qu'au moment du partage des dépouilles, comme en civilisation. Le mâle, qui a été très-heureux d'utiliser le travail de la femelle pour emplir son magasin, comme le mari d'encaisser la dot de la femme pour étendre son commerce parasite, le mâle, dès les premiers jours de la saison d'hiver, commence par réduire la femelle à la portion congrue; puis, sous un prétexte injurieux quelconque, il l'expulse du domicile conjugal. Mais la femelle, qui connaît ses droits et la cachette où est enfermé le trésor, n'abandonne pas aussi aisément la partie. Obligée de fuir devant la force, elle creuse une voie détournée pour rentrer dans la place, et parvient à faire au magot une saignée abondante. Elle fait mieux, elle réclame l'assistance d'un

Égisthe, et tous deux, profitant du sommeil de l'Agamemnon repu qui dort sur ses richesses, l'étranglent et le *mangent*. Car c'est le sort du hamster d'être dévoré par sa femelle ou par son associé, lorsqu'il n'a pas le bon esprit de prendre l'initiative.

J'ai dit que pendant toute la durée de l'hiver, les basses régions du sol étaient le théâtre d'épouvantables drames. Ces drames ne sont que la répétition de ceux qui se passent dans la région supérieure, au sein des ménages civilisés. Le hamster, qui tue son associé ou sa femelle, ne fait que mettre en pratique le fameux commandement de la religion des économistes :

Tout concurrent écraseras
Afin que tu vives longuement.

Quelquefois le soc de la charrue ou la bêche du laboureur bouleverse le terrier du hamster, et met à nu le trésor du larron. Alors le propriétaire légitime de la chose volée reprend son bien et punit de mort le ravisseur. Ainsi, l'organisation du travail, qui restituera à chacun le prix de son labeur, détruira de fond en comble toutes les industries parasites ! Ainsi soit-il !

LES LOIRS.

La France possède trois variétés de loirs ; le loir proprement dit, le lérot, le muscardin.

Gentils petits animaux à la mine éveillée, à la queue bien fournie et semblable à celle de l'écureuil, les loirs, trop connus des jardiniers de Montreuil-aux-Pêches, sont les dévastateurs des vergers et des espaliers. Les loirs dorment l'hiver comme l'ours et la marmotte, ce qui devrait les dispenser, mais ne les dispense pas de faire des provisions pour passer agréablement la saison de la disette. Afin de justifier cette pratique d'enfouissage qui leur est commune avec l'écureuil et le hamster, ils se réveillent au milieu de l'hiver pour piller leurs magasins; puis après avoir converti leurs denrées en graisse, ils se rendorment de plus belle. C'est pour eux qu'a été inventé le proverbe : *Qui dort dîne*.

Les loirs sont encore des emblèmes des industriels parasites qui passent les trois quarts de leur temps à ne rien faire, et qui se rattrapent de leur oisiveté sur le travail d'autrui.

Le loir se rattache à l'écureuil par ses allures de saltimbanque et par sa queue fourrée; ses mœurs de cannibale le rapprochent du rat. Il se repaît avec délices de la chair de ses pareils.

Le loir niche comme l'écureuil sur les arbres et acquiert au temps des fruits un embonpoint et une certaine délicatesse de chair qui justifient la haute estime que les Romains faisaient de *ce gibier*, qu'ils mangeaient assaisonné avec des confitures, comme les Anglais et les Allemands mangent aujourd'hui le lièvre. Je proteste de toutes les forces de mon palais contre cette alliance monstrueuse.

Les oiseaux de nuit partagent le goût des Romains pour la chair du loir. Les renards et les chiens en sont également très-friands.

Les loirs se marient très-tard, comme les hérissons et les ambitieux qui attendent d'avoir fait fortune pour s'établir d'une façon convenable.

LA TAUPE.

Virgile a défini la taupe sans le vouloir.

Monstrum horrendum, informe, ingens, CUI LUMEN ADEMPTUM!

Un monstre hideux, informe, *colossal*, qui ne voit pas clair du tout.

La taupe est, en effet, le plus monstrueux de tous les êtres créés. C'est le plus puissant de tous les quadrupèdes pour la force musculaire; c'est le plus sanguinaire de tous les carnivores. C'est le plus complet de tous les mammifères, sans en excepter l'homme; c'est le champion le mieux armé pour la guerre, le travail et l'amour.

J'ai beaucoup entendu parler de la force de l'éléphant, qui porte sur son dos des tours chargées de combattants. Je me suis laissé dire bien des choses sur la puissance de locomotion de la baleine, qui ne met pas plus de quinze jours à faire le tour du globe. Enfin, on m'a cité le tigre du Bengale comme un buveur de sang difficile à rafraîchir. Or, les prouesses de l'éléphant et celles de la baleine ne sont que jeux d'enfants en regard des tours de force de la taupe, et le créateur a dépensé plus de génie mécanique dans la construction de la seule main de la taupe, que dans la bâtisse de toutes les charpentes des géants de la terre et des eaux. Le tigre du Bengale est un lézard pour la sobriété et un agneau pour la douceur comparativement à la taupe, car le tigre du Bengale n'a jamais tourné ses canines contre son propre sang. Envoyez deux tigres à un ami dans une boîte; ils parviendront à leur adresse sans encombre; placez deux taupes dans la même position, elles se seront avalées l'une l'autre avant d'être arrivées à la première étape.

La belle difficulté de se mouvoir, comme l'éléphant, à la surface du sol, ou comme la baleine, dans un milieu fluide qui vous fait monter ou descendre, au gré de la compression ou de la dilatation de vos poumons! Mais, placez voir un peu un éléphant ou une baleine à cinquante pieds sous terre, dans les mêmes circonstances que l'infortuné Dufavel, et voyez à quoi aboutiront les efforts les plus désespérés du cétacé ou du proboscidien. Hélas! tous les deux périront à la peine, au bout de quelques minutes, faute de pics pour percer la terre et de muscles assez vigoureux pour les faire mouvoir. Donnez à la taupe la taille de la baleine, ou seulement celle de l'éléphant, elle bouleversera le monde!

Il tombe d'ailleurs sous le sens que l'animal destiné à vivre dans un milieu comme le tuf soit armé de moyens de locomotion plus puissants que celui qui doit vivre dans le milieu atmosphérique ou aquatique, dont les molécules se déplacent sans la moindre opposition. La supériorité musculaire de la taupe sur l'éléphant est une de ces vérités qui s'énoncent et ne se discutent pas.

La mâchoire de la taupe est armée de QUARANTE-QUATRE dents redoutables. Son groin, indice d'une sensualité orageuse, a pris des proportions si démesurées, qu'il a presque complétement obstrué le sens de la vue (sens de charité).

La taupe remue la tête, et le sol pulvérisé jaillit soudain dans l'air, comme l'onde amère des évents du cachalot.

Son estomac est une fournaise toujours ardente où les aliments les plus indigestes se tordent instantanément, se fondent et disparaissent.

Sa faim est de la rage, son amour de l'épilepsie...

L'existence de la taupe est une orgie de sang continue. Ses accès de rage d'estomac la prennent trois à quatre fois par jour. Elle meurt d'inanition pour dix heures d'abstinence.

La taupe s'élance sur sa proie d'un bond prodigieux, la saisit sous le ventre, lui plonge son long museau dans les entrailles, élargit la plaie avec ses mains, pour se noyer tout entière dans le sang de sa victime, pour jouir par tous ses pores. Chacun de ses meurtres est pour elle l'occasion d'une extase voluptueuse. Une taupe affamée sauta un jour à la gorge d'une jeune fille et lui perça le sein, avant qu'on eût eu le temps d'accourir à son aide.

Or, M. de Buffon a fait une peinture édifiante des mœurs *pastorales* et des vertus de la taupe!

Si les anciens avaient connu la taupe, il est plus que probable qu'ils l'auraient consacrée à Priape... *dieu des jardins*. La taupe n'infirme pas le dicton si connu, que l'amour est aveugle.

A propos d'amour aveugle, il y a ici une chose très-pénible à dire à l'homme, et surtout excessivement délicate à écrire en français. Je reconnais aujourd'hui pour la première fois que j'ai eu tort de maudire la tendresse de mes auteurs qui condamnèrent mon enfance aux travaux forcés du latin, au lieu de la laisser se développer librement au grand air du vagabondage et des meules de foin parfumées, si favorables aux exercices de la gymnastique. Oui, je regrette sincèrement de ne plus posséder comme autrefois mon *Cornelius Nepos*, pour me tirer de mon explication, à la manière de M. Dupin le spirituel. Je veux dire que s'il est vrai, comme l'admet la science, que l'attribution spéciale d'une fonction unique à un organe soit le caractère qui constitue le degré de supériorité relative des êtres dans l'échelle animale, l'homme est forcé de se loger, sur cette échelle, à un degré inférieur à celui qu'occupe la taupe; vu que chez l'homme il y a encore des organes qui servent à deux fonctions... chez la taupe jamais. Je demande à ne pas m'expliquer plus clairement sur ce chapitre, et aussi à passer sous silence l'examen déchirant des causes de la résistance désespérée qu'oppose la vertu de la jeune taupe aux brutales sollicitations de ses amants.

M. Flourens l'immortel, le même à qui ses études intéressantes sur la colorisation des os du canard ont ouvert les portes de l'Académie française, a fait sur l'histoire de la taupe des observations curieuses. Il résulte des expériences de l'immortel que la taupe professe pour le régime végétal un si souverain mépris qu'elle aime mieux se laisser mourir de faim que de toucher de la dent aux légumes les plus savoureux. Je m'inscris hardiment en faux contre ce résultat, et, au nom de l'analogie toute-puissante, je demande que l'académicien renouvelle l'expérience, en prenant soin de substituer la TRUFFE à la carotte, et je parie tout ce qu'on voudra que la taupe se laissera aller à la séduction de la truffe; car sans cela l'analogie du groin serait fautive, et alors à quel principe se fier désormais!

On comprend, du reste, qu'une bête comme la taupe ne puisse être l'emblème d'un type humain individuel. La taupe n'est pas, en effet, l'emblème d'un seul caractère, elle est l'emblème de toute une période sociale, la période d'enfantement de l'industrie, la période cyclopéenne, la plus douloureuse et la plus ténébreuse de toutes celles de la phase limbique. La taupe ne symbolise pas un seul vice, elle les symbolise tous; elle est l'expression allégorique la plus complète de la prédominance absolue de la force brutale sur la force intellectuelle. Elle porte sa dominante caractérielle écrite en son groin. Et voyez ici jusqu'où va l'influence irrésistible et fatale du développement exagéré de l'appareil olfactif chez les bêtes. L'éléphant, que j'ai fait marcher naturellement en tête de la catégorie des proboscidiens, est exclusivement hervibore, et il symboliserait volontiers, par sa frugalité et sa réserve, les mœurs innocentes et pudiques de la période paradisiaque. Cependant, parce qu'il porte une trompe, parce qu'il est, à ce titre, parent du tapir et de la taupe, l'éléphant est sujet à des écarts de tempérament qui rendent quelquefois sa société si insupportable, qu'on est obligé d'employer le canon pour se séparer de lui. Il est connu également pour se livrer à la boisson sans trouble ni remords, et l'on sait à quelle dégradation morale la passion de l'ivrognerie entraîne les malheureux dont elle s'est emparée.

La taupe est le vase d'impureté dont il est fait mention dans l'Écriture sainte. Prenez parties égales de Barbe-Bleue et de Louis XV, de Messaline et de marquis de Sade, broyez le tout dans un mortier, chauffez et distillez, vous obtiendrez la taupe.

Le Titan qui entasse Pélion sur Ossa, l'Encelade dont les convulsions donnent à l'Etna des nausées si terribles et qui lui font vomir des torrents de lave enflammée, c'est la taupe qui entasse aussi montagne sur montagne, qui remue les entrailles du sol, et multiplie les éruptions terreuses sur la surface des prairies !

La taupe, c'est le cyclope borgne, qui laboure les entrailles de la terre, qui fouille les galeries souterraines, qui se nourrit de chair humaine, qui assomme à coups de quartiers de roche les amants de Galatée ; qui trouve fade toute orgie où le sang ne ruisselle pas. Où trouver autre part que chez le hideux cyclope le portrait de la taupe... du mâle de la taupe qui n'obtient la possession de sa femelle qu'après avoir mis à mort tous ses rivaux...

qui, après les avoir tués, les dévore, et tout souillé de sang, tout fumant de carnage, réclame de la beauté le prix de ses exploits?

Car ces longues galeries souterraines que vous avez parfois suivies de l'œil dans la prairie ne sont pas toujours les galeries que creuse la taupe pour chercher les larves et les lombrics dont elle fait sa pâture. C'est bien souvent l'issue qu'a pratiquée la femelle pour se soustraire aux obsessions redoutables de ses persécuteurs. L'amour parle haut à la sensualité de cette espèce, et chaque femelle est le but des prétentions d'une foule de soupirants. La malheureuse n'a un peu de répit que dans les duels acharnés que se livrent ses bourreaux; elle cherche à profiter du conflit pour tenter une évasion. C'est très-bien pour un jour, et tant que dure la tuerie. Mais la lutte est terminée à peine, que le vainqueur, après sa vengeance assouvie, se met en devoir de rattraper la fugitive. Alors c'est un siége dans toutes les règles, où se déploient toutes les combinaisons de la stratégie du mineur : mines et contre-mines, boyaux circulaires à deux fins, tranchées diagonales, stratagèmes Cormontaigne et autres. Il faut bien, néanmoins, que la résistance ait son terme, lorsque le mâle a réussi à acculer sa victime dans une impasse. Il ne reste plus, en effet, d'autre moyen à celle-ci, pour retarder sa défaite, que de gagner au plus vite la surface du sol; mais l'éclat du jour l'éblouit, ses forces épuisées trahissent sa pudeur, le sacrifice douloureux s'accomplit. La mère dépensera désormais, pour assurer l'avenir de sa famille, tout le talent que la vierge dépensa autrefois pour défendre sa vertu.

On a vu de ces galeries d'amour qui avaient un kilomètre de longueur. La dimension des galeries de chasse n'est pas moindre. La galerie de chasse est le chemin par lequel la taupe se rend de son domicile à son cantonnement de pâture. L'art du taupier, inventé en ce siècle par le célèbre Henry Lecourt, cultivateur de Seine-et-Oise, est basé tout entier sur la connaissance de ce passage. Comme la taupe est obligée, par les exigences de sa voracité, de faire plusieurs fois par jour ce voyage, et notamment le matin et le soir, il est bien facile de lui tendre un piége quand on connaît sa route. L'art du taupier a fait de grands progrès depuis quelques années ; mais l'extermination de la taupe, comme celle des hannetons et des chenilles, ne peut se faire qu'au moyen de mesures unitaires, basées sur le principe de l'association et de la solidarité, et pratiquées sur une échelle immense. Un jour l'agriculture reconnaissante élèvera des statues à Henry Lecourt, qui l'aura délivrée du fléau de la taupe.

N'oublions pas, toutefois, de mentionner avant l'événement une particularité intéressante de l'histoire de la taupe. Toutes les créatures ont leurs raisons d'être ici-bas, la taupe comme le cyclope. Le cyclope a forgé des socs pour la charrue, en même temps que des épées pour la tuerie. La taupe a servi l'agriculture en qualité d'instrument de drainage, avant la découverte de ce procédé merveilleux. Elle assainissait le sous-sol des prairies par des saignées salutaires, si elle en déshonorait la superficie par les dépôts de remblais qu'elle y accumulait sans cesse. Mais n'en disons pas davantage sur ce sujet. Il est sage d'attendre que les mauvaises bêtes ne soient plus, pour les admettre au bénéfice des circonstances atténuantes.

C'est Henry Lecourt qui a mesuré la rapidité avec laquelle la taupe se meut dans ses galeries souterraines. Il planta dans toute la longueur d'une galerie habitée une certaine quantité de fétus de paille, ornés de banderoles flottantes, et boucha hermétiquement l'orifice du passage, à l'aide du pavillon d'un cornet à piston. Puis quand il vit à l'agitation de la taupinière que l'ennemi était proche, il tira de l'instrument une note épouvantable qui produisit une telle impression de terreur sur l'animal, qu'on aperçut soudain tous les petits drapeaux se renverser sur toute la ligne, comme un bataillon de dominos mal assis. Il fut constaté par cette expérience curieuse, répétée plusieurs fois, que la vitesse *maxima* de la taupe dans sa galerie égalait celle du cheval au grand trot.

Que ceux qui désirent en savoir plus long sur la taupe interrogent les écrits de M. Geoffroy Saint-Hilaire, le plus grand génie scientifique et zoologique de ce siècle, *le seul savant qui ait su la série, y compris l'analogie matérielle.*

Beaucoup d'analogistes estimables et à l'opinion desquels je serais heureux de pouvoir faire une légère concession ne partagent pas complétement ma manière de voir sur la taupe. Ils ne sont pas bien convaincus que Virgile ait voulu faire allusion à cet animal, en écrivant le vers ci-dessus relaté. Ils disent que l'odieux quadrupède cossu, ventru, goulu, est un emblème du fermier général. Ils trouvent qu'il y a ressemblance assez marquée entre les taupes qui bouleversent le sol et percent des voies de communication souterraines, pour poursuivre et atteindre en tout lieu les insectes dont elles se nourrissent — et les monopoleurs de chemins de fer et de messageries qui se mangent les uns les autres; qui bouleversent toutes les relations commerciales d'un pays et accaparent toutes les voies de transport pour rançonner à merci les voyageurs, leurs victimes; qui utilisent leurs rails-ways en manière de télégraphes électriques, et qui ruinent par leurs manœuvres d'agiotage le vrai travailleur et l'État. Ces analogistes ajoutent que l'extrême sensibilité nerveuse de la taupe qui redoute la lumière et meurt pour la moindre écorchure, caractérise admirablement l'obscurantisme obstiné de ces monopoleurs de banque et de transports qui redoutent aussi la lumière, parce qu'ils savent parfaitement que la première réforme industrielle les tuera, en tuant le régime anarchique où se débat l'industrie. Je n'ai jamais nié qu'il y eût du vrai dans ces rapprochements, et un peu de la taupe chez le concessionnaire de chemins de fer, qui fait un petit bien pour un grand mal, mais je crois l'analogie du cyclope préférable.

Le renard est le seul carnassier de nos climats à qui ne répugne pas la taupe ; ce qui fournit au conservateur des forêts un moyen excellent de détruire le renard, sans compromettre la sécurité du chien.

DES MUSARAIGNES.

J'ai donné trop de développements à la question de la taupe pour avoir le temps de m'arrêter sur la famille des musaraignes. La tribu des musaraignes, qui renferme cinq ou six espèces, dont une aquatique, est ambiguë entre le rat et la taupe, et les mœurs des musaraignes participent naturellement de celles de ces deux races voisines. Elles se dévorent entre elles, et il y a de plus guerre à mort entre le mulot et la musaraigne. La morsure de la musaraigne est venimeuse. Beaucoup de chiens refusent de l'attaquer, qui déchirent la taupe avec rage. La musaraigne symbolise le passage de la première période industrielle à la période barbare. Il y en a une qui vit à l'embouchure de la Meuse, et qui se sert pour passer l'eau de l'aviron et de la voile avec un talent remarquable.

LE DESMAN.

Le desman est une espèce de taupe amphibie dont le groin se rapproche de la trompe et qui ne se rencontre que dans les ruisseaux des Pyrénées. La découverte de l'espèce ne remonte pas plus loin que 1807, où elle fut observée près de Tarbes par le professeur Desrouais. Le desman habite des terriers qu'il pratique dans la berge, au-dessous du niveau des eaux. Il vit d'insectes aquatiques et de menus poissons comme la musaraigne d'eau. Le desman symbolise le braconnier de rivière infime, le crocheteur de *boutiques*.

LE HÉRISSON.

Encore une ignoble bête, une saleté, une vilenie, un emblème répulsif d'obscurant et de parasite. Le hérisson symbolise le goujat mercantile, le goujat littéraire, l'industriel de bas étage qui fait argent de tout. Il a pour analogue, dans le règne végétal, l'artichaut au suc immonde couleur d'encre, aux feuilles hérissées de piquants, l'artichaut corrompu et vénal, symbole de prostitution morale, qui donne à quiconque en réclame un morceau de son cœur. Règle générale : tous les ennemis du progrès sont ennemis de la lumière, habitent des repaires obscurs comme la musaraigne, la taupe et le renard, et se reconnaissent à deux caractères de physionomie que j'ai déjà indiqués plusieurs fois, la petitesse des yeux et le développement extraordinaire de l'appareil olfactif (nez).

Comme l'infime industriel dont il est l'emblème, et qui

ne peut tenir que dans un milieu anarchique et ténébreux, le hérisson affectionne les fourrés épais et ténébreux, jonchés de végétations parasites. Son antipathie pour le progrès se trahit par la lenteur de sa marche ; il rampe plus qu'il ne court. C'est l'image parfaite du parasite fainéant qui se *pelotonne* dans son égoïsme de repu, qui se hérisse au seul mot de réforme; un être dangereux et absurde qui se fera écraser mille fois plutôt que d'avancer d'un pas. Mauvais coucheur, du reste, rembourré d'épigrammes et toujours prêt à piquer. Bête vorace et d'aspect repoussant, s'accommodant de tout, de fruits et de légumes, comme de limaces et de menu gibier.

Vorace et d'aspect repoussant, c'est aussi le portrait du valet de plume infime, trafiquant de biographie et de chantage, vendant des brevets de maître de poste et des concessions de théâtre, et jusqu'à des promesses de sourires ministériels, et tirant sans remords de sa conscience d'artichaut et de faux chrétien faux serments et apologies à prix fixe pour toutes les turpitudes et tous les scélérats, encensant Metternich et bafouant O'Connell.

La nature a doté le hérisson d'un groin comme le porc pour faire allusion à sa cupidité et à la bassesse de ses appétits; mais là s'arrête la comparaison. Ainsi qu'on l'a vu à l'article porc, ce dernier animal est l'emblème de l'avarice utile; tous les morceaux en sont bons quand il est mort. Le hérisson, au contraire, n'a pas plus de valeur après que pendant sa vie. Que reste-t-il après sa mort du goujat littéraire ou industriel, sinon le fugitif souvenir des affronts qu'il a subis, des mépris qu'il a inspirés.

Je sais qu'une opinion contraire a trouvé crédit dans le sein des campagnes où la chair du hérisson a passé longtemps pour mangeable. Je ne puis que déplorer sincèrement cette erreur gastrosophique que je comprends et que j'excuse, par la misère des civilisés et la détérioration universelle du goût. L'erreur, du reste, n'a pas fait fortune, et le chien, dès le premier jour, a protesté contre la gibelotte de hérisson en termes chaleureux.

Il y a antipathie naturelle entre le chien et le hérisson; le premier, emblème de dévouement, de fidélité et de courage, le second emblème de cupidité, de lâcheté et de vénalité.

Aussi le hérisson préfère-t-il la chair du chien à toute autre venaison. De même, le chien entre en fureur à la vue de l'immonde animal et se rue sur lui avec rage ; mais comme il a peur de se piquer le nez, il renonce bientôt à l'attaque et passe outre, se bornant à lui adresser en manière d'adieu l'expression de ses mépris.

Ainsi, le législateur bien intentionné, mais qui a peur de se piquer les doigts à la réforme des abus, se contente de flétrir de sa réprobation l'infamie du goujat pris en flagrant délit de chantage et de calomnie.... Si bien que la misérable industrie finit par se faire du dégoût universel une sorte de cuirasse impénétrable et de brevet d'impudence, et que, n'ayant plus à redouter la loi qui la dédaigne, elle profite de la faculté de RÉPERCUSSION DÉFENSIVE dont elle est armée, pour intimider ses adversaires et poursuivre le cours de ses diffamations.

Cette faculté de *répercussion défensive*, propre à plusieurs espèces et notamment aux accapareurs, est un des plus saisissants problèmes de l'analogie passionnelle. On a beaucoup écrit et discouru sur les causes de la grandeur et de la décadence de Napoléon Bonaparte; mais bien peu se doutent certainement que l'Empire a péri par un effet de *répercussion défensive*, par une *manœuvre de hérisson*, par une coalition d'accapareurs et de fournisseurs de grains qui, ayant à se plaindre des procédés du grand chef à leur égard, suscitèrent en 1812 une famine factice qui retarda l'expédition de la Russie de six semaines. Aussi, pourquoi l'empereur qui avait deviné le défaut de la cuirasse du commerce, et qui voulait délivrer le monde de cette industrie parasite en lui ravissant ses deux monopoles de la Banque et des Transports; pourquoi l'empereur ne mit-il pas à exécution ce dessein grandiose? Pourquoi, pourquoi? Eh! mon Dieu, précisément parce que le commerce est armé de la puissanee de répercussion défensive, et parce qu'on ne sait par quel bout le prendre.

On dit que le hérisson est le seul des quadrupèdes de France sur lequel le venin de la vipère n'ait pas prise. J'aurais deviné l'exception par l'analogie seule. Ce qui m'étonne, c'est qu'un homme de sens ait pu faire à la bête ignoble un mérite de son invulnérabilité. Et comment voulez-vous, s'il vous plaît, que la calomnie (vipère) morde sur le goujat littéraire et sur le biographe diffamateur qui sont au-dessous d'elle et qui *en vivent!* Les huissiers de Molière ne meurent pas non plus sous les coups de bâton dont on les gratifie, au contraire.

Comme il n'y aurait pas de voleurs, s'il n'y avait pas de recéleurs, il n'y aurait pas de biographes, s'il n'y avait pas de lecteurs et d'acheteurs pour les biographies. Les lecteurs et les acheteurs des biographies, les complices de la diffamation et de l'imposture sont tous les gens de peu, pourris au cœur, gras rentiers, gras bourgeois, enrichis dans les suifs et ennemis nés de l'écrivain, de l'artiste et du poëte, auxquels ils ne pardonnent pas les sympathies de leurs femmes.

Les industriels de cette catégorie n'ont jamais de jeunesse ; ils attendent généralement l'âge des rhumatismes pour prendre femme, et épousent leurs blanchisseuses ou leurs garde-malades pour être dispensés de les payer.

Par allusion à ces mœurs, la femelle du hérisson attend, pour mettre bas, la saison des brouillards et la chute des feuilles.

Hélas! cent fois hélas! quand les gouvernements qui ont sous les yeux l'exemple de Napoléon culbuté par une coalition d'accapareurs; quand les législateurs qui ont sous les yeux, dans leur tribunal, l'image du Christ crucifié par les pharisiens; quand les gouvernements et les législateurs mieux avisés, en arriveront-ils à comprendre que toutes les souffrances et toutes les misères des populations, ne viennent à celles-ci que de la voracité insatiable du vautour commercial qui ronge incessamment le foie du travailleur, et que toutes les émeutes et toutes les révolutions qui s'adressent aux trônes ont leur unique cause dans l'exploitation du producteur par l'intermédiaire parasite!

Hélas! cent fois hélas! Au lieu d'exécuter les plans de campagne de Napoléon contre le commerce et la banque, les gouvernements français, héritiers de l'Empire, accordent des subventions de cent mille écus et plus aux organes officiels de la banque, pour qu'ils défendent les opérations des accapareurs et qu'ils répondent par des railleries agréables aux prières désespérées du travailleur demandant à vivre de son travail. Et les penseurs les plus haut placés dans l'estime publique semblent frappés du même vertige que les gouvernants. Et j'ai vu les adeptes de toutes les écoles socialistes prendre contre moi la défense du juif brocanteur et parasite qui, nulle part, ne laboure la terre et n'a fait de sa vie œuvre utile de ses mains, du juif qui prélève aujourd'hui sur le travail de toutes les nations du monde une dîme colossale... Et M. Louis Blanc, l'ami du peuple, l'historien populaire de la grande révolution française, M. Louis Blanc place le juif à côté du nègre, dans la catégorie des *races exploitées!*

Le hérisson aussi a ses souteneurs parmi les forestiers de France et d'Allemagne. Beaucoup le supposent innocent, parce qu'il ne détruit les faisans et les perdreaux que dans l'œuf, et parce qu'il ne fait la guerre qu'aux levrauts nouveau-nés. Pour moi, en quelque forêt que je chasse, je mets sa tête à prix; en quelque lieu que je le rencontre, je l'écrase comme infâme.

LES BÊTES PUANTES.

Le sanglier n'est pas un animal inodore, ni le daim non plus, ni le cerf dans la saison des amours. Cependant nul n'a songé à désigner ces animaux sous le nom de *bêtes puantes.* Cette dénomination caractéristique a été réservée pour les races infimes vivant de rapines et d'assassinats sans péril, se recélant communément dans quelque souterrain manoir et empoisonnant l'atmosphère d'odieuses senteurs. Qui dit bête puante, dit fouine ou renard, bien que ces deux bêtes appartiennent à deux familles différentes. L'homme, qui les confond dans sa haine, éprouve le besoin de les confondre dans la même appellation de mépris. Le blaireau n'a pas moins de droits que le renard à figurer sur cette liste d'ignobles larrons et d'ignobles assassins, et je l'ai rangé dans la catégorie.

La fouine, le type le plus connu de ce groupe que j'ai nommé à bon droit des *égorgeurs* ou des *buveurs de sang,* la fouine, le putois et tous les *mustéliens* ont été dotés par le Créateur d'une poche membraneuse, située dans le voisinage de la queue et qui sécrète une liqueur odorante. Chez les bêtes puantes de nos climats, cette odeur, qui offre une analogie remarquable avec celle des pastilles du sérail de la rue Vivienne, n'est que repoussante. Elle est plus que fétide, elle asphyxie et empoisonne chez les espèces de l'Amérique centrale, connues sous le nom significatif de *mouffettes*, le chinche, la zorille, etc. On a dans ce pays-là des exemples de personnes asphyxiées et suffoquées dans leur lit par l'odeur d'une mouffette, et il suffit du passage de l'une de ces bêtes par un grenier, un fruitier, une cave, pour en gâter toutes les provisions, pour rendre tous les comestibles *touchés* par l'odeur immangeables, toutes les boissons impotables.

On dit bien que la mouffette d'Amérique ne cherche à tirer parti de sa propriété asphyxiante que lorsqu'elle y est contrainte par la force; mais je ne crois pas à cette excuse de légitime défense. Les bêtes de cette catégorie-là doivent faire le mal pour l'unique plaisir de le faire.

Quoi qu'il en soit, c'est dans cette famille des buveurs de sang que se rencontrent les animaux porteurs des fourrures les plus fines et les plus recherchées, ce qui a donné ailleurs, en Amérique et en Sibérie, par exemple, un immense intérêt à la chasse des bêtes puantes. La martre zibeline appartient à cette race; elle habite la Sibérie, où l'impôt se paye en fourrures; une peau de zibeline russe se vend encore aujourd'hui cent francs. La zibeline du Canada ne vaut pas le cinquième de cette somme; la martre de nos forêts encore moins. Une peau de martre ou de fouine se trouve très-bien payée en France au prix de dix à douze francs.

L'analogie donne la raison de la soif de sang dont cette espèce est perpétuellement altérée, comme de l'odeur insupportable qu'elle exhale, comme de la soyeuseté et de la solidité de ses vêtements.

Les buveurs de sang (mustéliens de l'Institut) sont les animaux les plus sanguinaires de la création, parce qu'ils symbolisent les petits voleurs, les petits assassins, les *empoisonneurs de comestibles* (mouffettes), les *falsificateurs de boissons*, et parce que les manigances de tous ces infimes industriels, qui pullulent dans les limbes de la civilisation, font périr infiniment plus de monde que le canon et la baïonnette. Le comptable des vivres de la marine ou de la guerre, qui rogne à son profit la ration du soldat, et le directeur de l'hôpital algérien qui falsifie le sulfate de quinine, nous ont tué cent fois plus de soldats que les Arabes depuis 1830.

La fouine et le putois doivent à l'élasticité de leurs cartilages intercostaux une souplesse d'échine qui leur permet de s'insinuer par les fissures les plus étroites dans le colombier et le poulailler, où les méchantes bêtes se noient dans le sang, s'enivrent de meurtre, tuent pour le plaisir de tuer. Cette souplesse d'échine et cette soif inextinguible de sang nous représentent l'avidité insatiable, la rouerie et l'astuce de l'usurier, de l'homme de loi, du plaideur et du légiste, qui glissent à travers les plus étroites fissures du Code, et frisent quelquefois les galères, pour pénétrer dans les ménages des industrieux, entortiller les pauvres travailleurs et les saigner à blanc.

La fouine est sans pitié; elle égorge tout dans le poulailler, si elle peut. Ainsi le juif qui a soutiré la dernière goutte d'or des veines de sa victime la jettera sur la paille, l'enfermera à Clichy, fera vendre ses meubles, sans pitié pour une malheureuse famille que la détention de son chef va laisser en proie à la misère et aux terribles suggestions de la faim.

C'est principalement sur les espèces innocentes, le pigeon, la poule, le faisan, le lapin, que la fouine et le putois assouvissent leur rage sanguinaire. C'est toujours aussi sur le faible, sur le pauvre industrieux des cités, sur l'humble travailleur des champs que se rejettent avec amour le filou, le parasite, l'usurier. La martre habite les forêts et la fouine les maisons des champs, pour dire que l'industrie agricole est celle qui a le plus à souffrir des fourberies de la chicane et de l'usure.

L'adhérence remarquable du poil à la peau, qui fait la valeur des fourrures, symbolise l'avarice de tous les industriels, hommes de loi, trafiquants de paroles mensongères, hommes de négoce, débitants de denrées falsifiées. Rien d'égal à la ténacité du lien qui attache ces misérables à leur or mal gagné.

L'odeur infecte qui s'exhale du corps de ces bêtes puantes, c'est la concussion, l'agiotage, le viol, l'assassinat, qui transsudent d'un corps social gangrené et pourri, d'un corps social en puissance de juif, comme la France d'aujourd'hui.

Voulons-nous guérir le corps social de ses infamies et purger les campagnes de la bête puante? Le moyen est le même ; il a, de plus, l'avantage d'être extrêmement facile.

Le moyen de fermer les plaies de la société et de détruire la fouine consiste à substituer la fraternité à l'égoïsme, la solidarité à la divergence, l'association au morcellement...

Supprimons la propriété morcelée, qui est la poule aux œufs d'or de la chicane, de l'hypothèque et de l'usure, voici le plaideur subtil, l'interprète juré du Code, le débitant de papier timbré qui ferment soudain boutique.

Changeons les cinq cents misérables masures qui font l'orgueil des villages civilisés en un splendide palais communal; remplaçons les cinq cents granges couvertes en chaume, et trouées et effondrées de toutes parts, en un vaste et unique grenier à fourrage communal, à l'inviolabilité duquel veillent de nombreux agents... Aussitôt toutes les bêtes immondes qui s'engraissent de la ruine du laboureur, fouines, putois, rats, charançons, etc., disparaissent pour jamais...

Il est évident que la question de la fouine et celle de tous les vampires du parasitisme sont la même; que ces divers fléaux ont envahi en même temps le corps social; qu'ils sont issus d'une même origine, l'antagonisme, et que cette cause cessant, son effet cessera avec elle. J'attends la mort du dernier des putois pour prononcer l'oraison funèbre du dernier des larrons.

C'est-à-dire que j'attends que l'association des propriétaires ait renversé ces vieilles murailles et ces haies épaisses qui séparent les *héritages* et qui servent de repaires aux mauvaises bêtes, aux gens de lois, aux vampires insatiables de l'honnête homme et du pigeon, aux parasites du blé.

Je me suis donné bien des fois, dans les longs loisirs de ma vie de cultivateur, les agréments d'un laisser-courre à la fouine, à travers les échelles, les solives, les gouttières. Les personnes qui n'ont pas assisté à ce spectacle, dont il existe une relation charmante dans un admirable écrit de George Sand (*Mauprat*), ne sauraient se faire une idée complète du degré de dextérité et d'intelligence auquel un chien bien poussé peut atteindre. J'ai vu des chiens d'arrêt, qui s'ennuyaient l'hiver, utiliser leurs chômages à traquer la fouine par les granges et s'en tirer assez bien au bout d'une dizaine d'épreuves. Mais le chien d'arrêt n'a ni la taille, ni la charpente, ni les mœurs requises pour garder brillamment la corde dans cette course au clocher, ou, pour mieux dire, dans cet assaut d'acrobates. Le chien fouinier par excellence est un petit roquet brun ou noir, à la mine éveillée, à l'oreille droite, né de parents inconnus, issu par conséquent de noble race. Le chat maigre n'arpente pas les gouttières d'une patte plus assurée et plus calme que le chien de fouine les solives, les échelles et les avant-toits qui surplombent. On l'a vu casser avec le front le carreau d'une lucarne dont la traversée devait lui donner un peu d'avance, grimper dans les cheminées comme un jeune Savoyard, s'élancer d'une poutre à l'autre à travers le vide avec la prestesse et la précision de calcul de l'écureuil. Un philosophe de l'autre côté du Rhin à qui j'avais procuré le délassement d'un laisser-courre à la fouine me disait, après la chasse faite : « le chien n'a pas dit son dernier mot à l'homme. »

Entre toutes ces bêtes de rapine, la Martre est la plus grande par la taille, comme la plus précieuse pour sa fourrure; elle vit presque constamment sur les arbres, où on la rencontre dans les cavités des vieux chênes et dans les nids d'écureuil. J'en ai vu dans le temps un couple ou une couple dans le jardin des Tuileries, où elles ont dû faire une consommation effroyable de jeunes corbeaux et de jeunes ramiers. J'*en revis* une fois par la neige en janvier 1845. J'ai connu dans le même quartier et vers la même époque un renard évadé de la montre d'un fourreur de la rue Saint-Honoré, qui avait trouvé un asile dans ces tumulus de blocs de marbres et de pierres de taille qui encombraient alors la cour du Louvre, derrière le Manége, et d'où l'on eut toutes les peines du monde à le faire déguerpir pour le tuer.

On distingue la Martre de la Fouine à la couleur de sa cravate ; la Martre affectionne pour cet ornement la couleur jaune verdâtre; la Fouine préfère le blanc.

Le Vison, dont le nom est devenu, en certains pays, comme celui du bouc et du rat mort, un terme de comparaison vulgaire pour la puanteur, est une espèce tout à fait voisine de la fouine pour la couleur et pour la taille.

Le Putois, plus petit que les trois espèces précédentes, semble être le type primitif du furet. Il s'apprivoise, en effet, presque aussi facilement que celui-ci et porte sous le menton une plaque de satin blanc. Il habite les tas de bois et les ponceaux des routes, et c'est l'espèce dont le nom revient le plus fréquemment dans les malédictions des ménagères.

La belette, l'hermine, l'herminette, sont des diminutifs de la fouine, de petits moules mignons d'où a disparu en partie l'odeur fétide, mais où l'humeur sanguinaire est restée. On rencontre tous les jours dans les champs et dans les garennes des cadavres de lapins et de lièvres, dont l'autopsie fait découvrir qu'ils ont été saignés à la jugulaire par d'habiles praticiens. Ces praticiens sont des belettes un peu plus grosses que des souris, moins fortes que des rats.

La genette est, comme j'ai déjà dit, un charmant animal, plus facile à trouver en Algérie qu'en France, et constituant l'ambigu, l'anneau de transition entre les Mustéliens et les Félins.

De toutes ces bêtes-là, je le répète, la meilleure ne vaut rien ; seulement faut-il faire exception à l'anathème universel en faveur du furet, qui s'est rallié à l'homme et lui a apporté l'utile concours de son antipathie pour le lapin.

Comment le lièvre et le lapin, qui sont doués d'une mâchoire presque aussi puissante que celle du castor, et dont les incisives formidables trancheraient une belette en deux d'un seul coup, comment le lièvre et le lapin se résignent-ils à tendre la gorge à un ennemi aussi méprisable? Je répondrai à cette question quand on m'aura répondu à cette autre :

Comment se fait-il que les travailleurs, qui sont les

seuls êtres utiles, qui sont les plus nombreux et les plus dévoués, qui ont pour eux le droit et la force musculaire, comment ces travailleurs ont-ils pu se résigner à se laisser exploiter et assassiner, depuis que le monde est monde, par une imperceptible minorité de paresseux et de vampires?

Ah! voilà ; c'est que ceux-ci règnent par la terreur sur les âmes timides et ignorantes, comme la belette sur le lapin.

A côté de la stupidité de ces lapins et de ces lièvres, qui se croiraient damnés de se révolter une bonne fois contre la tyrannie sanguinaire des belettes et des putois, admirez chez les mêmes cette disposition à tourner contre leur propre sang, contre leurs frères en souffrance, les incisives formidables dont ils n'osent faire usage pour reconquérir leurs droits! Image frappante de la folie et du chauvinisme risible de ces braves peuples français, anglais et russe, qui, au lieu de s'entendre et de se prêter la main pour se débarrasser des aristocraties oppressives qui les grugent et les saignent, s'amusent à s'insulter et à s'entr'égorger pour le plus grand bénéfice d'icelles!

L'hermine et l'herminette, qui ne *s'attaquent qu'à l'enfance* et qui portent *la robe blanche*, symbolisent les hypocrites professeurs de fausse morale qui s'appellent M. Rodin, M. Tartufe, dom Basile, et qui revêtent la robe de chasteté et d'innocence pour s'introduire dans les familles et pervertir la jeunesse. La noirceur des projets de l'hermine se trahit par la couleur du pinceau de poils qu'elle porte à l'extrémité de la queue. On remarque, en outre, que les professeurs de droit et les docteurs de la plupart des sciences civilisées, qui ne sont bonnes qu'à corrompre la jeunesse, se montrent très-friands de la parure d'hermine.

L'hermine blanche est très-rare en France. Je ne me rappelle pas en avoir vu plus d'une dizaine et en avoir tué plus de cinq ou six dans une carrière de trente années de chasse, où j'ai dû arpenter beaucoup de mètres carrés. L'hermine porte une robe rousse pendant la belle sáison ; elle n'endosse sa pelisse blanche qu'à l'époque des grands froids. L'hermine, qui se tire du Nord comme la zibeline, était, au temps jadis, une fourrure précieuse et réservée à l'aristocratie. On en faisait des manteaux à l'usage des pairs de France, des femmes de qualité et des grands dignitaires de l'État. Mais depuis que la haute noblesse a vendu ses blasons aux juifs pour en faire des enseignes de boutique, depuis que les grands dignitaires se font condamner pour crime de vol ou de concussion, depuis que les ducs et pairs assassinent leurs femmes légitimes comme de simples manants, l'hermine est tombée à rien. A un franc cinquante centimes la pièce, qui en veut en aura.

La Bible, que je n'aime pas, parce que c'est le livre où tous les peuples de proie, le Juif, l'Anglais, le Hollandais et les autres ont appris à lire, la Bible qui contient tant de calomnies contre le Créateur, la Bible a eu par hasard une idée ingénieuse à propos de la fouine : elle a prohibé la chair de cet animal, qui se prohibait bien toute seule, sous prétexte que cet animal avait la mauvaise habitude de faire ses petits par la bouche. Le législateur hébreu avait vu dans ce fait de parturition anormale une allusion aux habitudes de ces enfanteurs de ragots, qui amplifient tout ce qu'on leur conte, et qui en mettent gros *comme un bœuf*, là où il y en avait tout au plus *comme un œuf*. Ils n'ont jamais été excessivement forts, en Judée, sur l'analogie passionnelle.

LE BLAIREAU.

Il existe mille raisons pour faire ranger le blaireau dans la catégorie des bêtes puantes. Il est pourvu de la poche membraneuse; c'est une mauvaise bête, amie des demeures sombres, plus vorace et presque aussi rusée que le renard, plus carnivore que l'ours, mais douée, comme celui-ci, d'un goût très-prononcé pour les fruits et le miel. C'est un pillard acharné du maïs et du raisin, qui se lève fort tard et se couche de grand matin, et qui engloutit en quelques heures, en raison de son omnivoracité et de l'ampleur prodigieuse de ses intestins, une masse incroyable d'aliments. Tout fait ventre au blaireau, poulets, grenouilles, mulots, fruits, céréales. Les poches du voleur à la tire, pris en flagrant délit, un premier jour d'exposition, et le carnet de l'agent de change qui rentre de la Bourse, après avoir acheté des actions de toutes couleurs, peuvent seuls donner une idée de la panse du blaireau, au retour d'une expédition nocturne.

Ce méchant quadrupède à pattes courtes et à large abdomen qui prélève des dépouilles opimes sur la noble industrie du vigneron et du laboureur, cet omnivore quasi-insatiable, qui s'endort quand il est repu, et dont l'oisiveté s'étaye sur la rapine, est l'image parfaite de ces parasites commerciaux qui s'arrondissent, eux et leur bourse, aux dépens de tous les travailleurs. La dépouille du blaireau s'utilise pour les harnais de l'attelage, pour les ustensiles de la toilette et pour le pinceau des artistes. Sa graisse s'emploie comme remède contre les douleurs rhumatismales. Cela veut dire que l'industrie agricole, les beaux-arts et le bien-être général, ont énormément à gagner à la destruction du parasitisme commercial. Le banquier continue à n'être pas heureux dans ses analogies. Il y a dans les insectes, comme on sait, l'araignée et le ténia qui lui font bien du tort.

Le blaireau, rentrant de bonne heure au terrier et ne s'oubliant jamais au dehors comme le renard, ignorerait complétement les désagréments de la chasse, si l'homme ne parvenait quelquefois à lui fermer l'entrée de son repaire. L'opération est facile quand le terrier n'a que quelques bouches, ce qui est rare. Il suffit, pour la pratiquer avec succès, de se rendre à minuit sur la marnière, la carrière ou la roche où la bête a creusé ses galeries souterraines, de fermer hermétiquement chaque gueule avec une bonne bourrée d'épines qu'on enfonce solidement et qu'on recouvre de terre. Les instruments dont il faut se munir pour ce travail sont la serpe et la pioche. L'opération doit se faire avec le plus de silence et de rapidité possibles, afin que l'animal qui rôde dans les environs ne se doute pas de la mystification qu'on lui prépare, et ne songe pas à aller chercher un refuge à quelques lieues de là. Quand l'affaire a été bien conduite, le blaireau, qui veut rentrer à son domicile un peu avant le jour et qui trouve porte close, n'essaye pas de forcer la consigne; mais comme il est trop tard pour se dépayser, il remet son voyage à la nuit suivante, choisit dans le voisinage le fourré le plus épais, et s'y blottit pour passer le jour. Malheureusement pour lui, sa retraite est bientôt découverte, car sa piste est presque aussi forte que celle du renard, et le chasseur qui en veut à sa peau ne manquera pas de l'attaquer à la pointe du jour. Le blaireau, qui n'est pas taillé pour la course, ne peut prendre d'avance sur les chiens, ce qui fait que cette chasse ressemble à un hallali perpétuel. Cependant si la bête ne sait pas courir, elle sait mordre, et j'ai vu des chiens vigoureux et de la plus haute taille tenus en respect par le blaireau, et quitter la partie plutôt que de s'exposer aux atteintes de ses crochets terribles. J'en ai vu d'autres, plus courageux, payer leur audace généreuse de la perte d'une patte; mais le fusil a bientôt raison de la mauvaise bête. Des bouledogues, dressés à la chasse du blaireau, n'en auraient pas pour un quart d'heure à le porter bas. Ce n'est pas une chasse.

On peut encore attaquer le blaireau chez lui, si mieux on n'aime le prendre au piége. L'attaque du terrier du blaireau est un siége dans toutes les formes, dans lequel il faut creuser des parallèles, des tranchées et quelquefois faire jouer la mine. On envoie contre l'animal des chiens terriers qui l'attaquent courageusement et dont les aboiements indiquent aux sapeurs la direction à suivre. La bête oppose à ses assaillants une résistance désespérée et fait souvent payer cher la victoire aux vainqueurs. Le blaireau a l'instinct de faire le mort, comme le renard, pour saisir *sa belle* de se venger.

En Belgique, où cette espèce abonde et porte le nom de *Taisson*, le blaireau pris vivant est destiné aux jeux du cirque, suivant un usage qu'on dit remonter aux jours de la domination romaine. Le peuple belge se montre avide de ces combats comme le peuple de Madrid de ses courses de taureaux. Le jour des combats est annoncé par la voie des affiches et de la presse. On cite le nom des chiens célèbres qui figureront dans la lutte. Ces batailles sont parfois meurtrières pour les assaillants. On a vu des blaireaux faire des défenses sublimes, et, renversés sur le dos, la gueule ardente, les griffes ouvertes, tenir en respect quatre ou cinq chiens à la fois.

Il est certain que cette féodalité financière nous donnera du fil à retordre avant de réclamer merci!

LE RENARD.

Tous les historiens du vieux monde, écritures saintes ou profanes, racontent l'infamie du renard. Ésope l'avait chanté avant Phèdre, Phèdre avant La Fontaine, et les fabulistes de la Bible avant tous leurs confrères. Le renard joue dans l'apologue le même rôle à peu près que le sage Ulysse, cher aux dieux, dans la double épopée d'Homère. Toutes les fois qu'il s'agit de faire un mauvais coup, la mauvaise bête est là. Les mœurs du renard, curieuses à étudier, sont la peinture exacte de celles d'une foule de civilisés de bas étage, et notamment du voleur à la tire, du filou, de l'escroc, du débitant félon. Si les animaux tiennent jamais boutique, je parie tout ce qu'on voudra que c'est un renard qui sera le premier boutiquier.

Je n'ai jamais dissimulé ma haine et mon mépris pour cette race, j'en ai beaucoup détruit, et je donnerai même, s'il plaît à Dieu, dans un prochain volume les moyens de les détruire tous en moins de deux ou trois ans. J'avoue même qu'il me serait doux de vivre après ma mort dans la mémoire des hommes, sous le nom de *Fléau du Renard*. L'amour de l'humanité m'a logé sous le crâne deux idées fixes dont je poursuivrai l'application jusqu'à ma dernière heure : l'extermination du renard et celle du brocanteur. Quand j'étais gouvernement... en Afrique, et que je surprenais quelqu'un de mes administrés en flagrant délit de vente de boissons falsifiées ou de viande de bœuf mort, je commençais par confiner le coupable en un séjour paisible et parfaitement abrité du soleil; puis je faisais fermer son officine, et j'écrivais de ma main sur les volets : *Fermé pour cause de vol.* C'est pour le coup que MM. les économistes auraient crié au sacrilége s'ils avaient connu mes méfaits, ces dignes précepteurs de morale qui n'entendent pas qu'on rogne les ailes au commerce, parce que ça l'empêche de voler.... Hélas! oui, j'avais espéré un jour parvenir à supprimer dans mes États le vol mercantile et la falsification du sulfate de quinine ; j'avais compté malheureusement sans les agents comptables et leurs puissants amis.

On sait que le renard forme un des principaux groupes de la grande famille des *forceurs*, famille robuste, intelligente, douée d'un jarret d'acier, d'une finesse d'odorat exquise, d'une vue perçante, d'une patience à l'épreuve et de l'esprit d'association. Mais l'instinct supérieur, mais la force de la mâchoire et le génie de la combinaison stratégique ont été particulièrement dévolus dans la famille au loup et au chien : au loup, emblème du bandit, du flibustier ; au chien, emblème du gendarme et du sergent de ville ; celui-là opérant en mode subversif, celui-ci en mode harmonique. Le renard, titré en mode mineur (familisme), est le paria de l'espèce. Le loup et le chien, titrés en mode majeur (ambition, amitié), en sont la caste noble, faite pour la guerre et le gouvernement.

Le renard se marie donc. Si les savants savaient lire dans les œuvres du Créateur, quelle leçon de haute morale ils trouveraient dans ce fait du mariage du renard, qui leur a paru jusqu'ici, j'en suis sûr, le plus insignifiant de tous les phénomènes !

Pourquoi le renard se marie-t-il, tandis que le chien, qui appartient cependant à la même famille, vit dans le célibat ?

L'Institut a décerné beaucoup de médailles d'or dans

sa vie, pour une foule de solutions inutiles ; mais je doute qu'il ait jamais mis au concours cette question si féconde en enseignements profonds :

Pourquoi le renard se marie-t-il, et pas le chien ?

Je n'attendrai pas que l'Institut ait posé la question pour y répondre, car peut-être attendrais-je longtemps.

Le renard se marie et non pas le chien, parce qu'il y a des hommes nés pour le mariage et d'autres pour le célibat.

Le chien ne se marie pas, parce qu'il est exclusivement titré en ambition et en amitié, c'est-à-dire parce que le chien a une destinée de dévouement et d'utilité sociale à accomplir, et qu'il ne convient pas aux intérêts de l'espèce humaine, reine du globe, que le chien soit distrait de ses occupations d'ordre supérieur par les soucis de la famille. Le chien doit être prêt à suivre l'homme en tous lieux, à toute heure, prêt à verser son sang pour lui jusqu'à la dernière goutte. Or, le ménage familial, surtout le morcelé, qui est celui du renard (chacun son trou) est la pierre angulaire de l'égoïsme et le tombeau du dévouement. Le cerf, qui porte la série sur le front, en guise d'étendard, ne se marie pas non plus.

Les grands génies n'ont pas de femme, parce que, dans les sociétés limbiques, la famille est une gêne, et que les grands révélateurs qui ont mission d'éclairer le monde et de périr à la peine doivent commencer par s'affranchir de toute entrave susceptible d'embarrasser leur marche. Il est reçu, même en civilisation, que les militaires mariés font de mauvais soldats. C'était l'avis de l'empereur Napoléon, qui devait s'y connaître, en ayant consommé beaucoup.

Le Christ exige aussi que ceux qui l'aiment abandonnent tout pour le suivre, fortune, femme, enfants.

La religion catholique, qui s'est posée comme religion de dévouement, a été conséquente avec son principe en condamnant ses ministres au célibat. On peut ne pas vouloir de la religion catholique, mais vouloir la religion catholique sans le célibat des prêtres est vouloir l'impossible ou l'absurde, qui pis est.

Le renard, qui vit de rapine et de maraude, et dont l'homme ne peut tirer parti pour l'embellissement du globe, le renard, race infime condamnée à disparaître un jour de la surface de la terre, peut se marier sans qu'il en résulte un grand mal pour l'humanité, et il se marie précisément pour nous apprendre à détester le ménage familial et morcelé, source de tous les vices et de toutes les misères.

Le ménage morcelé et le renard ont pour eux les moralistes hypocrites qui ne manquent pas de jeter la pierre au chien, à raison de son cynisme et de la brutalité scandaleuse de ses amours ; mais je réponds, pour le chien, aux moralistes: que la fidélité conjugale, dont se targue le renard, n'est pas toujours l'apanage des natures supérieures, et que l'influence de la papillonne n'a jamais terni l'éclat d'aucune grande renommée masculine ou féminine; témoin Alcibiade, Aspasie, Salomon, Charlemagne, François Ier, Henri IV, Louis XIV, Catherine et Ninon. La fidélité en amour, idéal de tous les nobles cœurs dans les phases limbiques, n'est possible et normale qu'en phase d'harmonie.

Qui nous dit après cela que cette inconstance cynique, qui caractérise le tempérament du chien domestique comme celui du baudet, n'a pas sa raison d'être? Qui nous dit que la grande question du ralliement à l'homme des espèces rebelles comme le loup, le zèbre, l'hémione, ne se rattache pas à ce vice de facilité d'amour reproché au chien et à l'âne ? Je vous le demande, comment rallier le loup à l'homme, sans l'intermédiaire des croisements? car je crois à l'éducabilité du loup; c'est une de mes faiblesses. Mais ceci est trop savant pour les académiciens.

Laissons respirer un moment les moralistes atterrés, pour nous occuper exclusivement du renard et le suivre dans les diverses phases de sa carrière.

Le renard se marie, mais il n'est pas monogame; il ne fait terrier commun avec la femelle que pour le temps seulement où l'éducation de la famille rend ses soins nécessaires. Cette union, qui commence vers la fin de l'hiver, dure jusqu'au mois d'août. La renarde porte deux mois comme la louve et la chienne; elle met bas en avril: sa portée est de cinq petits.

Il est d'observation que, hors le temps de mariage, les renards, tant mâles que femelles, font très-peu parler d'eux. C'est la venue de la famille qui développe avec luxe chez le père et la mère les instincts de pillage et de vol dont le ciel les a doués. Il en est de même chez les civilisés, où l'on voit fréquemment de jeunes commis-marchands très-délicats au jeu avant le mariage, tricher au domino incontinent après. C'est encore une chose très-connue que l'épouse civilisée triche aux cartes.

Un couple de portiers, désireux de trouver une loge, n'oublie jamais, pour capter la confiance des propriétaires, de se déclarer *sans enfants.*

C'est donc au mois de mai, quand il y a au terrier cinq bouches de plus à nourrir, que la basse-cour, le parc et la garenne ont à subir de la part de ces maraudeurs à longue queue les plus terribles assauts. Au père revient de droit l'office de directeur des expéditions diurnes et nocturnes; à la mère, le soin de partager entre ses petits le produit de la chasse. Quand un renard pénètre dans un poulailler à cette époque, il ne se borne pas à étrangler une seule volaille et à l'emporter sur-le-champ, il fait main basse sur tout le personnel de l'établissement. Quand on prend des poulets, on n'en saurait trop prendre, (ainsi disent les Juifs à propos d'actions de chemins de fer); puis il range ses victimes avec ordre, comme un chasseur son gibier, et procède avec calme à l'emballement et au transport de la marchandise. Si la femelle est là, elle lui prête assistance. Tout ce qui ne peut pas être mangé le jour même est enfoui soigneusement dans la terre, à des places qu'on remarque. Tous les individus de la grande famille des canins, qui sont menacés de mourir de faim ou réduits à vivre de mulots et de racines, quand la chasse ne rend pas, ont cet instinct d'enfouissement et de prévoyance. Il y en a même, je l'ai déjà dit, qui poussent la précaution jusqu'à enfouir ce qu'ils ont déjà mangé une fois. La manie de feu Castagno était d'ensevelir des pierres et des manches de fouet; j'ai toujours respecté ce travers et ne tiens pas à en savoir la cause. J'ai tué plusieurs fois des renards à l'affût, en me postant dans le voisinage d'un quartier de levraut ou d'une aile de volaille enfouis par un de ces animaux et découverts par la charrue. On ne tue pas toujours, en ce cas, le propriétaire de la chose dérobée. J'ai tué, une fois en plein jour, derrière le mur d'une maison de ferme, un renard qui s'amusait à compter une demi-douzaine de chapons qu'il venait de prendre, et qui paraissait tellement absorbé par ses calculs qu'il me laissa approcher de lui jusqu'à une distance de quinze pas. Il était midi : c'était l'heure où les laboureurs quittent la plaine, où tout le monde fait la méridienne au logis. Le renard est un observateur profond de toutes les circonstances extérieures; il a étudié les allures des bêtes et des gens de son canton, il possède à un haut degré la mémoire des heures, sans être cependant de la force du chien, qui distingue parfaitement les jours de la semaine et qui sait que, dans les campagnes, les bouchers ont l'habitude de tuer le samedi.

On connaît qu'une portée de renardeaux grandit dans le voisinage, quand on voit les carrefours de la forêt, où la jeune famille vient prendre ses ébats, tapissés de fémurs d'oie et de tibias de levraut. Les jeunes renardeaux sont friands de ces hochets, et l'amour paternel veille à ce que ces charmantes fantaisies soient toujours satisfaites. Les louveteaux, dont la mâchoire est plus forte, préfèrent, pour folâtrer, le gigot de mouton.

Que de vols au faux poids, hélas! et de sophistications de denrées n'entraîne pas aussi l'amour paternel de l'épicier, désireux de fournir sa progéniture de toutes sortes de hochets et d'une veste d'artilleur! Quel sentiment louable n'aboutit pas à une turpitude dans cette misérable société civilisée!

La renarde est pleine de tendresse et de soins vigilants pour ses petits; elle quitte peu le terrier dans leur première enfance; elle les guide à leur début dans la carrière du vol; elle leur enseigne avec amour les ruses du métier. Tel le marchand... mais je suis las de ces comparaisons; que le lecteur s'en charge. Elle assume sur sa tête toute la responsabilité du péril lorsque la voix des chiens se fait entendre; elle s'offre à leur poursuite en victime dévouée. La jeune famille ne paye pas toujours cette affection si vigilante et si tendre d'une parfaite gratitude. On a vu de jeunes renardeaux affamés porter une dent parricide sur leur mère et la dévorer jusqu'au squelette, dans des terriers dont l'homme avait bouché les issues.

J'ai élevé plusieurs fois des renards que j'avais ravis à l'amour de leurs parents dès l'âge le plus tendre. Je ne veux pas dire que je n'ai jamais eu d'agrément avec eux dans le cours de leur éducation; seulement je suis forcé de convenir qu'avec ces bêtes-là les relations d'amitié finissent toujours mal. Le renardeau ne manque ni d'esprit ni de scélératesse, au contraire; malheureusement, il est impossible de compter sur sa parole et de se fier à ses antécédents. L'éducation la plus soignée demeure impuissante contre les suggestions incessantes d'un naturel dissimulé et perfide et trop porté d'amour pour la volaille. La dissimulation, voilà le vice qui ternit toutes les qualités du renard. Au surplus, sa physionomie n'est pas trompeuse, et la perfidie est écrite en caractères gros et lisibles dans son regard en dessous, dans sa démarche quasi-boiteuse, serpentine et oblique. *Vulpes*, comme qui dirait *volvipes*, une allure tortueuse. Défiez-vous de ces regards étroits et louches qui brûlent d'un feu sombre, comme le regard de la vipère, emblème de la calomnie. Le bon Dieu est un puissant physionomiste, vous ai-je dit, qui a voulu que les grands yeux fussent le miroir d'une âme innocente et candide. Le mouton, le bœuf, la gazelle, le cerf, le lièvre ont reçu de grands yeux. Vous pouvez lire le dévouement et la loyauté dans le regard intelligent du chien. La plus noble et la plus admirable créature qui soit sortie des mains du créateur, la femme, type supérieur de l'ange, lève aussi vers le ciel de grands yeux veloutés et tendres dont le cristal azuré reflète la candeur de son âme. S'il y a des femmes perfides et qui mentent pour mentir et sans y être forcées, soyez bien sûrs que c'est l'injustice de l'homme et l'habitude de l'esclavage qui les ont dénaturées ainsi. La femme ayant été créée pour régner en ce monde ne peut pas, en effet, désobéir à la volonté de Dieu, en se résignant à la servitude honteuse à laquelle l'homme l'a réduite. Opprimée, elle est bien obligée de recourir à la ruse pour ressaisir son sceptre. C'est là de la bonne guerre, non de la perfidie.

Le renard est donc le type du sournois et du tendeur de piéges. Le monde civilisé est rempli d'individus de ce type ; on les rencontre surtout dans cette classe d'industriels qui se distingue par son uniforme de castorine fauve, et qui porte pour armure de tête la casquette de loutre. Ces gens-là sont même très-flattés qu'on les dise de fins renards.

Du reste, le jeune renard s'habitue facilement aux figures et aux êtres de la maison dans laquelle il a été élevé. Ce qu'il paraît priser le plus dans nos institutions, c'est la régularité des repas. Je ne connais pas de chronomètre Bréguet capable d'indiquer l'*heure militaire* d'un dîner avec la même ponctualité que l'estomac du renard. On a vu des renards qui avaient repris leur liberté d'eux-mêmes, revenir dans les mauvais jours, après trois mois d'absence, à la ferme où ils avaient vécu, et toujours, notez bien, à l'heure du repas.

J'étais propriétaire d'un très-jeune renard, il y a bien longtemps, un insigne farceur, capable de rendre quatre-vingts points sur cent à un munitionnaire général, en matière d'accaparement de comestibles. C'était une de nos consolations de l'étude du latin et du grec, à mes jeunes condisciples et à moi. Les applaudissements prodigués à ses bons tours avec trop de complaisance peut-être, et l'enivrement du succès, avaient réussi à développer outre mesure l'essor de son naturel cauteleux. Ma mère, responsable, aux termes du Code civil, des faits et gestes de mon renard, affirmait quelquefois tout bas qu'elle eût pu acheter un cheval avec le montant des indemnités que lui avait coûtées la bête scélérate, indemnités de volailles, de marmites désossées, de lapins disparus. La tête de l'animal fut enfin mise à prix dans un conciliabule de ménagères du voisinage. Mais qui eût osé se charger d'attacher le grelot, nous présents? Un milan courageux ne craignit pas de tenter l'entreprise.

C'était un oiseau redoutable, la terreur des chiens caniches et des chats du quartier, fier de cinquante victoires. Il demanda le champ clos contre le renard, et la lice s'ouvrit de mon consentement.

La première attaque fut terrible. Interdite et effrayée par l'impétuosité de l'agresseur, la bête à quatre pattes lâcha pied honteusement et fut chercher une retraite dans le coin le plus obscur de la cuisine, théâtre du combat. Alors, le milan victorieux se campa fièrement sur la croupe de son ennemi aux abois, déchiquetant à grands coups de bec la partie la plus insensible et la plus fourrée du corps de son adversaire, la seule, d'ailleurs, que celui-ci offrît à ses outrages; puis, enfin, saturé de son triomphe et des applaudissements du public, l'oiseau vint se percher sur le dos d'une chaise basse, où il ne tarda pas à se pelotonner et à s'assoupir, dans l'attitude de la buse repue. Et les théories de marcher leur train parmi les spectateurs, relativement à la supériorité des carnivores ailés sur les carnivores à quatre pattes, et la discussion de s'échauffer pour et contre, si bien que l'assemblée tout entière avait perdu de vue les combattants, au moment où un cri d'effroyable douleur fit retentir soudain les échos de l'enceinte. On se retourne, on regarde... Spectacle déchirant!... le milan gisait sur l'arène, battant les airs de son dernier coup d'aile et contractant ses serres dans une suprême convulsion d'agonie....

Comment le coup de mort avait été porté, je pouvais seul le dire. C'était une feinte renouvelée du fameux combat des Horaces et des Curiaces.

Le renard avait fui pour que l'oiseau s'attachât à sa poursuite et épuisât ses forces contre le bouclier rembourré de sa croupe. Aussitôt que l'oiseau fatigué eut renoncé à combattre et se fut perché sur le dossier de la chaise, dans la pose insolente du triomphateur insoucieux, la bête rusée avait tourné la tête, jugé la position et calculé la distance; puis, s'élançant d'un bond terrible que nul n'avait prévu, que personne n'entendit, elle avait engueulé le milan endormi et l'avait percé d'outre en outre, d'un coup de dent unique. Ç'avait été l'affaire d'une seconde. Quand les regards cherchèrent le meurtrier, on l'aperçut sous l'évier de la place, dans l'attitude d'un être complétement étranger à la scène tragique qui venait de se passer, et prosaïquement occupé à mâcher la besogne à la servante, en essuyant les assiettes.

Comme nous étions très-forts en ce temps-là sur le *De Viris*, un nom de livre que nous prenions pour un nom d'homme, ainsi que le *Selectæ profanis*, nous baptisâmes le héros de l'aventure de l'illustre nom d'Horace. L'infortuné ne jouit pas longtemps de notre admiration et de sa gloire. Emporté par une hallucination étrange que produisit sur lui l'aspect de la première neige, il s'enfuit à travers les plaines, sans prendre la précaution de se débarrasser préalablement du collier à grelot dont il était orné, et périt à quelques jours de là, sous le plomb d'un braconnier.

Le renard fait la guerre à tous les animaux plus faibles que lui. C'est le fléau de la basse-cour et de la garenne; il lève sur la race du lièvre un épouvantable tribut; il attaque avec succès les faons de la chevrette et de la biche. Dans les jours de misère, il se rabat sur les mulots et les racines; il est moins friand de raisin qu'on ne le dit; mais tout ce qu'il peut dérober à l'homme a pour lui un charme de saveur tout particulier; c'est *pain bénit*, pour me servir de l'expression des juifs qui volent les deniers de l'État.

Le renard ne s'associe pas pour le vol avec les larrons de son espèce ; il préfère travailler pour son compte et garder ses bonnes aubaines pour lui seul, quand l'aide d'un complice ne lui est pas indispensable. Ce n'est que pour le cas de chasse, et pour celle du lièvre notamment, qu'il a recours au procédé d'association. Tant que l'affût lui paraît préférable au courre, il s'en tient à l'affût. C'est le mode de chasse qu'il pratique le plus fréquemment à l'égard du lapin, gibier facile à surprendre au sortir du terrier, en se masquant d'un tronc d'arbre, d'un buisson de charmille ou d'un bouquet de ronces. L'été, lorsque les blés sont grands, il ne craint pas de se hasarder en plein jour dans la campagne où il surprend les levrauts au gîte, et les perdrix et les cailles sur leurs nids. Il n'est pas rare que le renard qui vient guetter un lièvre, à la sortie ou à la rentrée, trouve la place occupée par un braconnier *et vice versâ*. Le braconnier, né railleur, ne manque pas de dire en ce cas : Il m'est arrivé ce soir, ou ce matin, un grand malheur : nous étions deux à l'affût du même lièvre, j'ai tué mon camarade.

Pour chasser le lièvre à courre, le renard s'y prend de la même manière que le chien et le loup pour forcer la grande bête. On connaît la passée d'un lièvre ; un renard, deux renards vont se poster sur la voie, aux endroits les plus favorables pour la surprise. Ceux-ci sont chargés de happer l'animal au passage ; un autre se charge de le mener à voix et d'indiquer la direction qu'il suit. Quand le lanceur est fatigué de courir, l'un des affûteurs postés en embuscade le reprend et ainsi de suite, jusqu'à ce que l'animal soit happé, ou forcé ou manqué ; mais les renards n'attaquent guère les grands lièvres qu'à défaut de levrauts. Les jappements aigus qu'on entend de tous côtés la nuit, dans les pays infestés de renards, et qui ressemblent assez à des aboiements de roquets, annoncent des renards en chasse. J'ai souvent entendu raconter l'histoire ou le conte de ce renard qui, après avoir reproché amèrement à son camarade de chasse d'avoir manqué le lièvre, répète devant lui le saut qu'il fallait faire, et paraît ne pas pouvoir comprendre qu'on soit si maladroit.

Que je cite un trait de cette adresse du renard, en même temps que de son effronterie. Un soir que nous revenions de la chasse au sanglier à la neige, un lièvre part devant nous dans la plaine et se dirige vers le bois; quelques-uns de nos chiens l'aperçoivent et le poussent. Mais le lièvre a eu à peine le temps de gagner le buisson, que nous l'entendons jeter son cri de détresse. Je m'imagine qu'un de nos chiens le tient, ou qu'il s'est pris à quelque piége; je m'élance de toute la vitesse de mes jarrets pour m'en emparer avant que les chiens n'arrivent et le dévorent. Mais en voici bien d'une autre; le lièvre continue de crier, et sa voix s'éloigne à mesure que je m'approche. Curieux d'avoir la clef de l'énigme, je redouble d'efforts pour gagner un jeune taillis voisin où il faut que l'animal passe et que le mystère s'éclaircisse. Qu'aperçois-je? un renard qui débûche à vingt pas de moi, traînant le malheureux lièvre à la remorque et fort gêné dans sa marche, comme on pense, par un pareil fardeau. Tant d'impudence méritait châtiment; le coupable ne l'attendit pas une seconde. Ainsi l'effronté avait eu l'audace d'*accourir*, sur la voix des chiens, à la rencontre du lièvre et de le leur enlever à leur barbe, à moins de trois cents mètres du lancer!

Heureusement que le renard, si rusé quand il chasse pour son compte, ne sait pas se défendre contre les chiens courants, pas mieux que les boulangers prévaricateurs devant le juge de paix. C'est le renard qui, dans les battues, arrive le premier sous votre fusil, à la voix des traqueurs; il ne rebrousse pas comme le sanglier, le vieux loup et le chevreuil. On le prend facilement à tous les piéges, au rejet, au traquenard; on l'empoisonne avec les gobes, boulettes de viande assaisonnées de noix vomique. Je conseille pour ce procédé l'emploi de la taupe saturée de strychnine. Le renard étant le seul animal qui dévore la taupe morte, on ne risque pas, comme avec les autres gobes, d'empoisonner les chiens. Il arrive quelquefois que le renard pris au piége s'ampute courageusement la patte prisonnière et se sauve sur les trois qui lui restent. La *Maison rustique* veut que, pour éviter ce désagrement, on attache le traquenard à une pierre que le renard puisse traîner après lui jusqu'à une certaine distance, attendu que cette opération *l'amuse*, dit le livre naïf, et éloigne de son esprit toute idée de suicide. Cette naïveté rappelle ce précepte célèbre du *Cuisinier français* : la truite *aime* à être mangée *vive*, le brochet *préfère* attendre.

Un de mes amis de l'Aisne, grand destructeur de mauvaises bêtes, m'écrivait l'an dernier : « Vous êtes bien dans le vrai, ainsi que saint Ambroise, quand vous dites que le renard est une bête de peu de défense. J'en ai pris un ce matin dont la stupidité m'a fait peine. Imaginez-vous que l'imbécile s'était coupé la patte juste au-dessous de l'endroit par où elle était tenue au piége, de sorte que ce douloureux sacrifice n'avait amélioré en rien sa position. Vous avouerez avec moi qu'une telle étourderie approche de la bêtise. Je ne crois pas qu'un loup, en pareille occurrence, eût fait semblablement. »

C'est une mauvaise bête que le renard, et qui a la vie dure et la dent venimeuse. Ne lui mettez pas le pied sur la gorge avant de vous être bien assuré auparavant qu'il est parfaitement mort. Plus d'un chasseur imprudent a été victime des airs de trépassé qu'il se donne pour ruser jusque dans la tombe. Il y a quelques années que des bûcherons avaient déterré un renard à la fosse Bazin, une gorge escarpée des collines de Fontenay-aux-Roses. L'animal avait été assommé au sortir de son repaire et gisait sur le sol, ne donnant plus signe de vie, quand le garde champêtre, qui avait assisté à l'exécution, et qui se défiait de quelque méchant tour de la bête, eut l'idée de lui plonger dans le flanc son arme redoutable! O surprise! le renard, piqué au vif, se réveille soudain de sa feinte léthargie, et détale aux yeux des spectateurs ébahis, emportant avec lui le sabre qui l'a blessé. Le fonctionnaire public en fut pour son insigne.

J'ai entendu dire par beaucoup d'écrivains que le renard avait souvent recours à ce dernier stratagème quand la faim le pressait; qu'il faisait le mort pour attirer à sa portée les corneilles et les autres oiseaux de proie qui vivent de charognes. Je crois tout du renard, emblème du boutiquier; du renard, qui s'approprie le terrier du blaireau par des moyens que la délicatesse de l'odorat réprouve, et dont l'existence entière n'est qu'une longue série de rapines, d'escroqueries et de meurtres d'enfants nouveau-nés.

Aussi, cette maudite engeance dont l'histoire politique est si noire de crimes a-t-elle provoqué de toutes parts, et depuis les temps les plus reculés jusqu'à nos jours, l'anathème des générations. Le renard de l'Écriture sainte se distingue par trois qualités principales qui sont : voracité insatiable, fourberie, cruauté. C'est pourquoi saint Luc l'évangéliste représente sous l'emblème du renard Hérode, tétrarque de Judée. Un détracteur forcené de la Grande-Bretagne, un anglophobe, comme on les appelle, dirait qu'il y a aussi de l'Anglais dans ce portrait, sauf les griffes du léopard, qui manquent ici pour compléter la ressemblance. Les livres saints reprochent encore au renard de ne cultiver d'autre amitié parmi les bêtes que celle du serpent, ami des sombres cavernes comme lui. Je traduis le texte mot à mot.

Ézéchiel, qui n'était pas, au dire de la Bible, un gastrosophe de haut titre, Ézéchiel et le *Cantique des cantiques* assimilent les faux prophètes aux renards. Origène et les autres Pères de l'Église vont plus loin ; ils affirment positivement que la fourrure du renard sert d'enveloppe au démon, et la tradition se perpétue jusque dans le moyen âge. Elle se reproduit dans les légendes démoniaques de nos pères ; elle s'incruste en mythes vivants dans les pierres de nos cathédrales. On peut voir dans les stalles du chœur de la curieuse église de Cuiseaux (Saône-et-Loire), Satan sous la forme d'un renard, éteignant d'un souffle impur la flamme de l'Esprit saint.

Le livre des *Juges*, les *Fastes* d'Ovide, Tite-Live, mentionnent l'emploi du renard comme stratagème de guerre. Un grand nombre d'écrivains incrédules et sceptiques ont paru révoquer en doute la véracité de l'histoire des trois cents renards accouplés deux à deux et munis de torches à l'arrière, avec lesquels le valeureux Samson fit tant de mal aux moissons des Philistins. On se récrie sur la difficulté de réunir une telle quantité de renards et de leur attacher simultanément tant de mèches incendiaires à la queue ; mais j'arrive à la justification de la version hébraïque en commençant par signaler une confusion de texte. Il est évident pour moi qu'il faut toujours lire *sanglier* et *chacal*, là où les livres saints disent *pourceau* et *renard*, attendu que le chacal et le sanglier sont aussi communs dans la Judée et dans l'Asie Mineure que les porcs et les renards y sont rares, et, encore, parce que les renards ne vivent pas en troupes comme les chacals, et parce que la loi de Moïse prohibait l'élève du pourceau comme la loi de Mahomet. Avec cette simple rectification, l'histoire de Samson s'explique le plus aisément du monde, comme toutes les histoires des possédés de l'Évangile, et la véracité des saintes Écritures est sauvée. Pour qui a vu l'Égypte et l'Asie Mineure, ou seulement l'Algérie, ce n'est pas la mer à boire assurément que de réunir, Dieu aidant, quelques centaines de chacals. Dans l'hiver de 1841, à Boufarick, j'avais prié trois de mes administrés de me procurer quelques peaux de chacal pour m'en faire des tapis; ils m'en apportèrent deux douzaines chacun au bout de trois ou quatre jours. Il y a plus, je tiens que, sans les chacals, l'Algérie eût été dévastée dix fois déjà depuis notre occupation par la peste, et cela, grâce aux innombrables décès de bœufs et de mulets provoqués par la négligence de l'administration militaire. En février 1842, le seul troupeau de Boufarick, troupeau du gouvernement, livra aux chacals de la Mitidja, en huit jours, plus de cent cadavres de bœufs d'Espagne et de Sicile, des bêtes gigantesques. Le neuvième jour, il n'en restait plus que les os.

Élien rapporte aussi que, de son temps, les renards étaient si communs dans les contrées voisines de la mer Caspienne, qu'on les rencontrait par bandes dans les rues des cités, où la présence des hommes ne les intimidait pas. Je répète que ces habitudes familières sont dans le caractère du chacal et non dans celui du renard. La version d'Élien est tout en faveur de ma thèse. L'antiquité a même accusé le renard d'aimer la chair humaine, et Pausanias a cité un fait à l'appui de cette accusation, l'histoire du Messénien Aristomène qui s'échappa des oubliettes où il avait été jeté par les Lacédémoniens, au moyen d'un conduit souterrain que les renards *avaient creusé pour venir manger les cadavres des oubliés*. La faim est mauvaise conseillère, j'en conviens, mais je n'ai par-devers moi aucun fait authentique moderne qui justifie l'imputation ci-dessus. Quant au chacal, c'est autre chose ; le chacal a déterré en Algérie plus de cadavres que l'hyène. Le chien, redevenu sauvage, donne également dans ce travers regrettable. Le chien, ne l'oublions pas, est le très-proche parent du chacal. La chacale ne dissimule même pas ses préférences amoureuses pour le chien, et produit avec lui comme la louve ; mais il y a antipathie invincible et mortelle entre le renard et la chienne. Jamais le dévouement et l'épicerie ne se donneront la main.

On sait enfin que les fabulistes ont fait abus de l'analogie du renard, affublant de sa robe le flatteur, le parasite, le gourmand, le marchand d'amulettes, le fripon, le plaideur, l'orateur politique; et qu'ils ont usé le costume à force de le prêter aux procureurs.

Et maintenant que vous savez les raisons de ma haine et de mes mépris pour la bête favorite des veneurs d'Albion, écoutez la parole du Christ (Évangiles selon saint Luc, chap. IX, v. 58; saint Mathieu, chap. VIII, v. 17) :

Vulpes foveas habent et volucres cœli nidos, at Filius Hominis non habet ubi caput reclinet !

« Les renards ont leurs terriers, les oiseaux du ciel ont leurs nids; mais le Fils de l'Homme n'a pas où reposer sa tête ! »

Ainsi parlait le Christ aux puissants de la terre, il y a dix-huit siècles, reprochant à la société antique son égoïsme et son inhumanité. Depuis ce temps, la parole libératrice du Fils de Dieu s'est répandue sur le monde, et le dogme de la charité chrétienne n'a pas manqué d'apôtres ni de martyrs. Mais, vainement ces apôtres ont prêché la justice, l'égalité et l'amour du prochain par tous les coins du globe.

Les renards ont encore pour l'hiver une fourrure et une retraite chaudes, les oiseaux du ciel ont leurs nids ; le Fils de l'Homme lui seul, le prolétaire infortuné, n'a pas où reposer sa tête !

LE CHAT SAUVAGE ET LE LYNX.

J'ai dit du Chat sauvage tout ce que j'en devais dire à l'article du chat domestique. C'est une bête bonne à détruire dans l'intérêt du gibier poil et plume et que personne ne pleurera. Quant au lynx, le moule est si près de ses fins qu'il est parfaitement inutile de prêcher contre lui la croisade.

M. de Buffon avait déjà rayé le lynx de la liste des bêtes nationales, vers la fin du siècle dernier. Cependant l'histoire et la statistique de la destruction des animaux nuisibles prouvent qu'il en a été tué encore quelques-uns depuis cette époque. Marolles fait mention d'un lynx natif d'Auvergne, tué en 1788 dans la plaine de Saint-Flour. Des chasseurs des Hautes-Alpes et des Hautes-Pyrénées m'ont affirmé en avoir revu de nos jours. Ainsi, les rares survivants de cette race proscrite auraient, suivant l'usage, déserté les pays montagneux de l'intérieur, le Cantal, les Cévennes, pour aller demander un refuge aux gorges boisées des chaînes de la frontière, où ils se maintiendraient encore et d'où ils disparaîtront un matin sans prévenir personne. Au surplus, la chasse du lynx ou loup-cervier n'avait rien d'intéressant et je ne la regrette pas.

Le lynx est un félin qui se distingue de tous ses congénères par deux caractères particuliers. Ses oreilles, droites comme celles du chat, sont garnies d'un pinceau de poils comme ceux de l'écureuil ; il a, de plus, la queue courte, et son allure semble le rapprocher de l'hyène autant que de la panthère. Nous l'avons retrouvé en Algérie, en compagnie du caracal, un autre chat sauvage, son plus proche parent. C'est une bête maussade qui ne se fait pas chasser, qui se recèle partout, sous les rochers, dans les fourrés impénétrables, sur les arbres. L'espèce était vouée à la destruction par le fusil, comme celle du chat sauvage, puisqu'elle ne savait pas se défendre des chiens. Si nous regrettons peu le lynx, le cerf, le daim et le chevreuil le regrettent encore moins que nous, car, ainsi que son nom l'indique (loup cervier), ce carnivore était mortel au fauve. Il se postait sur le passage de ces bêtes, quand elles se rendaient à l'abreuvoir ou au gagnage, s'embusquait sur les branches comme l'ours, le glouton, le kinkajou, et de là se laissait tomber sur sa proie, qu'il saisissait par la partie supérieure du col, et qu'il dévorait vive, lui déchirant les chairs par lambeaux et lui suçant le sang.

Le lynx d'Europe, à la robe rutilante et légèrement mouchetée de taches brunes, aux oreilles droites et garnies du caractéristique pinceau de poils, ne se retrouve plus guère que dans la province d'Algarve, en Portugal. Un être qui vit de carnage et qui s'embusque sur les grandes routes pour arrêter les gens pourrait bien symboliser le détrousseur de passants, l'assassin de la voie publique, race ignoble, de qui les chemins de fer ont ruiné l'industrie.

Qui regrette les brigands? qui regrette le lynx?

L'OURS.

De toutes les bêtes inscrites sur la liste de proscription qu'on vient de lire, celle-ci est la première dont la condamnation m'inquiète, et me fasse presque désirer de ne pas savoir écrire. Il me semble entendre de loin des voix s'élever de l'auditoire pour me reprocher ma barbarie et mon iniquité, et me faire un crime de refuser à l'ours le bénéfice des circonstances atténuantes, que j'ai si facilement accordé au loup et à la loutre.

Récriminations injustes, car l'analogie passionnelle ne demande pas la mort, mais la conversion du pécheur, et quand elle se voit forcée de prononcer la peine capitale contre une pauvre bête, elle est la première à gémir de la dureté de la loi.

Si j'ai donc admis en faveur du loup et de la loutre des circonstances atténuantes, dont je n'ai pu étendre le bénéfice à l'ours, c'est qu'il y avait certainement à l'extension demandée de graves empêchements.

C'est que le loup et la loutre, (emblèmes du bandit et du ravageur) symbolisent de puissantes natures, qui ne sont que dévoyées par l'influence du milieu subversif où elles se développent et qui peuvent être ramenées au bien et ralliées à l'harmonie par la transformation de ce même milieu ; tandis que l'ours symbolise l'esprit de rétrogradation systématique et d'anarchie incorrigible qui prohibe la clémence. Le loup et la loutre peuvent se domestiquer, l'ours pas.

L'ours est en effet l'incarnation vivante de l'hostilité au progrès, et la protestation armée des prétendus droits de la bête contre l'autorité de l'homme. Et les raisons de ce double antagonisme se comprennent parfaitement.

L'ours était quelque chose comme le premier de la terre avant la venue de l'homme; c'était même alors la seule bête à quatre pattes qui eût le privilége de se tenir debout et de se servir de ses pieds de devant en guise de mains. Or, comme tous ceux qui ont un peu régné, l'ours a eu la faiblesse de se croire le seul gouvernement légitime, le gouvernement de droit divin; et il n'a pas pardonné à l'homme de l'avoir déplacé, et il le traite journellement de ravisseur de son sceptre, d'usurpateur de son autorité.

L'ours est l'emblème des regretteurs incorrigibles du passé, des prétendants déchus qui espèrent en des résurrections impossibles. Pour lui l'âge d'or est encore celui où régnait l'ours ; et il est peut-être de bonne foi quand il affirme que l'invasion du mal en ce bas-monde date du renversement de la monarchie à quatre pattes.

Les fauteurs d'obscurantisme systématique et de superstition appellent aussi le moyen âge où ils régnaient l'âge d'or, et ils traitent d'hérétiques et de païens les apôtres des idées nouvelles. *Toujours plaint le présent et vante le passé.* C'est l'éternelle protestation de la Routine contre le Progrès, des vieux contre les jeunes, des amoureux en retraite contre les amoureux en fonction.

Pour les causes ci-dessus déduites, l'ours ne peut donc reconnaître la suzeraineté de l'homme, sans faire abdication de ses droits à la couronne, sans se déshonorer, comme disent les prétendants.

Voilà qui expose en quelques lignes toute l'histoire de l'ours, qui raconte ses habitudes et ses façons d'agir et qui dit les motifs de sa condamnation.

On parle de son humeur sauvage et de sa misanthropie. Mais c'est que les regrets de la puissance perdue n'ont pas pour effet habituel de teindre la pensée en rose et que l'ours n'est pas tenu d'aimer l'homme qui lui a pris sa place. Je comprends les douleurs et la misanthropie de l'ours, mais n'en trouve pas moins qu'il y a de sa part petitesse d'esprit et prétention risible à se croire supérieur à l'homme et mieux fait que lui pour régner. Les prétendants, par malheur, ne se convertissent pas, ils s'éteignent. L'ours est près de ses fins.

Il a boudé d'abord le gouvernement nouveau et s'est retiré dans ses terres, en signe d'opposition, comme font, depuis que le monde est monde, les partisans de toutes les dynasties déchues. Les terres de l'ours sont les forêts épaisses, les cyprières marécageuses, les montagnes escarpées. La barbare Moscovie, espoir des prétendants, refuge du droit divin et de l'autocratie, est, dans la vieille Europe, sa patrie d'adoption.

Là, il a vécu solitaire pendant de longues années, attendant chaque jour une restauration chimérique; puis l'ennui de la solitude qui rend les ours méchants l'a pris, et de la conspiration par pensées et par paroles il a passé à la conspiration par les actes. Il est sorti de sa retraite pour envahir le territoire de l'ennemi, et il s'est attaqué à ses troupeaux; même il lui est quelquefois arrivé de manger le berger.

Or, il était impossible que de pareilles provocations ne fussent pas suivies de fâcheuses représailles. L'homme rendit à l'ours guerre pour guerre, l'entoura de mille piéges et dressa des chiens contre lui. Et comme le goût de la chair de la bête lui vint en même temps que la fantaisie de se parer le chef de sa dépouille, la persécution ne tarda pas à s'organiser contre l'ours sur une échelle immense, et il advint qu'au bout de quelques siècles d'une lutte meurtrière, l'animal avait disparu presque partout des plaines plantureuses, des collines boisées et des zones habitables, et que les rares survivants de l'espèce se trouvaient acculés en leurs derniers refuges, aux gorges inaccessibles des chaînes les plus hautes, dans le voisinage des neiges éternelles.

Ainsi les choses se sont passées en France, où l'ours était

partout au temps de Jules César et florissait sur les rives de l'Oise vers l'ère mérovingienne, où les chasseurs du siècle dernier avaient encore la chance de le rencontrer de temps à autre sous les noires forêts du Jura et des Vosges. Aujourd'hui, l'ours de France n'est plus que dans la région du chamois, aux gorges les plus abruptes des Alpes et des Pyrénées. L'espèce a disparu successivement des forêts du centre, du Cantal, des Cévennes, des Vosges et du Jura, comme de la chaîne Apennine, et il y a tout à parier que ce siècle verra sa fin. Et il en sera de l'ours de Moscovie, si le progrès s'y met, comme de celui de France. Car cela est écrit, et nous aurions tout à fait mauvaise grâce à protester contre l'arrêt de la fatalité.

Je sais qu'il fut un temps où je nourrissais pour l'ours des sentiments meilleurs et où je n'acceptais pas aussi complaisamment la sentence prononcée sur lui. C'est que vraisemblablement à cette époque l'égoïsme du chasseur dominait en moi la raison et empêchait la lumière de l'analogie passionnelle d'éclairer ma pensée. Plus franc et plus désintéressé dans mon réquisitoire d'aujourd'hui que je ne le fus dans ma défense de jadis, je demande pardon au mouton et à l'homme de mes sympathies d'autrefois pour leur ennemi naturel. Hypocrites sympathies du reste, car, s'il m'en souvient bien, je ne poussais à la conservation de la bête qu'en vue de la conservation du plaisir de la tuer.

Mais le même sentiment de justice qui m'a forcé de confesser la culpabilité de l'ours, à raison de ses tendances rétrogrades et anarchiques, m'impose le devoir de protester contre les nombreux mensonges dont l'histoire de l'ours est chargée. Il semble vraiment, en effet, que la plupart des biographes de la malheureuse bête, sacrés comme profanes, antiques comme modernes, se soient donné le mot pour en faire le bouc émissaire de toutes les iniquités de sa caste.

Disons d'abord pour réhabiliter l'ours dans l'opinion des masses et rétablir ses droits à la considération publique, que c'est après l'homme et le singe, le plus élevé en rang de tous les mammifères, et que c'est, par conséquent, en Europe, où les quadrumanes manquent, notre plus proche parent. Et le titre supérieur de l'ours n'est pas seulement écrit dans son attitude verticale, dans la quasi-absence de l'appendice caudal et dans la conformation de ses membres taillés évidemment sur le patron des nôtres, ce type se reconnaît surtout à la prédominance de ses appétits *innocents* sur les appétits carnivores, car l'ours est éminemment *frugivore*, et l'on sait que la frugivorie est l'apanage exclusif des espèces supérieures dans tous les règnes de l'animalité, bimanes et quadrumanes chez les mammifères, perroquets parmi les oiseaux. L'homme de la phase normale ou de la phase d'apogée, l'Harmonien est exclusivement frugivore.

La prédominance des appétits frugivores sur les carnivores est si marquée chez l'ours, qu'on connaît des espèces du genre, l'ours noir de la Louisiane notamment, à qui la seule odeur du sang et de la chair soulève le cœur de dégoût, et qui vivent de longs jours, innocentes de tout meurtre et se contentant pour toute nourriture de racines, de miel et de fruits. On m'interrompt ici pour m'objecter que la règle n'est pas générale et qu'elle offre, par exemple, deux fâcheuses exceptions dans l'ours gris de la Californie et l'ours blanc des mers polaires. Je réponds à l'interruption pour ce qui est de l'ours blanc, que le miel et le fruit sont rares aux régions glaciales qu'il habite, et que le régime anachorétique y est, par conséquent, de pratique difficile ; que pour ce qui est de l'autre, son histoire est à faire. Mais ce que nous savons parfaitement, et à n'en pas douter, c'est que l'ours de France, qui est parfaitement omnivore et mangeur de moutons à ses heures, fait très-peu parler de lui dans la saison des fraises.

Il y a, d'ailleurs, en faveur de la modération des appétits sanguinaires de l'ours la fameuse preuve tirée de l'histoire des jeux du cirque de la Rome impériale. On sait que les Romains, qui étaient un grand peuple et qui n'aimaient que les drames épicés de sang humain, avaient un immense plaisir à livrer les chrétiens aux bêtes, se repaissant avec délices du spectacle des tortures de ces hérétiques et applaudissant avec enthousiasme aux plus beaux coups de dent des bêtes. Or, l'ours fut en ce temps-là le premier carnivore à qui cet ignoble métier de bourreau-dévoreur répugna. Et comme il ne se cachait pas de ses répugnances, les ordonnateurs des fêtes publiques furent obligés de lui retirer leur confiance et l'accusèrent officiellement de tiédeur pour le culte païen.

C'est aussi l'opinion du chasseur et du peuple que l'ours est généreux et *ne tue pas les morts,* et la tradition devait être incrustée de longue date dans la conscience publique pour en être sortie plusieurs fois sous la forme d'apologue. Les livres de chasse font mention d'une foule de rencontres dramatiques et de luttes désespérées d'homme à ours sur des rampes d'abîmes, où l'on voit que la bête, lorsqu'elle a le dessus, se contente d'étouffer son ennemi dans ses embrassements et de le précipiter dans le gouffre, sans l'endommager autrement.

De graves raisons physiologiques s'ajoutent maintenant à ces faits pour démontrer que le régime végétal convient mieux que tout autre au tempérament de l'ours.

L'ours ne se dissimule pas, en effet, qu'il est plutôt taillé pour escalader l'arbre à fruit ou pour cueillir des fraises que pour forcer le dix-cors à la course, et il a adopté, en conséquence, un régime diététique et une ligne de conduite conformes à sa nature. Son appétit frugivore étant plus facile à satisfaire que l'autre, il profite de cette facilité qu'il a de bien vivre pour amasser pendant l'automne, saison des fruits, de larges provisions de cette graisse philocome avec laquelle les parfumeurs de la rue Vivienne préparent le fameux cosmétique, si connu dans le beau monde parisien sous le nom de *pommade du lion* (prodige de la chimie !). Puis, une fois nanti de sa provision d'embonpoint, il se recèle dans une tanière où il passe à dormir les deux plus mauvais mois de l'année, frimaire, nivôse, les mois des frimats et des neiges.

La femelle se recèle comme le mâle et à la même époque, et, chose assez bizarre, choisit précisément pour mettre bas le temps de sa réclusion. On a dit en Russie, à M. Louis Viardot, que les ourses de ce pays-là avaient l'habitude de s'enfermer avec un jeune ours, que les Russes désignent sous le nom de *précepteur* ou d'*amant*, et qui n'est pas le père de la famille future.

Or, tous les calomniateurs de l'ours, fabulistes ou historiens, profanes ou sacrés, auront beau dire, ces habitudes là ne sont pas d'une méchante bête ! Et cet animal qui sommeille pendant la saison de la misère et du crime, et qui préfère les fraises, les sorbes et les alises à un quartier de chevreau, ne peut pas raisonnablement être classé parmi les ogres.

La tendresse maternelle de l'ourse est encore un de ces textes où chacun a fait sa glose depuis qu'on a écrit sur les bêtes. On a commencé par lui faire un crime du courage qu'elle déploie pour défendre ses petits et de l'exagération de sa tendresse qui lui fait voir des ennemis de sa progéniture dans tous ceux qu'elle rencontre. Comme si la pauvre mère n'était pas excusable de s'exagérer les périls qui menacent ses oursons et de trembler pour leur peau, quand elle songe à la consommation désastreuse que fait de cet article la seule institution de la garde nationale. Je voudrais bien savoir comment les accusateurs de l'ourse se comporteraient s'ils étaient à sa place.

Quand je pense qu'on a été jusqu'à se moquer des lèchements sans fin et des douces caresses qu'elle prodigue à ses petits pour les amener à bien, et même de l'habitude qu'elle a d'en prendre un sous chaque bras pour les garer de tous les mauvais pas dans leur première enfance! Je ne ferai pas ici à la brute l'injure de la défendre contre les mauvais propos de l'homme mon semblable.

Ainsi l'histoire et la physiologie démontrent que l'ours des pays à fruit ne fut jamais un partisan effréné de l'effusion du sang. Ainsi le lecteur prudent fera bien de n'ajouter qu'une demi-foi aux bruits que la malveillance des fourreurs a fait courir sur le compte de l'animal pour les motifs intéressés qu'on devine. Je l'engage surtout à se défier de l'opinion fâcheuse qui a cours parmi la gaminerie parisienne, à savoir que si l'ours *aime* le pain d'épice, il *adore* l'invalide. L'ours des zones tempérées n'aime pas plus l'homme au physique qu'au moral, voilà le fait; il ne porte guère la main sur lui qu'à son corps défendant, et n'en mange que dans les plus mauvais jours, lorsqu'il est pressé par la faim, détestable conseillère. Or il faut bien que nous tenions compte à la brute de cette circonstance atténuante de la faim, si nous voulons qu'on nous excuse, nous, créatures raisonnables, de nous entre-dévorer et de nous entre-tuer par passe-temps, sans motif avouable. L'Harmonien a parfaitement le droit de reprocher à l'ours sa férocité sanguinaire, mais non le Sauvage, le Barbare, ni le Civilisé qui n'ont su organiser chez eux que la boucherie humaine.

Notons bien qu'il ne s'agit dans l'apologie qui précède que de l'ours de la France, de l'Asie et de la Grèce, et que j'ai réservé complétement la question de l'ours gris d'Amérique et celle de l'ours blanc.

Ainsi tombent d'elles-mêmes les atroces calomnies d'Élien le Grec, qui fit de l'ours un meurtrier de bas étage, un ignoble assassin, tuant pour tuer, et pour l'unique plaisir de répandre le sang. Ainsi se retournent contre la véracité des saintes Écritures.... et la légende d'Élisée, le prophète irritable, qui fit manger d'une seule bouchée par deux ourses de Judée une quarantaine d'enfants mal élevés qui l'avaient traité de chauve, et les fausses appréciations du bienheureux saint Basile et les comparaisons injurieuses du prophète Daniel, qui eut la faiblesse de faire d'une bête essentiellement frugale et amie des poires et des fraises un type de perfidie et de voracité, pour s'en servir comme d'une arme d'insulte contre les rois persans.

Je ne sais pas de quelle infamie les romanciers de la Bible et d'ailleurs ont oublié de salir la biographie de l'infortuné quadrupède; car à peine en ai-je fini avec ceux qui l'accusent d'appétit violent pour la chair de l'invalide, qu'il me faut reprendre la plume pour le défendre de cette autre accusation non moins absurde d'appétit déréglé pour la chair des jeunes filles. Toutes les personnes qui s'occupent d'histoire naturelle ont lu le récit de Conrad Gesner, qui raconte comme quoi un ours de la Savoie enleva un beau jour une jeune savoyarde de seize ans et l'emporta dans sa tanière, où il la tint séquestrée pendant plus de trois mois, et d'où les parents de la jeune recluse eurent toutes les peines du monde à la tirer. Conrad Gesner est ce même zoologiste naïf qui entendit une nuit deux rossignols d'auberge disserter politique. Les deux récits se valent; ce qui n'empêche pas Marolles, un historien de chasse d'il y a quatre-vingts ans, de confirmer par sa crédulité les faux bruits que l'imagination pervertie des conteurs a fait circuler de tout temps sur les appétits d'un tas de monstres, ours, orques, minotaures pour la chair rose des vierges.

Ce n'était pas assez pour la malice humaine d'avoir calomnié l'ours dans ses appétits et ses mœurs ; elle a éprouvé le besoin de ridiculiser le malheureux animal et d'en faire le plastron d'une foule de mystifications plus ou moins incroyables. La palme revient au fabuliste, en ce genre nouveau de menteries.

Il faut savoir d'abord que l'ours tant calomnié est une bête fine et cauteleuse, habile de ses mains comme pas une, faisant bien tout ce qu'elle fait, mais n'allant pas au delà, et tâtant le terrain avant de s'engager. Toutes les personnes qui ont vécu avec l'ours et qui l'ont étudié chez lui ou dans le monde s'accordent à lui reconnaître l'adresse et la prudence au suprême degré. Et pourtant le fabuliste n'a pas moins réussi à en faire un type proverbial de gaucherie et de stupidité. Le fabuliste a conté en un style charmant, à qui a voulu l'entendre, qu'il était une fois un ours qui avait cassé la tête à son ami, un homme, pour le débarrasser d'une mouche qui troublait son sommeil. Je ne sais pas si l'histoire est vraie ou apocryphe, ne connaissant personne digne de foi qui se soit trouvé sur les lieux au jour de l'accident, mais ce que je puis affirmer en toute sécurité, c'est que si les choses se sont passées comme la fable le rapporte, c'est l'ours qui a été ici le mystificateur et le fabuliste le mystifié. C'est que si l'habile émoucheur a fait de sa pierre deux coups, il y a dix à parier contre un qu'il y visait, et qu'il s'est joué odieusement de la simplesse et de la crédulité de son biographe, en lui disant plus tard qu'il n'y avait pas tâché. Mais peu importe, hélas! le fond de l'histoire au badaud. La calomnie était écrite en vers irréprochables et assaisonnée d'une morale piquante : *Rien n'est plus dangereux qu'un maladroit ami; mieux vaudrait un sage ennemi.* La calomnie a fait son chemin dans le monde ; les vers sont devenus proverbes, et il n'y a pas de jour que l'occasion de les citer ne se présente pour chacun et pour tous. C'est ainsi qu'il vous est impossible de lire certains articles en faveur de la morale écrits par certains moralistes, certains articles en faveur de la religion écrits par certains journalistes, sans qu'aussitôt la maladresse de l'ours de la fable ne vous saute au souvenir. C'est bien le cas de signaler ici un nouvel exemple du danger des livres bien écrits.

En effet, si la calomnie qui précède n'avait pas été stéréotypée par le bon La Fontaine en d'admirables vers, elle eût glissé comme tant d'autres sur la malice des hommes, sans y laisser de traces; mais ce prince des poëtes l'a burinée de sa touche magique, et elle est devenue immortelle. Triste privilége du génie que le privilége d'éterniser l'erreur; car l'erreur finit toujours par retourner contre celui qui l'apporte et par le blesser au visage; et le malheur, croyez-moi bien, ne tardera pas d'arriver au bonhomme que j'admire par-dessus tous ses rivaux comme styliste et comme mouleur de phrases, mais que je suis loin d'honorer de la même estime comme penseur, et surtout comme historien des bêtes. Sa fable de l'*Ours* est une faute contre la science et contre l'analogie. Sa fable des *Deux Pigeons*, tant citée, tant vantée, débute par un non-sens absurde :

> Deux pigeons *s'aimaient d'amour tendre,*
> L'un d'eux, *s'ennuyant au logis...*

Tout le monde sait parfaitement qu'on ne s'ennuie pas ensemble quand on s'aime, et qu'on n'a pas envie de se séparer, au contraire. C'est-à-dire que c'est à quitter la lecture du livre dès la première ligne et à prier le bonhomme de vous en tirer d'une autre, comme n'entendant rien à l'amour. Mais ces péchés-là ne sont encore que péchés d'ignorance, véniels par conséquent; et La Fontaine a de plus pour moi l'impardonnable tort d'appartenir de trop près à cette triste école du bon sens qui procède de Sancho Pança, et dont le Grison est l'oracle. Je sais vingt de ses fables où le beau rôle est à l'égoïsme, la risée aux choses du cœur, et dont la morale prouve que l'auteur aime mieux se tromper avec le proverbe, c'est-à-dire avec tout le monde, que d'avoir raison à lui seul. Ainsi peuvent agir les vulgaires esprits qui visent aux bravos de la vile multitude, mais non les esprits délicats. Et vainement vous me diriez, à moi, que tous les bourgeois de Paris sont d'accord pour proclamer la fable de la *Cigale et la Fourmi*, un chef-d'œuvre... l'exemple de tous vos bourgeois de Paris ne me changerait pas et ne m'empêcherait pas de déclarer tout haut, la main sur la conscience, qu'un chef-d'œuvre qui contient l'apologie de l'avarice est un crime, et que le génie n'a pas été donné aux poëtes pour mentir ainsi doublement à la charité et à la zoologie. Car, remarquez-le bien, la fourmi n'amasse pas, et par conséquent le fabuliste inimitable ignore l'histoire de la bête, et la calomnie gratuitement.

La lectrice me pardonnera l'accès d'indignation légitime auquel je viens de me laisser emporter, en considérant que, dans la fable de La Fontaine, tout l'odieux du principe de liarderie bourgeoise a disparu sous la grâce du style, et que le serpent de la fausse morale est si bien caché sous les fleurs, que les malheureux parents n'aperçoivent pas même le péril de l'indigne apologue, et ne songent pas à préserver l'imagination de leurs jeunes enfants de son influence pernicieuse. Qui pourrait chiffrer cependant le nombre d'âmes innocentes et candides que l'odieuse morale de la fable de la *Fourmi* a perdues? Qui oserait nier que le succès et la popularité de cette morale n'aient pas été pour beaucoup dans l'envahissement progressif de ce noble pays de France par l'esprit de liarderie hébraïque, et n'y aient pas ouvert les voies à l'établissement de la féodalité financière? Si quelque chose me console de n'être pas le bon La Fontaine, c'est de n'avoir jamais illustré de ma plume l'avarice de la fourmi ni la gaucherie de l'ours.

La vraie histoire de l'ours est celle que j'ai dite. C'est un animal de haut titre, intelligent et omnivore, qui n'a pas su se résigner à la position que la dernière création lui avait faite. Mais si le stoïcisme lui manque pour supporter noblement l'infortune, sa fidélité inébranlable à ses tristes principes l'honore, et l'énergie qu'il a déployée plus d'une fois dans le cours de sa lutte désespérée contre l'homme a coloré sa chute d'un certain reflet de grandeur. Mithridate aussi dut périr sous la chasse effrénée de Rome; mais la cause du grand vaincu a toujours plu aux âmes généreuses, sympathiques par nature au courage malheureux.

Ce n'est pas sans dessein que j'ai évoqué le souvenir des malheurs de Mithridate, à propos de ceux de l'ours; car il y a plus d'un point de similitude entre les deux infortunes. *Vaincu, persécuté, sans abri, sans État, errant de roc en roc.* C'est un portrait fidèle qui convient aussi bien à l'ours qu'au roi de Pont. Et la ressemblance, hélas! ne s'arrête pas là. L'ours qui sait parfaitement de quel sort le menace la cupidité du fourreur et que sa tête a été mise à prix, l'ours s'est habitué de bonne heure à vivre de toutes sortes de choses et à se faire un estomac à l'épreuve de tous les poisons, à l'instar de l'ennemi de Rome. Aussi l'arsenic et la strychnine, qui sont de violents poisons pour l'homme et pour le loup, ne mordent-ils pas sur l'ours. Pris à la dose d'un demi-kilogramme, l'arsenic est sans effet apparent sur l'animal; à la dose de deux kilogrammes, il opère sur la muqueuse intestinale comme un léger purgatif. L'ours paraît même avoir connu les vertus anesthésiques du chloroforme dès les temps les plus reculés.

C'est pourquoi j'ai eu tort autrefois de faire de ce moule l'emblème du sauvage. L'analogie était exacte sur beaucoup de points, mais non complète. Il est bien vrai que l'ours ne va guère au delà de la sauvagerie dans ses aspirations les plus ambitieuses et les plus utopiques, et que le retour à la vie sauvage, suivi de la rentrée en jouissance des sept droits naturels de Chasse, Pêche, Cueillette, Insouciance, etc., est tout son idéal. C'était aussi celui de l'infortuné Jean-Jacques, que l'horreur de la civilisation et le mépris de ses semblables induisirent à désespérer du futur et à retourner ses regards vers les choses du passé. Comme le Sauvage encore, l'ours éprouve un dégoût profond pour le travail esclave, et l'amour de l'indépendance et des bois est aujourd'hui sa dominante passionnelle. Comme le sauvage qui a été forcé de confesser la supériorité de la tactique et des armes du civilisé et de fuir devant la destruction bien loin dans le far-west, l'ours a fui de contrée en contrée devant les empiétements de l'espèce humaine. Comme le sauvage, le marasme l'a pris, quand il a reconnu l'impossibilité de soutenir plus longtemps une lutte inégale, et il s'est couché pour mourir, demandant aussi à l'esprit de feu qui empêche de penser sa consolation dernière. On sait que la passion de l'ivrognerie ne s'est développée chez l'ours qu'à la suite de ses longs malheurs.

Il y avait aussi beaucoup de la tactique des Peaux rouges des Grands Lacs dans celle de la bête, au temps où elle régnait encore sur la vaste solitude et où la conscience de son infériorité vis-à-vis d'un autre être ne lui avait pas ôté une partie de ses moyens. En ce temps-là, l'ours préférait comme le sauvage la guerre d'embuscade à l'attaque de front, et son habitude était de s'embusquer traîtreusement dans les branches inférieures de quelque arbre touffu, ou derrière quelque quartier de roche commandant le passage d'une source ou d'un défilé quelconque, d'où il se précipitait furieusement sur sa victime, la saisissant au col, l'étranglant, la *scalpant* sur place avant de l'entamer. La force musculaire de l'ours est prodigieuse et dépasse considérablement celle de nos plus vigoureux athlètes. On a vu des ours arrêter roide et abattre d'un seul coup de leur griffe puissante un cheval, un taureau; d'autres rentrer chez eux d'un pas leste, emportant sous chaque bras une chèvre ou un mouton. Si l'ours a rarement le dessus dans ses duels avec l'homme, cela provient de la supériorité des armes de l'homme et surtout de l'ignorance complète de l'animal en matière d'escrime. L'ours, qui a l'habitude de se dresser sur ses pattes de derrière pour attaquer le chasseur, commet naturellement la faute de prêter le flanc à son ennemi, qui n'a plus besoin que d'un peu d'adresse et de sang-froid pour lui ouvrir le ventre de son couteau ou pour lui percer le cœur de sa balle ou de son poignard. La méthode du poignard est la meilleure, dit-on, pour ne pas abîmer les peaux. J'ai connu dans les Pyrénées, aux Eaux-Bonnes, un chasseur d'ours qui en avait poignardé de la sorte une soixantaine en sa vie, et qui, suivant l'usage, en manqua un soixante et unième qui ne le manqua pas.

Si jusqu'ici l'analogie de l'ours et du sauvage a parfaitement marché, c'est que le sauvage est aussi une sorte de propriétaire évincé, de domination déchue. Où elle commence à boiter, c'est lorsqu'il s'agit d'expliquer l'antipathie naturelle et invincible de l'ours pour le cheval, sa ténacité à la vie et son observance ridicule des règlements de l'étiquette, travers ou facultés qui ne sont aucunement dans les dons du Sauvage, qui méprise souverainement les lois de l'étiquette, aime fort le cheval et tombe sous le souffle de la contagion comme la feuille d'automne sous celui de la bise.

L'antipathie invincible de l'ours pour le cheval fut connue de toute antiquité, et les zoologistes et les chasseurs attendent encore d'en apprendre la cause. A l'analogie passionnelle revient de droit l'honneur de deviner l'énigme et d'expliquer la fameuse histoire de cette bande d'ours endiablée contre laquelle la fusillade et le bruit des chaudrons ne faisaient rien du tout, et qui fut mise en fuite par une paire de *ra* et de *fla* provenant d'un tambour fait de peau de cheval.

L'ours est un vaincu orgueilleux qui est plus disposé à attribuer sa défaite à la défection des siens qu'à la supériorité de l'homme, et qui croit sincèrement que ce dernier aurait infailliblement eu le dessous dans la lutte, sans le concours du cheval et du chien. De là sa haine implacable contre ces deux espèces qu'il accuse d'avoir trahi la cause des bêtes à quatre pattes. De là vient que l'ours gris de la Californie, le plus audacieux et le plus fort de tous les ours, a juré au cheval guerre à mort et l'attaque partout libre ou non.

A ce titre d'emblème de domination déchue et d'amant des forêts, l'ours est de tous les grands carnassiers celui qui souffre le plus de la perte de sa liberté. C'est le plus difficile à garder de tous les captifs. Quand il n'est pas occupé à manger ou à dormir, il médite une évasion ; tous les ressorts de son imagination sont sans cesse tendus vers ce but. Cette tête dont le mouvement monotone et régulier de va-et-vient vous fatigue, est le pendule d'une idée fixe, mise en branle par l'aimant de la liberté. Si l'ours des Pyrénées et celui de Russie résistent si longtemps aux morsures du chagrin, s'ils ne meurent pas de honte foudroyante sur la place publique, c'est que l'espoir de la liberté et du triomphe prochain vit indestructible en leurs cœurs. Mais l'ours blanc, l'ours des pôles qui ne peut pas humer, comme ses congénères de la terre ferme, les brises de la contrée natale, meurt de nostalgie et d'eau tiède au bout de quelques mois.

A cette persistance incorrigible d'espoir en une restauration impossible l'ours devait joindre aussi cette susceptibilité chatouilleuse sur le point d'honneur et ce ridicule amour des titres qui sont les caractères spéciaux de la monomanie de tous les prétendants.

Il s'apprivoise, à raison de sa haute intelligence, mais n'abdique jamais sa personnalité ni ses droits. On l'a bien vu exercer le métier de jongleur pour vivre, à l'instar du tyran Denys, le jeune, qui fut maître d'école à Corinthe ; mais son maître ne sait pas les tribulations et les remords que coûte à son esclave la conscience de sa dégradation, et ce qu'il lui faut de force d'âme pour ronger en silence le frein de sa servitude. Ce à quoi l'ours tient le plus est d'être traité en roi, c'est-à-dire sur le pied de parfaite égalité avec l'homme. Aussi les voyageurs de l'Amérique septentrionale, qui savent toute l'importance que la bête attache aux procédés de politesse et aux moindres considérations de la part de l'homme, n'oublient-ils jamais de le saluer quand ils le rencontrent sur leur route. *Buenos dias, hombre*, lui font-ils : *Bonjour, l'homme*. Des personnes dignes de foi m'ont affirmé qu'il avait suffi quelquefois de cette simple formule adulatrice pour faire oublier à l'ours le plus mal inspiré ses intentions homicides et sa faim.

L'ours est poli du reste, obséquieux même de salutations et révérences envers les autorités constituées. Tout le monde a entendu parler de la civilité de cet ours qui avait pris ses degrés à l'école d'enseignement mutuel de la commune d'O..., arrondissement de Saint-Girons, et qui, reconnaissant un jour, au milieu de son public, sur la place de la Bastille, le maire de cette localité, interrompit soudain ses exercices pour offrir à l'honorable magistrat l'hommage de ses respects.

En revanche, l'ours blessé dans son orgueil ne pardonne jamais, et maintes fois on l'a vu briser sa chaîne, rien que pour se venger d'un affront, d'un geste inconvenant, et préluder à l'exercice de sa liberté reconquise par l'égorgement de son insulteur et de tous ses complices. J'ai lu dans l'*Histoire des terreurs rouges et blanches* des faits presque analogues à ces colères d'ours.

L'ours s'est rencontré primitivement dans toutes les parties du globe excepté l'Australie et sous toutes les latitudes, à Bornéo, sous la ligne, comme à Tornéa, près du pôle; en Asie, depuis l'extrémité la plus méridionale des Gattes jusqu'à l'embouchure de la Léna, et au delà, jusqu'à la Nouvelle-Zemble; en Europe, depuis le cap Matapan jusqu'au cap Nord; en Amérique, depuis la terre des Géants de la Patagonie, jusqu'à celle des Mirmidons du Labrador (Esquimaux). L'Afrique voudrait bien faire exception à la règle générale, mais je crois à l'existence de l'ours africain annoncé par Virgile, et que l'on retrouvera un de ces quatre matins sur quelque cime neigeuse d'une haute montagne de l'intérieur de ce continent immense, comme on a déjà retrouvé en Algérie le cerf africain, prophétisé depuis dix-huit cents ans par le même cygne de Mantoue, et si longtemps nié par la science officielle...; comme on reconnaîtra un jour encore, avec Virgile, que l'usage de la poudre à canon et du canon lui-même était déjà fort répandu dans le monde à l'époque de la guerre des Titans !! Combien de professeurs qui commentent Virgile tous les jours et qui ne se doutent même pas qu'une affirmation de cette importance se trouve consignée en toutes lettres dans les pages les plus illustres de leur auteur favori !

J'ai dit en quelles solitudes s'était réfugié l'ours de France, et que ces solitudes étaient celles où la liberté humaine avait trouvé ses derniers asiles, les Pyrénées, les Alpes. Les autres refuges européens sont les Alpes de Norvége, les monts Krapachs, l'Hémus et les sombres forêts de la Pologne, de la Finlande et de la Tartarie. C'est au cœur de la chaîne la plus élevée des Alpes helvétiques que l'ours a fondé la ville qui porte son nom (Berne).

L'ours de Berne a connu autrefois de beaux jours ; il avait son trésor à lui avant la révolution française, qui renversa tant de fortunes. Ce trésor s'élevait même à la somme de 60,000 francs, si j'ai bonne mémoire, à l'époque mémorable où une armée française victorieuse entra dans cette ville et mit la main dessus. De cette triste journée date la décadence de l'ours de Berne, qui ne vit plus aujourd'hui que d'une misérable pension alimentaire qu'on a déjà tenté de lui supprimer dix fois. L'ours Martin, premier du nom, le même qui mangea l'invalide de Paris, était une des gloires de cette ville. Quand nos armées victorieuses frappaient sur l'ennemi consterné des contributions de chefs-d'œuvre, et envoyaient au Musée du Louvre les dépouilles opimes de Venise et de Rome, il était naturel que l'ours Martin suivît la fortune de sa patrie, et servît d'ornement au triomphe des vainqueurs de l'Helvétie. Ainsi le conquérant de l'Asie, Alexandre le Grand, faisait contribuer la victoire au profit de la science, expédiant soigneusement à son maître Aristote tous les moules d'animaux que nourrissaient les contrées ouvertes par ses armes.

Or, je suis bien certain que pas un des écrivains qui ont appelé dans le temps les foudres de l'indignation publique sur l'ours du jardin des Plantes, coupable du meurtre de l'invalide, n'a tenu compte au meurtrier des circonstances atténuantes qui militaient en sa faveur, et notamment de la circonstance du ressentiment naturel qui dut surgir au cœur de l'animal, à la vue de l'uniforme qui lui rappelait si cruellement les malheurs de sa ville natale et les siens, et le vol de ses capitaux, et les misères de sa déportation. Car si doux que lui fût l'exil au sein de la capitale de la France, il n'y respirait pas l'air pur de ses montagnes; il n'y était pas le maître, il n'y vivait pas sur ses terres. Paris, en un mot, ne s'appelait pas la *ville de l'ours*, et on n'y donnait pas des fêtes publiques comme à Berne pour célébrer la naissance de ses fils.

Les rois d'Espagne, qui ont toujours honoré et cultivé la chasse, sont les seuls veneurs qui aient tenu des équipages pour l'ours et qui aient chassé cette bête à cor et à cri, comme le sanglier et le cerf. Le roi de Castille, Alphonse, onzième du nom, qui a écrit sur la vénerie un traité célèbre, déclare qu'il préfère la chasse de l'ours à toutes les autres. Il est question dans ce traité, continué par Argote de Molina, d'ours pris après cinq jours et cinq nuits de chasse non interrompue. Le courre se pratiquait comme celui du dix-cors, au moyen des relais. Les chiens de la meute royale étaient issus d'une race de chiens gris de montagne, exclusifs à la Péninsule, les ancêtres probablement des fameux chiens *pasteurs* des Pyrénées d'aujourd'hui. L'hallali de l'ours est toujours un drame aux péripéties émouvantes et largement arrosé de sang. Comme l'ours ne tue pas les morts, l'homme aux abois a la ressource d'abuser de cette générosité de l'animal en se jetant à terre et en contrefaisant le trépassé. Il s'agit seulement, dans ce cas, de retenir parfaitement son haleine et de bien jouer son rôle de cadavre jusqu'au bout; car l'ours est une fine bête et à qui il ne suffit pas de dire que l'on est mort pour qu'elle ajoute foi à vos assertions; l'ours veut flairer de près son monde, afin de s'assurer de la réalité du décès par son nez, par ses yeux, par ses mains. Mal en a pris à quelques-uns, qui s'étaient avisés du stratagème, de n'avoir pas fait preuve d'assez de malléabilité sous la griffe de l'examinateur, de ne pas s'être laissé retourner et fouiller d'assez bonne grâce. Tel autre a péri, au contraire, pour s'être montré de trop bonne composition dans l'affaire; l'ours, ayant à sa disposition un corps d'homme qui roulait si bien, s'est amusé à le pousser tout doucement jusqu'au bord d'un précipice et à lui faire faire un plongeon de trois cents mètres. Argote de Molina rapporte que, dans l'une de ces chasses solennelles, à laquelle assistaient l'empereur d'Allemagne et le roi Philippe II, on vit un ours emporter un chasseur imprudent sur la pointe la plus élevée d'un rocher et l'en précipiter aux yeux de toute l'assistance. C'est dans le même auteur qu'on trouve le récit de cette belle défense d'un ours qui, se voyant assailli par une multitude innombrable de chiens et une grêle de flèches, s'accule contre un roc, ramasse tous les traits qu'on lui adresse et les retourne avec un sang-froid remarquable à ceux qui les lui ont décochés. Il y a quelque chose de semblable à cela dans le récit authentique de la fameuse chasse à l'ours qui eut lieu en 1781, sur le territoire de la commune d'Arètes, près Oloron, en Béarn, où l'on vit un ours, blessé de plusieurs coups de feu, mettre à mort une demi-douzaine de tireurs, et *arracher le fusil des mains* de celui qui l'ajustait, sans lui faire d'autre mal. Est-il vrai que l'ours furieux poursuive jusque sur les arbres le chasseur qui l'a outragé? C'est plus que probable; je ne comprends même pas que la question ait pu jamais faire doute pour qui que ce soit.

On ne peut pas se dissimuler que la chasse de l'ours n'ait énormément perdu de ses périls et de son intérêt dramatique, depuis l'invention de l'arme à feu. C'est aujourd'hui une chasse tout aussi prosaïque que celle du sanglier, et beaucoup moins amusante, attendu que c'est à peine si l'on y emploie les chiens. Des pâtres de la montagne ont-ils aperçu un ours, ils le font savoir à des chasseurs du voisinage, qui dépistent l'animal, le cernent, le traquent et le tirent à bout touchant. Il arrive quelquefois que l'animal blessé se retourne contre le tireur, et que, si celui-ci perd la tête ou n'est pas secouru à temps, la bête se venge; mais les exemples de ces luttes désespérées *in articulo mortis* sur la rampe des abîmes deviennent malheureusement plus rares de jour en jour. Encore une étoile qui file du ciel de la vénerie française!

Une tradition intéressante, une sainte légende atteste que le domaine de l'ours ne se borna pas toujours en

France aux sommets neigeux des montagnes, et l'intérêt de la gloire cynégétique de ma patrie ne me permet pas de passer sous silence un fait qui prouve catégoriquement que l'ours florissait encore sur les rives de l'Oise du temps des Mérovingiens, ainsi que je l'ai affirmé.

C'est la légende d'Ourscamps. Ourscamps, comme qui dirait les champs aimés de l'ours?

La forêt d'Ourscamps est située à l'extrémité septentrionale du delta giboyeux que forment, avant de se réunir, les deux rivières de l'Oise et de l'Aisne. Elle a vu de beaux jours avant l'invasion des Romains et depuis. C'est la limite nord du faisan de France. La forêt d'Ourscamps fait partie de cet épais massif de forêts qui couvrent la rive gauche de l'Oise dans une étendue de plus de trente mille hectares, et au centre duquel s'épanouit, comme un diamant enchâssé dans l'émeraude, la villa royale de Compiègne. C'est le seul canton de la France qui me traduise encore les *Commentaires* de César, et me donne une idée de la Gaule des Druides. Ce n'est plus que là et à Fontainebleau que se rencontrent encore ces chênes archiséculaires qui meurent de leur belle mort, arbres géants dont l'âge a dégarni la tête, et dont les longs bras décharnés, perchoirs favoris des palombes, s'élèvent au-dessus de la feuillée d'alentour comme les hautes vergues d'un navire englouti dans un océan de verdure. Je me suis laissé dire que parmi ces têtes *couronnées,* dont la naissance remonte à l'avénement de la dynastie capétienne, plusieurs étaient qui pouvaient se vanter d'avoir assisté dans leur enfance aux ébats du bison, de l'ours et de l'aurochs, les trois seules choses du moyen âge que nous puissions raisonnablement regretter.

Et la légende, d'accord sur ce point avec l'analogie, rapporte que l'ours, qui peuplait les solitudes des Gaules avant l'invasion du christianisme, ne vit pas avec plaisir l'établissement de l'homme dans son voisinage, et qu'il travailla de tout son pouvoir à lui susciter des obstacles. Si bien qu'un beau matin, sur les rives de l'Oise, une de ces bêtes sournoises eut l'inhumanité de dépareiller un attelage de bœufs qui s'apprêtait à creuser un premier sillon dans le sol vierge d'une forêt dénudée. Le bœuf mort, le meurtrier l'emporta dans son antre. Mais un ours et un bœuf ne s'en vont pas comme cela, l'un portant l'autre, sans laisser quelques traces de leur passage à travers la feuillée; le ravisseur, d'ailleurs, qui comptait sur l'impunité, n'avait pas cru devoir dissimuler sa piste; son imprudence le perdit.

Il se trouva, en effet, que le hasard avait amené le jour même, sur les lieux, un pieux personnage aimé de Dieu, se nommant saint Médard, évêque de Soissons ou de Noyon, le même qui fait tant pleuvoir. Or, la nouvelle de l'attentat était arrivée jusqu'à lui, avant que le corps du délit ne fût entièrement consommé. Le digne évêque saisit avec empressement cette occasion admirable de faire un de ces miracles qui sont d'une si grande efficacité en matière de prosélytisme au début des religions neuves. Il se rend sur le théâtre de l'accident, suit la bête à la trace, pénètre dans son fort, l'avise, l'interpelle, et après lui avoir adressé une réprimande sévère sur sa gloutonnerie, lui annonce que le Seigneur, en punition de son forfait, la condamne à remplacer à la charrue le bœuf innocent qu'elle a si méchamment occis. Puis, prenant par l'oreille l'ours intimidé et docile, il le conduit au champ du travail, au milieu des applaudissements de la foule enthousiaste, qui n'en demandait pas tant pour se convertir au christianisme. L'histoire ajoute que la bête, ainsi subjuguée par la parole du saint homme, édifia longtemps le pays par sa conduite exemplaire et son zèle, et qu'elle vécut toujours en bonne intelligence avec son compagnon de travail. Heureux temps où la foi produisait de tels miracles! Essayez donc d'imposer de pareilles pénitences aux bêtes féroces d'aujourd'hui!

C'était le moins que la piété des fidèles consacrât par un monument quelconque la mémoire d'un événement aussi remarquable. Une église fut donc bâtie sur le lieu même où saint Médard avait opéré son miracle, sur le champ labouré par l'ours; de là le nom d'Ourscamps.

La forêt d'Ourscamps était le parc de l'illustre abbaye de ce nom avant 89. Là vivaient saintement de bons religieux de l'ordre de Cîteaux, à qui la sévérité de leur règle interdisait le faisan et le chevreuil, mais non la sarcelle et la loutre, exceptions salutaires et propices aux pieuses fraudes, et qui laissaient à l'intelligence culinaire le droit de métamorphoser en quadrupèdes amphibies ou en palmipèdes à chair noire tout le gibier poil et tout le gibier plume des forêts. Le marteau révolutionnaire, hélas! a frappé le saint lieu; l'industrie civilisée s'est assise à l'ancien foyer de la prière; le bruit monotone de la navette a remplacé les chants sacrés; une population hâve et chétive, abrutie par un travail répugnant, énervée par un régime trop soutenu de pain bis et d'eau claire, a succédé à la race épanouie et joufflue qui peuplait cet asile. Un château de banquier s'élève aujourd'hui sur les ruines de l'ancienne abbaye, et fait d'incroyables efforts pour marier le style plat de son architecture de caserne au style ogival et grandiose du monument de la foi. Prétention ridicule! Les quelques arceaux restés debout de la gothique chapelle écrasent de leur légèreté les lourds murs adjacents qu'a bâtis le bourgeois; et le soir, les rares vitraux coloriés qu'a épargnés la tourmente politique et que le vent d'ouest a oubliés aux dentelures des trèfles essayent encore de tamiser les rayons du soleil, comme pour dorer de poésie la solitude et la purifier des souillures de l'infecte vapeur. Il n'est pas jusqu'à l'ours traditionnel qu'ils ont juché, je ne sais trop pourquoi, au fronton de l'édifice moderne, qui ne semble protester par la triste expression de ses traits contre sa position actuelle, redoutant par-dessus tout que l'imagination du vulgaire ne prenne son effigie pour une vile enseigne de fourreur.

Ourscamps! C'était au sein de cette superbe forêt domaniale que ma laborieuse paresse avait rêvé le doux asile des vieux jours ; là que les destins adoucis m'avaient permis une fois de déployer ma tente! là que l'affinité des humeurs et des goûts m'avait créé de nobles et nombreuses amitiés ! là que Castagno, mon chien braque, régnait sur un monde de faisans qu'il connaissait par leurs noms propres et que son bonheur était de compter tous les soirs! là que ma pauvreté charitable organisait les moyens de faire participer tous mes pauvres frères en saint Hubert aux jouissances des heureux du jour !

Est venue la spéculation odieuse sous les espèces de l'horlogerie et de l'épicerie parjures, et tout cet avenir d'enchantements s'est enfui comme un songe. La barbe en a blanchi au maître, et les sourcils au chien!

Adieu donc à vous tous, mes bons amis de chasse, mes inséparables d'autrefois, si humbles dans le succès, si gais dans les revers, anneaux dorés d'une alliance passionnelle que la tourmente politique a brisée. Adieu Fortuno, Tapageaut, Perçante, Ravissante, défunts compagnons de ma peine, instruments de ma gloire ; car il n'est, hélas! en ce monde, si bonne société qu'on ne quitte. Adieu, mes beaux faisans, mes beaux dix-cors, mes biches, par moi si magnanimement ménagés pour les plaisirs d'autrui, et puissiez-vous trouver parmi mes successeurs qui vous aime et qui vous respecte comme moi!

FIN.

TABLE DES MATIÈRES

CHAPITRE IV

FIN DE LA TABLE.

Paris.—Imprimé chez Bonaventure et Ducessois, quai des Augustins, 55.

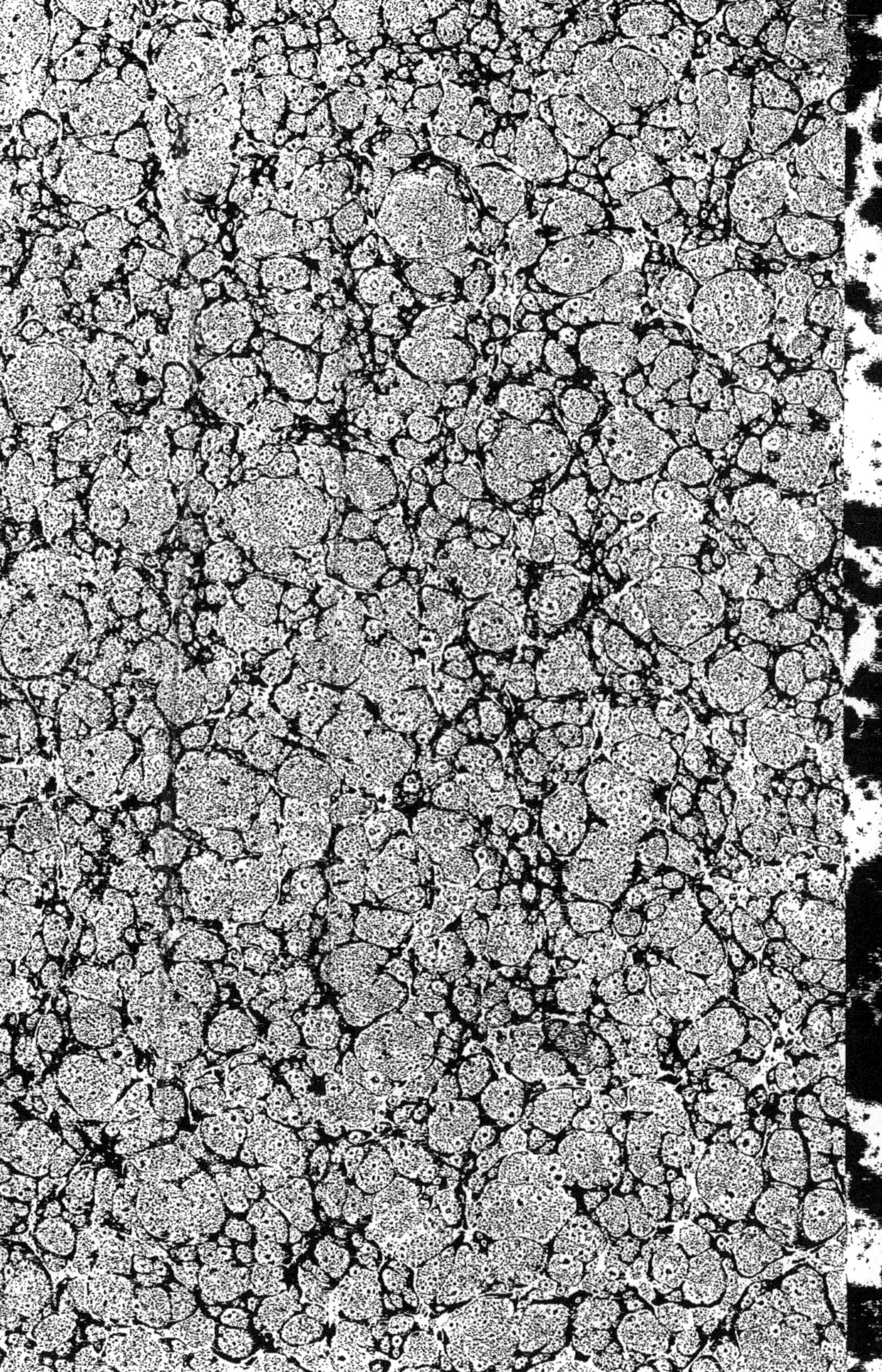

www.ingramcontent.com/pod-product-compliance
Ingram Content Group UK Ltd.
Pitfield, Milton Keynes, MK11 3LW, UK
UKHW021839190726
13855UKWH00001B/57